AF360770

ESSAI

DE

PHYTOSTATIQUE.

ESSAI

DE

PHYTOSTATIQUE

APPLIQUÉ A

LA CHAINE DU JURA

ET AUX CONTRÉES VOISINES,

ou

Étude de la dispersion des plantes vasculaires envisagée principalement
quant à l'influence
DES ROCHES SOUJACENTES;

PAR

JULES THURMANN,

ancien Directeur de l'Ecole normale du Jura bernois,

Membre de la Société géologique de France, de la Société helvétique des sciences naturelles, des Sociétés d'histoire naturelle de Metz, Strasbourg, Fribourg en Brisgau et Berne, membre associé des Académies de Besançon et Turin, Président de la Société jurassienne d'Émulation.

Tome Second.

———————•◦•———————

BERNE.
CHEZ JENT ET GASSMANN, LIBRAIRES.
Soleure, même maison.
1849.

Aux frais de l'auteur.

QUATRIÈME PARTIE.

ÉNUMÉRATION DES PLANTES DE LA CONTRÉE.

QUATRIÈME PARTIE.

ÉNUMÉRATION DES PLANTES VASCULAIRES DE LA CONTRÉE.

CHAPITRE VINGT-DEUXIÈME.

REMARQUES PRÉLIMINAIRES A L'ÉNUMÉRATION.

§ 140. L'énumération qui va suivre a pour but principal de servir de pièce justificative aux généralités de dispersion que nous avons parcourues dans les premières parties. En ne l'envisageant que sous le point de vue purement botanique, on y trouvera un tableau exact de la flore jurassique mise en relation avec celle des contrées voisines. Les plantes qui y sont énumérées sont essentiellement celles de la chaîne du Jura telle que nous l'avons délimitée au chap. VII., c'est-à-dire de Regensperg à Grenoble. Mais comme cette liste doit en même temps servir de comparaison entre nos montagnes et les pays limitrophes dont nous avons traité, nous y avons porté, en outre, toutes les espèces qui croissent dans les Vosges, le Schwarzwald, l'Albe, la vallée du Rhin, le Bassin suisse et la partie orientale de la vallée de la Saône. Cette délimitation est tracée dans notre croquis Pl. I. au moyen d'une ligne ponctuée. Toutes les fois que les espèces qui croissent dans cette circonscription jouent un rôle dans la chaîne des Alpes, nous l'avons également in-

diqué ; mais nous n'avons pas fait figurer les plantes des Alpes, étrangères
à nos limites. A cet égard nous nous sommes rigoureusement restreints dans
les bornes que nous venons de poser.

Le nom de chaque espèce est suivi de l'indication aussi brève que possible
de sa station à laquelle nous avons ajouté celle de la nature sableuse, argi-
leuse, argilo-sableuse du sol toutes les fois que cela nous a paru avoir quelque
valeur et offrir quelque certitude, mais sans attacher au mot argileux un
sens plus rigoureux que ne le fait le langage ordinaire. Nous avons en outre
à la fin de chaque article donné séparément, toutes les fois que cela nous a
été possible, la classe de sols eugéogènes, dysgéogènes, etc., que la plante
préfère, et son caractère xérophile ou hygrophile. Dans le corps des articles,
nous avons souvent aussi indiqué si la plante suit les zônes eugéogènes ou
dysgéogènes de la contrée.

Après la station vient la région d'altitude, au sujet de laquelle nous devons rappeler que la division adoptée, suffisamment exacte pour la majeure
partie du Jura, doit être modifiée dans ses districts méridionaux par une élé-
vation sensible des limites inférieures, la même chose ayant lieu pour les
Alpes occidentales, le contraire pour les Vosges, le Schwarzwald et l'Albe.

Nous indiquons ensuite, en général dans quelles partie de la contrée la
plante se trouve, en employant à l'égard de l'extension et de la quantité de
sa dispersion la nomenclature établie au chap. I. L'exactitude de ces indications dépend entièrement du plus ou moins de rigueur dans la connaissance
locale des divers districts, et il est probable qu'à cet égard on pèche plus
souvent par omission que par exagération, vu que les observations sont fréquemment insuffisantes ou incomplètes. Nous avons souvent, pour abréger,
négligé la quantité de dispersion, mais jamais le degré d'extension qui est
important à notre point de vue, c'est-à-dire que nous disons toujours si une
espèce est rare, disséminée ou répandue et omettons parfois ce qui est relatif à son abondance.

Nous donnons d'une manière purement générale la présence et le degré
d'extension de chaque espèce dans les parties non jurassiques du champ
d'étude, et nous entrons dans le détail des habitations pour le Jura seulement. Comme en s'avançant de l'est au sud-ouest dans cette chaîne, l'apparition des plantes obéit à une certaine régularité dépendante des altitudes et
des climats, nous avons constamment énuméré les localités dans le même
sens. Ainsi, par exemple, pour les espèces montagneuses, nous partons de
la première chaîne au levant, comme le Lægerberg ou le Weissenstein,
et poursuivons jusqu'à la dernière au sud et au couchant comme le Grand-

Colombier ou la Chartreuse. De même, pour les plantes de nos lisières, nous commençons au nord du Jura, par exemple, à Eglisau, en suivant par Bâle, Besançon, etc., jusqu'à Grenoble, et reprenons au sud de notre chaîne par Aarau, Neuchâtel, Genève et Chambéry. Nous avons suivi le même ordre pour l'indication moins régulière par districts, comme Jura soleurois, bernois, etc., pour les vallées, plateaux, tourbières, en un mot, pour toute délimitation générale de l'aire d'une espèce.

Quant aux chaînes partielles dont l'ensemble forme le Jura, nous devons donner ici au lecteur quelques mots d'explication. Nous les avons délimitées d'une manière qui paraîtra peut-être arbitraire dans certains cas, mais qui repose sur notre connaissance à la fois orographique et géologique de ces montagnes. Ainsi, des reliefs envisagés isolément viennent se ranger sous le nom collectif de la chaîne dont ils ne sont qu'un des accidents de dislocation. Par exemple le *Wasserfall* et le *Vogelberg* dans le Jura bâlois appartiennent à une même chaîne qui est celle du *Passwang*; la *Haasenmatt* et la *Röthifluh* ne sont que des sommités de celle du *Weissenstein*; la *Combe-Grède*, la *Combe-Biosse* des déchirures de celle du *Chasseral*; le *Roc-du-Corbeau* qu'un crêt de celle de *Tête-de-Rang*; le *Vuarne* qu'un des sommets de la *Dôle*, etc. Dans ces sortes de cas nous avons indiqué le nom de la chaîne qui seul est porté sur le croquis Pl. IV., et placé à côté, entre parenthèse, le nom spécial du relief où se trouve la plante. Bien que nous n'ayons pas pu être partout entièrement conséquents à cet égard, soit pour ne pas trop heurter les habitudes (1), soit faute de données géologiques suffisantes, nous avons dû procéder ainsi pour éviter une multiplicité d'indications topographiques qui aurait offert de la confusion et rompu l'ensemble des faits orographiques que la géologie du Jura commence à fournir. Quant au nom des chaînes, nous avons pour un grand nombre d'entr'elles trouvé des dénominations admises depuis long-temps. Là où ces noms manquent, nous avons pris dans les meilleures cartes tantôt celui de la sommité culminante souvent pourvue d'un signal trigonométrique (par exemple la *Rimondière*), ou celui de quelque grande forêt (par exemple les *Hautes-Joux*), tantôt celui de quelque localité déjà connue en botanique (par exemple *Boujailles*), de quelque château à traditions historiques (par exemple *Mont-Maillot*), de quelque défilé remarquable (par exemple *Màclus*), etc.

Le dépouillement des catalogues spéciaux fournit un grand nombre de dénominations locales entièrement inconnues aux lecteurs qui n'habitent pas

---

(1) Par exemple le Suchet et l'Aiguillon que nous désignons séparément, ne sont que les crêts opposés d'une même chaîne géologique.

la contrée, et se trouvant à peine dans les dictionnaires géographiques. Nous avons éliminé celles de ces indications qui n'étaient pas indispensables, pour les remplacer par le nom de la ville la plus voisine que nous avons porté dans notre croquis. Ainsi, à l'égard des plantes dont l'existence sur un point n'est sujette à aucune incertitude et qui ont été signalées aux environs de tel ou tel village, plutôt pour offrir des exemples que pour préciser des localités, nous nous sommes contentés de désigner la ville ou le bourg le plus rapproché. S'il importe à certains égards de savoir que la *Centaurea solstitialis* a été observée aux environs de Genève, ou l'*Orobus niger* auprès de Porrentruy, il importe peu d'apprendre exactement le nom du hameau, du champ ou du bois où ils ont été trouvés. Mais si ceci est vrai dans un grand nombre de cas, il n'en est pas de même pour certaines plantes plus rares, fournissant quelque trait phytostatique particulier, ou controversées quant à leur présence, ou enfin intéressantes à collecter. Il ne suffira plus de dire que le *Rumex hydrolapathum* croît à Nyon et l'*Heleocharis ovata* à Porrentruy, et il faudra ajouter pour la première les marais de la Divonne, et pour la seconde les Etangs de Bonfol. C'est ce que nous avons fait en plaçant entre parenthèses le nom de l'indication plus précise, à la suite du lieu principal. Cette manière de procéder nous a permis de ne porter dans notre esquisse du Jura que des noms de localités assez connues, telles que chefs-lieux de département, arrondissement et cantons, pour la France, chefs-ieux de cantons et de district pour la Suisse, endroits tous faciles à découlvrir dans une carte. Si donc le lecteur trouve une plante indiquée à Salins, cela signifie qu'elle est assez répandue dans les environs de cette ville ; s'il en trouve une autre signalée ainsi : Villersfarlay (Cramans) (¹), cela veut dire que cette espèce infréquente ou rare dans la contrée se trouve à Cramans non loin de Villersfarlay ; il découvrira aisément Villersfarlay qui est un chef-lieu de canton, tandis qu'il aurait peut-être cherché inutilement le village de Cramans. Nous avons nous-mêmes souvent été embarrassés de découvrir certaines localités, et malgré nos efforts à cet égard nous ne serions pas surpris qu'il nous eût échappé çà et là quelque erreur dans les rapprochemens de ce genre.

Pour donner une idée de l'aire des espèces dans les régions montagneuse et alpestre, nous avons dû procéder de différentes manières. Quelquefois nous avons possédé un nombre de données suffisant pour la délimiter par

---

(¹) Lorsqu'une plante observée dans quelque localité voisine se trouve en outre dans la localité principale, nous avons répété entre parenthèses l'initiale de cette dernière, p. ex., Villersfarlay (V. Cramans).

une certaine circonscription de chaînes, de plateaux ou autres accidents orographiques. Ainsi, nous avons dit que la dispersion d'une plante est limitée au sud par la série des hautes chaînes, au nord par celles du Passwang, du Monterrible, des Hautes-Joux, etc., ou par les Côtes du Doubs, du Dessoubre, de l'Ain, etc. ; nous avons pu ainsi éviter des répétitions fastidieuses. D'autres fois, ne pouvant procéder ainsi, nous avons indiqué, soit toutes les chaînes où la présence de la plante a été constatée, soit un nombre d'exemples suffisant pris dans chaque partie du Jura. Enfin nous nous sommes parfois servis, ou bien de la division en Jura oriental, central, occidental et méridional, ou bien de celle en Jura sarde, bugésien, bressan, neuchâtelois, bernois, etc. La combinaison de ces divers modes d'indication était indispensable pour utiliser tous les renseignemens (1).

Pour les plantes extra-jurassiques nous avons envisagé au pied de nos montagnes une zône de quelques lieues, et indiqué les localités comprises dans cette zône. Ainsi nous avons dit qu'une espèce croît à Eglisau, Rheinfeld, Bâle, Montbéliard, Besançon, Lons-le-Saulnier, etc., puis Aarau, Neuchâtel, Yverdon, etc. Quand la plante s'avance davantage dans l'intérieur du Jura nous avons ajouté : plus haut, Delémont, Saint-Hippolyte, Morteau, etc. (2).

(1) On trouvera parmi les noms locaux quelques homonymes ou plutôt paronymes que la place qu'ils occupent dans l'énumération des localités empêchera de confondre. Tels sont Kaiserstuhl petite ville sur le Rhin et le Kaiserstuhl groupe de collines volcaniques ; l'Ile, localité vaudoise au pied du Montendre et l'Isle petite ville sur le Doubs ; Colombier village neuchâtelois près de Boudry, le Colombier sommité au dessus de Gex, le Grand-Colombier chaîne du Jura bugésien ; Moutiers-Grandval sur la Birse et Mouthier sur la Loue ; le Sujet chaîne bernoise et le Suchet chaîne française ; Chapelle-des-buis près Besançon et Chapelle-des-Bois près Saint-Laurent ; Saint-Laurent dans le Doubs et Saint-Laurent-du-Pont dans l'Isère ; Grandson ville vaudoise et le Grand-Som sommité dauphinoise ; Collonge ville française au pied du Credoz et Collonge-sous-Salève localité savoisienne ; Baume-les-Dames dans le Doubs, Beaume-les-Messieurs dans le Jura et Baulmes dans le canton de Vaud ; Rheinfeld ville argovienne et Rheinfeld près d'Eglisau, village zuricois ; la chaîne bernoise du Moron et le cirque du Moron près le Saut-du-Doubs ; Saint-Sulpice près Morges et Saint-Sulpice au Val-de-Travers.

(2) Il est nécessaire de placer ici une remarque relative aux espèces indiquées sur les lisières du Jura (s. n. l.). Comme les localités qui correspondent à ce genre d'indications sont toutes situées à la jonction (ou tout près de la jonction) des terrains eugéogènes et dysgéogènes, tantôt l'énumération des lieux se rapporte au premier de ces terrains, tantôt au second, ce que l'on distinguera toujours par la nature des roches soujacentes de la station de l'espèce. Ainsi le *Carex humilis* et le *Carex distans* pourraient être également indiqués : *s. n. l., Bienne, Neuveville, Neuchâtel*, etc.; il est clair dès lors que pour le premier, il s'agit des collines sèches jurassiques, pour le second des terrains humides, tertiaires ou récents des environs de ces localités.

Nous avons donné dans l'Introduction le tableau tant des ouvrages publiés que des communications manuscrites d'où ont été extraites les nombreuses données qu'on va voir figurer dans notre énumération (¹). Parmi ces indications, un grand nombre sont anciennes, cent fois constatées et n'ont besoin d'aucune garantie d'auteur. Les données plus récentes et recueillies depuis une quinzaine d'années sont principalement dues à MM. Kölliker pour le Jura zuricois, Laffon pour les environs de Schaffhouse, Bronner pour le Jura argovien, Friche pour le soleurois, Hagenbach pour les chaînes bâloises, Parisot pour les environs de Béfort, Gibollet pour ceux de la Neuveville, Godet pour les montagnes de Neuchâtel, Grenier pour le département du Doubs, Babey et Garnier pour le Jura salinois et occidental, Blanchet et Rapin pour le canton de Vaud, Reuter pour les chaînes voisines de Genève, Bernard pour le Jura bugésien et sarde, Mutel, Gras et David pour le Dauphinois. Une foule des données consignées dans les publications ou manuscrits de ces botanistes, soit sous leur propre garantie, soit sous celle de leurs collaborateurs, n'offrent aucun sujet de doute, de contestation, et nous nous sommes abstenus de les appuyer du nom de l'observateur. Un certain nombre d'autres n'étant pas dans ce cas, soit qu'elles laissent à désirer d'ultérieures constatations, soit qu'elles offrent un intérêt particulier, soit enfin qu'elles constituent une sorte de propriété scientifique et qu'il convienne de réserver la priorité, nous les avons, conformément à l'usage, accompagnées du nom de l'observateur, non sans éprouver parfois quelque embarras sur le droit du premier indicateur (²).

Nous avons le plus souvent fait suivre du nom de l'auteur les *données inédites* : cependant nous l'avons aussi souvent omis pour des plantes très répandues ; de sorte que, il convient de dire ici d'où elles proviennent principalement. Les données nouvelles sur les environs de Béfort sont de M. Parisot ; sur ceux de Montbéliard de M. Contejean ; sur les environs de

---

(¹) Voir aussi aux Additions à la fin de ce volume.

(²) C'est ainsi que dans le Jura salinois nous n'avons pas toujours pu décider de la priorité entre nos honorables amis MM. Babey et Garnier. Le second, bien que moins ancien observateur, a consigné avant le premier, dans la Flore de Mutel, de nombreuses indications, et nous en trouvons en outre beaucoup d'autres dans son Catalogue. La Flore jurassienne du premier renferme une grande partie de ces mêmes données publiées plus tard, mais résultant souvent d'observations faites avant celles de M. Garnier. De même parmi les localités du Jura soleurois que je trouve dans le manuscrit de M. Friche, il m'est impossible de distinguer celles qui sont dues aux observations de M. Roth ou d'autres. Dans le Jura neuchâtelois les mêmes localités ont souvent été indiquées par MM. Junot, Benoît et Depierre sans que je puisse discerner l'observateur primitif, et ainsi de suite.

Soleure et de Delémont, sur les chaînes du Weissenstein, du Brückliberg, les tourbières de la Franche-montagne sont souvent de M. Friche; sur la chaîne du Sujet de M. Lamon; sur la montagne des Bois de M. Gouvernon; sur celle du Farnerberg de M. Moritzi; sur la Neuveville de M. Gibollet; sur les environs de l'Ile de M. E. Cornaz; sur le Jura du Doubs, les chaînes du Lomont, du Mont-d'or, etc., de M. Grenier; sur les environs de Salins Champagnole, Saint-Laurent, Morey, Levier, Poligny, Villersfarlay, etc., sur les chaînes de Boujailles, du Colombier, du Montoisé, etc., de M. Garnier; sur le Jura bugésien et méridional de M. Bernard. En outre, comme nous l'avons dit, au commencement de cet ouvrage, nous avons nous-mêmes parcouru le Jura dans un grand nombre de directions et observé une foule de points peu visités : telles sont les localités de Laufenbourg, Seckingen, Ferrette, Porrentruy, la lisière hercynienne, la lisière vosgienne, celle de la Haute-Saône, la Serre, la lisière occidentale par la forêt de Chaux, Quingey, Lons-le-Saulnier, Saint-Amour, Bourg, Ceyseriat, Pont-d'Ain, Ambérieux, etc.; puis la lisière suisse par Baden, Aarau, Olten, Soleure, Bienne, Cossonay, Châtillon-de-Michaille, Seyssel, Culloz, Belley, etc.; les chaînes de Blauenberg, Monterrible, Montoz, Moron, Graitery, Clos-du-Doubs, etc.; les côtes du Dessoubre, du Doubs, de la Loue; les plateaux de Pierrefontaine, Vercel, Ornans, le Russey, etc.; les chaînes de Passonfontaine, Montmaillot, Hautes-Joux, Mâclus, Aiguillon, Rizoux, etc.; les plateaux d'Orgelet, Arinthod, Nozeroy, Septmoncel, etc.; les vals de Mouthe, les Foncines, Saint-Laurent, Chaux-du-Dombief, etc.; les Côtes de l'Ain, de l'Albarine, du Furan, etc.; les chaînes de l'Avocat, du Chânet, de la Rimondière, du Grand-Colombier, du Mont-du-Chat. Toutes ces localités ont fourni soit quelque donnée générale, soit quelques indications particulières destinées surtout à relier les chaînes et districts mieux connus que toutefois, on le pense bien, nous avons visités la plupart.

Malgré nos efforts, on remarquera encore dans la connaissance des diverses parties du Jura de grandes inégalités : les unes sont connues en détail tandis que d'autres n'ont été que rapidement parcourues, notamment les plateaux et chaînes de moyenne hauteur dans les districts français. Enfin surtout les parties méridionales situées entre Belley et les montagnes de la Chartreuse offrent une principale lacune. C'est aussi le cas de rappeler que ce dernier groupe comprend les chaînes calcaires situées au nord de Grenoble jusqu'à la vallée du Guier-vif. Il est formé de plusieurs massifs que nous signalerons rarement en particulier, nous contentant à l'ordinaire d'en désigner l'ensemble sous la dénomination collective de Chartreuse, afin d'établir le passage du Jura aux Alpes et l'entrée de notre flore dans la région vraiment alpine. Nous n'envisagerons également le Salève que comme une sentinelle avancée des Alpes sardes, et le Rhanden près Schaffhouse à l'autre extrémité du Jura que comme le commencement de l'Albe.

Notre chaîne calcaire vient sur trois points au contact des terrains cristallins savoir avec le Schwarzwald, les Vosges et les Alpes dauphinoises au sud de l'Isère. Un certain nombre de plantes étrangères au Jura apparaissant brusquement sur ces trois lisières, il importait de les mettre particulièrement en relief et c'est ce que nous avons fait en signalant leur présence non seulement dans les montagnes du Rhin, mais encore dans les premières alpes trans-Isériennes, que nous avons, faute de meilleure dénomination, indiquées sous le nom de chaînes de Chalanche : c'est le massif s'étendant au sud du Graisivaudan entre l'Isère, la Romanche et l'Olle, où se trouvent les localités de Rével, Prémol, Vaulnaveys, Uriage, les Sept-Laus, etc., jusque vers Allevard et Aiguebelle, contrée bien connue des botanistes dauphinois. Bien que la dénomination ci-dessus paraisse peu usitée maintenant, c'est la seule qui sur les anciennes cartes désignait collectivement ce groupe de reliefs, et nous avons pensé pouvoir l'employer (1).

Les plantes sont classées d'après le *Synopsis floræ germanicæ* de M. Koch, et nous avons presque toujours employé sa nomenclature générique et spécifique. Cependant nous nous en sommes écartés çà et là pour quelques espèces qui nous ont paru connues d'une manière plus locale par l'un ou l'autre des observateurs spéciaux de la contrée, par exemple, MM. Hagenbach, Döll, Kirschleger, Godron, Grenier, Schultz, Rapin, Reuter, Babey, Godet, Mutel, etc. Les espèces du Jura méridional étrangères à la flore d'Allemagne sont le plus souvent rapportées au *Botanicon gallicum* de Duby, et à la *Flore du Dauphiné* de Mutel. Nous ne sommes entrés dans quelques détails de synonymie que lorsque cela était indispensable (2). Malgré notre désir, il nous a été impossible d'être conséquents dans la manière d'envisager certaines formes voisines. Tantôt nous les avons données comme espèces, tantôt comme variétés d'un même type. Toutefois, nous avons toujours cherché à considérer séparément leur rôle de dispersion. Répétons encore ici que dans ce travail nous n'avons nullement eu la prétention de résoudre des diffi-

(1) C'est ainsi qu'il porte ce nom dans la carte de Cassini et dans la belle réduction de M. Berghaus, travail trop peu connu des observateurs français.

(2) Nous avons ajouté parfois au nom du *dénominateur spécifique* celui de M. Koch (en abrégé K.) pour les espèces critiques ou controversées, afin de rappeler au lecteur qu'il s'agit de la plante telle qu'elle est envisagée par cet excellent observateur.

cultés phytographiques ; la considération des formes critiques est ici secondaire, et les espèces non controversées suffisent amplement aux généralités de géographie botanique.

Une énumération géographico-botanique ne tiendra évidemment jamais lieu d'une flore et ne saurait entrer dans certains détails qui impliquent un examen descriptif approfondi. Comme nous l'avons dit ailleurs, le botaniste-géographe accepte du descripteur comme légitimes les résultats de ses observations, et, là où il y a controverse, est forcé de se ranger provisoirement à une opinion qui peut plus tard être reconnue mal fondée. Mais les erreurs qui s'en suivent ne sauraient être ici que de peu de valeur eu égard à des résultats qui ne portent que sur la moyenne des espèces bien connues. Si nous nous sommes parfois permis une opinion personnelle sur le rôle de telle ou telle forme relativement à tel ou tel type spécifique, c'est pour éveiller l'attention sur les influences stationnelles et non pour trancher la question sous le rapport des caractères. A cet égard les véritables créateurs de la botanique seront toujours les descripteurs, et eux seuls peuvent porter une lumière définitive dans la solution des difficultés de spécification. Bien qu'on se soit parfois élevé dans ces derniers temps contre les tendances trop exclusivement monographiques de la science, il n'en est pas moins certain que la connaissance réelle des plantes ne peut avancer que par cette voie laborieuse. Bien éloignés donc de déprécier les efforts patiens et sagaces des botanistes descripteurs, les botanistes physiologistes et géographes doivent s'applaudir de voir rapidement disparaître par leurs soins les imperfections de détail dont les mauvais effets se retrouvent dans tous les genres de recherches relatives au règne végétal. Mais d'un autre côté aussi, il convient que les descripteurs ne voient pas toute la botanique dans la phytographie, et sachent user d'indulgence envers les botanistes qui, consacrant leurs études à l'examen d'une autre face de la science, négligent forcément quelque chose de la connaissance détaillée des formes critiques qui exige à elle seule tant de persévérance et de soins minutieux.

Pour ne pas grossir outre mesure les pages de notre énumération, nous avons eu recours à un certain nombre d'abréviations aisément intelligibles et dont voici le tableau.

Régions d'altitudes. — rg.=région ; b.=basse ; mn.=moyenne ; mtg.= montagneuse ; alp.=alpestre ; inf.=inférieures ; sup.=supérieures.

Aire de dispersion. — s. n. l. =sur nos lisières ; d. n. l. =dans nos limites ; d. l. c. a. ou d. t. l. c. a. =dans les contrées ambiantes (qui entourent le Jura), ou dans toutes les contrées ambiantes ; d. l. J. et d. t. l. J.=

dans le Jura et dans tout le Jura ; probablement plus répandu, signifie : probablement plus répandu que les localités signalées ou connues ne semblent l'indiquer ; comme nul, appliqué à une espèce dans un district, signifie : qu'elle y est tellement rare que sa présence n'y est de nulle importance comme fait phytostatique.

Roches soujacentes. — pm.=psammiques ; pl.=péliques ; pp.= pélopsammiques ; eug.= eugéogènes ; dysg.=dysgéogènes ; H. = plante hygrophile ; X.= plante xérophile.

Montagnes. — J.=Jura ; V.=Vosges ; S.=Schwarzwald (Forêt-Noire) ; l'A.=l'Albe de Souabe ou de Wurtemberg ; K.=le Kaiserstuhl ; les A.=les Alpes ; Cl. = Collines lorraines ; Csv. = Collines sous-vosgiennes ; Csh. = Collines sous-hercyniennes ; MR.=Montagnes du Rhin, c'est-à-dire, Vosges et Schwarzwald.

Vallées. — BS.=Bassin suisse ; VR.=Vallée du Rhin ; VN.= Vallée du Neckar ; Pl.=Plaine lorraine ; VS.=Vallée de la Saône.

Contrées. — L.= Lorraine ; W.=Wurtemberg.

Observateurs.—Andr.=Andræa ; All.=Allioni ; Aug.=Auger ; Bab.= Babey ; Baill.=Bailly ; Balb.= Balbis ; Barrl.=Barrelet ; Ben. = Benoît ; Berd.=Berdot ; Bern.=Bernard (de Montbéliard) ; Bern. = Bernard (de Nantua) ; Bernl.=Bernouilli ; Berth.=Berthet ; Bess.=de Besses ; Bisch. ==Bischoff ; Bl.=Blanchet ; Bonj.=Bonjean ; Boiss.=Boissier ; Boss. = Bossy ; Brem.=Bremi ; Bren.=Brenner ; Brid. =Bridel ; Bronn.=Bronner ; Bross.=Brossard ; Büch.=Büchinger ; Bür. (de Büren) ; Burk.= Burkhardt ; Capell.=Capellani ; C B.=Caspard Bauhin ; Cent.=Centurier ; Chaill.=Chaillet ; Chan.=Chanal ; Chât.=Châtelain ; Chantr.=Chantrans (Girod de) ; Chap.=Chapuis ; Charp. = de Charpentier ; Chav.=Chavin ; Cherl.=Cherler ; Clairv.=Clairville ; Clém.=Clément ; Contej.= Contejean ; Cord.=Cordienne ; Corn.=Cornaz ; Coul.=Coulon ; Crép.= Crépin; Cur.=Curie ; Davl.=Davall ; Dav.=David (Genève) ; Dav.=David (Terres froides) ; DC.=Decandolle ; Degl.=Degler ; Dem.=Demerson ; Dep. = Depierre ; Dieff. = Dieffenbach ; Döll=Döll ; Dub.=Duby ; Ducr.=Ducroz ; Dum.=Dumont ; Dur.=Durand ; Fèv.=le Fèvre d'Esnans ; Fisch.=Fischer ; For.=Forel ; Fr.=Friche-Joset ; Gagn.=Gagnebin ; Garn.=Garnier ; Gaud.=Gaudin; Gay=Gay ; Gelst.=Gelstorf; Gessn.=Gessner; Gib. =Gibollet ; Gilib.=Gilibert ; Gir.=Girod ; God.=Godet ; Godr.=Godron ; Gouv.=Gouvernon ; Grf. =Graf ; Gras=Gras ; Gr.=Grenier ; Gressl.= Gressly ; Guérl.= Guérillot ; Guér. = Guérin ; Gutn. = Gutnick ; Guyét.= Guyétant ; Hag.=Hagenbach ; Hall.=Haller ; Haus. = Hauser ; Heer=Heer;

Heg. =Hegetschweiler ; Heldr. =Heldreich ; Hof. =Hofer ; Horn. =Hornung ; Hug. =Huguenin ; d'Iv. = d'Ivernois ; Jack = Jack ; JB. = Jean Bauhin'; Jean-J. =Jean-Jaquet; Jul. =Jullien ; Jun. =Junot; Kirschl. =Kirschleger ; Köll. =Kölliker ; Labr. =Labram ; Lach. =Lachenal; Laff. = Laffon ; Lam. =Lamon ; Lang =Lang ; Lat. =Latourette ; Lap. =Lapaire ; Lecl. =Leclerc ; Lein. =Leiner ; Lesq. =Lesquereux ; Ler. =Leresche ; Lomb. =Lombard-Morin; Lorim. =Lorimier; Mair. =Maire; Man. =Many; Marc. =Marcou ; Met. =Métert ; Mey. =Meyer ; Mieg =Mieg ; Mrtz. =Moritzi ; Monn. =Monnard ; Mort. =Morthier ; Mühl. =Mühlenbeck ; Müll. = Müller ; Münch = Münch ; Mur. = Muret ; Mut. =Mutel ; Näg. = Nägeli ; Nest. =Nestler ; Nicol. =Nicolet ; Nob. =Nobis (Thurmann) ; N. Sauss. = Necker-de-Saussure ; Ord. =Ordinaire ; Paul. =Paulian ; Pagn. = Pagnard ; Par. =Parisot ; Perr. —Perret ; Pflg. — Pflüger ; Preissw. = Preisswerk ; Puis. =Puiseux ; Pur. =Pury-Châtelain ; Rap. =Rapin ; Reyn. = Reynier ; Rig. =Rigaud ; Risl. =Risler ; Rœckl. =Rœckle ; Rœp. =Rœper ; Rog. = Roger; Rth. =Roth ; Ruff. =Ruffy; Sauss. =de Saussure ; Schm. =Schmidt; Sauc. =Saucy; Schb. =Schauenbourg ; Schübl. =Schübler; Schl. —Schleicher ; Ser. =Seringe ; Shttl. = Shuttleworth ; Sp. =Spenner ; Sut. = Suter ; Süssk. =Süsskind ; Terr. =Terrier ; Thom. = A. et E. Thomas ; Vauch. =Vaucher ; Verl. =Verlot ; Vern. =Vernier ; Vill. =Villars ; Vionn. =Vionnet; Virid. =Viridet ; Vuit. =Vuitel ; Weissm. =Weissmann ; Weil. =Weiland ; Wetz. =Wetzel ; Wiel. =Wieland ; Wydl. =Wydler ; Zchok. =Zchokke ; Zeih. =Zeiher ; Ziegl. =Ziegler (¹). — Le signe *Vet.* = *Veteres* signifie qu'une plante a été signalée par d'anciens observateurs dans le lieu indiqué mais qu'elle n'y a pas été revue depuis, ce qui est du reste exprimé quelquefois plus explicitement par *Vet. nec rec.* = *Veteres nec recentiores ; Vet. et rec.* = *Veteres et recentiores* signifie au contraire qu'une espèce autrefois indiquée, puis révoquée en doute ou depuis long-temps inobservée, a été constatée récemment.

La liste ci-dessus, tout en remplissant sa destination spéciale, présente un tableau probablement assez complet des observateurs qui ont contribué dans une proportion quelconque à la connaissance de la flore jurassique. Leurs titres sont, il est vrai, fort inégaux, mais il n'en est aucun à qui l'on ne

(¹) On trouvera parmi les noms abrégés ci-dessus quelques homonymes; tels sont Bernard ancien observateur aux environs de Montbéliard et M. Bernard de Nantua; M. David qui a fourni des données sur les environs de Genève et M. David qui a fait connaître la végétation des Terres-froides. On distinguera aisément de quel observateur il s'agit par le district auquel appartient la localité signalée.

doive quelque donnée utile ou importante, surtout au point de vue phytostatique. Sur environ 160 noms cités, une trentaine sont des auteurs d'ouvrages
généraux relatifs aux différents pays traversés par le Jura, une vingtaine des
auteurs de flores ou énumérations publiées de quelques districts de nos
montagnes, une vingtaine encore des auteurs de catalogues ou notices inédites, enfin les 90 autres sont ou des botanistes connus, ou de simples ama-
teurs qui ont fourni des données locales aux différents ouvrages des précédents. Bien que plusieurs ne soient indiqués qu'un petit nombre de fois,
nous avons eu soin de faire figurer leur nom pour compléter la liste ci-dessus. On retrouvera du reste aisément dans ce que nous avons dit plus haut,
puis dans notre Introduction (et aux Additions), des renseignements suffisants relativement à la part qui revient à ces divers observateurs dans la
connaissance de la végétation du Jura.

A l'instar de plusieurs ouvrages de géographie botanique (et comme eux
pour simplifier) nous avons, dans les premières parties de cet ouvrage, écrit
avec des initiales minuscules tous les noms spécifiques, excepté bien entendu
ceux de personnes. Cependant de peur d'encourir des reproches d'inexacti-
tude, nous rétablirons dans la quatrième partie plus spécialement de nomenclature, les initiales majuscules des noms spécifiques autrefois génériques.

Rappelons aussi qu'on trouvera les généralités relatives à la contrée étu-
diée dans le chapitre V ; la division du Jura en régions d'altitude avec les
plantes caractéristiques dans les chapitres III et VII, page 171 et suivantes ;
l'explication des termes employés pour indiquer la nature mécanique des sols
dans le chapitre IV, page 94 et suivantes ; enfin l'énumération des observateurs locaux par districts dans l'introduction, page 7 et suivantes. L'esquisse
du champ d'étude donnée dans la Pl. I. aidera à saisir les rapports généraux
de dispersion des espèces ; celui de la Pl. IV. fournira tous les moyens d'o-
rientation dans la chaîne du Jura et ses lisières.

CHAPITRE VINGT-TROISIÈME.

ÉNUMÉRATION DES ESPÈCES DE LA CONTRÉE AVEC LEURS STATIONS, LEURS ALTITUDES, LEURS ROCHES SOUJACENTES, LEUR AIRE GÉNÉRALE ET LEUR HABITATION JURASSIQUE EN PARTICULIER.

EXOGÈNES, DICHLAMYDÉES, THALAMIFLORES.

1. RENONCULACÉES.

Clematis vitalba L. — Bois, les 2 rg. inf., peu ascendant, répandu assez abondant d. n. l.

Atragene alpina L. — Rocailles alp., très-disséminé dans les A. — S. n. l., Salève *Reut.*

Thalictrum aquilegifolium L. — Bois, les 4 rg., disséminé dans la VR., assez répandu dans le BS., les A., l'A. et le J. — Gempenberg, Côtes-du-Doubs, Côtes-du-Dessoubre, Chasseral, Val-de-Travers, Brévine, Creux-du-Van, Laveron, Taureau, Mont-d'Or, Aiguillon, Suchet, Champagnole, Saint-Laurent, Rousses, Montendre, Dôle, Reculet, Cluses de Nantua, Mont-du-Chat, Chartreuse, etc.; plus bas, Schaffhouse, Bâle, Montbéliard, Besançon, Aarau, Soleure, Nyon, Grenoble.

T. montanum Wallr. Döll *(minus* et formes voisines).— Coteaux secs, les 4 rg., surtout la nm., assez rare dans les V. et le S., assez répandu, assez abondant dans le BS., les A., l'A, les Cl. et surtout le K. et le J. — P. ex., Lægerberg, Gempenberg, Weissenstein, Cluses de la Birse, Côtes-du-Doubs, Lomont français, Val-de-Travers et Cluzette, Chasseral, Landeron, Cressier, Creux-du-Van, Suchet, Mont-d'Or, Mont-d'Arguel, Salins, Arbois, Poligny, Dôle, Reculet, Grenoble; très-variable.— Roches dysg.— X. —Cette espèce comprend les *T. minus, saxatile* et *nutans* de MM. Gr. et Godr., dont je ne puis en ce moment démêler les localités respectives; le dernier habiterait surtout la rg. mtg. et les deux premiers la rg. mn.; c'est le *minus* L. qui nous paraît le plus répandu.

T. varium Döll.—Il se montre sous deux formes extrêmes avec des intermédiaires. — 1. *T. flavum* L. Rives, rg. b. et aussi mn., disséminé, assez abondant d. t. l. c. a. : S. n. l., Kaiseraugst, Bâle, Audincourt, Montbéliard, Besançon, Salins, Bienne, Anet, Landeron, Neuchâtel, Payerne, Yverdon, Genève, Grenoble, etc.; plus haut avec le Doubs à St-Ursanne, Ocourt, Mandeure, etc. — 2. *T. galioides* Nestl. Collines sèches, disséminé dans la plaine rhénane, sur quelques autres points des contrées ambiantes et d. l. J. : Schaffhouse, Bâle, Audincourt (Arbouan), *Contej*, plateaux entre Saône et Mamirolle *Gr.*, entre Ornans et Beaume *Nob.*, au dessus d'Arbois (Planches, Châtelaine) *Dum.*, aux environs d'Oyonnax *Bern.*—3. Entre ces deux formes extrêmes oscillent plusieurs intermédiaires désignés le plus souvent sous le nom de *T. angustifolium* : Schaffhouse *Laff.*, Béfort et Montbéliard *Kirschl.*, Audincourt *Fr.*, Salins (Port-Lesney) *Garn.*, Champagnole *id.*, Pontarlier *Vet.*, Nyon (Duilliers, Bonmont) *Gaud.*, Gimel (Pré-de-Bière) *Rap.*, Genève (Queue de l'Arve, bords de l'Aire, etc.) *Reut.*, Grenoble *Mut.* —La plupart des auteurs qui ont étudié ce groupe de *Thalictrum* dans nos contrées n'y ont vu que deux formes principales avec des intermédiaires ou un type moyen avec des modifications extrêmes. MM. Spenner, Hegetschweiler, Schultz, Grisselich, Döll sont d'accord à cet égard, et tout ce que j'ai vu milite en faveur de leur opinion. Le *flavum* appartiendrait aux stations aquatiques, ombragées, à sol profond; le *galioides* à des sols plus apriques, plus secs, moins détritiques quoiqu'un peu péliques; l'*angustifolium* serait composé de passages correspondant à des stations intermédiaires. Par exemple le *flavum* des bords du Doubs habite les saussaies des rivages bordant des prés fertiles; le *galioides* des plateaux jurassiques d'Ornans se trouve dans des lieux sylvatiques, graveleux, oligopéliques et jusque dans l'empierrement des chemins où il ressemble à s'y méprendre à un *galium*; l'*angustifolium* des Planches près d'Arbois et des localités vaudoises qui se rapproche du précédent par l'étroitesse de ses feuilles croît dans les près un peu marécageux; enfin l'*angustifolium* d'Audincourt qui se rapproche du *flavum* par sa foliation habite des sols assez profonds, mais moins aquatiques que celui-ci. Du reste le *flavum*, le *galioides* et l'*angustifolium* d'Audincourt, cultivés depuis dix ans au jardin de Porrentruy n'ont pas subi de modifications; mais, ainsi que l'a bien démontré M. Nägeli (¹), on ne peut rien en conclure.— *T. angustif.* et *flav*. Gr. Godr. 1848.

(¹) Mémoire sur les *Cirsium*, dans les Mém. soc. helv.

Anemone Hepatica L.—Bois, les 5 rg. inf., disséminé d. t. l. c. a., très-rare dans le J. — S. n. l., Eglisau, Andelfingen, Kaiserstuhl, Schaffhouse, Béfort, Bienne, Neuveville, Neuchâtel, Payerne, Nyon, Salève, Grenoble; plus haut Liestal, Ferrette (Blochmund), Langenbruck, Bonnevaux *Chtr.*—Roches eug.—H.

A. Pulsatilla L. — Coteaux, les 2 rg. inf., disséminé d. l. c. a., assez répandu dans l'A., le K. et les Cl., assez rare d. l. J.—S. n. l., Winterthur, Eglisau, Kaiserstuhl, Bâle, Aarau, Orbe, Romainmôtier, Poligny (Brule-corne), Tour-du-Pin, Grenoble; plus haut, Wallenburg (Dietisberg), Ornans, Levier (Boujailles), Nozeroy (Censeau), les Planches (Chaux-des-Crotenay), Champagnole (Mont-sur-Monnet, Cise), Nantua (Montréal, Mont-d'Ain, Cha-moise), Izernore (Saint-Germain-de-Béard), Cerdon (l'Avocat). — La forme voisine *A. montana* Hopp., à Neuchâtel (Vaux-Seyon)? et en Valais. — Ro-ches eug.—H.

A. narcissiflora L. — Pelouses alp., quelques points des V., un point de l'A., répandu assez abondant dans les A. et le J.—Chasseral, Creux-du-Van, Suchet, Aiguillon, Mont-d'Or, Montendre, Dôle, Colombier, Reculet; plus bas sporadiquement, Cluses de la Birse (Martinet) *Fr.*

A. alpina L.— Pelouses alp., quelques points des V., répandu abondant dans les A. et le J. — Chasseral, Creux-du-Van, Chasseron, Suchet, Mont-d'Or, Montendre, Dôle, Colombier, Reculet, Chartreuse.

A. sylvestris L. — Coteaux secs, les 2 rg. inf., disséminé dans la VR., la VS., les Cl. —S. n. l., Mulhouse *Vet.,* Bâle, (Haltingen *Bren.,* Crenzach à Wyhlen *Hag.,* etc.), Crémieux *Mut.*

A. nemorosa L. — Bois, les 4 rg., surtout la mn., répandu abondant d. n. l.

A. ranunculoides L. — Bois, les 4 rg., surtout la mn., disséminé assez abondant d. n. l. — P. ex., s. n. l., Winterthur, Schaffhouse, Aarau, Neu-veville, Neuchâtel, Yverdon, Genève, Grenoble, Bâle, Laufon, Delémont, Porrentruy, Béfort, Montbéliard, Baume, Besançon, Salins, Arbois, Nan-tua, etc. ; plus haut, Côtes-du-Doubs (Valanvron), Chasseral, Châteluz, Sa-lève, etc.

Adonis autumnalis L.—Cultivé et rarement naturalisé d. l. c. a.— Bâle, Neuveville, Grenoble.

A. æstivalis L.—Champs, les 2 rg. inf., assez rare d. l. c. a., disséminé dans la VR. et la Pl.—S. n. l., Eglisau, Kaiserstuhl, Schaffhouse, Bâle, De-lémont, Béfort, Montbéliard.—Roches eug. pp.—H.

A. flammea Jacq. — Champs, les 2 rg. inf., assez rare d. l. c. a., disséminé dans la VR. et la L. — S. n. l., Schaffhouse, Villersfarlay (Cramans, Chissey).—Roches eug. pp.—II.

A. vernalis L. — Coteaux secs, divers niveaux, disséminé dans la VR. et les A. occidentales.—S. n. l., Schaffhouse (Rhanden) *Laff.*

Myosurus minimus L. — Champs et grèves, rg. b., disséminé d. l. c. a., rare dans le BS. — S. n. l., Bâle (Wiese) *Vet.*, Montbéliard *Vet.*, Arbois (Grangecoton) *Dum.*, Payerne (Etrabloz, etc.) *Rap.*—Roches eug. pm.—II.

Ranunculus hederaceus L. — Eaux stagnantes, rg. b., disséminé sur quelques rares points de la VR. et de la VS. — S. n. l., Bâle (le Rhin) *Heg.?*, Ferrette *Vet.?*, Montbarrey (Tassenières, abondant) *Garn.*, Pont-de-Beauvoisin (les Avenières) *Mut.*, Terres-froides *Dav.*

R. aquatilis L. — Eaux lentes, surtout la rg. b., aussi la mn. et la mtg., disséminé abondant d. n. l. — S. n. l., p. ex., Schaffhouse, Bâle, le Sundgau, Porrentruy (Bonfol), Montbéliard, Béfort, Besançon, Salins, la Bresse, les Terres-froides, Grenoble, le Seeland, Neuchâtel, Lausanne, Genève, etc.; plus haut, Les Bois (Etang des Seignes, etc.) *Gouv.* Pontarlier; plusieurs variétés dépendantes de la quantité et du mouvement des eaux, depuis les feuilles peltées jusqu'aux capillaires, et souvent les intermédiaires dans la même localité, un même sujet offrant des feuilles non divisées, demi–divisées et multifides, ce que l'on voit par exemple aux laisses de l'Alleine à Châtenois près Montbéliard.

R. divaricatus Schrk.—Eaux lentes, disséminé d. l. c. a.—S. n. l., Bourogne (Canal Rhin-et-Rhône) *Nob.*, Besançon (Doubs) *Gr.*, Bâle (Wiese) *Hag.*, Yverdon *Mrtz.*, Genève *id.*, et probablement ailleurs confondu avec quelque forme du précédent.

R. fluitans Lam. — Eaux courantes, les 2 rg. inf., répandu abondant d. n. l.—P. ex., Wiese, Doubs, Halle, Rhin, Rhône, Isère, etc.

R. alpestris L. — Pelouses alp., disséminé abondant dans les A. et dans le J. — Haasenmatt, Montoz, Chasseral, Creux-du-Van, Chasseron, Mont-d'Or, Suchet, Montendre, Colombier, Reculet, Chartreuse.

R. Seguieri Vill. — Espèce alpine des A. occidentales commençant à la Chartreuse (Chamchaude).

R. aconitifolius L. — Bois, rg. mtg. et alp., répandu abondant dans les A., les V., le S., l'A. et le J. — Depuis la Schafmatt jusqu'au Salève et à la Chartreuse; limité d'un côté par les hautes chaines, de l'autre par les Passwang, Rothmatt, Monterrible, Lomont, Côtes du Doubs et du Dessoubre, Boujailles, Fresse, etc.; ainsi, p. ex., Wasserfall, Moron, Chasseron, Aiguillon, Hautes-Joux, Montendre, Mont-d'Ain, Grand-Colombier, etc.; aussi parfois plus bas hors de ces limites, p. ex., Salins (Goaille), etc.; une des espèces les plus caractéristiques de notre rg. mtg. sur tous les terrains. — La forme voisine *R. platanifolius* L. disséminée dans les V. et observée sur quelques points du J. (Haasenmatt *Fr.*, Creux-du-Van *Bab.*, Colombier *id.)* me paraît comme à MM. Grenier et Godron une espèce bien distincte; un pied apporté de la Haasenmatt par Friche et cultivé depuis dix ans au jardin de Porrentruy n'a nullement varié; il fleurit quinze jours plus tard et durant un mois de plus que l'*aconitifolius.*

R. Flammula L.—Prés humides, les 3 rg. inf., répandu d. t. l. c. a., plus disséminé d. l. J. — Toutes nos lisières, vals intérieurs, tourbières montagneuses, rarement sur les calcaires.— La forme voisine *R. reptans* L. habitant les rives sabloneuses et quelquefois séparée comme espèce; grèves des lacs de Bienne, Morat, Neuchâtel, Genève; environ de Schaffhouse, Villersfarlay, Sellières, Salins; se retrouve dans les lacs alpins du Dauphiné. — Roches eug. pl.—H.

R. Ficaria L.—Bois, les 3 rg. inf., très-répandu, abondant d. n. l.

R. Thora L.—Pelouses alp., assez répandu dans les A. occidentales; dans le J.,— Mont-d'Or *Gr.*, Colombier, Montoisé, Reculet, Salève, Chartreuse, Dôle.—Roches dysg.?— X ?

R. auricomus L. — Bois secs, les 2 rg. inf., asssez répandu d. n. l. ; surtout les zônes dysg., et souvent nul dans les districts eug. — Un peu X.

R. Lingua L. — Marais, rg. b., rarement plus haut et surtout les plaines eugéogènes, disséminé d. t. l. c. a.— S. n. l., Schaffhouse, Reinfeld, Bâle, Porrentruy (Bonfol), Belfort, Montbéliard *Fr.*, Besançon (Saône), Bourg, Grenoble, Zofingue, Bienne, Landeron, Neuchâtel, Yverdon, Nyon, Genève; plus haut, Pontarlier, (Drujeon à Chaffoy, Houtand, etc.).—Roch. eug.—H.

R. montanus Willd. — Cette espèce avec diverses modifications est très-répandue dans les A. à partir du niveau de notre rg. mtg. sup. — Sa forme *gracilis* Schl. que quelques auteurs sont disposés à séparer comme espèce et qui est rare dans les A., est très-répandue dans les rg. sup. du J. : Haasenmatt, Chasseral, Tourne, Joux-du-Plane, Aiguillon, Châteluz, Suchet, Montendre, Dôle, Colombier, Reculet, Salève; et plus bas, Pontarlier, Poupet, Châtelaine, etc., surtout dans le J. occidental.—La forme principale ou type *(R. montanus* Willd.) se trouve aussi dans le J. selon plusieurs observateurs : Creux-du-Van (fond du Cirque) *God.*, Suchet et Montendre *Bab.*, Dôle et Colombier *Garn.*, *Bab.*, Chartreuse *Mut.*, et plus bas : Pontarlier et Salins (Poupet et Clucy) *G.* et *B.*, Nozeroy *Garn.*, Champagnole *Bab.* Au contraire

MM. Reuter et Friche ne l'ont pas vue dans nos mtg.; MM. Rapin et Gibolet ne séparent pas les deux formes. Mais l'observation de M. Grenier explique ces difficultés; c'est-à-dire que dans les pelouses sèches, notre plante offre la forme *gracilis*, et dans les lieux fertiles la *montanus*. C'est également ce que je crois avoir observé, avec cette différence cependant que les formes des stations eugéogènes fraîches (évidemment dérivées de la *gracilis* qui joue le rôle principal) m'ont paru plutôt tendre vers la *montanus* telle qu'on la voit dans les Alpes (p. ex. Thomas *exsicc.)* que l'atteindre entièrement.—En résumé, la *R. mont. gracil.* Schl. est très-répandue dans le J. et y montre de fréquents passages à la *R. mont.* Willd. des A. — Je ne connais pas les *R. mont.* indiquées soit sous ce nom, soit sous celui de *Jacquini* sur quelques points du Schwarzwald et de l'Albe, mais d'après les descriptions, elles me paraissent différer des formes du J. et des A. Il est probable que les formes alpestres de l'*acris* et de la *nemorosus* ont contribué à la confusion. D'après M. Reuter la *gracilis* ne se montre pas dans les A. sardes. — Roches dysg. pour la *gracilis*, eug. pour la *montanus*; la première X, la seconde II. — MM. Gr. et Godr. donnent notre *R. gracilis* comme identique à la *montanus* Willd. 1848.

R. acris L. — Prés, les 4 rg. se modifiant un peu, très-répandu, très-abondant d. n. l.

R. lanuginosus L.—Bois, rg. mtg. et alp., disséminé assez abondant dans les A. et le J.—Depuis les chaînes argoviennes jusqu'au Salève et à la Chartreuse, p. ex., Hauenstein (Kallen, Bölchen), Passwang (Wasserfall), Weissenstein, Moron, Montoz, Raimeux, Chasseral, Sujet, Pouillerel, Creux-du-Van, Suchet, Noirmont, Rizoux, Dôle, Poisat, Mont-du-Chat, etc. ; parfois plus bas, p. ex., Côtes du Dessoubre, Salins (Pont-d'Héry) et dans le BS.; elle paraît plus rare dans le J. méridional. — Cette espèce qui n'est point signalée dans les V. et le S. proprement dits se retrouverait sur les zônes calcaires de leur pied : cependant je crains que la *R. nemorosus* β. DC. ou *polyanthemos* β. Spen. *(R. aureus* Schl.) n'y ait été prise pour notre espèce.

R. nemorosus DC. (comprenant la *polyanthemos* DC.) — Bois, les 4 rg., surtout la mn., répandu abondant d. n. l., notamment sur toutes les zônes dysgéogènes. Je n'ai assez de renseignements sur la forme *polyanth.* pour la séparer. Selon M. Schultz ces deux formes ne sont que des variétés du même type; selon MM. Gr. et Godr. la dernière manque en France. En tous cas c'est le *R. nemorosus* qui domine dans les bois secs du J. et si la *R. polyanth.* se rencontre d. n. l., ce sera dans les stations eug. plus fraîches.—Roch. dysg.—X.

R. bulbosus L. — Coteaux, les 5 rg. inf. , aussi alp., très-répandu, abondant d. n. l.

R. Philonotis Ehr. — Lieux argileux humides, rg. b., disséminé peu abondant d. l. c. a., plus rare encore dans le BS. — S. n. l., Schaffhouse, Bâle, Béfort, Montbéliard, Besançon, Montbarrey, Villersfarlay, Salins, Sellières, Arbois, la Bresse, Lausanne, Cossonay, Nyon, Genève, Seyssel (Culloz) ; parfois plus haut : Pontarlier, Champagnole. — Roches eug. pl. — H.

R. arvensis L. — Champs, ascendant avec eux, répandu abondant d. n. l.

R. sceleratus L. — Marais, rg. b., disséminé assez abondant d. t. l. c. a. — S. n. l. Schaffhouse, Bâle, Porrentruy (Bonfol), Béfort, Besançon, Salins, Arbois, la Bresse, Katzensée, Bienne, Landeron, Yverdon, Morat, Payerne, Nyon, Rolle (Bursins), Genève, Grenoble ; rarement plus haut : Val-de-Ruz. — Roches eug. — H.

Caltha palustris L. — Prés humides, les 4 rg., très-répandu, très-abondant d. n. l.

Trollius europæus L. — Prés, rg. mtg. et alp., disséminé dans les A., les V., l'A., plus rare dans le S. répandu abondant dans le J. — Depuis le Weissenstein et la Rothmatt jusqu'au Salève et à la Chartreuse ; limité d'un côté par les hautes chaînes, de l'autre par celles de la Chaive, Monterrible, Lomont, Clôs-du-Doubs, Côtes du Dessoubre, Boujailles, Fresse, Mont-d'Ain, etc. ; p. ex. Montoz, Chasseral, Aiguillon, Laveron, Hautes-Joux, Dôle, Grand-Colombier, etc. Aussi çà et là plus bas en dehors des limites indiquées; l'une des espèces les plus caractéristiques de notre région montagneuse. — Roches un peu dysg. — Un peu X.

Eranthis hyemalis Salisb. — Lieux cultivés, rare d. n. l. — Bâle, Delémont, Soleure, Montbéliard, Villersfarlay (Certemery), Bienne, Lausanne, Morges; provenant probablement d'anciennes cultures, mais naturalisé et permanent.

Helleborus fœtidus L. — Cette espèce des coteaux secs dessine toutes les zônes dysgéogènes de la contrée et évite les terrains eugéogènes. Elle est disséminée, rare ou nulle dans les vallées, le S., les V. les A. granitiques et clastiques, répandue et abondante dans l'A., le K., le J., les Cl., les Csv., les Csh. ; toutefois elle reparait dans quelques districts euritiques des V. ; par suite de la disposition des masses géologiques de la contrée, elle habite de préférence la rg. mn., mais elle s'élève jusque dans la rég. alp. et descend dans la rg. b. partout où elle trouve des stations convenablement sèches. — Roches dysg. — X.

H. viridis L. —Espèce méridionale cultivée et rarement naturalisée d. n. l. — Bâle *Hag.*, Salins (Certemery près Mouchard) *Garn.* 1846, Aarau *Bronn.*, Soleure (côté droit de l'Aar au-dessous de l'Emme) *Roth*, Bellelay (Roches de Chetelaz) *Vet?* ; indigène sur plusieurs points du canton de Zurich d'après M. Kölliker, près de l'Ile (Vaud) selon M. Cornaz, et aux environs de Grenoble d'après Villars.

Isopyrum thalictroides L. — Espèce des bois des contrées méridionales, rare sur quelques points d. c. a. — S. n. l., Quingey (Courtefontaine et Petit-Villars *Dum.*, Byans *Gren.*, Liesle et Fourg *Garn.*), Genève (Chancy) *Reut.*, Cluses de Pierre-châtel (la Balme) *Bern.*, Mont-du-chat *Bonj.*, Grenoble (assez fréquent), Côte-d'or.

Nigella arvensis L. — Champs, rg. inf., disséminé d. l. c. a., assez abondant dans la VR., la VS., la Pl., rare dans le J.—Schaffhouse, Eglisau, Liestal, Bâle, Delémont, Montbéliard, Besançon, Genève; rarement plus haut. — Roches eug. pl. — H?.

Delphinium Consolida. L. — Champs, rg. b., disséminé assez abondant d. l. c. a., plus rare dans le J. — S. n. l., Schaffhouse, Eglisau, Delémont, Porrentruy, Montbéliard, Besançon, Villersfarlay, Salins, Poligny, Lons-le-Saulnier, Saint-Amour, Aarau, Bienne, Neuchâtel, Genève, Grenoble.—Roches eug. pl. — H.

Aquilegia vulgaris L. — Pelouses sèches, les 4 rg., surtout la mn., répandu d. n. l., et particulièrement sur les zônes dysgéogènes. La forme voisine *A. atrata* Koch des stations plus mtg. et plus arides, sur quelques points du J. — Eglisau *Köll.*, Cressier et Landeron *Gib.*, Weissenstein et Jura genevois *Mortz.*, Dôle, Faucille et Reculet *Reut.*, Nyon *Gaud.* Fleurs petites et d'un pourpre foncé ; la plante du Landeron est la même que celle des environs de Genève. MM. Gaudin, Reuter et Babey ne la regardent que comme une modification variable du type. — Roches un peu dysg. — Un peu X.

Aconitum Anthora L. — Pelouses rocailleuses, rg. mtg. et alp., assez répandu dans les A. sardes et françaises et disséminé dans le J. occidental. — Jougne (Rochejean) *Gr.*, Mont-d'Or *id.*, Champagnole (Château-Vilain) *Bab.*, Arbois (Châtelaine) *Dum.*, Arinthod (Matafelon près Thoirette) *Bab.*, Dôle (Vuarne), Reculet, Credoz (Sorgia) *Bern.*, Mont-d'Ain (vers Malbronde) *id.*, Grand-Colombier, Cluse de Pierre-Châtel *Bern.*, Chartreuse; probablement ailleurs ; on voit que cette espèce est plutôt montagneuse qu'alpestre.—Roches dysg. — X.

A. Napellus L. — Prés humides, rg. mtg. et alp., répandu abondant dans les A., les V., le S., sur quelques points de l'A. et dans le J. — Depuis la Schafmatt (Geisfluh) jusqu'au Salève, mais peut-être plus rare dans le J. méridional ; limité au sud par les hautes chaînes, puis par celles de Passwang, Rothmatt, Raimeux, Côtes-du-Doubs, Côtes-du-Dessoubre, Taureau, Hautes-Joux, Fresse, etc. ; parfois plus bas hors de ces limites, p. ex. Bâle, Besançon, Salins, mais habituel surtout dans les hautes chaînes centrales comme Chasseral où il contribue beaucoup à la physionomie de la végétation ; plusieurs variétés ou dérivés stationnels.

A. Lycoctonum L. — Bois, rg. mtg. et alp., aussi la mn., répandu abondant dans les A., les V., le S., l'A., les Cl., et tout le J. ; plusieurs variétés.

A. paniculatum. Lam. — Cette espèce des bois montagneux des Alpes, surtout occidentales et qui se trouve à la Chartreuse m'est signalée par M. Bernard au Crêt-de-Chalam, et par M. Reuter (*fide Godet*), aux environs de la Faucille, 1848.

Actæa spicata L. — Bois couverts, les 4 rg., disséminé d. n. l. et paraissant y suivre surtout les zônes dysgéogènes par l'A., le K., les Cl. et tout le J. où il s'élève jusque dans la rg. alp. -P. ex., Weissenstein (Rœthifluh), les Bois (aux Ruz), Sonnenberg, Suchet, Montendre, Dôle, Rimondière, Grand-Colombier (Grange-du-Cimetière). — Roches un peu dysg. — Un peu X.

Suppl. La *Pæonia officinalis* L., espèce de la Suisse trans-alpine et du Dauphiné méridional a été indiquée autrefois par erreur auprès de Liestal : c'était la *peregrina* échappée de jardins.

2. BERBÉRIDÉES.

Berberis vulgaris L. — Buissons, les 5 rg. inf., aussi alp. (Haasenmatt, vallée d'Urseren), répandu assez abondant d. n. l.

Epimedium alpinum L. — Cette espèce disséminée dans les Alpes méridionales est naturalisée sur les bords du Rhin et de la Wiese près de Bâle, soit sporadiquement soit qu'elle provienne d'anciennes cultures, ce qui a lieu encore sur d'autres points de la VR. ; rare en Dauphiné.

5. NYMPHÉACÉES.

Nymphæa alba L. — Eaux tranquilles, rg. b., disséminé assez abondant d. t. l. c. a. — P. ex., Schaffhouse, Bâle, Ferrette, Porrentruy (Bonfol),

Montbéliard, Besançon, Sellières, Bourg, Tour-du-Pin, Grenoble, Bienne, Neuveville, Neuchâtel, Genève, Seyssel (Culloz), Belley, etc. ; aussi plus dans l'intérieur du Jura et plus haut : Bellefonds, Chapelle-des-Bois, Rousses, Nantua, Oyonnax, Hôpitaux, etc.

Nuphar luteum Sm.—Eaux tranquilles, surtout la rg. b. , disséminé assez abondant d. t. l. c. a. et d. l. J. — S. n. l., par ex., Schaffhouse, Delle, Béfort, Montbéliard, l'Isle, Besançon, Villersfarlay, toute la Bresse, Bourg, les Terres-froides, Tour-du-Pin, Aarau, Bienne, Neuveville, Neuchâtel, Seyssel (Culloz), Belley, etc.; plus dans l'intérienr , les Bois (Biez-au-fond, Mortier, etc.), Morteau, Pont-de-Leyme, Drujeon, Anguillon, Lacs de Saint-Point, de Chapelle-des-Bois, de Frâne, de Joux, des Rousses, de Nantua, de Sylant, tourbières d'Oyonnax , etc.

N. Spenn̄erianum Gaud. *(N. minima* Sp.). — Lacs des V. et du S. ; une forme très-voisine dans les Alpes.

4. PAPAVÉRACÉES.

Papaver Argemone L. — Champs, disséminé peu abondant d. l. c. a. et ascendant parfois d. l. J. — S. n. l., Schaffhouse, Regensperg, Kaiserstuhl, Bâle, Béfort, Besançon, Salins, Grenoble, Neuchâtel, Boudry, Payerne, Nyon, Genève : fugace.

P. Rhœas L. — Champs, ascendant avec eux, très-répandu, très-abondant d. n. l.

P. dubium L. — Lieux cultivés, les 3 rg. inf., disséminé assez abondant d. n. l. — P. ex., s. n. l., Schaffhouse, Rheinfeld, Bâle, Porrentruy, Béfort, Montbéliard, Besançon, Salins, Arbois, Grenoble, Aarau, Bienne, Neuchâtel, Nyon, Genève : plus haut : Hauenstein, Val-de-Travers, Pontarlier, Nozeroy, etc.

Suppl. — *P. hybridum* L., à peine aperçu sur quelques points d. c. a.; *P. somniferum* L., cultivé et çà et là subspontané.

Glaucium luteum Scop. — Grèves, généralement nul d. l. c. a. et seulement sur quelques points de nos lisières. — Plages du lac de Neuchâtel (Bied, Epagnier, Grandson, Corcelette, Poissine) *God.;* sables de l'Ain à Thoirette près Arinthod *Bab.*, Grenoble, Lyon.—Roch. eug. pm. — H.

Chelidonium majus L. — Lieux graveleux, les 3 rg. inf., répandu abondant d. n. l.

5. FUMARIACÉES.

Corydalis cava Schw. — Bois, les 3 rg. inf., répandu et abondant d. n. l., plus disséminé cependant dans quelques districts.

C. fabacea Pers. — Bois, divers niveaux, disséminé ou rare d. l. c. a.— S. n. l., Bâle (Riehen, Neuhaus) *Hag.* ; Grande-Chartreuse *Clém.* : variété de l'espèce suivante selon M. Schultz.

C. solida Sm. — Bois, disséminé ou rare d. l. c. a. et d. l. J. — Bâle, Porrentruy (Grandfontaine) *Lap.*, Montbéliard *Contej.*, Besançon *Gr.*, Salins (Poupet, etc.) *Bab.*, Arbois (Châtelaine) *Garn.*, Grenoble *Mut.*, Yverdon *Vet.*, Genève (Saint-Jean, Petit-Sacconex, etc.) *Reut.*, Fernex (Thoiry), Salève ; paraît plus commun que le *C. cava* dans certains districts occidentaux.

C. lutea DC. — Cultivé et naturalisé rare d. l. c. a. — S. n. l., Bâle (Pont de Mœnchenstein, Bottmingen), Istein, Orbe, Salève.

Fumaria officinalis L.—Lieux cultivés, les rg. inf., assez répandu d. n. l.

F. Vaillantii Lois. — Champs, disséminé dans la VR., les V., les Cl. et sur quelques points du J. — Ferrette, Porrentruy (fréquent), Besançon, Quingey, Lyon, et probablement plus répandu.

F. parviflora Lem. — Lieux cultivés, disséminé dans la VR., la VS. et en L.

F. capreolata L. — Espèce méridionale aperçue à Lausanne et Genève (jonction Arve et Rhône) *Chan. Dav.*

6. CRUCIFÈRES.

Cheiranthus Cheiri L. — Naturalisé sur les murs, p. ex. Landskron, Angenstein, Bechburg, Pleujouse, Neuchâtel, Grandson, Orbe, Morges, Moudon, Béfort, Montbéliard, Besançon, Salins, Vaugrenand, Poligny, Genève, Grenoble : envisagé comme indigène par quelques-uns.

Nasturtium officinale RB.—Ruisseaux, les 3 rg. inf., aussi alp., répandu abondant d. n. l.

N. amphibium R B.— Rives stagnantes, rg. b., disséminé assez abondant d. t. l. c. a.— S. n. l., Schaffhouse, Bâle, Porrentruy (Bonfol), Béfort, Audincourt, Monbéliard, Salins, Vallée-de-l'Ognon, Villersfarlay, Arbois, la Bresse, Bourg, les Terres-froides, Grenoble, Aarau, Bienne, Neuveville, Neuchâtel, Grandson, Orbe, Nyon, Genève.—Roches eug. pl.—H.

N. sylvestre RB. — Rives sableuses, rg. b., disséminé assez abondant d. t. l. c. a.—S. n. l., Schaffhouse, Winterthur, Bâle, Bourogne, Béfort, Montbéliard, Audincourt, l'Isle, Besançon, Villersfarlay, Salins, Arbois, Lons-le-Saulnier, Pont-d'Ain, Grenoble, Aarau, Soleure, Neuchâtel, Grandson, Payerne, Genève *Vet.* ; plus haut, Saut-du-Doubs, Biez-au-fond, Champagnole, Locle. — La modification *N. anceps* Rchb., dans la VR. et s. n. l., Bâle *Hag.*, Aarau *Bron.*, Besançon *Gr.*,— Roches eug. pm.— H.

N. palustre RB. — Marais, divers niveaux, disséminé et assez répandu d. n. l. — P. ex., s. n. l., Rheinfeld, Bâle, Porrentruy (Bonfol), Besançon, Salins, Aarau, Payerne, Nyon, Genève, Grenoble, etc. ; plus haut Chaux-de-Fonds, Ponts, Pontarlier, etc.

N. pyrenaicum RB. — Lieux sabloneux, divers niveaux, disséminé dans la VR. et celle du Rhône, les V., le S. et les A. — S. n. l., Bâle (Birsig, Wiese, etc.), Béfort (Savoureuse) *Par.*, Montbéliard (Charmont) *Contej.*; cette espèce selon Hagenbach n'était pas encore introduite dans nos contrées du temps de J. Bauhin.

Barbarea vulgaris RB. — Lieux humides, les 2 rg. inf., assez répandu d. n. l.

B. præcox RB. — Espèce cultivée se montrant naturalisée sur quelques points de la VR. et de L., aperçue à Vaumarcus et Lausanne, puis se trouvant à Salins (fossés du Fort-Saint-André, rare) *Bab.*, et près Grenoble (Saint-Nizier, etc.) *Mut.*

Turritis glabra L. — Coteaux graveleux, les 3 rg. inf., surtout la plaine, disséminé peu abondant d. l. c. a., plus dans l'A. et moins dans le J. — S. n. l., Schaffhouse, Rheinfeld, Bâle, Béfort, Porrentruy, Audincourt, Montbéliard, Besançon, Quingey, Salins, Arbois, Aarau, Neuveville, Neuchâtel, Boudry, Orbe, Lasarraz, plaine vaudoise, etc. ; plus haut Lægerberg, Côtes-du-Doubs, de la Loue, de la Suze, Rochers-de-Poupet, Châtelaine, Thoirette, Reculet, Salève, Chartreuse.

Arabis brassicæformis Wallr. — Coteaux graveleux, les 3 rg. inf., rare d. l. c. a., surtout les Cl., et dans le J. — Orbe (Entre-Roches) *Monn.*, la Dôle *Gay.*, Reculet (Creux-d'Ardran) *Reut.*, Grenoble (Rachet, etc.) *Mut.*, Cluses de Sylant (de Nantua au lac) *Bern.*; Savoie, Valais, France sud-occidentale.

A. alpina L.— Rochers, rg. mtg. et alp., disséminé dans les A., surtout occidentales, répandu assez abondant dans tout le J. — Depuis le Lægerberg jusqu'au Salève et à la Chartreuse, limité d'un côte par les hautes chaînes, de l'autre par les Hauenstein, Gempenberg, Blauenberg, Monterrible, Lomont, Côtes-du-Doubs et du Dessoubre, Mont-Pelé, Boujailles, Fresse, Côtes-de-l'Ain, etc.; p. ex., Weissenstein, Sonnenberg, Chasseral, Moron, Chasseron, Châteluz, Hautes-Joux, Rizoux, Reculet, Grand-Colombier, etc.; très-souvent aussi dans les régions inférieures avec les cours d'eau jusqu'à Bâle, Delle, Baume, Ornans, Orbe, Yverdon, Salins, Arbois, Poligny, Nantua, les Balmes, Belley, etc., et s'y propageant jusque sur les murs; l'une des espèces les plus caractéristiques du J. et les plus contrastantes avec les MR. —Roches dysg. —X.

A. auriculata Lam.—Espèce méridionale rare d. l. c. a. et d. l. J. —Weissenstein *Heg.*, Audincourt *Fr.*, Salins *Mut.* (non *Bab.*), Fort-l'Ecluse *Rap.*, Salève et Pas-de-l'Echelle *Reut.*, Grenoble (assez fréquent) *Mut.*; probablement ailleurs dans le J. méridional.

A. saxatilis All. — Espèce méridionale comme nulle d. n. l. excepté : — Farnerberg (Balmberg) *Roth.*, Fort-l'Ecluse *Reut.*, Salève *Rap.*, Grenoble (Saint-Eynard) *Mut.*; Savoie, Dauphiné, Valais.

A. hirsuta Scop. Döll (comprend la *sagittata* W. Gr.)—Coteaux graveleux, les 4 rg., répandu abondant d. n. l. jusqu'aux sommités, p. ex., Haasenmatt, Montoz, Mont-d'Or, Dôle, Saint-Eynard, etc.

A. muralis Bert. — Espèce méridionale nulle d. n. l., excepté à Carouge (murs) *Horn.*, au Salève (près le Pas-de-l'Echelle) *Reut.*, à Nantua *Gr. Godr.*, à Grenoble (Saint-Eynard, etc.); Lyon, Valais.

A. arcuata Shttlw. God. *(ciliata* RB. β Koch, *hirsuta incana* Gaud.). — Rocailles mtg. et alp., rare d. l. c. a., disséminé d. l. J. — Chasseral *Fr.*, Creux-du-Van et Tourne *God.*, Tête-de-Rang *Shttlw.*, Aiguillon *Nob.*, Saint-Cergue et Faucille *Horn.*, Reculet et Salève *Reut.*, Mont-d'Or et Colombier *Bab.*; plus bas, Besançon, Salins, Poligny, Thoirette, Nyon, Arbois (Châtelaine), Boujailles, Grenoble, etc.; Alpes occidentales, souvent sous la forme *A. ciliata glabrata* Koch, qui ne diffère pas spécifiquement de notre espèce.

A. stricta Huds. — Espèce méridionale des A. françaises, nulle d. n. l., excepté au pied du J.— Au dessus de Thoiry *Reut.*, au Colombier *Bab.*, au Salève (Pas-de-l'Echelle) *Reut.*, à Grenoble (Saint-Eynard) *Mut.*, Dauphiné; forme avec le *muralis* une hybride, *A. hybrida* Reut., au Pas-de-l'Echelle.

A. serpyllifolia Vill. — Espèce méridionale nulle d. n. l. excepté aux environs des Rousses *Gr.*, à la Dôle *Rap. Reut.*, à Saint-Georges et au Salève *Reut.*; Savoie, Dauphiné méridional et aussi un point en Lorraine. — Une variété *speluncaria* à la Dôle *Rap. 1848*, prise quelquefois pour l'*A. bellidifolia.*

A. arenosa Scop.—Coteaux graveleux, les 5 rg. inf., surtout la mtg., inégalement disséminé assez abondant d. n. l.; rare dans les A. et le S., assez
rare dans la VR. et le BS., plus répandu dans quelques parties des V., dans
l'A. et dans le J. central, rare ou nul sur de grandes étendues dans le J.
oriental et occidental, mais se remontrant dans le J. méridional? — Glariers
des Cluses et Côtes du Doubs (Valanvron, la Mort, Boège, etc.), Birse, Sorne,
Dessoubre, Loue, Laudeux, et sur les rochers des chaînes traversées par ces
rivières : Monterrible, Saint-Braix, Clôs-du-Doubs, Chaive, Frénois, Raimeux,
Montoz, Moron, Chasseral, Pouillerel jusqu'au Chasseron; ensuite aux environs de Salins et aux Côtes-du-Lison; enfin s. n. l., Bâle, Béfort, Montbéliard, Besançon, Aarau, etc.; probablement ailleurs.

A. Turrita L.— Rochers couverts, rg. mn., mtg. et au dessus, disséminé
dans les A , plus rare dans les V., le S., l'A., répandu assez abondant d. t.
l. J.—Depuis le Lægerberg jusqu'au Salève et à Grenoble, p. ex., Bâle, Porrentruy, Besançon, Salins, Arbois, Ceyseriat, Aarau, Soleure, Neuveville,
Neuchâtel, etc.; Delémont, Chaux-de-Fonds, Pontarlier, Ornans, Arinthod,
Nantua, Belley, etc.—Roches dysg.—X.

Suppl. — L'*A. pumila* Jacq., signalé au Chasseral par Chaillet n'y a pas
été revu; l'*A. bellidifolia* Jacq., naturalisé au Bec-à-l'Oiseau par Junot selon
M. Lesquereux.

Cardamine impatiens L. — Bois, les 5 rg. inf., surtout la mtg., inégalement disséminé d. l. c. a., assez abondant dans la rg. mtg. des A., des V. et
de l'A., comme nul dans le S., rare d. l. J.— Schaffhouse (Chûte-du-Rhin),
Lauffenburg, Augst, Béfort, Montbéliard, Besançon, Salins (Prétin, etc.),
Arbois (Châtelaine, etc.), Nyon (Trélex), Nantua, Grenoble; plus haut Farnsburg, Diegten, Dôle, Salève, Chartreuse.

C. hirsuta L. — (comprenant la *sylvatica* Link.) — Bois et lieux cultivés
un peu sabloneux, disséminé d. t. l. c. a., ascendant dans les A., les V., le
S., plus rare d. l. J. — S. n. l. vignobles sous la forme *hirsuta*, et çà et là
dans les bois de la rg. mn. et mtg. sous la forme *sylvatica*, p. ex., Porrentruy, la Ferrière, Creux-du-Van, Levier, Boujailles, Salins, la Dôle, etc. —
Roches eug. pm.—H.

C. pratensis L. — Prés, les 4 rg., en se modifiant un peu, très-répandu,
très-abondant d. n. l.; alpestre sur les sommets de Chasseral, Haasenmatt,
Reculet, etc.; très-ubiquiste.

C. amara L. — Ruisseaux, les 4 rg., disséminé d. n. l., particulièrement
abondante dans les V., inégalement disséminé dans le J. et manquant dans
certains districts. — P. ex., Schaffhouse, Bâle, Porrentruy, Audincourt, Besançon, Salins, Genève.—Roches eug. pm.?—H?

C. thalictroides All.—Espèce méridionale signalée à la Grande-Chartreuse.

Suppl. Le *C. trifolia* L. — Espèce des A. allemandes, très-douteuse pour la France et la Suisse limitrophe a été signalée autrefois par Haller au Chasseral où personne ne l'a revue depuis : c'était probablement la variété *trisecta* de la *pratensis* qui croît précisément dans les combes situées sous le sommet, localité indiquée par Haller. La *C. granulosa* DC. se montre dans les marais des environs de Grenoble (Domène).

Dentaria pinnata Lam.—Bois, rg. mtg. et alp., disséminé dans les A. et les V., plus rare dans le S., l'A. et les Cl., répandu très-abondant d. t. l. J., et y descendant souvent dans la rg. mn.— P. ex., Passwang, Weissenstein, Monterrible, Moron, Chasseral, Chasseron, Hautes-Joux, Boujailles, Dôle, Rimondière, Mont-du-Chat, Chartreuse ; plus bas, Bâle, Porrentruy, Besançon, Salins, etc. ; commun dans plusieurs districts du J. central.

D. digitata Lam. — Bois, rg. mtg. et au dessus, disséminé dans les A., comme nul dans le S. et l'A., assez rare dans les V. et le J. — Schaffhouse (Rhanden), Gislifluh, Weissenstein, Chasseral, Sujet, Côtes-du-Doubs (Valanvron), Creux-du-Van, Pouillerel (Cirque du Mauron), Vaux-Seyon, Tourne, Montendre *Corn.*, Noirmont, (Saint-Cergues, etc.), Dôle (Faucille), Grotte-des-Echelles, Salève, Chartreuse, etc.

D. bulbifera L.— Très-rare d. n. l. excepté dans l'A. où il est disséminé, puis dans le Dauphiné méridional.

Hesperis matronalis L.—Espèce cultivée, çà et là naturalisée ou indigène?, assez rare d. l. c. a. et d. l. J., surtout aux environs des habitations et des ruines. —Augst, Farnsburg, Sissacherfluh, Ballstal, Valangin, Biaufond, Boiron, Jougne, sources de l'Ain, Champagnole (bords de l'Ain, spontanée *Bab. Garn.)*, Rolle, Coppey (Bossey), Brenod (Combe-Duval), Molard-de-Dom, Chartreuse, etc. ; fugace et n'existant peut-être plus dans plusieurs de ces localités.

Sisymbrium officinale Scop. — Lieux graveleux, les 3 rg. inf., répandu abondant d. n. l.

S. Sophia L. — Lieux sabloneux, rg. b., disséminé d. l. c. a., ascendant parfois dans les V. et le S. — S. n. l., Schaffhouse, Bâle, Montbéliard *Vet.*, Arbois, Salins, Nantua, Aarau, Payerne, Avenches, Nyon, Grenoble ; plus haut, Val-de-Ruz (Dombresson), Jougne, Fort-de-Joux, Arbois (Roches de Gilly), Salève (Voûtes-d'Enhaut) ; fugace.—Roches eug. pm.—H.

S. Alliaria Scop.— Bois, les 4 rg., surtout les inf., répandu abondant d. n. l. ; alpestre à Chasseral (hautes combes).

S. Thalianum Gaud.—Champs, surtout sabloneux, rg. b., aussi ascendant disséminé ou assez répandu d. n. l.

S. austriacum Jacq.— Coteaux secs, rare d. n. l., sur un point de l'A. et du Valais, puis d. l. J.—Arbois (pied des Roches de Gilly) *Dum. et rec.*, Salève (sous le Pas-de-l'Echelle) *Reut.*

S. strictissimum L. — Sur quelques points de l'A. et dans le Dauphiné méridional.

Suppl. S. pannonicum Jacq. — Un point des V. et Valais — *S. Irio* L. à peine aperçu d. n. l.—*S. polyceratium* L. plus que douteux d. n. l.

Braya supina Koch. — Grèves, rares d. n. l. — Montbéliard (bords du Doubs) *Fr.*, Besançon (ibid.) *Gr.*, Villersfarlay, Mont-sous-Vaudrey, etc. *Bab.*, champs aux environs d'Amancey (Eternoz, Busy) *id.*, Val-de-Joux (du Pont aux Charbonnières. du Lieu au Sentier, etc.).

Erysimum cheiranthoides L.—Lieux sabloneux, rg. b., disséminé d. l. c. a., assez rare dans le BS. — S. n. l., Winterthur, Schaffhouse, Eglisau (Rafz), Rheinfeld, Liestal, Bâle, Béfort, Montbéliard, Besançon, Villersfarlay, bords du Doubs et de la Loue, Salins, Arbois, Soleure, Bienne, Nidau, Cerlier, Grandson, Orbe, Genève, grèves de la Saône et du Rhône. — Roches eug. pm.—II.

E. strictum Koch. *(virgatum juranum* Gaud., *hieracifolium* L. fl. Suec.). — Cette espèce signalée sur quelques points des A. valaisannes et dauphinoises, puis dans l'A., n'a été observée dans le J. qu'au Creux-du-Van où elle est très-rare *Chaill. Lesq.*—Montbéliard (Etupes) *Bern. nec rec.*

E. orientale RB. — Champs, rg. b., disséminé ou rare d. l. c. a., très-rare dans le BS. —S. n. l., Bâle *Hag.* Schaffhouse *Laff.*

E. ochroleucum DC. — Coteaux graveleux, disséminé dans les A.. surtout occidentales et sur plusieurs points du J. — Chasseral *Rec.*, Creux-du-Van, Dôle, Tête-de-Rang (Roche aux corbeaux, naturalisé *Lesq.*), Salins (Poupet, Belin, etc., commun), Mont-d'Ain *Bern.*, Saint-Rambert (bords des petits lacs de Tenay et la Burbanche) *Nob. Bern.*, Chartreuse (Chamchaude); probablement plus répandu.—Roches dysg.?—X.?

E. crepidifolium Rchb. —Plusieurs points de l'A. : nul du reste d. n. l.

E. odoratum Ehr·—Plusieurs points des Cl. d'après M. Godron.

Brassica nigra Koch.— Assez rare d. n. l. et provenant probablement de culture.— P. ex., Schaffhouse, Bâle, Béfort, Montbéliard, Delémont, Besançon, Salins, Grenoble.

Suppl. — B. napus, B. rapa, B. oleracea, cultivés : ce dernier s'élevant assez haut dans la rg. mtg.

Sinapis alba L. — Cultivé et rarement subspontané. — P. ex., Eglisau, Montbéliard, Baume, Besançon, Salins, Grenoble, Soleure.

S. arvensis L.— Champs, ascendant avec eux, très-répandu, très-abondant d. n. l.

S. Cheiranthus Koch.—Lieux sabloneux, rg. b., disséminé assez abondant dans la VR. et la VS., nul dans le BS.—S. n. l., grèves du Rhin (Neudorf) *Heg.*, Crémieux (route de Lyon) *Mut.*, Grenoble (Polygone) *id.*,—Roches eug. pm.—II.

Erucastrum obtusangulum Rchb.—Lieux sabloneux, rg. b., disséminé assez abondant d. t. l. c. a.— Le long du Rhin de Constance à Bâle, de la Birse, de la Wiese, de l'Aar, du Doubs, du Rhône, de l'Arve, de l'Isère et sur les bords des lacs de Bienne, Neuchâtel et Genève; ainsi aux environs de Schaffhouse, Bâle, Aarau, Schinznach, Büren, Neuchâtel, Genève, Arbois *Dum.*, Grenoble; il peut se faire que dans l'une ou l'autre de ces localités on l'ait confondu avec le suivant.—Roches eug. pm.—II.

E. Pollichii Schp. — Même rôle, surtout la VR. de Bâle vers le nord. — Rhin, Rhône, Töss, Thur, Aar, Thièle, Landeron, Loue, Ain, lac de Nantua; ainsi aux environs de Schaffhouse, Lauffenbourg, Bâle, Soleure, Aarberg, Nyon, Genève, Seyssel (Culloz), Villersfarlay, Thoirette.—Roches eug. pm.—II.

E. incanum Koch.— Champs, très-rare d. n. l excepté,— Plaine rhénane zuricoise *Köll.*, Liestal *Hag.*, Mulhouse et Habsheim *Vet.*, Altschweiler et Bâle *Hag.*, Morges (Saint-Prex) *For.*, Genève *Reut.*

Diplotaxis tenuifolia DC.—Lieux graveleux, rg. b., disséminé assez abondant dans la VR., plus rare d. l. c. a. — S. n. l., Zurich, Bâle, Béfort, Besançon, Baden, Neuchâtel, Nyon, Fort-l'Ecluse, Genève, Grenoble.

D. muralis DC. — Lieux graveleux, disséminé assez abondant d. l. c. a., mais nul sur de grandes étendues.—S. n. l., Constance, Zurich, Schaffhouse, Bâle, Nyon, Genève, Grenoble.

D. viminea DC. — Espèce méridionale qui se retrouve au Kaiserstuhl *Braun*, et plus au nord.

Alyssum montanum L.—Coteaux secs, les 5 rg. inf., assez rare d. l. c. a., disséminé dans l'A.—S. n. l., Schaffhouse, Dornach, Birseck, Bâle, Lægerberg, Arbois (Gilly, etc.) *Bab.*, Champagnole (Syam, etc.) *Garn.*, Poligny (vers Plâne) *id.*, Ambérieux et Ambronay *Bern.*, Grenoble.

A. calycinum L.—Coteaux graveleux, les 5 rg. inf., assez répandu d. n. l.

Farsetia incana RB. — Lieux sabloneux, rg. b., disséminé dans la VR., nulle part que je sache s. n. l., nul ou très-rare, du reste, d. n. l.

Clypeola Jonthlaspi L.—Espèce méridionale.—Belley (collines de Muscin) *Bern.*, Grenoble (Saint-Eynard, etc.), Savoie, Valais.

Lunaria rediviva L.—Bois et ravins ombragés, rg. mtg. et alp., disséminé dans les A., assez répandu dans les V. et dans l'A., assez rare dans le S., çà et là les Cl., répandu abondant dans tout le J., surtout central et occidental.—Depuis la Cluse de Ballstal jusqu'au Salève et à la Chartreuse, limité par les hautes chaînes et par celles de Passwang, Rothmatt, Blauenberg, Monterrible, Lomont, Côtes-du-Doubs, Côtes-du-Dessoubre, Boujailles, Côtes-de-l'Ain, Rimondière, Grand-Colombier, Mont-du-Chat ; habituel dans ces limites, surtout dans le J. bernois, mais descendant en outre souvent dans la rg. mn., p. ex., Porrentruy, Blamont, Besançon, Salins, Payerne, Nyon, Nantua, etc.—Roches un peu dysg.— uu peu X.

Supplt.—*L. biennis* Mœnch., cultivé et rarement subspontané, point indigène, que je sache, d. n. l.

Draba aizoides L.—Rochers, rg. mtg. et alp., répandu abondant dans les A., l'A. et surtout le J.— Depuis le Lægerberg jusqu'au Salève et à la Chartreuse ; limité par les hautes chaines et par celles de Hauenstein, Passwang, Gempenberg, Blauenberg, Monterrible, Lomont, Côtes-du-Doubs, Côtes-du-Dessoubre, Côtes-de-la-Loue, Châteluz, Taureau, Hautes-Joux, Côtes-de-l'Ain, Mont-d'Ain ; habituel dans ces limites, p. ex., Haasenmatt, Chasseral, Tourne, Chasseron, Aiguillon, Dôle, Grand-Colombier, Mont-du-Chat, etc., et descendant en outre disséminé sur plusieurs points de la rg. mn., p. ex., Ferrette, Lomont, Salins, Arbois, Thoirette, etc. Contrastant par son absence totale dans les MR., sa présence dans le J., l'A., le Hegau, la Côte-d'Or calcaire ; une des espèces les plus caractéristiques de notre rg. mtg.— Roches dysg.—X.

D. muralis L. Lieux sablonneux, rg. b., disséminé sur quelques points de la VR., de la L., du Valais, du Dauphiné. — S. n. l., Eglisau (Rafz) *Graf,* Bâle (Saint-Jacques, etc.), Besançon (rare), Belley *Bern.*

D. verna L.— Coteaux secs, les 3 rg. inf., répandu abondant d. n. l.

D. nivalis L.—Espèce alpine qui apparait à la Chartreuse.

Cochlearia officinalis L. — Cultivé et rarement naturalisé. — Cité comme spontané aux Roches de Moutier-Grandval ; il s'y trouve en effet à la cascade de la Cape-aux-mousses ou Roche-pleureuse, mais il est certain qu'il y a été semé autrefois par le banneret Moschard de Moutier. On le cite encore sur quelques autres points d. n. l. ; indigène ??

Armoracia rusticana Koch.—Cultivé puis çà et là naturalisé.—Schaffhouse (Gächlingen) *Laff.,* Bâle (Michelfeld, Saint-Jacques), Montbéliard (Courcelles *Bern.,* Montbéliard *Contej.*), Neuchâtel (de Saint-Blaise au Loquiat), Val-de-Ruz (Borcarderie), Val-de-Travers (Couvet) ; MM. Lesquereux et Godet l'en-

visagent comme indigène dans ces dernières localités; Yverdon (bords du lac)
Bab.; indigène??

Kernera saxatilis Rchb.—Rochers, rg. mtg. et alp., disséminé dans l'A.,
répandu assez abondant dans les A. et plus encore dans le J. — Depuis les
Hauenstein jusqu'à la Chartreuse, limité par les hautes chaînes et par celles
de Gempenberg, Blauenberg, Monterrible, Lomont, Côtes-du-Doubs, Côtes-
du-Dessoubre, Hautes-Joux, Mont-d'Ain, etc.; assez répandu dans ces limites,
p. ex., Passwang, Moron, Montoz, Graitery, Raimeux, Chasseral, Tourne,
Tête-de-Rang, Mont-d'Or, Suchet, Aiguillon, Reculet, Mont-du-Chat, etc.;
Cluses et Côtes du Doubs, Birse, Sorne, Suze, Seyon, Reuse, lac de Nantua,
Albarine, etc.; çà et là plus bas dans la rg. mn., surtout sous la forme *auriculata* Gaud., comme à Salins (Belin, Poupet), Arbois (les Planches), Nantua (le Mont), etc.; contrastant par son absence totale dans les MR.—Roches
dysg.— X.

Camelina sativa Crtz.—Cultivé, puis çà et là subspontané.

C. dentata Pers.— Suit les cultures de lin, p. ex., Bâle, Porrentruy, Besançon, Salins, Neuveville, Genève, Grenoble.

Thlaspi arvense L.—Champs, ascendant avec eux, répandu d. n. l.

T. perfoliatum L. — Champs, moins ascendant que le précédent, surtout
les vignobles, assez répandu d. n. l.

T. montanum L. — Rochers couverts, rg. mtg. et alp., disséminé dans
les A., surtout occidentales, dans l'A., sur quelques points des Cl. et des
Csv., répandu dans tout le J. — Depuis le Lægerberg jusqu'au Salève et à la
Chartreuse, limité par les hautes chaînes et par celles des Hauenstein, Passwang, Gempenberg, Blauenberg, Birkmatt, Monterrible, Lomont, Côtes-du-
Doubs, Côtes-du-Dessoubre, Châteluz, Hautes-Joux, Côtes-de-l'Ain?, etc.; p.
ex., Passwang, Weissenstein, Chaive, Frénois, Moron, Montoz, Graitery,
Côtes-du-Doubs, Chasseral, Tête-de-Rang, Creux-du-Van, Côte-aux-Fées,
Taureau, Mont-d'Or, Grand-Colombier, etc.; plus disséminé en dehors des
limites ci-dessus : Schaffhouse, Besançon, Salins, Arbois; une des espèces
les plus caractéristiques de notre rg. mtg., contrastant par son absence dans
les MR.— Roches dysg.—X.

T. alpestre L.—Pelouses fraîches, rg. mtg. et alp., disséminé dans les A.,
sur quelques points des V. et dans le J. — Monterrible (Caquerelle) *Nob.*,
Brückliberg (Plagne, Vauffelin) *Fr.*, Montoz (Tiefmatt) *id.*, Moron, Graitery
et Raimeux *Pagn.*, Franches-Montagnes (la Gruyère *Fr.*, les Bois, commun,
Gouv.), Sonnenberg *id.*, Chasseral, Creux-du-Van, Tête-de-Rang, Tourne,
Val-de-Vravers (Motiers), Val-de-Moutiers (Plainfayen), Dôle, Reculet, Baule

sur Bonmont, tourbières entre la Brévine et le Chamfaux, Val-de-Joux, Cluses-de-Nantua *Bern.*, Poisat et Grand-Colombier *id.*, Chartreuse?; tantôt alpestre, tantôt comme sporadique dans les prés humides des hautes vallées : je crains en ces diverses localités quelque confusion avec la précédente.

T. virgatum Gr. Godr.—Cette espèce, voisine de la précédente avec laquelle on l'a confondue jusqu'à présent, se trouve à Grenoble (Rachet, Saint-Eynard, etc.) *Gr. Godr.*

Teesdalia nudicaulis RB.—Lieux sablonneux, rg. b., disséminé dans la VR. et la VS. rare dans le BS. — S. n. l., Bâle (Neuhaus, Wyl, etc.), Montbéliard *Wetz.*, Fernex (Thoiry) *Ray.*, Tour-du-Pin *Bern.*; plus haut Ballstal *Hag.*, Val-de-Tavannes *Vet.*; fugace; ascendant fréquemment dans les champs sablonneux des V.—Roches eug. pm.—H.

Iberis saxatilis L.—Cette espèce méridionale des rochers des Basses-Alpes françaises et sardes n'a été observée que sur deux points d. n. l. — Cluse d'OEnsingen près Soleure *Roth.* et *Fr.* où elle est abondante; Lomont de Blamont (Crêt-des-Roches à l'ouest de Brisepoutoz, également en abondance) *Vet., Gr., Vern.*; M. Schuttleworth m'assure qu'elle se trouve aussi à la Dent-de-Vaulion, reparaît au sud de l'Isère.

I. amara L. — Champs, ascendant avec eux, disséminé d. l. c. a. et plus répandu d. l. J.

I. pinnata L. — Coteaux graveleux, champs, disséminé dans les parties méridionales de la contrée. — Yverdon *Gay.*, Nyon (Trélex à Gingins *Gay.*, près du bois Bougis *Gaud)*, Genève (bords du Rhône sous Aire) *Reut.*, Ceyseriat (Bohas) *Nob.*, Pont-d'Ain (grèves) *id.*, Grenoble ; probablement plus répandu dans le J. méridional; M. Laffon l'indique aussi à Schaffhouse.

I. umbellata L. —Plante méridionale, souvent cultivée et rarement subspontanée, p. ex. à Salins, Nyon, Nantua (le Mont), où M. Bernard la croit indigène.

I. Violeti Soyer W.— Cette espèce rare des Cl. m'est signalée aux environs de Nantua par M. Bernard.

Petrocallis pyrenaica Vill.—Commence à la Chartreuse.

Biscutella lævigata L.—Cette espèce alpestre, très-répandue dans les A., sur un point des V. granitiques, sporadique sur quelques points de la plaine rhénane d'Alsace et commençant à se montrer à Grenoble (Saint-Eynard) sous l'une de ses modifications, est indiquée dans le J. par DC. Ce qui est certain c'est qu'elle se trouve s. n. l. dans la plaine d'Ambérieux *Bern.*

B. hispida DC. — Cette espèce provençale m'est signalée par M. Bernard à Benonce près l'Huis et Serrières près Nantua : ce serait une de nos plantes les plus méridionales.

Lepidium sativum L.— Cultivé et souvent subspontané, mais fugace.

L. campestre RB. — Champs, ascendant avec eux, assez répandu d. n. l., surtout occidental.

L. Draba L.—Lieux graveleux, disséminé rare d. l. c. a., çà et là dans la VR., nul dans le BS. — S. n. l., Bâle (vignes de Crenzach) *Bernl.*, Ferrette *Döll*, Baume (les Ponts) *Gr.*, Grenoble.

L. ruderale L. — Lieux graveleux, disséminé ou rare d. l. c. a., surtout la VR., plus rare dans le BS.—S. n. l., Bâle, Béfort (glacis), Genève, Grenoble. —Roches eug. pm.—H.

L. graminifolium L.—Lieux graveleux, rg. b., disséminé d. l. c. a., rare dans le BS. — S. n. l. Bâle (rare)?, Neuchâtel?, Lutry, Lausanne, Rolle, Genève (rare), Grenoble, Valais.

L. latifolium L. —Cultivé et parfois naturalisé. — Schaffhouse (Chute-du-Rhin) *Laff.*, Lenzburg *Heg.*, Aarberg *Vet.*, Bâle (Klein-Riehen) *Hag.*, Boudry *Vet.*, Orbe *Mur.*, Genève (Sionnet) *Reut.*, Besançon (Jonction Doubs et Petit-Vaire) *Gr.*, Salins (Furieuse, Goaille) *Bab.*, Arbois (Cuisance, de Villette à Vadans) *Dum.*

Hutchinsia alpina RB. — Rocailles alp., répandu dans toutes les A.; dans le J:—Dôle, Reculet, Chartreuse.

H. petræa RB.—Coteaux secs, très-disséminé sur quelques points d. c. a. et du J.—Baume (Crêt-Châtard) *Gr.*, Besançon (Citadelle) *Bab.*, Salins (Remeton, Poupet, etc.) *id.*, Arbois (sources de la Cuisance) *id.*, Versoix (grèves vers Genthod) *Reut.*, Nyon (Boiron, Promenthoud) *Gaud.*, Salève (Pas-de-l'Echelle) *Reut.*, Grenoble (Bastille, etc.)

H. rotundifolia RB. Duby.— Espèce alpine méridionale ; commence à la Chartreuse (Chamchaude) *Mut.*

Capsella Bursa pastoris Mönch.—Lieux graveleux, les 4 rg., très-répandu d. n. l.

C. procumbens Fries.—Cette espèce des environs de Salins a été indiquée autrefois par Girod-Chantrans dans les bois de la vallée de l'Ognon, par Latourette dans la Bresse et le Bugey, puis à Fribourg par Lüthi et Lagger : cette dernière localité parait la seule récemment constatée d. n. l.

Æthionema saxatile RB.—Coteaux secs, disséminé dans les parties méridionales de la contrée.—S. n. l., Fort-l'Ecluse *Chav.*, Grand-Colombier (au dessus de Culloz) *Nob.*, Belley (Lit-au-Roi) *Bern.*, Grenoble (Bastille, etc.); indiqué aussi par Haller à la Reuchenette près Bienne où il n'a pas été retrouvé depuis.

Senebiera coronopus Poir. — Lieux graveleux, les rg. inf., disséminé d. t.

l. c. a., particulièrement la plaine de la Saône, plus rare dans le BS. — S. n. l., Rheinfeld (Olsberg), Bâle, Porrentruy (rare), Delémont, Montbéliard, Besançon, Villersfarlay, Salins, Arbois, Rolle, Nyon, Genève, Grenoble, mais rare dans plusieurs de ces localités.

Isatis tinctoria L. — Cultivé et naturalisé sur quelques points d. l. c. a., surtout la plaine rhénane.—S. n. l., Bâle, Béfort, Porrentruy, Montbéliard, Soleure, Neuchâtel, Boudry, Genève, Grenoble; fugace.

Myagrum perfoliatum L. — Champs, rg. b., très-disséminé d. l. c. a. — S. n. l., Bâle (Bielbenken) *Hag.*, Delémont (Cortémelon) *Fr.*, Soleure (Schwarzbubenland) *Mrtz.*, Salins *Bab.*, Villersfarlay (Chissey à Chamblay) *Garn.*

Neslia paniculata Desv. — Champs, ascendant avec eux, disséminé d. l. c. a. et aussi d. l. J.—S. n. l., Schaffhouse, Bâle, Montbéliard *Vet.*, Besançon, Villersfarlay, Salins, Bienne, Landeron, Yverdon, Neuchâtel, Orbe, Gex, Nyon, Grenoble, etc.; plus haut, Wallenburg (Hummel), Val-de-Travers (Fleurier), Chaumont (sommet), Vallorbes, Sainte-Croix, Pontarlier, Val-de-Joux, Saint-Cergues, Monetier, Salève.

Calepina Corvini Desv.—Cette espèce des champs sablonneux des contrées méridionales ne se montre d. n. l. que sur quelques points de la L., puis : Genève (Pâquis, etc. *Reut.*, Grenoble (Corps, etc.); Valais, Côte-d'Or.

Bunias Erucago L. — Champs, disséminé dans les contrées méridionales. —S. n. l., Orbe *Monn.*, Cossonay et Morges *Bl. Rap.*, Genève (Compésières) *Chav.*, Dampierre-les-Fraisans (Ferrière) *Garn.*; Valais, Savoie, Bresse *Mut.* —M. Cornaz a trouvé une fois le *B. orientalis* L. dans les prés entre Saint-Blaise et Marin près Neuchâtel.

Rapistrum rugosum All.— Grèves et champs, rg. b.— Rhin, Rhône, Aar, Isère, lacs de Bienne, Neuchâtel, Genève; ainsi Augst, Bâle, Zurich, Aarau, Bienne, Yverdon (Yvonand), Cossonay, Morges, Lausanne, Nyon, Genève, l'Huis (Grosléc), Grenoble : s'élevant parfois dans la rg. mtg. des V.—Roches eug. pm.—H.

Raphanus Raphanistrum L.—Champs, ascendant avec eux, très-répandu, très-abondant d. n. l.

Suppl.—R. sativus L., cultivé et rarement subspontané.

7. CAPPARIDÉES.

Suppl. — Point de représentant indigène.

8. CISTINÉES.

Helianthemum œlandicum Wahl. — Pelouses rocailleuses sèches, très-répandu dans les A., surtout occidentales, et dans le J. — Schafmatt, Passwang (Wasserfall, Vogelberg), Haasenmatt, Brückliberg, Sonnenberg *Vet.*, Lomont (Crêt-des-Roches), Joux-du-Plane (Pertuis), Chasseral, Creux-du-Van, Chasseron, Mont-d'Or, Dent-de-Vaulion, Suchet, Montendre, Dôle, Crêt-de-Chalame, Colombier, Reculet, Mont-d'Ain, Salève, Grand-Colombier, Chartreuse; aussi plus bas, Salins (Poupet), Arbois (Gilly, etc.), Pont-d'Ain (les grèves), Belley (Musein, Lethuy); varie beaucoup : la forme γ Koch *(H. canum* Auct.) est la plus répandue, mais elle offre encore bien des modifications; elle est plus canescente et moins ligneuse à Chasseral; plus ligneuse, à feuilles plus larges, plus vertes en dessus, plus soyeuses en dessous au Reculet; elle se rapproche de celle de Chasseral au Salève; elle tient le milieu aux roches de Gilly, etc. Cette espèce est une de celles dont l'absence dans les MR. fait contraste avec le Jura et contribue au caractère sud-occidental de celui-ci.—Roches dysg.—X.—Notre espèce est le *canum* Dun. selon MM. Gr. et Godr.

H. vulgare Gaertn. — Pelouses, répandu, abondant d. t. l. c. a. et plus encore dans le J. — Sa variété α *tomentosum* est particulièrement répandue dans le J. oriental et central ; elle devient plus rare et paraît remplacée par la forme β *obscurum* sur les Cl. et dans les parties montueuses du J. occidental à partir des mtg. de Neuchâtel et Vaud; sa modification montagneuse *grandiflorum*, disséminée dans les V. et les A. se trouve probablement dans toutes les chaînes : J. bâlois, bernois, etc., Weissenstein, Brückliberg, Chasseral, Creux-du-Van, Aiguillon, Suchet, Dôle, Reculet, Grand-Colombier, Chartreuse, mais elle descend parfois plus bas, p. ex., Lomont (Crêt-des-Roches) *Vern.*, Neuveville *Gib.*, Belley (Musein) *Bern.* ; enfin, la variété à fleurs blanches, *apenninum*, croît dans les rocailles apriques au Fort-l'Ecluse, au Vuache, à Salins (Pagnoz), Grenoble (Beauregard, etc), peut-être Ambérieux, et au Fort de Pierre-Châtel *Bern.* Ces deux dernières formes n'ont pas subi de modification après dix ans de culture au Jardin de Porrentruy.

H. Fumana Mill.— Coteaux graveleux secs, disséminé d. l. c. a., surtout sud-occidentales sur les lisières méridionales du J. — Neuveville (Côtes-du-lac) *Gib.*, Vully, Neuchâtel (Pertuis-du-Soc, Cortaillod) *God.*, Landeron *Shtthw.*, Yverdon, Orbe, Rolle et Nyon (grèves), Genève (bois de Bay, sous Aire), Salève, Mont-d'Ain, Grenoble, Ornans *Gr.*, Salins *Garn.*, Arinthod

(Thoirette) *Bab.*, Pont-d'Ain *Nob.*, Belley (Musein, Lethuy) *Bern.*, Mont-du-Chat *Nob.*; quelques points au pied alsatique des V. et sur les Cl.

9. VIOLARIÉES.

Viola palustris L. — Marais tourbeux, rg. mtg. et alp.. répandu dans les V., le S., les A., l'A. et le J. — Bellelay, Enfers, Chaux-d'Abel, Chaux-de-Fonds, Ponts, Brévine, Pouillerel, Noiraigue, Chasseral, Morteau, Pontarlier, Cluse-de-Joux, Boujailles, Mouthe, Sainte-Croix, Lac-Saint-Point, Bief-du-Fourg, Entre-Côtes, Chaux-du-Dombief, Val-de-Joux, Rousses, Coillard, Malbronde, etc. ; aussi, mais rarement plus bas, Eglisau (Rafz), Béfort, Salins (Andelot), Arbois (Vaucy), etc., et çà et là d. l. c. b. a. — Roches eug. pl.—H.

V. hirta L.—Pelouses, les 3 rg. inf., aussi alp., répandu abondant d . n . l. — Nous avons probablement d. n. l. les *V. collina* Bess., *V. sciaphila* K. et *V. ambigua* Kit., mais je ne saurais en rien dire de certain.—La première à Grenoble *Clém.*

V. odorata L.—Prés, les 3 rg. inf., disséminé d. n. l.; dans la rg. mtg., vergers près les Bois sur le Doubs (Biez-au-Fond, Essert-d'Iles, Sous-la-Mort) *Gouv.*

V. alba Bess. — Disséminé dans les parties occidentales de la contrée, notamment en L. — Besançon *Gr.*, Salins *Garn. Bab.*, Grenoble *Clém.*, Lyon. — La *V. odorata leucantha* citée à Neuchâtel *God.*, à Genève *Reut.*, à Nantua (Montréal) *Bern.*, à Bâle *Vet.*, est-elle différente? — Ces trois dernières espèces ne sont pour M. Döll que des modifications du même type *V. Martii*.

V. sylvestris Lam. — *(canina* Auct. non L., comprenant aussi la *Riviniana)*. — Les bois, les 3 rg. inf., répandu très-abondant d. n. l. — La *V. arenaria* DC. qui, selon plusieurs serait la forme des lieux sablonneux de la *V. sylvestris*, disséminée d. l. c. a., notamment la VR., rare dans le BS. : s. n. l., Genève (jonction de l'Arve) *Reut.* et dans le J., Arinthod (Thoirette, grèves de l'Ain) *Bab.*, Colombier de Gex *id.*

V. canina L.—(non Auct., *pumila ericetorum* DC., *canina lucorum* Rchb., *ericetorum* Schrd).—Pelouses, les 3 rg. inf. et au dessus, disséminé d. t. c. a., plus répandu dans les V. et le S., un peu moins dans le J. — Bâle?, Béfort *Par.*, Porrentruy *Nob.*, Delémont *Fr.*, Besançon?, Salins et Arbois *Garn.*, Genève *Reut.*; plus haut, Monterrible *Nob.*, Chasseral, Joux-du-Plane, Boujailles et Poupet *Garn.*, Tête-de-Rang et Creux-du-Van *God.*, prés tourbeux de Diesse *Gib.*, Bellelay *Fr.*, Chaux-de-Fonds, Ponts et Verrières *God.*, Sainte-Croix *Rap.*, Dôle *Garn.*, Poisat *Bern.*, Mont-du-Chat (Charve) *id.*— *V. pumila* Gr. Godr.

V. Schultzii Billot.—Prés humides, disséminé dans la VR., point signalé, du reste, d. n. l.

V. stagnina Kit. K. *(lactea* Sm., *montana* Rchb., *montana Ruppii* Gaud., et comprenant la *Billotii* Schltz.) — Prés humides, disséminé assez rare d. l. c. a., notamment la VR. — S. n. l., Constance *Döll*, Schaffhouse *Gaud.*, Landeron (Saint-Jean *Gib.*), Cerlier (Champion) *Shttlw. Gib.*, Morat *Mrtz.*, Cudrefin (la Sauge) *God.*, Yverdon *Ler.*, Orbe *Mur.*, Saint-Blaise (Epagnier) *God.*, Boudry (Colombier) *id.*, Genève (Sionnet, Roellebot) *Reut.*, Fernex *id.*

V. pratensis M. K. — Prés humides, assez rare d. l. c. a., notamment la VR. — S. n. l., Genève (Petit-Sacconex, la Paumière) *Reut. Chât.*, Belley (Le Thuy) *Bern.*

V. elatior Fries. K. *(montana stricta* Gaud)—Disséminé et rare d. l. c. a. —S. n. l., Bâle (Michelfeld) *Vet.*, Landeron (bois de l'Ether sur Cornaux) *Fr.*, Orbe (marais) *Mur. Boiss.?;* belle et grande espèce cultivée depuis dix ans au Jardin de Porrentruy sans avoir éprouvé de modification.—D'après M. Döll, ces cinq dernières formes et d'autres encore qui nous manquent seraient des modifications plus ou moins arrêtées d'un même type avec intermédiaires et correspondant à diverses stations. M. Kirschleger envisage de la même manière les formes qui oscillent entre les extrêmes. *V. sylvestris Riviniana* et *V. pratensis* : en étudiant avec soin ses observations, on croit reconnaître : 1º que les formes qui se groupent autour de la *sylvestris* Lam., croissent dans les bois sur des sols ni argileux, ni sablonneux; 2º que celles qui ont pour type la *canina (pumila, ericetorum, sabulosa* etc.), préfèrent des sols secs et sablonneux; 3º que celles qui entourent la *stagnina (nemoralis, Schultzii, Billotii, pratensis, stricta, persicifolia, elatior* var.) vivent généralement sur des sols humides, argileux, marneux ou argilo-sableux. On voit les mêmes formes du groupe de la *sylvestris* Lam. dans la Flore de Schübler et Martens correspondre à des facteurs assez distincts, tels que bois couverts, prés-bois, clairières sablonneuses, collines sèches, pentes sèches et graveleuses, etc. Ce genre offre un beau champ à l'étude des modifications par les facteurs extérieurs.

V. tricolor L. — Champs, ascendant avec eux, répandu abondant d. n. l. Une variété alpestre *(Viola saxatilis* Schm.?) fréquente dans les Alpes cristallines et dans les V., se retrouve au Reculet *Reut.*, au Grand-Colombier (sur Culloz *Nob.*, à la Grange-du-Cimetière *Bern.*), à la Chartreuse : elle mériterait peut-être un examen plus attentif car elle occupe une autre station que le type, savoir les prés. Une autre forme remarquable qu'on trouve à la Chaux-d'Abel *Gouv.*, la Brévine, la Chaux-de-Fonds, et qui est la *tricolor bella* de MM. Gr. et Godr. est pour M. Babey la *Sudetica* Willd.; M. Godet ne l'envisage également que comme une forme de la *tricolor*.

V. mirabilis L.—Bois, les 3 rg. inf. et au dessus, disséminé ou rare d. l. c. a., excepté les Cl. où il est fréquent. — S. n. l., Schaffhouse (fréquent) *Laff.*, Bâle (Crenzach, Mönchenstein), Béfort (fréquent) *Par.*, Montbéliard (fréquent) *Wetz.*, Neuchâtel (Chaumont) *God. 1848*, Lasarraz (près Pompales) *Mur.*, Grenoble; plus haut, Lægerberg (Wachthaus) *Heer*, Montendre, Colombier et Reculet *Bab.*

V. calcarata L.—Pelouses alp., répandu dans les A.; dans le J. :—Crét-de-Chalame *Gr.*, Colombier *Bab.*, Montoisé *Garn.*, Reculet *Reut.*, Char-treuse.

V. biflora L. — Rocailles alp., répandu dans les A.; dans le J. : — Mon-tendre, Dôle, Montoisé, Reculet, Chartreuse; aussi les bords du Doubs sous les Planchettes, naturalisée? *God.*

V. lutea Sm.—Pelouses mtg. et alp., assez répandu dans les A. et les V.; nul dans le J. — La *V.* de la Chaux-de-Fonds, la Brévine, etc., indiquée par Chaillet et Gaudin comme variété de la *lutea* Sm. *(grandiflora* Huds., n'est positivement que la variété *tricolor bella* Gr. Godr. signalée plus haut.

10. RÉSÉDACÉES.

Reseda lutea L.—Lieux graveleux, rg. b., aussi la mn., inégalement dis-séminé d. t. l. c. a. et d. t. l. J., mais rare ou nul dans plusieurs districts.

R. luteola L.— Mêmes lieux, les 2 rg. inf., inégalement disséminé, assez abondant d. n. l.

R. Phyteuma L.—Mêmes lieux, rg. b., disséminé d. l. c. a. sud-occiden-tales. — S. n. l., Rolle, Lausanne, Genève, Grenoble; plus haut, Arinthod (Thoirette) *Bab.* : annuel et fugace.

11. DROSÉRACÉES.

Drosera rotundifolia L. — Marais tourbeux, surtout mtg., assez répandu d. t. l. c. a. et d. t. l. J.—Goldenthal, Pleine-Seigne, Gruyère, Ponts, Eche-

lette, Brévine, Pouillerel, Pontarlier, Sainte-Croix. Andelot, Boujailles, Bonlieu, Val-de-Joux, Trélasse, Rousses, etc. ; plus bas, s. n. l., Schaffhouse,
Katzensee, Béfort, Duilliers, etc.

D. longifolia L.— Même rôle. — Lignières, Echelette, Ponts, Pontarlier,
Bief-du-Fourg ; plus bas, s. n. l., Schaffhouse, Katzensee, Bellevie, Lomiswyl, Boudry, Divonne, Crévin, Belley (Chazey), Tour-du-Pin, Grenoble.
M. F.-G. Schultz en sépare l'*obovata* comme espèce distincte ; il en est de
même de MM. Gr. et Godr.; dans les V. et probablement dans le J.

D. intermedia Hayn.— Même rôle, souvent confondu avec le premier.—
Brévine, Ponts, Pontarlier, Bief-du-Fourg, Rousses.

Parnassia palustris L. — Prés humides, les 3 rg. sup., disséminé d. t.
l. c. a., abondant d. t. l. J.; aussi la rg. b., plus disséminé, p. ex., Plaine
rhénane, Bresse, Grenoble, etc. ; très-ubiquiste quant aux altitudes, mais
surtout mtg.

12. POLYGALÉES.

Polygala vulgaris L. (y compris le *comosa* Schk.)—Pelouses, les 3 rg. inf.,
aussi alp., répandu abondant d. n. l. Il offre dans le J., l'A., les Cl., etc.,
deux modifications souvent séparées comme espèces ; leurs formes extrêmes
sont, l'une le *vulgaris* Auct., l'autre le *comosa* Schk., mais elles me paraissent
liées par de nombreux intermédiaires. C'est cette forme *comosa* qui domine
sur les collines sèches avec des fleurs le plus souvent purpurines, tandis que
la *vulgaris* se montre dans des lieux plus frais et sur des sols plus détritiques,
p. ex. dans les V. où elle abonde jusque dans la rg. alp., sur les limons du
Sundgau et de la Bresse, sur les grèves du Léman.—*vulg.* Roches eug.; *com.*
Roch. dysg.—MM. Gr. et Godr. maintiennent comme espèce les deux formes
ci-dessus.

P. calcarea Schultz.—Cette espèce des pelouses qui est commune sur les
Cl. est répandue et abondante aux environs de Porrentruy (Banné, Craz,
Perche, Varieux, etc.) *Nob.*, de Pont-de-Roide (Lomont) *Vern.*, et probablement ailleurs dans le J. Elle fleurit avant la précédente et s'en distingue
au premier coup-d'œil. Ses fleurs sont constamment d'un beau bleu, rarement blanches ; je ne les ai jamais vues purpurines. — Roches dysg. — X.
Au pied des rochers de Fleurier *God. 1848.*

P. depressa Wend. *(serpyllacea* Weihe.) — Prés humides de la VR., des
V., du S. et dans les A. *Heg.*; ne paraît pas avoir été observé dans le J.,

excepté aux tourbières des Rousses *Garn. 1848.* On ne saurait le confondre avec les précédents. Son absence dans les zônes calcaires fait contraste avec sa présence dans les terrains argileux, clastiques et cristallins. — Roches eug. — II.

P. amara L.—Lieux sublumides, prés tourbeux, les 4 rg., répandu d. t. l. J. et probablement d. t. l. c. a. sous diverses formes; l'une *(uliginosa* Rchb.) fréquente dans les prés tourbeux des plaines et s. n. l. ; une autre *(austriaca* Rchb.) qui est la plus répandue d. t. l. J. abonde dans les pelouses de la rg. mn. et mtg.; une troisième modification alpestre bien voisine de la précédente et un peu différente de l'*alpestris* Rchb. *(amara alpina* DC.) se montre sur les sommités. P. ex., Chasseral *God.*, Creux-du-Van *id.*, Tourne, Bec-à-l'Oiseau, Chasseron *God.*, Reculet *Reut.* Mais ces formes paraissent liées par bien des intermédiaires et fourniraient une bonne étude de l'influence des stations.—MM. Gr. et Godr. séparent l'*amara* de l'*austriaca* et n'ont pas vu en France l'*alpestris* Rchb.

P. exilis DC. — Cette espèce de la France méridionale a été signalée par M. Auger sur nos lisières occidentales, à Château-Gaillard ; M. Bernard n'a pu l'y retrouver.

P. Chamæbuxus L. — Bruyères, les 4 rg., surtout la mtg., assez répandu dans les A., dans le BS. oriental, sur quelques points de l'A. et des V., rare dans le J. — Liestal, Ballstal, OEnsingen, Langenbruck *Vet.*, Schaffhouse (Dörflingen)? *Laff.?,* en Argovie *Bronn.,* au dessus de Nyon *Visp.,* au Val-de-Travers (Rochefort à Brot) *Chap.,* à Mouthe (bois de Villedieu) *Maire,* au Salève; Valais, Dauphiné, vallée de l'Arve.

15. SILÉNÉES.

Gypsophila repens L.—Glaciers alp., répandu abondant dans toutes les A.; dans le J. :—Dôle, Colombier, Reculet, Chartreuse ; sporadique sur les rives de la Sihl, du Rhône, du Léman, du Drac et à l'Irchel *Heer.*

G. muralis L. — Champs argileux, rg. b., assez répandu d. t. l. c. a. — S. n. l., Schaffhouse, Eglisau, Kaiserstuhl, Rheinfeld, Bâle, Lauffon, Ferette, Porrentruy (Bonfol), Béfort, Montbéliard, Besançon, Dampierre, Villersfarlay, Salins, Arbois, Tour-du-Pin, Terres-froides, Grenoble, Aarau, Soleure, Landeron, Payerne, Morges, Genève.—Roches eug. pl.—H.

Tunica saxifraga Scop.—Coteaux secs, disséminé d. l. c. a., surtout sud-occidentales. — S. n. l., Bâle (Brüderholz), Yverdon, Rolle, Nyon, Fernex

(Saint-Genis), Genève, Pont-d'Ain, Belley, Pierre-Châtel, Grenoble et probablement ailleurs dans le J. méridional.—Roches dysg.?—X?

Dianthus prolifer L.—Coteaux secs graveleux, les rg. inf., disséminé partout d. n. l.— P. ex., Schaffhouse, Porrentruy, Besançon, Salins, Ceyseriat, Grenoble, Soleure, Neuchâtel, Genève ; plus ascendant dans les MR.—Roch. eug. pm.—H ?

D. armeria L.—Bois, les 2 rg. inf., disséminé distant d. t. l. c. a. et d. t. l. J.— P. ex., Schaffhouse, Bâle, Porrentruy, Montbéliard, Besançon, Salins, Ceyseriat, Grenoble, Aarau, Soleure, Neuchâtel, Genève, Ornans, etc.; plus abondant dans les zônes pélo-psammiques et manquant souvent sur les calcaires.—Roches eug. pp.—H.

D. Carthusianorum L.— Pelouses, les 4 rg., surtout la mn., répandu abondant d. n. l., mais particulièrement commun dans les zônes dysgéogènes; sa forme alpine *atrorubens* fréquente dans les A., à la Chartreuse. — Roches dysg.—X.

D. deltoides L.—Pelouses sableuses, différents niveaux, disséminé ou rare d. t. l. c. a., excepté le BS. et les A. centrales suisses, nul dans le J.— S. n. l., Montbéliard (Citadelle) *Wetz.?*, Schaffhouse *Laff.*, Bâle *Vet.*, Chalanche ; son absence dans le J. fait contraste avec sa présence d. l. c. a. cristallines ou clastiques.—Roches eug. pm.—H.

D. sylvestris L. — Coteaux secs, les 4 rg., surtout la mn., disséminé dans toutes les A. et dans le J., surtout sud-occidental.—Langenbruck, Falkenstein?, Mümliswyl, Bienne, Neuveville, Neuchâtel, Grandson, Orbe, l'Ile, Morges, Aubonne, pied du Salève, Belley, Grenoble, Besançon, Salins, Arbois, Poligny, Lons-le-Saulnier, Ceyseriat, Pont-d'Ain ; plus haut, Geissfluh, Weissenstein, Tourne, Creux-du-Van, Châteluz, Laveron, Cluses-de-Joux, Cluses-de-Mâclus, Mont-d'Or, Mouthier-la-Loue, Ornans, Champagnole, Dôle, Colombier, Reculet, Crédoz (Sorgiaz), Côtes-de-l'Ain, Côtes-de-l'Albarine, Grand-Colombier, Mont-du-Chat, etc.—Roches dysg.—X.

D. cæsius Sm. — Rochers, les 4 rg., surtout la mtg. et au dessus, disséminé dans les A. occidentales, assez répandu dans l'A. et dans le J.—Schaffhouse, Regensperg, Ballstal, Falkenstein, Cluses de la Birse (Moutier, Court), de la Sorne (Pichoux), de la Rançonnière (Cul-des-Roches), Côtes-du-Doubs (Crêt-du-Grand-Gravier sur Biaufond), Lomont (Crêt-des-Roches), Chaux-de-Fonds, Vallangin, Besançon (Citadelle), Côtes-du-Dessoubre (Fuans), Beaume (Lièvre), Pouillerel (Planchettes), Chasseron (Roche-blanche), Salins (Nans), Arbois (Crêt-de-Gilly), Suchet, Reculet, Mont-du-Chat, Chartreuse ; aussi sur quelques points des collines du BS. — Ces deux dernières espèces qui contrastent avec les V. et le S. sont de celles qui contribuent à donner au Jura son caractère méridional.—Roches dysg.—X.

D. superbus L.—Lieux frais, les 4 rg., disséminé d. t. l. c. a. et d. t. l. J.—P. ex., Eglisau, Bâle, Salins, Arbois, l'Ile, Genève, Grenoble, etc.; vals de Delémont, de Ruz, de Pontarlier, etc.; Chaux-d'Abel, etc. ; Hauenstein, Cluse de la Suze, Raimeux, Montoz, Sonnenberg, Chasseral, Laveron, Val-de-Saint-Point, etc.

D. monspessulanus L.— Pelouses alp., aussi plus bas, disséminé dans les A. occidentales ; dans le J. : — Dôle, Faucille, Colombier, Reculet, Gralet *Bern.*, Chartreuse.

D. glacialis DC. — Cette espèce des A. méridionales sardes et françaises commence à la Chartreuse (Grand-Som) *Gras.*

D. caryophyllus L.—Cette espèce cultivée, spontanée dans la France méridionale, se montre déjà à Grenoble (Beauregard, Sassenage, etc.), selon M. Mutel.

Suppl. — Le *D. barbatus* L. de la France méridionale quelquefois naturalisé, p. ex., Neuveville *Gib.*, les Bois (à l'Aiguille) *Gouv.*, le *D. plumarius* souvent naturalisé sur les murs ; le *D. sinensis*, plus rarement.

Saponaria officinalis L.—Buissons, rives, les 5 rg. inf., disséminé partout d. n. l.

S. Vaccaria L.— Champs, peu ascendant disséminé d. t. l. c. a. et d. t. l. J. — Schaffhouse, Eglisau, Bâle, Delémont, Porrentruy, Béfort, Montbéliard, Besançon, Dampierre, Villersfarlay, Arbois, Sellières, Aarau, Neuchâtel, Landeron, Yverdon, Orbe, l'Ile, Nyon, Genève, Nantua, Belley, Seyssel, Bourg, Grenoble, etc.

S. ocymoides L.—Coteaux secs, les 4 rg., surtout la mn., disséminé dans les A., surtout occidentales et dans le J.—Soleure, Bienne, Neuveville, Neuchâtel, Orbe, Yverdon, Nyon, Genève, Grenoble, Château-Châlons, Arbois (les Planches), Lons-le-Saulnier ; Cluses de la Birse (Moutier, Court), de la Sorne (Undervilliers, Pichoux), de la Rause (Envelier, Mervelier), de la Suze (Sonceboz), du Seyon *Corn.*, de la Loue (Châtillon, Ornans, Mouthier); Côtes de la Barbèche (Feule, etc.), du Doubs (Pont-de-Roide, Mouthe, Lomont, etc.), de l'Ain (Champagnole, etc.), du lac de Nantua, de l'Albarine (Saint-Rambert, Tenay, etc.) ; Belley (collines de Musein) ; Creux-du-Van, Dôle, Salève, Grand-Colombier ; une des espèces contrastant avec les MR. ; reparaît dans la Côte-d'Or.—Roches dysg.—X.

Cucubalus bacciferus L.—Buissons, rg. b., surtout occidentale, généralement très-rare du reste d. n. l. — S. n. l., Poligny (vers Pupillin) *Garn.*,

Arbois (Grange-Coton, Grange-Grillard, près du Marais-de-Vaucy) *Dum. Bab.*, Saint-Amour *Nob.*, Bresse lyonnaise, Dauphiné méridional, Aubonne (plaine de Bière) *Bl.*, Versoix *Reut.*, Fernex *id.*, Genève (Pâquis, Saint-Jean) *id.*, probablement plus répandu.

Silene nutans L.—Coteaux secs, les 4 rg., surtout la mn., répandu abondant d. n. l. ; très-ubiquiste comme le suivant : à fleurs purpurines sur les sommités : Montendre, Colombier *Bab.*

S. inflata Sm.— Prés, les 4 rg. et au dessus, répandu abondant d. n. l.; une des espèces les plus ubiquistes en se modifiant un peu, depuis les collines jusqu'aux sommités (Reculet), depuis les prés frais et les bois de la Bresse jusqu'aux côtes apriques où elle prend une forme étalée, glauque, rigide et à fleurs rosâtres (côtes de l'Albarine, Tenay).

S. noctiflora L.—Champs, rg. b., aussi la mn., peu ascendant, disséminé d. t. l. c. a., plus rare dans le BS.— S. n. l., Schaffhouse, Rheinfeld, Bâle, Ferrette, Delémont, Porrentruy, Montbéliard, Besançon, Villersfarlay, Salins, Arbois, Bienne, Rolle, Genève.

S. anglica L. *(gallica* γ K.*)*.—Champs sabloneux, rg. b., disséminé et rare d. l. c. a., surtout sud-occidentales et en L. — S. n. l., Schaffhouse *Laff.*, Besançon (rare) *Gr.*, Villersfarlay *Bab.*, Salins (Mouchard à Certémery) *Garn.*, Arbois (Villette , Grangefontaine) *Bab.*, puis à Schaffhouse (Griesbach) *Laff.* et Cerlier (Jolimont *Gid.*, Chule *Cur.*), Lyon ; fugace.

S. Otites Sm.—Coteaux secs graveleux, rg. b., disséminé ou assez rare d. l. c. a., plus rare dans le BS.— S. n. l., Schaffhouse *Laff.*, Besançon *Vet.*, Genève (Chancy, Cartigny) *Reut.*, Grenoble ; aussi à Yverdon *Ben.*, et Thoirette *Capell.*

S. conica L.—Cette espèce des lieux sabloneux, à peine signalée d. n. l., habitant la VR. au nord de Strasbourg a été observée à Morestel (Vezeronce) par M. Bernard, sur nos lisières occidentales.

S. linicola Gml.—Champs de lin sur quelques points du W., nul du reste d. n. l.

S. rupestris L.—Rochers sableux, rg. mtg. et au dessus, assez répandu et abondant dans les V. et le S., puis dans les A. cristallines (p. ex. Gothard, Montanvert, Chalanche), comme nul dans le J. et l'A. ; contrastant ; on le cite cependant au Passwang (Vogelberg) *Hag.* où il serait abondant ; il descend aussi sporadiquement sur quelques points de la vallée de la Wiese et de la Savoureuse.—Roches eug. pm.—H.

S. quadrifida L.—Rocailles alp., répandu dans toutes les A.; dans le J. : — Reculet (Creux d'Ardran et de Thoiry) *Reut.*, entre le Colombier et le Reculet (Montoisé?) *Bab.* ; Chartreuse.

S. acaulis L.—Espèce alpine commençant à la Chartreuse.

Suppl.—Le *S. Armeria* L. indigène dans le V. et le Dauphiné trans-Isérien, souvent cultivé.

Lychnis Flos-cuculi L.—Prés humides, les 3 rg. inf. et au dessus, répandu abondant d. n. l.

L. vespertina Sibth. *(dioica* L.*)*—Lieux secs, rg. b. et aussi mn., inégalement disséminé, assez abondant d. t. l. c. a. et d. l. J., mais y manquant cependant dans certains districts ; p. ex., comme nul dans le district de Porrentruy et, au contraire, répandu sur les plateaux bisontins.

L. diurna Sibth. *(sylvestris* Hyp.*)* — Prés-bois, les 3 rg. inf., surtout la mtg., assez répandu d. n. l. ; particulièrement abondant dans les prés du BS., p. ex. à Soleure, Aarau, etc.; rare dans quelques districts.

L. Viscaria L.— Coteaux graveleux, différents niveaux, disséminé ou rare d. l. c. a., très-rare dans le BS. — S. n. l., Schaffhouse, Béfort (fréquent) *Par.,* Aarau (pied nord de l'Oberholz) *Bron.,* Aubonne (Pré-de-Bière) *Reyn.,* Valais, Lyon.

L. Githago Lam.—Champs, ascendant avec eux, très-répandu d. n. l.

Suppl.— Le *L. Flos-jovis* souvent cultivé, espèce des A. méridionales, se montre déjà spontané au Brezon *Reut.* et dans le Dauphiné.

14. ALSINÉES.

Sagina procumbens L. — Lieux argileux et sableux, les 3 rg. inf. et au dessus, disséminé partout d. n. l.— P. ex., Bâle, Porrentruy, Béfort, Montbéliard, Besançon, Salins, Arbois, Aarau, Neuveville, Genève, etc.; vals de Chaux-de-Fonds, Ruz, Pontarlier, Rousses, etc. ; Châteluz, Mont-d'Or, Colombier, etc.; Boujailles, Bief-du-Fourg, etc.—Roches eug.—H.

S. apetala L.—Lieux argileux et sableux, les 2 rg. inf., disséminé d. n. l. —P. ex., Bâle, Porrentruy, Béfort, Montbéliard, Besançon, Villersfarlay, Salins, Arbois, Neuveville, Nyon, Payerne, Genève, etc.; paraît moins ascendant que le précédent.

S. subulata Wimm. — Très-rare d. n. l., sur un point en Lorraine.

Suppl. Probablement aussi d. n. l. et confondu avec les précédents le *S. patula* Jord. M. Schultz le cite dans la VR.— A Besançon *Gr. 1848 (S. ciliata* Fries), à la Ferté (Jura) *Garn. 1848.*

Mœhringia muscosa L. — Rochers ombragés, rg. mtg. et alp., répandu abondant dans toutes les A. et dans tout le J. depuis les chaînes argoviennes jusqu'à la Chartreuse. — P. ex., Passwang, Weissenstein, Monterrible, Lomont, Chasseral, Chasseron, Hautes-Joux, Montendre, Rizoux, Reculet, Grand-Colombier, Rimondière, etc. ; souvent assez bas dans la rg. mn., p. ex., Bâle, Soleure, Delle, Besançon, Salins, Arbois, Saint-Rambert, Grenoble, etc., et sporadique plus bas encore, p. ex., Cordon près Belley et aux Collines-de-Parve ; une des espèces les plus caractéristiques de notre rg. mtg. et contrastant par son absence dans les V. et le S. — Roches dysg.— X.

Spergula arvensis L. — Champs argileux et sableux, ascendant avec eux, disséminé assez abondant d. t. l. c. a. et aussi dans le J.—S. n. l., Eglisau, Bâle, Ferrette, Porrentruy, Béfort, Montbéliard, Besançon, Villersfarlay, Salins, Arbois, Bourg, Grenoble, Aarau, Soleure, Bienne, Landeron, Cerlier, Payerne, Nyon, Genève ; plus haut, la Ferrière, Lignières, Chaux-de-Fonds, Sagne, Ponts, Pontarlier, Ivory, Andelot, etc.—Roches eug. pl.—H.

S. pentandra L.—Lieux sablonneux, divers niveaux, surtout la rg. b., disséminé d. l. c. a., assez répandu dans la VR., rare dans le BS. — S. n. l., Kaiserstuhl (Bachs) *Haus.*, Bâle (vers la Wiese) *Hag.*, Béfort *Par.*, Arbois (Vadans à Aumont) *Garn.*, Bourg (Pont-de-Vaux, Bagé) *Bossy*, Terres-froides (Pont-de-Beauvoisin) *Dav. ;* plus haut, Pierre-fontaine (Mont-de-Fuans) *Gr.* Roches eug. pm.— H.

S. nodosa L.—Lieux humides, sablonneux, tourbeux, divers niveaux, disséminé d. l. c. a. et d. l. J. — S. n. l., Katzensee, Bâle, Béfort, Montbéliard (la Vaivre), Aarau, Neuchâtel, Yverdon, Nyon, Arbois, Morestel (Curtin), etc.; plus haut, Vauffelin, Ponts, Brévine, Lignières, Val-de-Travers, Sainte-Croix, Sône, Pontarlier, Bélieu, Bief-du-Fourg, Mouthe, Chapelle-des-Bois, Frâne, Saint-Laurent, Boujailles, Bonlieu, Champagnole, Val-de-Joux, Rousses, Trélasse, la Pile, Viry, etc.

S. saginoides L.—Pelouses alp., répandu dans toutes les A., sur quelques sommités du S. et dans le J.—Weissenstein, Chasseral, Tête-de-Rang (Joux-du-Plane, Bec-à-l'Oiseau), Tourne, Creux-du-Van, Châteluz (Cornée), Dôle, Colombier, Reculet, Salève, Chartreuse? ; aussi plus bas, Franche-Montagne *Fr.*, Ponts, Saint-Claude *Dum.*

Alsine segetalis L.— Champs argilo-sableux, disséminé et rare d. l. c. a., excepté sur nos lisières alsatique et bressane.—Bâle (Muttenz, Brüderholz), Porrentruy (Bonfol, Beurneuvaisin, Cœuve, Courdemaiche, Courgenay, Fahy, Bure), Salins (Mouchard), Arbois, Montbarrey (Mont-sous-Vaudrey), Poligny, Sellières, Bresse lyonnaise, Grenoble.—Roches eug.—H.

A. rubra Wahl.— Lieux argilo-sableux, surtout la rg. b., disséminé d. t.

l. c. a., plus rare dans le BS., ascendant dans les V., le S. et les A. cristallines. — S. n. l., Bâle, Béfort, Porrentruy (Bonfol, Cœuve, etc.), Besançon, Salins, Poligny, Sellières, Arbois, Nidau, Anet, Nyon, Genève, Grenoble ; plus haut, Pontarlier.—Roches eug. pm.—H.

A. marina M. K.—Cette espèce des sables maritimes et des environs des salines est abondante à Tourmont près Poligny, à Montmorot près de Lons-le-Saulnier, à la source salée de Grozon près Arbois, et au bord de l'Etang de Courteison en Dauphiné. La constance avec laquelle elle suit le long bâtiment de graduation de Montmorot en société de la *Glyceria distans* est tout-à-fait remarquable ; là il est impossible de récuser l'influence chimique du sol pénétré d'un sel soluble dans l'eau. Cette même plante se retrouve associée de la même manière aux salines de Dieuze, Vic, Marsal, Dürheim, Soden, Nauheim, etc.

A. stricta Wahl. *(arenaria uliginosa* Schl.*)* — Espèce boréale, disséminé dans les tourbières de la Haute-Bavière et dans celle du J. — Ponts *Chaill. Cord.*, Brévine *Chaill. Cord. Schl., non rec.?*, Sainte-Croix (Vraconne) *Ler.*, Pontarlier (vis-à-vis Chaffoy) *Garn. Bab.*, Val-de-Joux (Sentier) *Ducr.*; aussi le Valais *Seringe.*

A. liniflora L. f. *(laricifolia* β *glandulosa* K., *striata* Vill.*)* — Pelouses alp., disséminé dans les A., surtout occidentales et dans le J. — Dôle, Colombier, Reculet, Chartreuse (Néron), Alpes calcaires du Dauphiné. — *A. Bauhinorum* Gay. Gr. Godr.

A. laricifolia Wahl. *(lacicifolia* α K. DC.*)* — Cette espèce voisine, mais très-distincte de la précédente est répandue dans toutes les A. ; elle est signalée au Suchet par Chantrans et à la Dôle par M. Grenier ; elle n'est point indiquée dans le J. par les autres observateurs et habite principalement les A. cristallines, p. ex., la Fibia au dessus de l'Hospice du Saint-Gothard et les chaines granitiques du Dauphiné. On la distingue au premier coup-d'œil de la *liniflora.*—*A. striata* Gr. Godr.: Grenoble (Saint-Nizier).

A. saxatilis Roth. *(verna* Bartl.*)* — Pelouses mtg. et alp., répandu dans toutes les A., sur les sommités des V. et du S. *Vet.*, sur le K. *Sp.* et dans le J.—Pelouses du Lomont, Côtes de la Loue et Larmont en face du Fort-de-Joux *Gr.*, Salins (Cernans à Pontamontgeard) *Bab.*, Levier (Boujailles) *Garn.*, Champagnole *id.*, Hautes-Joux (sommet entre Foncine-le-Haut et Entrecôtes) *Bab.*, Colombier *id.*, Reculet *Reut.*, Chartreuse (Chamchaude) *Mut.*; aussi indiqué par Lachenal au Blauenberg et sporadique dans les grèves du Rhin près Bâle *Hag.* Je ne me rends pas compte de la singulière dispersion de cette espèce.

A. Jacquini Koch *(Ar. fasciculata* Jacq.). —Lieux sablonneux, différents niveaux, disséminé d. l. c. a. — S. n. l., Bâle, Neuveville *Gib.*, Landeron, Neuchâtel, Grandson, pied du J. vaudois, Fernex (Saint-Genis), Nyon, pied du Salève, Grenoble, Salins (Goaille) *Garn.*, les Rousses.

A. tenuifolia Wahl. — Champs argilo-sableux, disséminé assez abondant d. l. c. a.— S. n. l., p. ex., Schaffhouse, Eglisau, Kaiserstuhl, Bâle, Porrentruy, Béfort, Montbéliard, Villersfarlay, Salins, Aarau, Neuchâtel, plaine vaudoise, Genève, Grenoble, etc.; plus haut, Val-de-Travers, Champagnole. —Roches eug.—H.

Arenaria trinervia L. — Bois couverts, les 5 rg. inf., très-répandu abondant d. n. l.

A. serpyllifolia L.—Lieux arides, graveleux, les 4 rg., très-répandu abondant d. n. l.

A. ciliata L.—Pelouses rocailleuses alp., répandu dans toutes les A.; dans le J. :—Chasseral, Dôle, Colombier, Reculet, Chartreuse? ; sporadique aux grèves du Lac-de-Joux et à Sassenage près Grenoble.

A. grandiflora All.—Pelouses alp., disséminé dans les A. occidentales et dans le J.—Chasseral *Mrtz.*, Chasseron, Suchet, Colombier *Garn.*, Salève ; Dauphiné méridional.

Stellaria nemorum L.—Bois couverts, rg. mtg. et alp., aussi quelquefois plus bas, disséminé assez abondant dans les V., le S., l'A., les A. et le J., surtout central. — Depuis les chaines argoviennes et bâloises où il est rare, jusqu'au Salève et à la Chartreuse ; p. ex., Weissenstein, Chasseral, Montoz, Franche-Montagne, Monterrible, Creux-du-Van, Châteluz, etc., Côtes-du-Doubs, du Dessoubre, Pontarlier, Levier, Champagnole, etc. ; Montendre, Dôle, etc.; plus commune sur les grès des V.

S. media Vill.—Lieux cultivés, les 5 rg. inf., très-répandu, très-abondant d. n. l.

S. Holostea L.—Bois argileux, les 5 rg. inf., répandu dans les V., le S., la VR., la VS. et la Pl., nul dans le BS., l'A.? et une grande partie du J. — S. n. l., Schaffhouse, Eglisau, Kaiserstuhl, Bâle, Ferrette, Delle, Béfort, Montbéliard, Porrentruy (Bonfol, etc.), Besançon, Salins, Lons-le-Saulnier, Saint-Amour, Bourg, Grenoble ; puis çà et là sur les premiers plateaux de la lisière occidentale sur des sols remaniés, avec les *Sarothamnus, Aira flex.*, *Orob. tuber.*, *Hyperic. pulchr.*, et espèces analogues, comme au dessus de Besançon (la Vaize), Salins (Moidons), Lons-le-Saulnier, Ceyseriat, etc. On dirait que cette plante n'a pas pu passer le J. pour se répandre dans le BS.;

c'est une des espèces les plus contrastantes de la lisière alsatique. — Roches eug. pl. — H.

S. glauca With.— Prés humides, divers niveaux, disséminé ou assez rare d. l. c. a., plus répandu dans la VR., rare en Suisse et dans le J. — Bâle, (Muttenz et Langenbruck) *Hag.*, Monterrible (Vacherie-dessus) *Fr.*, Montbéliard (Mézès) *Bern.*, Pontarlier (tourbières) *Gr.*, Sainte-Colombe *Garn.* **1846**, Cudrefin (Marais de Vully) *Rap.*, Cerlier (Pont-de-Thièle) *Chaill.*, Terres-froides (Crémieux, Saint-Chef, etc.) *Vill.*

S. viscida M. v. B.—Cette espèce des lieux arides généralement nulle d. n. l. a été observée uniquement aux environs de Bâle (Mülheim à Neuenburg) par M. Lang.

S. uliginosa Murr.—Prés tourbeux, les 3 rg. inf. et au dessus, disséminé d. t. l. c. a. et d. t. l. J. — S. n. l. Bâle, Porrentruy (Bonfol), Salins, Arbois, Aarau; plus haut, Monterrible (Mouillard), Gruyère, Chaux-d'Abel, Chaux-de-Fonds, Ponts, Val-de-Travers, Sône, Pontarlier, Levier, Boujailles, Salins (Ivory), Val-de-Joux, Dôle, Trélasse, Salève, etc.

S. graminea L.—Prés, les 3 rg. inf., aussi alp., répandu abondant d. n. l., peut-être un peu moins dans le J. méridional.

Holosteum umbellatum L.—Lieux sablonneux, rg. b., assez répandu d. t. l. c. a., plus rare dans le BS.— S. n. l., Schaffhouse, Eglisau, Bâle, Montbéliard, Besançon, Villersfarlay, Salins, Arbois, Bresse lyonnaise, Grenoble, Neuchâtel, Orbe, Payerne, Morges, Rolle, Genève; généralement nul d. l. J. — Roches eug.—H.

Mœnchia erecta Koch.— Lieux sablonneux, rg. b., disséminé et rare d. l. c. a., comme nul dans le BS., ascendant dans la rg. mtg. des V.—S. n. l., Andelfingen (Mühlberg) *Hirz.*, Istein *Lach.*, Villersfarlay (Cramans) *Garn.*, Salins (pelouses de Suziaux) *Bab.*, Arbois *id.*, Besançon *id.*, Bresse lyonnaise.—Roches eug.—H.

Cerastium glomeratum Thuill. K.— Lieux argilo-sableux humides, divers niveaux, surtout la rg. b., disséminé d. t. l. c. a., surtout la VR. - S. n. l., Bâle, Besançon, Porrentruy (Bonfol), Salins, Bourg, la Bresse, Grenoble, Aarau, Boudry, Rolle, Genève; plus haut, Pontarlier.

C. brachypetalum Desp.—Champs, inégalement disséminé d. t. l. c. a. et d. t. l. J.— P. ex., Kaiserstuhl, Schaffhouse, Bâle, Porrentruy, Béfort, Besançon, Salins, Soleure, Neuveville, Neuchâtel, Payerne, Nyon, Genève, Grenoble ?

C. semidecandrum L.—Lieux sablonneux, divers niveaux, disséminé d. t. l. c. a. et d. t. l. J.—P. ex., Schaffhouse, Bâle, Porrentruy, Béfort, Besançon, Salins, Arbois, Grenoble, Soleure, Neuveville, Neuchâtel, Payerne, Genève ; aussi dans les mtg.

C. glutinosum Fries. Koch. Gr. Godr.—Champs, pelouses, divers niveaux, probablement disséminé d. l. c. a., assez répandu d. l. J.— Bâle?, Porrentruy (commun), Besançon, Salins, Neuchâtel, Genève. — *C. pumilum* Curt. Koch. Syn. 1re Ed.

C. triviale Link. —- Prés, les 4 rg., très-répandu, très-abondant d. n. l. et très-ubiquiste.

C. arvense L. — Coteaux secs, les 4 rg. en se modifiant, disséminé d. t. l. c. a., plus répandu d. l. J. — P. ex., Bülach, Eglisau, Bâle, Delémont, Porrentruy, Besançon, Salins, Nantua, Grenoble ; sa forme des lieux apriques et alpestres *(strictum* Haenk.) répandue dans les pelouses rocailleuses des sommités, p. ex., Franches-Montagnes, Aiguillon, Suchet, Poupet, Montendre, Dôle, Salève, Grand-Colombier, Mont-du-Chat, Chartreuse ; surtout occidental et point ascendant dans les MR.

Suppl. — *C. tomentosum* L., espèce méridionale naturalisée près de la Chaux-de-Fonds (Foulet, Chaumont-Bosset) par Gagnebin : —*C. alpinum* L., espèce des Alpes naturalisée au Val-Saint-Imier (haut de la Charrière du Droit-de-Renan) par le même. — Le *C. tomentosum* trouvé près Nidau, 1848, par M. Andræa, *teste Lam.*

Malachium aquaticum Fries.—Buissons des rives, les 3 rg. inf., disséminé d. n. l. — P. ex., Bâle, Porrentruy, Besançon, Salins, Arbois, Lons-le-Saulnier, Grenoble, Soleure, Genève, etc. ; Val-de-Ruz, Chaux-de-Fonds, Brévine, etc.

15. ÉLATINÉES.

Elatine Hydropiper L.—Lieux argileux inondés, rg. b., disséminé et très-rare d. l. c. b. a., comme nul dans le BS., assez rare dans la VR. et la VS. (Bresse) *Guyét. Bossy, de Bess.*—S. n. l., Mulhouse *Vet.*

E. hexandra DC. — Même rôle. — S. n. l., les laisses du Léman entre Genthod et Versoix *Reut.*, Gex *Capell.*, Villersfarlay (bords de l'ancien étang de Vaudrey) *Bab.*, Bresse lyonnaise *Balb.*

E. Alsinastrum L.— Même rôle.— S. n. l., Bâle (Michelfeld) *Vet.*, Mulhouse *id.*, la Bresse *Guyét. Bossy,* la Bresse lyonnaise *Balb.*, la Bresse (Etang-des-Echaix) *Bern.*

E. triandra Schk.— Même rôle ; VR. nulle part s. n. l.

16. LINÉES.

Linum gallicum L.—Champs, généralement nul d. n. l., excepté la VS. et celle du Rhône.—S. n. l., Arbois (bois de Vaucy *Dum.*, de la Frétille *Bab.*, Grand et Petit Abergements *Bab.*, Grozon et Vadans *Garn.*) ; Belley (Collines de Musein) *Bern.* ; Bresse lyonnaise *Balb.*

L. angustifolium Huds. *(perenne* Vill., *angustifolium* β L.)—Prés et champs, espèce méridionale.— S. n. l., Grenoble (Polygone, Drac, Isère, etc.); probablement ailleurs dans le J. bugésien.

L. tenuifolium L.—Coteaux secs, rg. b., aussi la mn., disséminé d. l. c. a. et d. l. J.—Eglisau, Kaiserstuhl, Schaffhouse, Bâle, Montbéliard, Besançon, Salins, Arbois, Poligny, Arinthod (Thoirette), Ceyseriat, Belley, Seyssel (Culloz), Grenoble, Bienne, Neuchâtel et lisière vaudoise, p. ex., l'Ile, jusqu'au Salève ; plus haut, Laufon, Grand-Colombier, etc. ; en L. exclusivement les collines jurassiques.—Roches dysg.?—X?

L. montanum Schl. — Pelouses alp. et plus bas, disséminé dans les A., surtout occidentales et d. l. J. — Mont-d'Or, Montendre, Dôle, Colombier, Reculet, Chartreuse.—*L. alpinum* L. var. *alpicola* Gr. Godr.

L. Leonii Schultz.—Espèce rare observée uniquement d. n. l. sur les Cl. ; forme du précédent selon MM. Gay et de Lambertye.—*L. alp. collinum* Gr. Godr.

L. catharticum L.— Prés, les 4 rg., très-répandu, très-abondant d. n. l.

Suppl. — *L. usitatissimum* L., cultivé et parfois subspontané ; l'une des dernières cultures de la rg. mtg.

Radiola linoides Gm.—Lieux sablonneux humides, disséminé et rare dans la VR., la VS. et en L., comme nul dans le BS.—S. n. l., Bâle (Wiese) *Hay.*, Mulhouse *Cherl.*, Montbéliard *Bern. Wetz.*, Miserey (bois de) *Chantr.*, Villersfarlay (Mont-sous-Vaudrey) *Bab.*, Dôle *Dum.*, Arbois (la Ferté) *Bab.*, Terres-froides *Dav.*, Bresse lyonnaise *Balb.*—Roches eug. pm.—II.

17. MALVACÉES.

Malva Alcea L. — Lieux graveleux, les 2 rg. inf., disséminé d. t. l. c. a. et d. t. l. J. — P. ex., Eglisau, Frick, Bâle, Porrentruy, Béfort, Besançon, Salins, Aarau, Soleure, Neuchâtel, l'Ile, Nyon, Genève, Grenoble : parfois plus haut, p. ex., Côtes-du-Doubs (sous les Bois) *Gour.*

M. moschata L.—Lieux stériles, les 3 rg. inf., inégalement disséminé d. t. l. c. a. et d. l. J.—Rare ou très-disséminé dans le J. oriental bernois et neuchâtelois, p. ex., Rhanden, Neunbrunnen, Billstein, Monterrible, Béfort, Franches-Montagnes, Raimeux, Val-Saint-Imier (Droit-de-Villeret), Valanvron, Val-de-Travers, Val-de-Ruz ; répandu et abondant dans le J. central français aux environs d'Audincourt, l'Isle, Vercel, Ornans, Besançon, Mamirolle, Maiche, Russey (R. Pissoux), Morteau, Nozeroy, Mouthe, Saint-Laurent, Pontarlier, etc.; plus disséminé dans le J. occidental et méridional : Salins, Nantua (Poisat), Grenoble, mais assez fréquent à la lisière vaudoise : l'Ile, Payerne, Avenches, Rolle, Nyon, Genève; même rôle dans les V., le S. et l'A.; rare ou nul dans les A.

M. rotundifolia L.—Lieux graveleux, divers niveaux, répandu d. n. l.

M. sylvestris L.—Lieux graveleux, divers niveaux, répandu d. n. l.

Althœa officinalis L.— Lieux argilo-sableux, chauds, rg. b., disséminé et rare d. n. l., peut-être provenant de cultures sur plusieurs points.—S. n. l., Bâle *Hag.*, Nidau *Gaud.*, Cerlier (Saint-Jean) *Shttlw.*, Genève (Sionnet, Jussy) *Reut. Virid.*, Gimel, Rolle (R. Burtigny) *Gaud.*, Salins (Furieuse, etc.) *Bab.*, Poligny (Toulouse) *id.*, Lons-le-Saulnier (salines) *id.*, Arbois (Grozon) *Dum.*, Grenoble (Bastille, Beauregard) *Mut.*

A. hirsuta L. — Coteaux secs, graveleux, chauds, rg. b., assez rare d. l. c. a., plus répandu en L.—S. n. l., Liestal et Sonnenberg *Hag.*, Besançon (Trois-Croix, etc.) *Gr.*, Neuchâtel (Cormondrèche) *Vet.*, Yverdon *Rap.*, Orbe, Lasarraz, Echallens *Bl.*, l'Ile *Corn.*, Nyon *Gaud.*, Genève et Salève *Reut.*, Salins (sur Arèle, vers Saint-Joseph) *Bab.*, Arbois et Poligny *Dum.*, Châtillon-de-Michaille (Billiat) *Bern.*, Belley (les Paroisses) *id.*, Ambronay *id.*, Grenoble (Bastille, etc.) *Mut.*

18. TILIACÉES.

Tilia grandifolia Ehrh.—Bois couverts, surtout les rg. mn. et mtg., disséminé d. t. l. c. a., plus rare dans les A., plus répandu dans le S., inégalement dans le J. — Nulle part commun et y manquant dans certains districts ; signalé aux environs de Rheinfeld, Bâle, Ferrette, Béfort, Porrentruy, Besançon, Salins et la lisière occidentale, Aarau, Neuveville, Neuchâtel, Genève et la lisière vaudoise, Dauphiné ; puis dans quelques chaînes du J. bâlois, bernois, neuchâtelois, vaudois et français ; enfin rarement jusque dans la rg. alp., en buissonnant comme à la Dôle *Mrtz.*

T. parvifolia Ehrh. — Bois moins couverts, surtout la rg. mn. et même inf., mais cependant disséminé d. t. l. c. a., assez répandu dans la région des collines calcaires et basaltiques du K., du pied des V. et du S., inégalement distribué dans le J. et dominant dans les districts occidentaux. — Ainsi, aux environs de Béfort, Baume, Montbéliard, Besançon, Salins, Arbois, Bourg, Grenoble et Lyon (où le précédent est rare), Genève (pied du Salève) et sur quelques pentes méridionales des chaînes, p. ex., Côtes-du-Doubs, versants sud de Chasseral, Val-de-Travers, lisière vaudoise, Grand-Colombier; aussi sur quelques points plus orientaux comme Zurich, Rheinfeld, Olsberg, Bâle, mais très-rare ou nul sur de grandes étendues, p. ex., dans les contrées de Soleure, Porrentruy, Delémont, etc.; à tout prendre plus sud-occidental et moins mtg. que le précédent qui est souvent associé au sapin, p. ex., au Monterrible. L'espèce dominante dans les promenades publiques indique assez bien la distribution de cet arbre et du précédent auquel il est lié peut-être par des intermédiaires *(T. intermedia* DC.) ou des hybrides que l'on a également indiqué dans le J.: Bâle *Hag.*, Nyon *Gaud.*, Neuchâtel *God.*

19. HYPÉRICINÉES.

Hypericum perforatum L.—Bois, les 4 rg., très-répandu d. n. l.

H. humifusum L.—Bois et champs humides, les 5 rg. inf., assez répandu d. t. l. c. a., ascendant dans le V. et le S., rare dans les A., l'A. et le J. où il manque totalement sur de grandes étendues.—S. n. l., Eglisau, Rheinfeld, Bâle, Ferrette, Delle, Porrentruy, Montbéliard, Besançon, Villersfarlay, Salins, Poligny, Sellières, Arbois, Bourg, Grenoble, Aarau, Soleure, Landeron, Neuchâtel, Payerne, Nyon, Genève; aussi, mais rarement dans le Jura même sur les lambeaux limoneux des plateaux et dans les vallées tertiaires; sa présence dans la rg. mtg. des V. et du S. contraste avec son absence dans l'ensemble du J.—Roches eug. pl.—H.

H. dubium Leers. *(quadrangulare* L.)—Bois, rg. mtg. et alp., répandu dans les A., le S. et le J.—Depuis les chaînes argoviennes jusqu'à la Chartreuse, limité par les hautes chaînes et par celles de Passwang, Blauenberg, Monterrible, côtes du Doubs et du Dessoubre, Taureau, Châteluz, Hautes-Joux, Côtes-de-l'Ain, Rimondière, etc., p. ex., Weissenstein, Raimeux, Franches-Montagnes, Tête-de-Rang, Chasseron, Mont-d'Or, Rizoux, Dôle, Reculet, Grand-Colombier, Salève, etc.

H. tetrapterum Fries. — Lieux humides , les 3 rg. inf. , assez répandu d. n. l.

H. Richeri Vill. — Pelouses alp., disséminé dans les A. occidentales et d. l. J. — Chasseral *Vet.*, Chasseron, Aiguillon *Nob.*, Suchet, Montendre *Corn.*, Noirmont (Emboruats), Dôle, Colombier, Montoisé, Reculet, Mont-du-Chat *Bern.*, Chartreuse. Aussi aux tourbières de Villeneuve-d'Amont *Garn.*

H. pulchrum L.—Bois argilo-sableux, les 3 rg. inf., répandu dans la VR., la VS., la Pl., les V., le S., rare dans le BS., nul dans les A., l'A. et le J. — S. n. l., Schaffhouse, Regensperg (Stadlerberg), Rheinfeld (Olsberg), Bâle (Hardt), Ferrette, Delle, Béfort, Montbéliard, Besançon, Salins, Arbois, Lons-le-Saulnier, Saint-Amour, Bourg, Ceyseriat, Terres-froides, Bresse, etc.; puis Baden, Bienne (vers Douane) *Gib.*, Payerne?; sur les lambeaux argileux des premiers plateaux jurassiques au dessus de Salins, Arbois, Lons-le-Saul-nier, etc., mais généralement comme nul dans l'ensemble du J. et faisant contraste sur les lisières hercynienne, alsatique et vosgienne.—Roches eug. pl. et pm.—H.

H. Elodes L.—Cette espèce des prés marécageux, disséminée en France et en Allemagne , généralement nulle d. n. l. est fréquente sur le versant lorrain des V. et aussi dans la Côte-d'Or cristalline.

H. montanum L. — Bois secs, les 3 rg. inf., surtout la mn., disséminé d. t. l. c. a., les A., les Cl., les V., l'A., le K., le pied du S. et inégalement d. t. l. J.— P. ex., Schaffhouse, Eglisau, Bâle, Besançon, Salins, Soleure, Neuchâtel, Genève, Belley, Grenoble, etc. ; plus haut, Olsberg, Laufon, De-lémont, Moutier (M. Court), Amancey, Levier, Champagnole, Franches-Mon-tagnes, côtes de la Birse, du Doubs, du Dessoubre, du Seyon, etc.; chaînes de Lægerberg, Weissenstein, Moron, Chasseral, Aiguillon, Reculet, Mont-d'Ain, Salève, Chartreuse, etc.; mais rare dans plusieurs districts.

H. hirsutum L. — Bois secs, les 3 rg. inf., surtout la mn., répandu ou disséminé d. l. c. a. et d. t. l. J., mais dessinant surtout par son absence les zônes dysgéogènes, tandis qu'il est parfois rare ou nul dans les zônes eugéo-gènes.—Roches dysg.—X.

H. nummularium L.—Cette espèce méridionale s'avance de la Chartreuse *Mut.*, et du Grenier *Bonj.*, jusqu'au Mont-du-Chat *Bern.* et à la Grotte des Echelles *id.*

Androsæmum officinale All.— Cette espèce des bois humides de la Suisse transalpine et de la France sud-occidentale, se montre déjà dans les bois li-moneux de Bourg (bois de Seyon) *Nob.*, de Belley (bois de Ceysin) *Bern.*, du

Pont-de-Beauvoisin (Mateleu) *Vill.*, de Saint-Laurent-du-Pont (bois des Chartreux) *id.*, de Voreppe (Balmes) *id.* ; elle est probablement assez fréquente dans la Bresse méridionale.—Roches eug.?—H ?

20. ACÉRINÉES.

Acer Pseudoplatanus L. — Bois, surtout mtg. et alp., aussi plus bas, répandu abondant d. n. l. à partir de la rg. mn., plus rare dans les vallées. — Il forme de grands arbres isolés dans la rg. alp. du Jura central, p. ex., Haasenmatt, Sonnenberg, Chasseral, et y contribue beaucoup à la physionomie de cette rg., mais je ne l'ai point vu jouer ce rôle dans d'autres parties du Jura.

A. platanoides L. — Bois, surtout la rg. mn. et mtg. inf., aussi plus bas, mais point alpestre, très-répandu dans les V., nul dans le S., assez répandu dans l'A., disséminé sur les Cl. et dans le J.—P. ex., Schaffhouse, Eglisau, Bâle, Porrentruy, Besançon, Salins, Aarau, Soleure, Bienne (Frinvillier), Neuveville, Neuchâtel, Boudry, l'Ile, Nyon, Genève, Grenoble ; plus haut, Laufon, Delémont, Saint-Ursanne, cluses de la Birse, Côtes-du-Doubs, Lomont, vals de Tavannes, de Saint-Imier, de Diesse, de Ruz, de Travers ; Poupet, côtes de Bonmont, de Trélex, du Mont-du-Chat *Bern.* ; je ne saisis pas la distribution de cet arbre.

A. opulifolium Vill. — Coteaux secs, les 2 rg. inf., surtout la mn., aussi la mtg., disséminé et souvent abondant dans les A. occidentales et dans le J., surtout occidental et méridional. — Sur la lisière suisse, Soleure (Grange), Bienne (Boujean), Neuveville (côtes du lac), Diesse (Sujet), Neuchâtel (Chaumont, Seyon, etc.), Côtes-de-l'Orbe, versants de la Dent-de-Vaulion, du Noirmont, du Montendre, du Salève, du Grand-Colombier, du Mont-de-Parves, du Châtelard, du Mont-du-Chat, de la Chartreuse ; sur la lisière française, Besançon, Salins, Arbois, Lons-le-Saulnier, Ceyseriat, Cerdon, Saint-Rambert, etc. ; dans l'intérieur du J., cluses et vals de Moutiers, d'Undervilliers, de Saint-Imier, de Champagnole, de Saint-Claude, de Tenay, de Belley, etc.; très-répandu dans le J. méridional et point signalé dans nos chaines orientales à partir du J. bernois et soleurois ; nul dans les contrées germaniques et françaises à l'est et au nord du J. ; Côte-d'Or, Provence. — Roches dysg. —X.

A. monspessulanum L.—Cette espèce de la France méridionale et du Dauphiné, assez fréquente aux environs de Grenoble (Bastille, Rochefort, etc.), s'avance sur plusieurs points du Jura méridional. — Collines des environs de Belley (Parves, le Thuy près Prémeizel, Musein) *Bern.* et de l'Huis (Glandieu) *id.* ; on le retrouvera probablement ailleurs de même que le *Pistacia* auquel il est souvent associé ; il atteint jusqu'à 10 mètres de hauteur.

A. campestre L.—Bois, les 2 rg. inf., aussi la mtg., rarement alp., très-répandu d. n. l.

21. HIPPOCASTANÉES.

Suppl. — Point de représentant indigène. L'*Æsculus Hippocastanum* L., cultivé dans les 2 rg. inf.

22. AMPÉLIDÉES.

Suppl. — Point de représentant indigène. La *Vitis vinifera* L. cultivée dans la rg. b. sur toutes les lisières du J., çà et là naturalisée, p. ex., Schaff-house (Hemmenthal, etc.) Bâle, Mandeure, (ruines romaines, abondant) *Contej.*, Besançon, Salins, Arbois, Arinthod (Thoirette), Genève, Grenoble et persistant sur des points où sa culture a été abandonnée, p. ex., Delle (de Grand-Gour à Buix). Voyez relativement à sa dispersion, p. 195 et suiv.

23. GÉRANIACÉES.

Geranium phœum L.—Prés-bois, rg. mtg., aussi plus bas, disséminé dans les A. occidentales françaises, puis inégalement dans le J. central et sud-occidental.— Langenbruck, Franches-Montagnes, (la Ferrière), vals Saint-Imier (Convers), de Ruz (Boudevilliers, Fontaine), de Travers (Saint-Sulpice), Neu-veville (Chule), Pouillerel (Planchettes), Nidau (Safneren), Neuchâtel (Colombier), Payerne, Val-Chezery, Reculet (Creux-d'Ardran), Chartreuse.

G. nodosum L.— Cette espèce méridionale de la Suisse transalpine et du Dauphiné commençant aux environs de Grenoble et se montrant encore au Pont-de-Beauvoisin (Saint-Albin) *Bern.*, a été signalée par Chantrans aux environs de Pontarlier où elle n'a pas été constatée depuis, et par M. Shuttle-worth dans les bois du versant sud du Sujet (chemin de Lamboing à Orvins) où elle se trouve en effet en abondance ; probablement ailleurs.

G. sylvaticum L.—Bois, rg. mtg. et alp., répandu abondant dans les A., les V., le S., l'A. et t. l. J., surtout central, depuis la Gisliftuh jusqu'à la Chartreuse, dans toutes les chaines qui atteignent les parties supérieures de la rg. mtg.—P. ex., Schafmatt, Wasserfall, Weissenstein, Raimeux, Moron, Montoz, Monterrible (rare), Lomont, Franches-Montagnes, Chasseral, Chasseron, Châteluz, Hautes-Joux, Rizoux, Aiguillon, Dôle, Reculet, Chalame, Poisat, Rimondière, Mont-d'Ain, Grand-Colombier, Mont-du-Chat, Chartreuse, etc.; aussi çà et là inégalement dans la rg. mn., p. ex., Schaffhouse, Blamont (Pierre-Fontaine), Porrentruy (Damvant), Bâle (la Hardt), Neuveville, Salins, etc. Une des espèces les plus caractéristiques de la rg. mtg. d. n. l.—La forme voisine *G. brachystemum* God. qui est peut-être une espèce distincte, assez fréquente dans le J. neuchâtelois (Prise du Vaux-Seyon, Engollon, Hauts-Geneveys, etc.)*God.* a aussi été observée à Bâle *Hag.*, la Neuveville (Pré-Monsieur) *Gib.*, Salins (Bois-Bovard) *Bab.*, et sera probablement assez répandue.

G. pratense L. — Prés, différents niveaux, disséminé dans les basses A. occidentales françaises, plus répandu dans le W. et en L., généralement rare ou nul, du reste, d. n. l., excepté sur quelques points du J. — Schaffhouse *Laff.*, Montbéliard *Vet.*, Besançon *Gr.*, Pontarlier *Fr.*, Nozeroy (Fraroz) *Nob.*, Salins (Cernans, Ivory, Pont-d'Héry, Pasquier, etc., fréquent) *Garn. Bab.*; on l'a signalé anciennement aux environs de Baden, Saint-Urbain, les Etablins, la Ferrière, Audincourt, Nyon, Genève, mais il n'a pas été revu sur la plupart de ces points.

G. palustre L.—Prés humides, les 2 rg. inf., surtout la plaine, disséminé dans le W., la VR., le BS. oriental, très-rare ou nul dans les contrées occidentales, çà et là dans le J. — S. n. l., Rheinfeld, Olsberg, Augst, Béfort, *Par.*, Montbéliard *Vet.*, Aarau, Soleure, plaine vaudoise, Genève ; puis Salins (bois de Racine et de Veley, Domaine) *Bab.*; plus haut, vals d'Eptingen, de Delémont, de Diesse (Lamboing à Orvins), de Ruz, de Travers, de Pontarlier ; espèce germanique.

G. sanguineum L,—Rocailles arides, les 2 rg. inf., plus rare dans la mtg., surtout la mn., disséminé au pied des V., du S., de l'A. et des A., comme nul en L., assez répandu d. t. l. J.—S. n. l., Schaffhouse, Eglisau (Irchel), Kaiserstuhl (Weyacherberg), Liestal, Bâle, Besançon, Salins, Grenoble, Aarau, Bienne, Neuveville, Neuchâtel, Yverdon, Orbe, Aubonne, Genève, Belley ; plus haut, Hauenstein, Chaive, Roche de Courroux, Roches de Court, Monterrible, Champagnole, Mont-d'Ain et probablement plus répandu dans le J. méridional.—Roches dysg.—X.

G. pyrenaicum L. — Prés et bois, les 3 rg. inf., aussi alp., inégalement disséminé d. l. c. a., plus rare ou nul dans le S. et l'A., inégalement répandu d. l. J.—Ainsi, fréquent ou commun dans le J. central et occidental à l'ouest et au sud de la ligne, Bienne, Chasseral, Morteau, Baume, Montbéliard, mais y manquant encore en quelques districts; plus disséminé à l'est de cette ligne, p. ex., à Schaffhouse, Bâle, Soleure?, Aarau, mais nul sur de grandes étendues; p. ex., outre les lieux cités, Besançon, Salins, Arbois, Saint-Rambert (Tenay), Genève, Seyssel (Culloz), Grenoble, etc. ; plus haut, Cluses de la Birse, Val-de-Travers, Pontarlier, Champagnole , Saint-Laurent , les Foncines, plateaux de Diesse, de Pupillin, de Nantua, etc., et jusque dans la rg. alp.. erratique autour des chalets, p. ex. Montendre, Dôle, Grand-Colombier, Chartreuse ; espèce sud-occidentale.

G. pusillum L.— Lieux graveleux, les 2 rg. inf., aussi la mtg., assez répandu d. n. l.

G. dissectum L. Champs, ascendant avec eux, plus rare cependant dans la rg. mtg., disséminé ou assez répandu d. t. l. c. a. et d. t. l. J.

G. columbinum L. — Coteaux secs, les 3 rg. inf., répandu abondant d. n. l., plus rare cependant et même nul dans certains districts humides.

G. rotundifolium L.—Lieux cultivés secs, rg. b., aussi la mn., disséminé d. t. l. c. a., surtout la VR. et la VS., plus rare dans le BS.—S. n. l., Schaffhouse, Eglisau (Glattfeld), Bâle, Béfort, Montbéliard, Besançon, Salins, Lons-le-Saulnier, Nantua, Grenoble, Soleure, Bienne, Neuchâtel, Neuveville, plaine vaudoise, Nyon, Genève, Pierre-Châtel; aussi çà et là plus haut dans les lieux graveleux apriques, p. ex., Monterrible (Male-Côte).

G. molle L.—Lieux graveleux, les 2 rg. inf., aussi la mtg., répandu abondant d. n. l.

G. lucidum L.—Rochers, divers niveaux, disséminé, rare d. n. l. et presque uniquement :—s. n. l., Bienne *Guth.*, Saint-Blaise (Hauterive) *Gib.*, Sainte-Croix (côte de Vuittebœuf) *Nob.*, Salève (Pas-de-l'Echelle) *Reut.*, Vuache (château de Chaumont) *id.*, Montbéliard *Vet.*, Salins (Belin , Champagny, la Chaux) *Bab.*, Arbois (sources de la Cuisance) *Garn.*, Genève (Frontenex) *Mortz.*; Dauphiné, Valais.

G. robertianum L. — Rocailles, les 4 rg., très-répandu et très-abondant d. n. l.; espèce très-ubiquiste.

Erodium cicutarium L'Her. — Champs , lieux graveleux , ascendant, répandu abondant d. n. l., mais y dessinant surtout les zônes pm. et pp.; rare parfois dans certains districts calcaires dysg. et sous la forme *chœrophyllum* DC.

E. moschatum L'Hér. — Lieux cultivés, rg. inf., disséminé et peut-être provenant de culture, très-rare d. n. l.—S. n. l., Rheinfeld (Augst) *Vet.*, Bâle (Muttenz) *id.*, Aarau *Bron.*, Soleure, Bienne, Neuveville *Gib.*, Neuchâtel *Shttlw.*, Porrentruy (Fontenois) *Lap.*, Genève (Plainpalais) *Vet.*, Saint-Julien *Reut.*; fugace.

24. BALSAMINÉES.

Impatiens noli-tangere L.—Bois couverts, les 4 rg., surtout la mtg., assez répandu d. t. l. c. a. et d. t. l. J., surtout central. — P. ex., Eglisau, Bâle, Balstall, Delémont, Porrentruy, Valangin, Levier, Champagnole, Salins, Nantua, Saint-Rambert, Genève, etc.; chaînes de Passwang, Chaive, Moron, Montoz, Clôs-du-Doubs, Monterrible, Chasseral, Châteluz, Hautes-Joux, Rizoux, Rimondière, Chartreuse, etc.; côtes de la Birse, du Doubs, du Dessoubre, de la Louc, du Lison, de l'Ain, du lac de Sylant, de l'Albarine, etc.; particulièrement commun dans la rg. mtg. du J. bernois, plus encore dans les V.

25. OXALIDÉES.

Oxalis Acetosella L.—Bois couverts, les 4 rg., répandu abondant d. n. l., surtout les sapins et épicéas de la rg. mtg.

O. stricta L. — Lieux cultivés, disséminé rare et provenant de culture d. l. c. a.—S. n. l., Besançon, Soleure, lisière vaudoise, Genève, Bourg (Pont-de-Vaux, Bagé) *Bossy*, Tour-du-Pin *Bern.*, Grenoble.

O. corniculata L.— Même rôle.— S. n. l., Besançon, Genève, Grenoble.

26. ZYGOPHYLLÉES.

Suppl.—Pas de représentant : le *Tribulus terrestris* L. en Savoie, Piémont et Dauphiné méridional.

27. RUTACÉES.

Ruta graveolens L.—Espèce méridionale cultivée et rarement naturalisée. —Montbéliard (vignes de Valentigney) *Berd. nec. rec.*, Jougne *Vet.*, Pon-

tarlier *id.*, Salins (Saint-Joseph) *rec.*, Saint-Laurent (rives du lac de Bonlieu)?
Champagne (Béon, Talissieux, Luirieux) *Bern.*, Neuchâtel *God.*, Nyon *Heg.*,
Grenoble (Varces) *Mut.* — Aussi le Kaiserstuhl, abondante et spontanée *Al.
Braun.*

Dictamus Fraxinella Pers.—Lieux sylvatiques rocailleux, chauds, très-rare
d. l. c. a. — S. n. l., Rhanden (sur Beringen et Süblingen, puis au Wirbel-
berg) *Laff.*, entre Kleinkembs et Feldmühle *Ray.*; Valais, Suisse transalpine,
Alpes françaises méridionales ; peut-être provenant de culture? d. n. l.

EXOGÈNES DICHLAMYDÉES CALYCIFLORES.

28. CÉLASTRINÉES.

Staphylea pinnata L.— Cet arbrisseau des bois humides des mtg. germa-
niques, déjà très-rare dans le système du Rhin, nul plus à l'ouest est assez
répandu dans l'A., puis de là jusque s. n. l. aux environs de : — Constance
Lein., Winterthur *Stein. Hirz.*, Schaffhouse (Mühlenthal) *Laff.*, Rheinfeld
(vers Augst) *Hag.*, Liestal (de Zunzken à Tenniken) *id.*, Waldenburg *id.*,
Bâle (Mutel, la Hardt, Justice, Riehen) *Hag. Labr.*, Aarau *vet.* an *rec.?*
Wiedlisbach (la Cluse près d'OEnsingen) *Fr.*, Montbéliard (Dâle, Vaudoncourt,
Etupes) *Bern. Wetz.* et à Delle (bois de Morvillard) *Fr.*; souvent cultivé,
parfois naturalisé, mais certainement indigène dans la majeure partie des
lieux précités.

Evonymus europæus L.—Bois, les 2 rg. inf., aussi la mtg., assez répandu
d. n. l.

E. latifolius L. — Cet arbrisseau de la France méridionale qui se montre
sur quelques points des A. suisses, est assez fréquent dans les bois du Dauphiné.—S. n. l., à Grenoble (Bastille, Rachet, Beauregard, etc.) *Mut.*, puis
au Mont-du-Chat (sommet) *Bern.* et au Grand-Colombier *Gr.*

29. RHAMNÉES.

Rhamnus catharticus L. —Bois secs, les 2 rg. inf., aussi la mtg., disséminé
d. t. l. c. a. et d. t. l. J., dessinant surtout les zônes dysg. et nul parfois
sur d'assez grandes étendues dans les districts eugéogènes; dans la rg. mtg.,
p. ex., Saignelégier, les Bois, etc.

R. Frangula L.—Bois humides, rg. b., aussi plus haut, disséminé d. t. l. c. a. et d. t. l. J., dessinant surtout les zônes eugéogènes et fuyant les districts dysgéogènes ; particulièrement commun dans les bois de la plaine rhénane et de la Bresse.

R. pumilus L. — Rochers, rg. mtg. et alp., assez répandu dans les A. ; dans le J. uniquement : — au sommet du Mont-d'Or ; probablement dans le J. bugésien et sarde, car il commence à la Chartreuse (Néron, Sappey, etc.) et dans les chaînes calcaires de l'Arve (Vergy, Môle, Col de Bonneville à Saint-Joire, etc.).

R. infectorius L.—Cette espèce de la France méridionale disséminée dans le Dauphiné y est signalée,—s. n. l., à Crémieux *Mut.*

R. Alaternus L. — Cette espèce méridionale commence à — Grenoble (Bastille, Rochefort) *Mut. Verl.* On la retrouvera peut-être dans le Jura bugésien avec le *Pistacia* ; cependant M. Bernard ne l'y a pas encore observée (1847).

R. alpinus L.—Rochers, rg. mtg. et alp., répandu dans les A. occidentales et d. t. l. J. — Depuis la Gislifluh jusqu'au Salève et à la Chartreuse, limité par les hautes chaînes, puis par celles de Geissfluh, Farnsburg, Gempenberg, Blauenberg, Monterrible, Lomont, Côtes-du-Doubs, Côtes-du-Dessoubre, Boujailles, Fresse, Côtes-de-l'Ain, Cuiron, Cerdon, Côtes-de-l'Albarine, etc., et souvent aussi en dehors de ces limites assez bas dans la rg. mn. ; l'une des espèces les plus caractéristiques de notre rg. mtg. qui fait contraste par son absence totale dans les V. et le S.—Roches dysg.—X.

R. saxatilis L.—Cette espèce disséminée dans les A. allemandes, suisses méridionales et dauphinoises *Vill.,* puis en Bavière, n'est signalée dans nos limites que sur un seul point de l'A.

30. TÉRÉBINTHACÉES.

Pistacia Terebinthus L. — Cet arbre des provinces méridionales et méditerranéennes, assez fréquent à—Grenoble (Bastille, Rochefort, etc.), s'avance dans le Jura bugésien jusqu'à l'Huis (Benonce au pied du Molard-de-Dom) *Bern.* et Belley (Musein *Bern.,* lac de Barque *Nob.*) ; se trouvera probablement ailleurs ; je ne l'ai vu que frutescent dans ces dernières localités.

Rhus Cotinus L. — Cet arbrisseau méridional déjà fréquent à— Grenoble (Bastille, Rochefort, etc.), est aussi indiqué dans le Bas-Bugey et à Belley par Bossy.

31. PAPILIONACÉES.

Ulex europœus L. — Bruyères sablonneuses et argileuses, rg. b., rare d. n. l., sur quelques points de la VR., de la VS. et en L., plus rare encore dans le BS.—S. n. l., Béfort *Kirschl.*, Salbert (rare) *Par.*, Delle (ferme de Fahy) *Fr.*, Lons-le-Saulnier (Saint-Etienne) *Nob.*, Aubonne (Signal, Bougis) *Vet.*, Rolle (Tartegnin) *Rap.*, Genève (Tranchées, Bâtie, Bernex) *Reut.*, Salins (Cernans *Bab.*, Grandchamps et Boulat *Garn.*), Bourg *Bross.*, Besançon *Gr.*; peut-être seulement subspontané ou naturalisé sur plusieurs de ces points. Grandes landes d'Allemagne et surtout de France.—Roches eug.—H.

Sarothamnus scoparius Koch.—Bois sablonneux, les 3 rg. inf., disséminé, souvent abondant dans les VN., VR., VS., Pl. et vallée du Rhône, très-rare dans le BS., comme nul dans les A. suisses, excepté sur les revers méridionaux, assez fréquent dans les A. cristallines du Dauphiné (p. ex. Chalanche), très-répandu dans les terrains clastiques et cristallins des V. et du S., nul dans l'A. et presque t. l. J.—S. n. l. hercynienne, vosgienne, bressane très-commun et montant quelquefois sur les terrains jurassiques des premiers plateaux, p. ex., au-dessus de Salins, Poligny, Arbois, Lons-le-Saulnier, Saint-Amour; comme rareté dans le BS., Wangen *Mrtz.*, Aarwangen (Dürr-mühle) *id.*, Lausanne (bois de Buchillon) *Rap.*, Signal d'Aumont *id.*, Rolle *Gaud.*, Nyon (bois de Prangins *olim.*) *Rap.*; une des plus contrastantes de toutes les espèces psammiques sur une grande partie des lisières du J., et jouant à cet égard sur une partie de la falaise occidentale le rôle inverse de celui du *Cytisus Laburnum.*—Roches eug. pm., pl. et pp. — H. — Bois de Prangins *Monn. 1848.*

Spartium junceum L. — Cette espèce de la France méridionale s'avance jusque sur nos limites aux environs de—Grenoble (Polygone).

Genista prostrata Lam.— Pelouses sèches, divers niveaux, nul d. t. l. c. a., excepté les Cl. et la Bourgogne, disséminé d. l. J. — Du Russey à Morteau, de Pontarlier au lac de Saint-Point, au bord de la tourbière de Bélieu *Gr.*, au bois de Sône *id.*, à Salins (Engoulirons, Aresche, Lemuy, Ivory) *Bab. Garn.*, à Poligny *Garn.*, aux Prés-Rolliers près la Brévine *God.*, à la Châtelaine près Arbois *Mut.*, à Boujailles près Levier *Bab.*, sur la colline de la Russille au-dessus de Montcharand près Yverdon *Leresch.*, aux environs de Lignerolle près d'Orbe *Bl.*

G. pilosa L.—Coteaux graveleux, rg. mn. et mtg., répandu abondant dans les V. et le S., nul dans l'A., rare dans les A., excepté occidentales, inégalement d. l. J.—Bâle (Gempenberg, Ramstein, etc.), Cluses de la Birse (Lauffon, Vorburg, Moutier, Court, Pierre-Pertuis), de la Sorne (Pichoux), de la Suze (Reuchenette), Lomont (Crêt-des-Roches), Besançon (Rosemont, etc.), Ornans (Roche-du-Mont), Salins, Arbois, Morey, Côtes-de-l'Ain (Thoirette, Serrières, etc.), Val-de-Joux, Noirmont (Embornats), Fort-l'Ecluse, Nantua, Vuache, Pont-d'Ain, Grand-Colombier, Belley (le Thuy), Grenoble.

G. tinctoria L. — Bruyères, surtout argilo-sableuses, les 3 rg. inf., aussi alp., disséminé souvent abondant et social d. t. l. c. a. et d. t. l. J., plus rare cependant dans quelques districts calcaires ; une espèce très-ubiquiste quant aux altitudes et aux terrains ; abondante sur certains points de la rg. mtg., p. ex., les Bois, le Monterrible, etc.

G. germanica L.—Bruyères, surtout argileuses, rg. b., aussi parfois la mn., disséminé d. t. l. c. a., ascendant dans la rg. mtg. des V. et du S., rarement dans l'A., les Cl. et le J.—S. n. l., Schaffhouse, Eglisau, Kaiserstuhl, Lauffenburg, Seckingen, Bâle, Ferrette, Porrentruy (Bonfol, etc.), Dannemarie, Salins, Lons-le-Saulnier, Saint-Amour, Vuilly, Cossonay, l'Ile, plaine vaudoise, Genève, Belley, Grenoble ; plus haut, Lægerberg, Lauffon, Pontarlier. —Roches eug. pm. et pl.—II.

G. sagittalis L.— Pelouses, les 3 rg. inf., surtout la mn., répandu abondant et social dans les V., le S., l'A., plus disséminé dans les A., surtout occidentales, répandu d. t. l. J., excepté oriental où il paraît manquer dans certains districts.

Suppl. —Le *G. anglica* L. signalée dans le J. bisontin par Chantrans n'y a pas été revu ; sa présence paraît plus que douteuse.

Cytisus Laburnum L.—Bois, coteaux secs, rg. mn. et mtg., disséminé dans les basses A. occidentales, la Côte-d'Or, les Pyrénées, sur quelques points des Cl., disséminé puis répandu dans le J. occidental et méridional, nul du reste, d. n. l.— Les stations les plus boréales de cet arbrisseau d. l. J. paraissent être Salins (Veley) et Champagnole ; à partir de cette ligne, il se montre disséminé, puis constant en s'avançant vers le sud sur les plateaux et les chaînes peu élevées du J. français ; on le voit aux environs de Clairveaux, les Planches, Saint-Laurent, Arinthod, Arbois, Saint-Amour, Ceyseriat, Châtillon-de-Michaille, Cerdon, Saint-Rambert, Nantua, Hauteville, Culloz, Seyssel, Belley, Parves, le Bourget, les Balmes, etc., Grenoble ; il est à-peu-près commun dans tout le J. bugésien et fréquent dans le J. bressan ; on l'y voit souvent former des bosquets à lui seul ; il paraît diminuer beaucoup à l'approche des hautes chaînes suisses où il est remplacé par le suivant ; cependant il se retrouve au pied du Reculet au-dessus de Thoiry, puis au pied du Gralet *Bern.* et du Salève. Il est difficile à distinguer de *l'alpinus* sans les fruits, et il peut se faire que sur quelques points voisins de la lisière suisse (p. ex., Châtillon), ils aient été confondus. Cet arbrisseau est très-caractéristique du J. français et sarde et descend peu sur les limons de la Bresse ; il s'élève assez haut dans les chaînes méridionales, p. ex., sur les pentes du Grand-Colombier au dessus de Culloz. Il se montre exceptionnellement près d'Andelfingen (entre Feuerthal et Uhwiesen) *Hirz.*—Roches dysg.—X.

C. alpinus Mill.—Bois secs, rg. mtg., aussi alp., disséminé sur quelques points des versants méridionaux des A., dans le Valais, puis d. n. l., exclusivement dans le J. occidental.—Pontarlier (bois de la Fauconnière) *Gr.;* sur les versants des hautes chaînes suisses depuis le Suchet et la Dent jusqu'à la Dôle, aux Cluses de Nantua où il est associé au précédent *Bern.* et au Salève : ainsi l'Ile, Montcharand, Arzier, Longirod, Bonmont, Fort-l'Ecluse, etc., cols de Marchairuz, Saint-Cergues, la Faucille et probablement sur les versants des chaînes méridionales sardes et françaises ; cependant il paraît manquer aux environs de Grenoble et ne recommencer que dans le Dauphiné méridional. Il s'élève plus haut que le précédent et en serait comme une forme plus alpestre qui joue du côté suisse le même rôle que le *Laburnum* du côté français : tous deux se trouvent au sud-ouest de la ligne Salins-Yverdon.

C. nigricans L.—Cette espèce des lieux secs des rg. inf., disséminée en Allemagne, sur quelques points de la Suisse transalpine, du Piémont et du Valais, se montre d. n. l. en plusieurs endroits du W., des environs de Constance et du Hegau d'où elle s'étend sur nos lisières hercyniennes.—Eglisau (Irchel, Risibuck, Rafz, etc.) *Heer, Graf.,* Eilikon *Köllik.,* Andelfingen (Mühlberg) *Hirz.,* Schaffhouse (Rhanden) *Laff.,* Rheinfeld? *Brun.,* Bâle? *Koch.,* et dans les Vosges au Schlosswald près Münster *id.*

C. capitatus L.—Bois, les 2 rg. inf., généralement nul d. n. l., excepté dans les parties françaises sud-occidentales du J. — Besançon (Citadelle, Chalezeules) *Gr.,* Villersfarlay et Quingey (forêt de Chaux) *Nob.,* Salins (Belin, Poupet, etc.) *Bab. Garn.,* Arbois (Grozon, etc.) *Garn.,* Ceyseriat (vers Bohas) *Nob.,* St.-Rambert, *id.,* Grenoble. — Probablement ailleurs : commun dans plusieurs des localités ci-dessus.

C. sessilifolius L. — Espèce de la France méridionale commençant s. n. l. à Grenoble (Bastille, Rochefort, etc.)

C. supinus L. — Même rôle. — Grenoble (Bastille, Rachet, etc.)

C. argenteus L. — Même rôle. — Grenoble (Bastille, Néron, etc.)

Lupinus angustifolius L. — Cultivé sur quelques points des contrées méridionales, puis çà et là subspontané.

Ononis spinosa L. — Lieux sablonneux, rg. b., mais s'élevant jusque dans la rg. mtg. des V. et du S., généralement rare ou nul dans l'A. et d. l. J., excepté les premiers plateaux de terrains remaniés, — p. ex., au dessus de Salins, St-Amour, etc.; s. n. l., p. ex., Schaffhouse, Bâle, Besançon, Salins, Lons-le-Saulnier, St.-Amour, Bourg, Pont-d'Ain, Culloz, Belley, Grenoble, Bienne, Neuveville, Neuchâtel, Yverdon, Cossonay, Genève; plante commune, nulle d. l. J. sur de grandes étendues et contrastante sur plusieurs de ses lisières. — Roches eug. pm. et pp. — II.

O. repens L. — Lieux arides, les 2 rg. inf., plus rarement la mtg. répandu abondant d. t. l. c. a. et plus encore d. t. l. J. et les zônes dysgéogènes; cette espèce et la précédente s'excluent le plus souvent des mêmes lieux.

O. Natrix L. — Coteaux graveleux secs, les 2 rg. inf., disséminé dans les contrées méridionales, nul d. n. l., excepté sur quelques points des Cl. et d. l. J. bugésien, sarde, dauphinois et leurs lisières. — Bords de l'Ain à Thoirette *Bab.*, Pont-d'Ain *Nob.*, St-Rambert *id.*, Tenay *id.*, Rossillon *id.*, Belley?, Grenoble, Seyssel *Nob.*, Frangy *id.*, le Bourget *id.*, Genève (sous Aire) *Reut.*, et probablement plus répandu, mais seulement au sud de la ligne Genève, Thoirette, Pont-d'Ain, ou à peu près. Une des espèces les plus caractéristiques des lisières basses du J. méridional.

O. rotundifolia L. — Lieux graveleux, rg. mn. et mtg., disséminé dans les A. sud-occidentales et s'avançant jusques sur nos lisières. — Salève (Grand-Gorge, Voûtes, etc.), Grenoble (Polygone, St-Eynard, etc.); probablement ailleurs dans le J. sarde.

O. Columnæ All. — Espèce sud-occidentale s'avançant jusque s. n. l. à — Grenoble (Bastille, etc.); Valais.

O. minutissima L. — Même rôle. — Grenoble (Bastille, Rachet, etc.)

O. fruticosa L. — Même rôle, plus mtg. — Chartreuse (St-Eynard) *Mut.*

O. Cenisia L. — Comme la précédente. — Chartreuse (Sappey) *Gras.*

Anthyllis Vulneraria L. — Pelouses, les 4 rg. en se modifiant un peu, répandu abondant d. n. l., surtout les zônes dysgéogènes et des plus ubiquistes quant aux altitudes.

O. montana L. — Rocailles, rg. mtg. et alp., disséminé dans les A. occidentales et d. l. J., nul du reste d. n. l. — Pontarlier et Ornans *Gr.*, Côtes de la Loue (Hautepierre) *id* , Mouthe (Foncines) *Garn.*, Salins (Poupet, Goaille) *Bab. Garn.*, Arbois (Roches de Gilly, Châtelaine) *id. id.*, St-Claude

(Mijoux à Septmoncel) *Bab.*, Creux-du-Van *Leq.*, Dôle *vet.* et *rec.*, Colombier *Fr. Bab.*, Salève *vet.* et *rec.*, Mont-d'Ain *Bern.*, Grand-Colombier? *id. Gr.*, Mont-du-Chat (Charve) *id.*, Bugey (fréquent) *Boss.*, Chartreuse (Rachet, Saint-Eynard) *Mut.*; probablement plus répandue encore dans le J. méridional (¹).

Medicago falcata L. — Coteaux secs argilo-sableux, rg. b., inégalement disséminé d. t. l. c. a., rare ou nul dans la majeure partie du J. — S. n. l., Constance, Schaffhouse, Eglisau, Bâle, plaine d'Alsace, Béfort, Montbéliard, Arbois (Villette) *Dum.*, Arinthod (Thoirette) *Bab.*, plaine vaudoise, Genève, Seyssel (Culloz), Tour-du-Pin, Grenoble.

M. lupulina P. — Prés, les 4 rg., très-répandu, très-abondant d. n. l.

M. minima Lam. — Lieux sablonneux, rg. b., disséminé d. l. c. a., assez répandu dans la VR, le BS. occidental, la L. et les parties méridionales de la VS. — S. n. l., Schaffhouse (Emmenberg), Bâle, Béfort, Montbéliard, Besançon, Baume-les-Messieurs, Lons-le-Saulnier, Bienne, Neuveville, Neuchâtel, Orbe, Payerne, Rolle, Nyon, Genève, Belley, Grenoble, rarement ascendant d. l. J.

M. apiculata Willd. — Champs, rg. b., comme nul d. n. l., excepté en L. et s. n. l. — à Besançon *Gr.*, Arbois (Grozon) *Dum.*, Poligny *id.*, Salins *Bab.*

M. maculata Willd. — Champs, très-rare d. n. l. et presque uniquement en L., à Strasbourg, Lyon et — s. n. l., Salins (St-Joseph) *Bab.*, Lons-le-Saulnier *Garn.*, Grenoble (Domène) *Mut.*

M. orbicularis All. — Espèce méridionale des champs s'avançant s. n. l. jusqu'à — Grenoble.

M. scutellata All. — Même rôle, Lorraine, et s. n. l. — Grenoble.

Suppl. — La *M. Sativa* qui selon Döll appartiendrait au type spécifique de la *falcata*, souvent cultivée, puis çà et là naturalisée.

Trigonella monspeliaca L. — Espèce méridionale s'avançant s. n. l., jusqu'à — Grenoble (Bastille) *Gras.*

Melilotus arvensis Wallr. — Champs, ascendant avec eux, très-répandu, très-abondant d. n. l.

M. officinalis Willd. — Lieux argileux humides, rg. b., aussi ascendant, assez répandu d. t. l. c. a., assez rare d. l. J. — S. n. l., p. ex., Bâle, De-

(¹) J'ai recueilli en Juillet 1844 quelques pieds de cette plante, généralement nulle dans les Alpes suisses, au Gothard en montant de l'Hospice au sommet de la Fibia. Je consigne ici cette localité inconnue je crois des botanistes. On ne sera pas surpris de la présence de cette plante au Gothard, si l'on se rappelle qu'un bon nombre d'espèces y révèlent déjà le versant méridional; tels sont *Trifolium rubens, Luzula nivea*, etc.

lémont, Besançon, Neuveville, Neuchâtel, plaines de l'Ognon, du Doubs, de la Loue, de la Birse, alsatique, vaudoise, genevoise, Terres-froides, vallée de l'Isère, etc.; la forme *macrorrhiza* sur quelques points sablonneux, p. ex. dans la VR. — Roches eug. pl. et pm. — H.

M. leucantha Koch. — Grèves, rg. b., disséminé d. t. l. c. a., rare ou nul d. l. J. — Rhin, Rhône, Aar, Birse, Thièle, Doubs, Furieuse, Ain, Isère, etc.; lacs de Bienne, Neuchâtel, Genève, Bourget, etc.; Schaffhouse, Bâle, Montbéliard, Besançon, Salins, Seyssel, Culloz, Neuchâtel, Genève, etc. —Roches eug. pm.—H.

M. gracilis DC.—Cette espèce des contrées littorales méditerranéennes se retrouve à Grenoble (rochers près de Rochefort) où elle a été découverte par M. Verlot; elle y est associée aux *Pistacia Terebinthus, Acer monspessulanum, Rhamnus Alaternus, Osyris alba, Leuzea conifera*, etc. C'est probablement la plante la plus méridionale qui existe dans les limites de notre étude.

Trifolium pratense L.—Prés, les 4 rg., répandu abondant d. n. l.

T. medium L.—Prés-bois, les 3 rg. inf., aussi alp., surtout la mn., assez répandu d. t. l. c. a. et d. t. l. J.; alpestre au sommet de Pouillerel, de l'Aiguillon, etc.

T. alpestre L.—Coteaux secs, les 3 rg. inf., disséminé ou rare d. t. l. c. a., sur quelques points du S., des V., de l'A., des A. occidentales, commun sur les Cl., assez rare d. l. J.—Rhanden *Laff.*, Eglisau (Irchel) *Heer.*, Kaiserstuhl (Weyacherberg) *Haus.*, J. bâlois *Hug.*, de Bienne à Neuchâtel (côtes du lac?) *Fr.*, Val-de-Ruz et Tourne *God.*, Chasseral et Tête-de-Rang *Shttlw.*, Genève (bords du Rhône, bois de Bay près Penex) *Reut.*, au pied du Salève *id.*, Belley (collines de Muscin) *Bern.*; Dauphiné méridional.

T. rubens L.—Pelouses, les 3 rg. inf., surtout la mn., inégalement disséminé d. l. c. a., çà et là dans les A., surtout occidentales, les V., le S.?, répandu dans l'A., le K. et surtout les Cl.; enfin assez répandu d. l. J., surtout occidental et méridional :—Schaffhouse, Eglisau, Bâle, Besançon, Salins, Poligny, Arbois, Saint-Amour, Arinthod (Thoirette), Ceyseriat, Pont-d'Ain, Cerdon, Saint-Rambert, Grenoble, Belley, Culloz, Seyssel, Genève, plaine vaudoise, Neuchâtel, Landeron, Neuveville, Jura argovien *Br.;* plus haut, surtout dans les chaînes méridionales et jusque dans la rg. mtg., p. ex., Poupet, Avocat.—Roches dysg.—X.

T. ochroleucum L. — Prés secs, les 3 rg. inf., inégalement disséminé et nul par districts d. t. l. c. a. et d. t. l. J. — P. ex., Schaffhouse, Bâle, Delémont, Porrentruy, Blamont, Montbéliard, Ornans, Salins, Champagnole,

Soleure, Neuchâtel, Nyon, Genève, Nantua, Belley, Grenoble, etc.; plus haut, Hauenstein, Passwang, Monterrible, Moron, Lomont, Franches-Montagnes, Poupet, Boujailles, Châtel, Montendre, etc.

T. arvense L. — Champs, ascendant avec eux, très-répandu et abondant d. n. l. ; la variété *gracile (T. gracile* Thuill.*)* à Neuchâtel *God.* 1848.

T. scabrum L.—Coteaux graveleux secs, assez rare d. t. l. c. a. et d. l. J. —Liestal, Bâle, Porrentruy, Montbéliard, Besançon, Ornans, Salins, Poligny, Bienne, Neuchâtel, Nyon, Genève, Belley, Grenoble; probablement plus répandu, mais peu observé.

T. striatum L.—Pelouses, les 2 rg. inf., très-rare d. l. c. a. — S. n. l., Bâle (Schörenbrücke, etc.) *Hag.,* Béfort *Par.,* Salins (Château, Pretin, etc.) *Bab.,* Neuchâtel (Pierrabot, Beauregard) *God.,* Boudry (Vaux-Marcus) *id.,* Nyon (Pontfarbé) *Rog.,* Genève (Penex) *Reut.,* Grenoble (Eybens, etc.) *Mut.*

T. fragiferum L. — Lieux argileux humides, rg. b., rarement mn., assez répandu d. t. l. c. a., beaucoup plus rare d. l. J. — S. n. l., Schaffhouse, Eglisau, Seckingen, Bâle, Porrentruy (Bonfol), Béfort, Montbéliard, Villersexel, Montbozon, Besançon, Villersfarlay, Salins, Poligny, Arbois, Lons-le-Saulnier, Bourg, Aarau, Soleure, Landeron, Neuchâtel, Cossonay, Genève, Seyssel, Culloz, Belley, Grenoble, etc.; ascendant çà et là dans les vallées tertiaires et sur les affleurements marneux des plateaux, p. ex., Delémont, Besançon, Salins, Lons-le-Saulnier, etc., mais le plus souvent contrastant au passage de la rg. b. sur les calcaires.—Roches eug. pl.—II.

T. montanum L.—Prés, rg. mtg. et alp., répandu dans les A., les V., le S. et le J., puis disséminé sur plusieurs points des plaines ambiantes, p. ex., la VR. et le BS., mais habituel seulement dans la rg. mtg.

T. repens L.—Prés, les 4 rg., d. t. l. c. a. et d. t. l. J.; une des espèces les plus ubiquistes quant aux altitudes et aux terrains.

T. cespitosum Reyn.—Pelouses alp., très-répandu dans les A.; d. l. J.: — Dôle, Colombier *Bab.,* Reculet, Chartreuse (Sappey, etc.) *Mut.*

T. hybridum L. K. *(Michelianum* Savi. Gaud., *elegans* Rchb. exs.) — Cette espèce des prés humides et de la lisière des bois, très-semblable à la suivante à laquelle M. Döll la réunit et qui a souvent été confondue avec elle, est signalée avec certitude d. n. l. aux environs de — Rheinfeld (Weiherfeld, etc.) *Müll. Hag.,* Bâle (la ville, grèves du Rhin, etc.) *Hag.,* Delle (Faverois à Florimont) *Lach. Fr.,* Béfort (bois de l'Arsot?) *Vern.* ; elle se retrouve sur plusieurs points du Wurtemberg *Schübl.* et dans la VR. entre Graben et Mayence *Döll.* D'après Koch elle serait assez commune en Allemagne, puis dans la Suisse transalpine et en Italie.

T. elegans Savi. K.—Cette espèce disséminée dans la VR., plus fréquente en Lorraine *God.*, est assez répandue dans la VS.—S. n. l., Besançon (glacis, Chalezeules) *Gr.*, Villersfarlay (bois de Mouchard et de Cramans) *Bab.*, Poligny *Garn.*, Arbois (Vaucy, la Frétille) *id.*, Lons-le-Saulnier (Montmorot) *Nob.*, Bourg, Pont-d'Ain et Ambérieux *Nob.*, probablement toute la Bresse, Lyon *Balb.* Dans ces diverses localités, elle croît sur des sols argileux dans les prés, le long des fossés et à la lisière des bois et non dans des lieux montueux comme l'indique M. Koch. Elle semble jouer à l'ouest des V. et du J. le même rôle que l'*hybridum* à l'est, et ne paraît pas se trouver avec lui. MM. Rapin et Blanchet la signalent aussi à Payerne (Middes et Grange) et à Genève (près de Pinchat), mais elle paraît en général fort rare dans le BS. : les localités de la lisière franc-comtoise sont bien certaines.

T. badium Schrb.—Pelouses alp., très-répandu dans les A. et sur quelques points du J.— Chasseral (plusieurs endroits) *vet* et *rec.*, Noirmont (Marchairuz) *Ler.*, Tête-de-Rang *Nicol. Pagn.*, Val-de-Ruz *Lesq.* et probablement ailleurs. C'est le *T. spadiceum* DC. Vill. non L. Elle est en outre indiquée par Chantrans à Mouthier-la-Loue (Haute-Pierre) et sporadique à Bâle (bois de Bottmingen) par Lachenal. Alpes sardes et dauphinoises.

T. agrarium L.— Bois et prés argileux, rg. b., parfois ascendant, disséminé d. t. l. c. a., surtout les zônes eugéogènes, mais rare par districts. — S. n. l., Zurich, Schaffhouse, Bâle, Ferrette, Porrentruy, Delle, Béfort, Monbéliard, Besançon, Quingey, Salins, Landeron, Neuchâtel, Boudry, plaine vaudoise (fréquent), Genève, Grenoble, etc. Une des espèces qui dans le J. révèle souvent la présence des lambeaux de limons diluviens, p. ex., aux environs de Porrentruy.—Roches eug.—H.

T. procumbens L.—Champs, lieux graveleux, les 2 rg. inf., aussi la mtg., répandu abondant d. t. l. c. a. et d. t. l. J.; plus rare cependant dans quelques parties du BS. oriental où le précédent serait plus fréquent. Deux formes aussi distinctes que les *T. hybridum* et *elegans* et que l'on ne sépare cependant pas.

T. filiforme L.—Prés, les 5 rg. inf., répandu abondant d. n. l.

Suppl. — Le *T. incarnatum* L., cultivé et çà et là subspontané, indigène en L., selon M. Godron et dans un bois près de l'Ile (Vaud) d'après M. Cornaz 1848.

Dorycnium herbaceum Vill.—Espèce méridionale s'avançant s. n. l. jusqu'à —Grenoble (grèves du Drac) et Chambéry.

Lotus corniculatus L. — Prés, les 4 rg., très-répandu et très-abondant d. n. l.

L. uliginosus Schk. — Bois, prés argileux, assez répandu d. t. l. c. a. et dessinant surtout les zônes et les affleurements eugéogènes péliques.—S. n. l., p. ex., Bâle, Porrentruy, Besançon, Montbéliard, Villersfarlay, Salins, Lons-le-Saulnier, Bourg, Genève, etc.—Roches eug. pl.

Tetragonolobus siliquosus Roth.—Prés humides, rg. b., aussi mn. et mtg., disséminé d. t. l. c. a., assez répandu dans la VR., plus rare dans le BS.—S. n. l., Winterthur, Schaffhouse, Eglisau, Bâle, Besançon, Salins, Aarau, Soleure, Bretièges, Anet, Neuchâtel, Yverdon, Lasarraz (Moiry), Payerne, Aubonne, Nyon, Genève, Seyssel, Culloz, Morestel (Curtin), Grenoble ; plus haut, Wallenburg, Schafmatt, Laufon, Delémont, Lignières, Champagnoles, Poupet, etc.—Roches eug.—II.

Colutea arborescens L.—Coteaux secs, les rg. inf., disséminé sur quelques points des Cl., Csv., Csh. et dans les basses Alpes occidentales ; d. l. J. — Schaffhouse (Rhanden) *Laff.*, Landeron (Cornaux) *Shttl.*, Neuchâtel (Vaux-Seyon, Prise-Chaillet, Bois-de-Chanelaz, etc.) *God.*, Boudry *id.*, Nyon (Crans, la Combe) *Gaud.*, Genève (Campel, Capite-de-Vezenas) *Vet. Reut.*, Grenoble (Beauregard, etc.) ; Savoie, Valais.

Galega officinalis L.— L'existence de cette espèce d. n. l. paraît à peine constatée.—Rhanden *Laff.?*, Aarau *Heg.*, Jura bugésien *Lat.*, plaine de Valbonne *Bossy*, Grande-Chartreuse *Bern.*, Piémont *All.;* cultivé et peut-être subspontané dans les points ci-dessus.

Robinia.—Suppl.— R. Pseudo-acacia L. cultivé dans les 2 rg. inf., supporte à peine la mtg.

Oxytropis montana DC. — Pelouses alp., répandu dans toutes les A.; d. l. J.—Colombier, Reculet, Gralet *Bern.*, Chartreuse (Grand-Som).

O. campestris DC.—Espèce alp. répandue dans les A. et sporadique s. n. l. aux environs de—Grenoble (Polygone, sables du Drac) *Mut.*

O. pilosa DC. — Espèce des lieux graveleux secs, disséminé dans les A., l'Allemagne centrale, la France sud-orientale et se montrant sur un point de l'A., puis s. n. l.:—Grenoble (Polygone, sables du Drac) *Mut.*

Phaca alpina Jacq. — Espèce alp. commençant dans les A. sardes de la vallée de l'Arve et à—la Chartreuse (Grand-Som) *Gras.*

Astragalus Cicer L.—Lieux sablonneux, rg. b., très-disséminé d. t. l. c. a., plus rare encore dans le BS.—S. n. l., Schaffhouse, Wietlisbach (Bipp), Bienne, Longeau, Anet, Cerlier (Vigneules), Neuchâtel (Peseux, Areuse), Boudry (Saint-Aubin, Vaux-Marcus), Payerne, Yverdon, Orbe, Morges, Rolle, Gex, Salève, Savoie, Grenoble, Chartreuse.

A. Glycyphyllos L. — Bois, les 2 rg. inf., aussi la mtg. disséminée d. t. l. c. a. et d. t. l. J., dessinant surtout les zónes dysgéogènes. — P. ex., Schaffhouse, Bâle, Montbéliard, Besançon, Salins, Arbois, Lons-le-Saulnier, Aarau, Neuchâtel, l'Ile, Nyon, Genève, Grenoble, etc.; Hauenstein; Monterrible, Les Bois, Noirmont, Creux-du-Van, Poupet, etc.; rare ou nul dans certains districts eugéogènes du BS., des V., du S. — Roches disg. — X.

A. Onobrychis L. — Espèce méridionale des pelouses mtg., s'avançant s. n. l. jusqu'à — Grenoble (bords du Drac au Polygone, etc.) *Mut.*

A. depressus L. — Espèce des A. méridionales commençant aux A. de Maglan et à la Chartreuse (St-Eynard) *Mut.*

A. aristatus L'Hér. — Même rôle. — Grenoble (Polygone, Drac) *Mut.*

A. monspessulanus L. — Même rôle. — Grenoble (Polygone, Drac) *Mut.*

Coronilla Emerus L. — Coteaux secs, les 5 rg. inf., surtout la mn., disséminé au pied des A. suisses, des V., du K. et des Cl., répandu dans les A. occidentales et t. l. J. surtout méridional. — S. n. l., Schaffhouse, Bâle, Porrentruy, Baume, Montbéliard, Besançon, Salins, Poligny, Lons-le-Saulnier, Ceyseriat, Cerdon, St-Rambert, Grenoble, etc.; Aarau, Soleure, Bienne, Neuchâtel, Yverdon, l'Ile, Nyon, Genève, Belley, etc.; chaînes du J. bâlois, bernois, neuchâtelois, etc., et d'autant plus commun que l'on s'avance plus vers le sud où il s'associe aux *Cytisus Laburnum, Acer opulifolium, Quercus pubescens,* etc. — Roches dysg. — X.

C. vaginalis Lam. K. — Rochers, rg. mtg., aussi alp., disséminé et assez rare dans les A., sur un point de l'A., plus répandu dans les A. occidentales et d. l. J. — Depuis la Schafmatt (Geissfluh) jusqu'au Salève et à la Chartreuse (Chamchaude) *Mut.*, mais inégalement, et rare dans certains districts; limité par les hautes chaînes, puis par les Hauenstein (Kallenfluh), Dietisberg, Passwang, Gempenfluh, Fringeli, Chaive, Monterrible, Lomont, côtes du Doubs et du Dessoubre, Châteluz, Mont-d'Or : ainsi, outre les chaînes ci-dessus, Weissenstein, Raimeux, Montoz, Clôs-du-Doubs, St-Braix, Côtes-du-Doubs (sous-les-Bois), Tête-de-Rang, Tourne, Pouillerel, Creux-du-Van, Dôle, Reculet, Mont-d'Ain, etc.; peut-être plus rare dans le J. bugésien; espèce assez caractéristique de la rg. mtg. dans le J. central.—Roches dysg. — X. — Grenoble (Saint-Nizier), Chartreuse.

C. minima L. Koch. Syn. 2ᵉ édit. *(minima* L. Bab.*)* — Cette espèce méridionale des coteaux secs, commune aux environs de Grenoble (Beauregard, etc.), se retrouve à Chambéry (Apremont, etc.) *Bouj.*, puis d. l. J. —au Mont-du-Chat et au Mont-d'Ain *Bern.*, et à Thoirette près Arinthod (embouchure de la Valouse dans l'Ain) *Bab.* Cette plante est bien la même que celle de Bex (Anzeindas) *Thom. exss.* et que celle de Paris (Saint-Germain) *Billot.* C'est la *C. minima* α Koch Syn. 2ᵉ édit. *(C. minima* D C. fl. fr.) ; elle diffère très-peu de la *C. coronata* Thom. exss. (Varone en Valais) qui est la *C. minima* β Koch *(C. coronata* DC. fl. fr.) et qui se trouve également dans le Dauphiné. Il semble que la *C. minima* complète dans les contrées méridionales et les rg. inf. la dispersion de la *C. vaginalis* plus mtg. et plus boréale, de même que le *Cytisus alpinus* complète celle du *C. Laburnum* dans certains districts.

C. montana Scop.— Rocailles arides, rg. mn. et mtg. inf., généralement nul d. n. l., excepté dans l'A. où il est fréquent, sur quelques points des A. occidentales, enfin dans le J. oriental et central. — Rhanden (Stuhlsteig), Sonnenberg, etc.; Sissacherfluh, Rothenfluh, etc.; Blauenberg, Clôs-du-Doubs (Tremblaz), Weissenstein (pied sud), Cluses de la Suze (vers Frinvilier) Chasseral (Orvins), Chaumont (pied sud), Mont-de-Boudry (id.), Grandson (sur Concise), Val-de-Ruz, Cluzette (Rochefort à Brot) *Chap.* 1846, Lomont (Crêt-des-Roches) ; puis la Chartreuse (bois sur Saint-Imier) *Mut.,* mais nul ou très-rare dans le J. occidental et méridional. Cette espèce qui suit le J. allemand jusqu'en Thuringe paraît ici sous la dépendance de ce centre de dispersion ; elle reparaît cependant dans la Côte-d'Or.

C. varia L.—Coteaux graveleux, les 2 rg. inf., aussi la mtg., disséminé, souvent abondant d. t. l. c. a. et d. t. l. J., mais assez rare dans certains districts, p. ex., Porrentruy.

Astrolobium scorpioides DC.—Cette espèce méridionale des champs arrive s. n. l. à—Grenoble (Bastille, etc.), et s'avance disséminé jusqu'en L. ; Besançon *Chantr.*

Ornithopus perpusillus L. — Champs argilo-sablonneux, rg. b., ascendant dans les V. et le S., disséminé dans la VR et la VS.?, puis en L., comme nul dans le BS. — S. n. l., Bâle (Wyl, etc.) *Hag.,* Besançon *Chantr.,* bords du Léman *Clairv.,* Bourg (Pont-de-Vaux et Bagé) *Bossy.*

Hippocrepis comosa L.—Pelouses sèches, les 4 rg., répandu d. t. l. c. a., très-répandu, habituel d. t. l. J. et les autres zônes dysgéogènes; très-ubiquiste quant aux altitudes.

Suppl.—L'*H. unisiliquosa* L., espèce méridionale, a été indiquée au Suchet par Chabræus, à la Dôle et à Genève par Cherler; elle n'y a pas été revue depuis ; annuelle et fugace.

Onobrichys sativa Lam. — Coteaux secs, les 5 rg. inf., aussi alp., disséminé d. n. l., suivant surtout les zônes dysgéogènes, se modifiant dans les

A. *(O. montana* DC.*)*, et se montrant ainsi au Weissenstein (Haasenmatt) *Fr.* et à la Dôle *id.;* cultivée et souvent naturalisée, de façon qu'il est difficile de distinguer les stations où elle se trouve comme aborigène.

Vicia pisiformis L.—Bois, divers niveaux, disséminé et rare dans le W., la VR., la L., à peine aperçu dans le BS., paraissant nul du reste d. n. l. —S. n. l., Ferrette *Lach.,* Baume *Chantr.,* localités où il n'a pas été revu.

V. sylvatica L.—Bois, divers niveaux, inégalement disséminé et très-rare d. n. l., excepté le W., les A. et le J.—J. zuricois (Winterthur, Lægerberg) *Hirz.,* bâlois (Meltingen, Bourg, Eptingen, Ifenthal) *Hag.,* soleurois (Trimbach, Balmberg, Günsberg) *Hag. Fr.,* neuchâtelois (Chaux-de-Fonds) *Lesq.,* vaudois *Bl. Rap.,* genevois (Pommier, Archamp, Salève) *Reut.,* bisontin (Novillars) *Chantr.;* point signalé dans le J. occidental et méridional français; se rencontre en Valais, Dauphiné méridional, Provence. La présence de cette espèce d. l. J. paraît sous la dépendance du centre de dispersion germanique.

V. dumetorum L.—Bois, rg. mn. et mtg., inégalement disséminé et assez rare d. t. l. c. a. et d. l. J., nul sur de grandes étendues. — Schaffhouse, Rheinfeld, Bâle, Porrentruy, Besançon, Montbéliard *Vet.,* Villersfarlay, Salins, Arbois, Aarau, Soleure, Neuveville, Boudry, Yverdon, Lausanne, Rolle, Morges, Genève, Saint-Rambert (Tenay), l'Huis (Innimont); plus haut, Lægerberg, Monterrible, Mont-de-Boudry, Poupet, Noirmont, etc.; paraît plus rare d. l. J. occidental et méridional. Cette espèce plus germanique que française paraît avoir d. l. J. oriental et central son principal centre de dispersion.

V. Cracca L. — Bois, les 3 rg. inf., aussi alp., très-répandu et abondant d. n. l.; très-ubiquiste.

V. Gerardi DC.— Espèce à peine clairement indiquée d. l. c. a.; d. l. J. —Delémont *Fr.,* Rolle (Mont) *Monn.,* Longirod (Prévon-d'Avaux) *Gaud.?,* Grenoble.

V. tenuifolia Roth.— Cette espèce commune dans les bois des Cl. est signalée sur quelques points du J. — Bâle (Dietisberg, Neudorf, Kembs, etc.) *Hag. Fisch.,* Yverdon (Treicovagnes) *Ducr.,* Rolle (la Côte) *Rap.,* Grenoble; Alsace.

V. villosa Roth. var. β *glabrescens.* — Bâle (Mülheim) *Hag.,* Besançon (commun) *Gr.,* Arbois (champs) *Garn.* 1846, Arbois et Mont-sous-Vaudrey *Garn.* 1847; probablement ailleurs. Ces trois dernières espèces ayant été longtemps confondues avec la *V. Cracca,* il est impossible de se faire une idée de leur dispersion.

V. sepium L.—Bois, les 4 rg., répandu abondant d. n. l. ; aussi alp., p. ex., Dôle et Reculet *Reut.*

V. sativa L.—Champs, rg. inf., et cultivé partout d. n. l.

V. angustifolia Roth. — Champs, probablement t. l. c. a., surtout méridionales. — S. n. l., Schaffhouse *Laff.*, Bâle *Hag.*, Besançon *Gr.*, Salins *Bab.*, Neuveville *Gib.*, Vaud *Rap.*, Genève *Reut.*; Valais, Lorraine.

V. lathyroides L.—Lieux sablonneux, disséminé et assez rare dans la VR. et la Pl. — S. n. l., Schaffhouse (Rhanden) *Laff.*, Bâle (Petit Huningue à Pont-de-Wiese) *Vet.*, Genève (Penex) *Sussk.*

V. lutea L.— Champs sablonneux, disséminé ou rare d. l. c. a., çà et là dans la Pl., la VR., le BS. occidental.—S. n. l., Orbe *Vet.*, Coppet (Crans) *Gay*, Rolle (Perroy) *Rap.*, Genève (Châtelaine, Aire, Penex, etc.) *Reut.*, Belley (Musein) *Bern.*, Lyon *Balb.*, Doubs *Chantr.*

Suppl.— La *V. Faba* L., cultivée surtout dans les contrées sud-occidentales.

Cicer.— *Suppl.*—Le *C. arietinum* L., cultivé en Dauphiné méridional.

Ervum hirsutum L.—Champs, ascendant avec eux, assez répandu d. n. l.

E. tetraspermum L.—Lieux sablonneux, les 2 rg. inf., disséminé d. n. l.

E. gracile DC. — Champs, disséminé et assez rare d. n. l., sur plusieurs points de la VR. et plus fréquent dans la Pl.— S. n. l., Béfort *Par.*, Besançon *Gr.*

E. Ervilia L. — Champs, rare d. l. c. a., surtout occidentales, assez répandu dans la Pl.—S. n. l., Besançon, Villersfarlay (Cramans), Montbarrey, Salins, Arbois, Vaud, Genève, Grenoble ; aussi cultivé.

Suppl.—L'*E. Lens* L., cultivé et çà et là subspontané.

Pisum.—*Suppl.*— Les *P. arvense* L. et *sativum* L., cultivés jusque dans la rg. mtg.

Lathyrus Aphaca L. — Champs, surtout argilo-sableux, rg. b., rarement ascendant, disséminé ou répandu d. t. l. c. a.—S. n. l., Schaffhouse, Eglisau, Kaiserstuhl, Zurzach, Bâle, Béfort, Montbéliard, Besançon, Salins, Lonsle-Saulnier, Ceyseriat, Grenoble, Bade, Aarau, Soleure, Yverdon, Nyon, Coppet, Genève ; plus haut dans quelques vals tertiaires : Delémont, Chauxde-Fonds ; espèce assez caractéristique de la rg. b. d. n. l. — Roches eug. — H.

L. Nissolia L.—Champs argilo-sableux, rg. b., peu ascendant, disséminé d. t. l. c. a., plus rare dans le BS. — S. n. l., Eglisau, Schaffhouse, Bâle, Ferrette, Béfort, Montbéliard, Besançon, Salins, Arbois, Grenoble ; puis, plus rarement, Soleure, Nyon, Genève, etc. ; plus haut, Porrentruy (Montignez, etc.), Val-de-Ruz (Saint-Martin, etc.) ; quoique disséminée, cette espèce est assez caractéristique de la rg. b. pélique sur plusieurs lisières. — Roches eug. pl.—H.

L. hirsutus L.—Champs, les 2 rg. inf., plus rarement mtg., assez répandu et souvent abondant d. t. l. c. a. et d. t. l. J.—S. n. l., Schaffhouse, Eglisau, Bâle, Béfort, Montbéliard, Besançon, Salins, Arbois, Saint-Amour, Bourg, Grenoble, Aarau, Soleure, Bienne, Neuveville, Yverdon, Nyon, Genève; plus haut, Delémont, Porrentruy, Val-de-Moutiers, Val-de-Ruz, etc., mais plus rarement mtg.

L. tuberosus L.—Champs argilo-sableux, les 2 rg. inf., surtout la plaine, disséminé d. t. l. c. a. et aussi d. l. J.—Schaffhouse, Eglisau (Rafz), Kaiserstuhl (Stadel), Béfort, Montbéliard, Besançon (commun), Salins, Arbois, Belley, Culloz, Grenoble, Soleure (Bipp), Yverdon (Mathod), Orbe (Entreroches), Cossonay, Nyon, Coppet, Genève; plus haut, vals de Liestal, Delémont, Ruz, Pontarlier.

L. pratensis L.— Prés, les 3 rg. inf., aussi alp., très-répandu, très-abondant, très-ubiquiste d. n. l.

L. sylvestris L.—Bois, les 3 rg. inf., disséminé d. t. l. c. a. et d. t. l. J., dessinant surtout (si je ne me trompe) les zônes dysg. un peu péliques. — P. ex., Eglisau, Bâle, Aarau, Neuchâtel, Nyon, etc. ; Lauffon, Delémont, Salins, Besançon, Arbois, Ceyseriat, etc.; plus haut, Monterrible, Val-de-Travers, Boujailles, Chartreuse, etc.

L. latifolius L. — Le vrai *L. latifolius* L. est fréquent à Grenoble ; il est souvent cultivé et çà et là subspontané ; il a été signalé récemment à Schaffhouse (Mühlenthal près Beringen) *Laff.*, au Lægerberg (rochers sur Otelfingen) *Hirz. Köll.*; puis, anciennement aux environs de Bâle (Mutel, etc.) *CB.*, de Neuchâtel (vers Saint-Blaise) *Gagn.* et dans le Doubs *Chantr.;* l'espèce du Lægerberg ne serait-elle pas peut-être la variété *latifolius* Peterm. du précédent *(L. platyphyllos* Retz)?.

L. heterophyllus L.— Bois, disséminé et très-rare d. n. l.— Schaffhouse *Laff.*, Bâle (Kliben) *CB.*, Levier (vers Souillot, Chaffoy, chapelle d'Huin) *Garn. Bab.*, Morteau et Arbois *Dum.;* Valais, Savoie, Dauphiné méridional.

L. sphæricus Retz. — Bois secs, généralement nul d. n. l., excepté à — Genève (Penex, Aire, etc.) *Reut.;* Grenoble, Lyon, Savoie, Valais.

L. Cicera L. — Champs, peu ascendant, disséminé d. l. c. a.— S. n. l., Bâle (cultivé), Porrentruy (Courdemaiche, etc.), Montbéliard, Besançon (Chaillux, etc.), Neuchâtel, Boudry, Yverdon (Mathod), Nyon (cultivé), Rolle, Genève (Annemasse, etc.) ; plus haut, Delémont.

L. palustris L. — Prés humides, assez rare d. l. c. a., où il manque sur de grandes étendues. — S. n. l., Bâle *Lach. nec rec.,* Aarau (rare), Marais de la Broye, du Landeron, d'Epagnier, Yverdon, Orbe, Genève (Roellebot, Siomnet).

L. sativus L.—Cultivé, puis çà et là subspontané.

Orobus vernus L. — Bois, les 5 rg. inf., rare ou nul dans le V. et le S., la VR., la VS., le BS., la Pl., répandu abondant dans l'A, les Cl. et t. l. J.; une des espèces les plus contrastantes entre les chaînes eugéogènes du Rhin et la chaîne calcaire du J.—Roches dysg.—X.

O. tuberosus L. — Bois argileux et sablonneux, les 5 rg. inf., aussi alp., répandu d. n. l., excepté les chaînes calcaires des Cl., de l'A. et du J. où il est soit rare, soit nul sur de grandes étendues. Ainsi—s. n. l., Schaffhouse, Winterthur, Eglisau, Bâle, Ferrette, Delle, Béfort, Montbéliard, Audincourt, Besançon, Villersfarlay, Arbois, Lons-le-Saulnier, Bourg, Belley, Grenoble, Zurich, Aarau, Olten, Cerlier, plaine vaudoise, Genève, etc. ; puis dans les affleurements jurassiques et diluviens argileux de la Haute-Saône et des premiers plateaux occidentaux comme au dessus de Salins, Lons-le-Saulnier, Saint-Amour, etc. ; et plus haut, Levier (Boujailles), Pontarlier, etc., mais nul ou très-rare dans l'ensemble du J. La modification *gracilis* Gaud., sur quelques points : Bâle, Salins, Brévine, Pontarlier. Cette espèce joue exactement le rôle inverse de la précédente.—Roches eug. pl. et pm.—II.

O. luteus L.—Pelouses alp., disséminé dans toutes les A.; d. l. J.—Dôle (pied du Crêt), Reculet (Creux-d'Ardran), Chartreuse.

O. niger L.— Coteaux secs, les 2 rg. inf., surtout la mn., aussi la mtg., disséminé d. t. l. c. a. et d. t. l. J., suivant surtout les zônes dysgéogènes. —P. ex., Schaffhouse, Eglisau, Bâle, Porrentruy, Béfort, Besançon, Salins, Ornans, Ceyseriat, Bellegarde, Belley, Grenoble, Aarau, Bienne, Neuveville, Neuchâtel, Yverdon, Bière, Genève, etc.—Roches dysg.—X.

O. canescens L. f. (*filiformis* Lam.)— Cette espèce de la France méridionale et du Dauphiné a été découverte aux environs de — Levier (pâturages boisés entre Boujailles et la Vessoye *Garn.)* par M. Babey ; elle a aussi été signalée autrefois à Champagnole par JB. et à Pontarlier par Chantrans ; M. Godet l'a découverte récemment (1848) au fond du val de la Brévine.

O. albus L. f. — Cette espèce disséminée dans l'Allemagne centrale et la France méridionale n'a été observée d. n. l. que sur un point de l'A.

Phaseolus — Suppl. — Les *P. multiflorus* Willd. et *vulgaris* L., cultivés dans les 2 rg. inf.

52. CÉSALPINÉES.

Suppl.— Point de représentant indigène. Le *Cercis Siliquastrum* L., cultivé et se maintenant en plein vent dans les parties chaudes de la contrée.

33. AMYGDALÉES.

Amygdalus—Suppl.—L'*A. communis* L., cultivé et portant de bons fruits au pied du J. méridional, déjà plus disséminé et produisant des qualités inférieures dans le vignoble franc-comtois, çà et là moins prospère encore à la lisière méridionale suisse du J. et sur quelques points de la zône calcaire du pied des V. En général il atteint à peine la limite supérieure des vignes et caractérise les stations les plus chaudes de nos contrées.

Persica.— Suppl. — Le *P. vulgaris* Mill., cultivé en plein vent dans les parties vignobles de la contrée, s'y montrant parfois subspontané, s'élève plus haut que l'amandier, mais ne dépasse guère la vigne, et exige déjà des abris dans les parties inférieures de la rg. mn.

Armeniaca.— Suppl.— L'*A. vulgaris* jouant le même rôle que le pêcher, mais ne s'élevant pas tout-à-fait aussi haut et exigeant de meilleures expositions.

Prunus spinosa L.—Buissons, les 3 rg. inf., aussi mtg. et plus rarement alp., très-répandu d. t. l. c. a. et d. t. l. J. et dessinant particulièrement les zônes dysgéogènes où il se montre souvent social.

Suppl.—Le *P. insititia* L., arbre étranger cultivé dans la rg. inf. et jusque dans la mtg., çà et là subspontané ou naturalisé dans le voisinage de cultures anciennes ou récentes, p. ex., Bâle, Porrentruy, Saint-Hyppolyte, Saint-Imier *Vet.,* Franches-Montagnes (Ferrière) *id.,* Yverdon, Salins et probablement ailleurs. Indigène selon quelques auteurs, p. ex., M. Godron qui le signale en L. C'est la souche la plus rustique et la plus ascendante des pruniers à fruits ronds; ses autres variétés cultivées ne réussissent guère au dessus de la rg. mn. et les plus délicates en atteignent à peine la limite supérieure.—Le *P. domestica* L., souche la plus rustique et la plus ascendante des pruniers à fruits oblongs, cultivé dans les 2 rg. inf. et peut-être un peu au dessus, çà et là subspontané ou naturalisé.

Cerasus dulcis Borkh. *(P. avium* L.)—Bois, les 2 rg. inf., aussi la mtg. inf., répandu abondant d. t. l. c. a. et d. t. l. J. — Il devient rare dans les A. et le J. vers 1000 mètres, dans les V. vers 900, dans le S. un peu au dessous. Souche des cerises douces; ses variétés cultivées atteignent à peine les parties supérieures de la rg. mn. L'espèce indigène offre une variété à fruits rouges et une à fruits noirs.

C. acida Borkh. *(P. Cerasus* L.)—Bois, les 2 rg. inf., surtout la plaine et le vignoble. Une de ses variétés qui est peut-être la souche primitive, le *C.*

caproniana DC., parait être réellement indigène d. n. l. : elle est donnée comme telle dans les localités suivantes : — Salins *Bab.*, la Côte vaudoise *Rap.*, la Neuveville *Gib.*, Eglisau (Irchel) *Brem.*, Montbéliard (Rochers de la Tranchée) *Bern.*

C. Padus DC.—Bois humides, surtout argileux, les 4 rg., surtout la plaine, assez répandu d. t. l. c. b. a., les vals intérieurs du J., les V., le S., les A., rare dans le J. calcaire, les Cl. et l'A.—S. n. l., Rheinfeld, Bâle, Ferrette, Porrentruy (Bonfol), Besançon, Salins, Wabern, Soleure, Büren, Cerlier, Saint-Blaise, Payerne, Lausanne, Genève, l'Huis (Glandieu), Tour-du-Pin, Belley (le Thuy, Prémeyzel), Grenoble (Chalanche); plus haut, vals de De-lémont, Moutiers, Tavannes, Saint-Ursanne, Travers, Ruz, les Brenets, Mor-teau, Champagnole, Boujailles, Nantua (Brion), etc. ; arbrisseau des sols ar-gileux et sablonneux faisant essence avec les pins et les bouleaux dans la plaine rhénane et s'élevant très-haut dans les A. cristallines, p. ex., dans la vallée d'Urseren où il s'associe aux *Alnus viridis, Sorbus aucuparia, Sa-lix daphnoides*, etc. Dessinant la zône eugéogène.—Roches eug. pl.—H.

C. Mahaleb DC.— Coteaux secs, les 5 rg. inf., surtout la mn., assez ré-pandu ou disséminé dans les A. occidentales, les Cl., les Csv., le K., l'A., disséminé d. t. l. J. et répandu dans l'occidental.—S. n. l., Bâle, Blauenberg, Lauffon, Vorburg, Moutiers, Pierre-Pertuis, Cluses de Ballstall, Clôs-du-Doubs, Lomont, Clerval, Soleure, Bienne, Neuveville, Neuchâtel, Orbe, Collonge, Salève, Besançon, Salins, Arbois, Poligny, Lons-le-Saulnier, Ceyseriat, Nan-tua, Cerdon, Saint-Rambert, Belley, Prémeyzel, Grenoble, Savoie, etc. ; il parait commun dans une grande partie du J. occidental et méridional et s'as-socie aux *Quercus pubescens, Acer opulifolium, Cytisus Laburnum*, etc. ; il joue exactement le rôle inverse du précédent et dessine les zônes dysgéo-gènes.—Roches dysg.—X.

Suppl.—Le *C. Lauro-cerasus* cultivé, résiste en plein-vent dans nos con-trées méridionales où il commence à devenir arborescent.

34. ROSACÉES.

Spiræa Aruncus L. — Bois, rg. mtg. et alp. inf., plus rarement la mn., assez répandu abondant dans les A., les V., le S., l'A. et t. l. J.; une des espèces mtg. les plus ubiquistes d. n. l. et des plus caractéristiques; elle est cependant un peu moins commune dans les districts méridionaux, tandis qu'elle l'est excessivement dans plusieurs districts du J. central.

S. Ulmaria L.— Prés humides, les 5 rg. inf., répandu abondant d. n. l.

S. Filipendula L.—Prés humides, surtout argilo-sableux, divers niveaux, surtout les rg. inf., ascendant sur quelques points des V., du S., de l'A. et du J.—S. n. l., Schaffhouse, Bâle (Rhin), Audincourt (Arbouan), Neuchâtel, Lasarraz (Moiry), Nyon, Genève, Montréal, Grenoble, etc.; plus haut, Passwang (Vogelberg, etc.), vals de Nods, de Travers, etc., Ornans, Salins (Ivory, Poupet, etc.), Levier (Boujailles, etc.), Saint-Laurent (Pont-de-Leyme, etc.), Champagnole (Cise), Mont-d'Ain, coteaux du Bas-Bugey *Bossy*. — Roches eug. pm. et pp.—II.

Suppl. — Le *S. obovata* WK. est indiqué sur quelques points d. n. l., p. ex., aux murs des vignes de Neuchâtel : je ne l'y crois point indigène.

Dryas octopetala L. — Pelouses alp., très-répandu dans toutes les A.; d. l. J.:—Creux-du-Van, Chasseron, Suchet, Dent-de-Vaulion, Mont-d'Or, Montendre, Colombier, Montoisé, Reculet, Grand-Colombier? (Bugey *Bossy*), Chartreuse.—Chasseral (abondant 1848) *God.*, Weissenstein (olim) *id*.

Geum urbanum L. — Bois, les 2 rg. inf., aussi la mtg., répandu d. t. l. c. a. et d. t. l. J.

G. rivale L.—Prés humides, rg. mtg. et alp., aussi parfois les inf., dans le BS., assez répandu dans les A., les V., le S. et t. l. J., rare ou nul dans l'A. et sur les Cl.; quoique cette espèce descende assez souvent dans les rg. inf., elle n'est habituelle que dans la mtg., et comme telle, elle y est caractéristique.

G. montanum L. — Pelouses alp., assez répandu dans les A.; d. l. J., uniquement : — au Creux-du-Van *Lesq.*, à la Chartreuse (Grand-Som, etc.); Bugey *Lat.*

Rubus saxatilis L. — Rochers couverts, rg. mtg. et alp., assez répandu dans les A., les V., plus rare dans le S., l'A. et les Cl., assez répandu d. t. l. J.— Depuis les chaînes argoviennes où il est rare, jusqu'au Salève et à la Chartreuse, p. ex., Irchel, Sissacherfluh, Farnsburg, Gempenberg, Hauenstein, Passwang, Weissenstein, Roche-de-Courroux, Raimeux, Clôs-du-Doubs, Sonnenberg, Côtes-du-Doubs, Chasseral, etc., Tourne, Châteluz, Creux-du-Van, Taureau, Chaumont, Chasseron, Aiguillon, Suchet, Châtel, etc., Boujailles, Fraisse, Mont-d'Or, Montendre, Rizoux, Noirmont, Dôle, Reculet, Mont-d'Ain, Cluses de Nantua, Mont-du-Chat, etc.; mais nul dans des districts assez étendus.

R. Idæus L.—Bois, les 5 rg. inf., aussi alp., très-répandu, très-abondant d. n. l.

R. cæsius L.— Buissons, les rg. inf., assez répandu d. n. l.

R. fruticosus L. — Cette espèce qui comprend comme l'on sait un grand nombre de formes est tantôt sous l'une, tantôt sous l'autre répandue et abondante d. t. l. c. a. et d. t. l. J. Dans le Jura du Doubs seul, M. Grenier a reconnu 18 des formes de MM. Weihe et Nees ; M. Godron reconnait plus de 12 espèces en Lorraine avec des sous-espèces et variétés, en tout plus de 50 formes distinctes. Je trouve aux environs de Porrentruy une dixaine des espèces de M. Godron. Hegetschweiler a cherché à démontrer que toutes ces formes sont des modifications de station avec intermédiaires. Les quatre formes que l'on reconnait le plus aisément sont le *fruticosus* proprement dit qui est commun dans tous les bois ; le *corylifolius* qui affectionne particulièrement les lieux frais et ombragés et qui est également très-répandu ; le *tomentosus* forme des lieux apriques très-fréquent sur les collines et mtg. calcaires; l'*hybridus* qui se plait de préférence dans les sols argileux et sableux, etc. Il est impossible de tirer parti des différents auteurs pour se faire une idée de la dispersion des diverses formes de cette espèce dans notre champ d'étude ; la synonymie offre trop d'incertitudes, et la plupart des observateurs ont sauté à pieds joints les difficultés.

Fragaria vesca L.— Bois, les 5 rg. inf., aussi alp., répandu abondant et souvent social d. n. l.

F. collina Ehrh.— Bois secs, les 2 rg. inf., disséminé en Alsace, dans le K., le Valais, répandu abondant sur les Cl. — S. n. l., Schaffhouse, Bâle, Audincourt, Besançon (commun), Arbois, Salins, Bienne, Neuveville, Neuchâtel, Gimel (Longirod), Lausanne, Genève, Belley (le Thuy) *Bern.*

F. elatior Ehrh.— Plus voisin du *vesca* que le précédent, disséminé d. l. c. a., notamment les Cl.—S. n. l., Kaiserstuhl (Weyach à Rheinsfeld) *Köll.*, Bâle (Arlesheim à Dornach) *Hag.*, Besançon *Gr.*, Salins (Belin, bois de Roide) *Garn.*, Soleure *Mrtz.*, Neuveville *Gib.*, Neuchâtel *God.*, Rolle (Allaman) *Rap.*, Genève *Mortz.*

F. Hagenbachiana Lang.—Espèce rare des collines sèches découverte près Bâle (Zunzingen près Mulheim), s. n. l., par M. Krafts. Très-voisine de la *vesca,* comme les deux précédentes.

Comarum palustre L.—Marais, les 5 rg. inf., disséminé d. t. l. c. a. et d. t. l. J.—S. n. l., Béfort, Bâle, Porrentruy (Bonfol), Montbéliard, Besançon (Sône), Katzensee, Landeron, Neuchâtel, etc., etc.; puis plus haut, les tourbières mtg., p. ex., Bellelay, Pleine-Seigne, Gruyère, Chaux-d'Abel, Ponts, Brévine, Sainte-Croix, Fort-du-Plane, Pont-de-Leyme, Chaux-du-Dombief, Pontarlier, Bief-du-Fourg, Chapelle-des-Bois, Boujailles, Saint-Laurent, Val-de-Joux, Rousses, Moussières, etc.

Potentilla rupestris L.—Coteaux graveleux secs, les 2 rg. inf., disséminé et assez rare d. l. c. a., le plus souvent sur sols pm. ou pp., rare sur les calcaires.—S. n. l., Schaffhouse, Eglisau (Risibuck), Lauffenburg, Bâle (la Hardt), Nyon (Prangins), Bière, Genthod (grèves), Genève (bois de Bay, Penex), Salève, Belley (Parves, Musein, Prémeysel, etc.) *Bern.*, la Bresse *Lat.*; aussi la rg. mtg. dans les V.—Roches eug. pm.?—H?.

P. anserina L.—Lieux graveleux, les 3 rg. inf., répandu abondant d. n. l.

P. argentea L.—Lieux sablonneux, les 2 rg. inf., disséminé d. t. l. c. a., plus rare et souvent nul sur les zônes dysgéogènes, assez rare dans le BS. — S. n. l., Eglisau, Bâle, Béfort, Montbéliard, Besançon, Salins, Bienne, Neuveville, plaine vaudoise, Genève, Grenoble.—Roches eug. pm.—H?.

P. recta L. — Lieux sylvatiques secs, disséminé d. l. c. a., rare dans le BS., sur quelques points du W. et de la VR. — S. n. l., Schaffhouse (Herblingen, Mühlenthal, etc.) *Heg. Laff.*, Bâle (Birsig, etc.) *Hag.*, Béfort *Nestl. Par.*, Landeron (Thielle près Saint-Jean) *Gib.*; Valais, Suisse transalpine.

P. inclinata Vill. *(canescens* Bess.*)*—Cette espèce germanique disséminée et rare dans la VR., plus répandue en Allemagne, indiquée dans le Dauphiné, a été observée sur un seul point s. n. l.— Lauffenburg (murs) *Hag.*; Zurich (Letten) *Köll.*

P. supina L.—Lieux sablonneux, rg. b., disséminé d. t. l. c. a., surtout orientales, plus rare dans les occidentales et, à ce qu'il parait, nul sur de grandes étendues.—S. n. l., Bâle (Sierenz, Schliengen) *Hag.*, bords de l'Ognon *Chantr.*

P. intermedia L. — Espèce méridionale très-rare d. n. l., uniquement à —Longirod *Gaud.* et Saint-Georges *Reut.* teste *Rap.* 1848; Dauphiné, Suisse transalpine, Pyrénées.

P. reptans L.—Lieux graveleux, les 3 rg. inf., répandu abondant d. n. l.

P. aurea L. *(Halleri* Ser.*)* — Pelouses alp., disséminé dans les A., sur quelques points des V. et du S., et d. l. J.—Chasseral, Sujet, Tête-de-Rang, Creux-du-Van, Chasseron, Mont-d'Or, Noirmont, Suchet, Montendre, Dôle, Colombier, Reculet, Grand-Colombier (Grange-du-Cimetière) *Bern.*, Chartreuse.

P. salisburgensis Haenk. *(alpestris* Hall. f.*)*—Pelouses alp., disséminé dans toutes les A., sur un point des V. et d. l. J. — Sujet, Tête-de-Rang, Pouillerel (Chaux-de-Fonds), Creux-du-Van, les Plans *Vet.*, Chasseron, Mont-d'Or, Suchet, Montendre, Col-Saint-Cergue, Dôle, Colombier, Reculet, Salève, Chartreuse.

P. verna L. — Pelouses, les 3 rg. inf., aussi alp.?, répandu abondant d. n. l., et dessinant surtout les zônes dysgéogènes.

P. cinerea Chaix. — Cette espèce des coteaux graveleux secs, disséminée en Allemagne, Alsace *Kirschl.*, Würtemberg *Schübl.*, puis dans le Dauphiné et le Valais, est signalée s. n. l. — Andelfingen (Mühleberg) *Hirz.*, Bâle (Istein, Crenzach) *Hag.*, Grenoble (Saint-Nizier, etc.).

P. opaca L. — Cette espèce des coteaux secs disséminée en Allemagne, France méridionale et Suisse transalpine est signalée d. n. l. sur plusieurs points de l'A. *Schübl.*, en Alsace *Kirschl.*, et s. n. l. — Schaffhouse (Griesbach, etc.) *Laff.*, Bâle (Crenzach, Birsig) *Hag.*, Montbéliard *Fr.*, Béfort *Nestl.*, Orbe *Dav.*; ces deux dernières formes sont peut-être plus répandues dans le J. méridional ?.

P. minima Hall. f. — Pelouses alpines, assez répandu dans toutes les A.; d. l. J., uniquement — Montagne d'Allemogne au nord-est du Reculet (Crêt-de-la-Neige ?) *Reut.*; Dauphiné.

P. alba L. — Lieux sablonneux, rg. b., assez rare d. l. c. a., surtout orientales. — S. n. l., Eglisau (Irchel), Schaffhouse, Nyon (bois de Prangins), Genève (bois de Bay près Penex), d. l. J. bugésien *Lat.*, Grenoble, Dauphiné.

P. Fragaria Sm. — Pelouses, les 3 rg. inf., aussi parfois alp. (Haasenmatt), répandu abondant d. t. l. c. a. et d. t. l. J.

P. micrantha Ram. — Pelouses sèches, les 2 rg. inf., assez rare d. l. c. a., ascendant dans les V.? et les A.? — S. n. l., Schaffhouse (Mühlenthal) *Laff.*, Besançon (Chapelle-des-Buis) *Gr.*, Romainmôtier *Rap.*, Rolle (Allaman) *id.*, Lausanne (Sauvabelin, Crissier) *id.*, Nyon (bois de Prangins et de Buchillon) *Gaud. Monn.*, Genève (bois de la Joux près Chancy) *Reut.*; probablement ailleurs confondu avec le précédent.

P. petiolulata Gaud. — Espèce très-voisine de la suivante, observée uniquement — au Salève *Reut.* et à Chambéry *Bonj.*

P. caulescens L. — Rochers, rg. mtg. et alp., aussi la mn., disséminé dans les A., surtout occidentales et dans le J. — Creux-du-Van, Tête-de-Rang (Crêt-du-Corbeau), côtes de Fleurier, côtes de l'Albarine (Saut-de-Charabotte), Molard-de-Dom (source du Glan), Cluse-de-Pierre-Châtel, Mont-du-Chat., Savoie, Chartreuse, Grenoble.

P. nitida L. — Espèce des A. méridionales commençant à la Chartreuse (Grand-Som, etc.).

Tormentilla erecta L. — Bruyères, tourbières, les 4 rg., répandu abondant d. t. l. c. a. et d. t. l. J., mais dessinant surtout les zones eugéogènes.

Sibbaldia procumbens L. — Pelouses alp., répandu dans toutes les A., sur un point culminant des V. et du J. — Reculet, puis Montendre (grands entonnoirs) *Rap.* 1848.

Agrimonia Eupatoria L.—Bois, les 5 rg. inf., répandu abondant d. n. l. et paraissant assez ubiquiste.

A. odorata Ait.—Cette espèce qui est fort rare d. n. l., est indiquée en L.

Rosa pimpinellifolia DC. K. — Rocailles sèches, rg. mtg. et mn., disséminé dans l'A., les Csv. et Csh., plus répandu dans les basses A. occidentales, sur les Cl. et d. t. l. J., depuis les chaînes argoviennes jusqu'au Salève et à Grenoble.—P. ex., Schaffhouse, Farnsburg, Sissacherfluh, Gempenfluh, Hauenstein (Kallenfluh), Cluses de la Birse, chaînes de Roggenburg, Monterrible (Jules-César), Clôs-du-Doubs, Lomont (Crêt-des-Roches), Cluse d'Œnsingen, Bräckliberg, Chasseral, Chaumont, Côtes-du-Doubs (Sentier-des-Roches), la Tourne, Côtes-de-Saint-Cergue, Bonmont, Poupet, Roches-de-Gilly, Ornans, Champagnole, Laveron, Taureau, Crêt-de-Chalame, Dôle, Salève, Nantua, Mont-d'Ain, Côtes-de-l'Albarine, Mont-du-Chat, etc.; Dauphiné, Valais, Savoie ; bien que disséminé, dessinant les zônes dysgéogènes; cependant sur quelques sommets vosgiens.—Roches dysg.—X.

R. alpina L.—Buissons, rg. mtg. et alp., disséminé dans les A., sur plusieurs points des V., du S., de l'A., répandu d. t. l. J. — Depuis le Hauenstein jusqu'au Salève et à la Chartreuse, limité par les hautes chaînes, puis à-peu-près par les Passwang, Chaive, Monterrible, Côtes-du-Doubs, Côtes-du-Dessoubre, Fresse, Boujailles, Rimondière, Molard-de-Dom, etc.; ainsi, p. ex., outre les chaînes ci-dessus, Raimeux, Montoz, Cluses de la Birse et de la Suze. Chasseral, Chaumont, Cluses-du-Seyon, Creux-du-Van, Taureau, Laveron, Chasseron, Dent-de-Vaulion, Mont-d'Or, Montendre, Châtel, Côtes-de-Trélex, Dôle, Reculet, Chalame, Cluses de Nantua, Mont-d'Ain, Salève, Mont-du-Chat, etc. Une des espèces les plus caractéristiques de la rg. mtg. d. n. l., et particulièrement d. l. J.

R. cinnamomea L.—Cultivée, naturalisée sur quelques points, spontanée? sur d'autres, les 2 rg. inf., surtout la mn., rare d. l. c. a., plus fréquent d. l. J.— Schaffhouse *Laff.*, Rheinfeld *Hag.*, Hauenstein (Kallenfluh) *id.*, Bâle (Neuenburg) *id.*, Val-de-Ruz (Bussy, Valangin) *Chaill.*, Val-de-Travers (Môtier à Couvet) *Lesq.*, Payerne *Rap.*, Vully *id.*, Entreroches *id.*, Orbe *Monn.*, Rolle, Val-de-Joux (Abbaye au Pont) *Reut.;* Valais.

R. rubrifolia Vill. — Buissons, rg. mtg. et alp., disséminé dans toutes les A., surtout occidentales, dans les V. et d. l. J. — Gempenberg (Arlesheim), Blauenberg (Heckenfluh), Weissenstein, Tête-de-Rang, Chasseron (Buttes à Fleurier), les Bayards, Mont-d'Or, chaînes de Pontarlier, Morteau, Levier, Saint-Laurent, Champagnole, Salins, Poupet, Suchet, Saint-Cergues, Dôle, Reculet, Gralet, Mont-d'Ain, Grand-Colombier, Mont-du-Chat, Chartreuse. (Saint-Eynard).

R. glandulosa Bell. — Cette espèce méridionale signalée dans le Dauphiné, le Valais et sur un point des V., se trouve sur quelques points du J.—Neuveville (bois de l'Iter vers le chemin de Lignières, pied de Chasseral vers le lac) *Vet.* et *Gib.,* Nyon (au dessus d'Arzier près du bois d'Onjon) *Gaud.,* Salève (rochers du Coin, sur Archamps) *Reut.;* Savoie.

R. canina L.—Buissons, les 3 rg. inf., très-répandu, très-abondant d. n. l. avec une foule de modifications stationnelles.

R. rubiginosa L.—Buissons, les 3 rg. inf., surtout la mn., répandu abondant d. n. l., mais dessinant particulièrement les zônes dysgéogènes et rare dans certains districts eugéogènes ; peu ascendant dans les A.

R. tomentosa Sm. — Buissons, les 3 rg. inf., assez répandu d. t. l. c. a. et disséminé? dans la rg. mn. et mtg. du J.—Schaffhouse, Bâle, Porrentruy, Montbéliard, Delémont, Besançon, Salins, Bienne, Neuveville, Neuchâtel, Payerne, Morges, Nyon, etc.; plus haut, Passwang, Monterrible, Clôs-du-Doubs, Les Bois, Chasseral, Val-de-Ruz, Poupet, Saint-Cergues, Arzier, Longirod, Salève, etc.; probablement plus répandu, mais peu observé.

R. pomifera Herm. *(villosa* var.) — Buissons, les 2 rg. inf., disséminé ou rare d. l. c. a. et dans la rg. mn. du J. — Schaffhouse *Laff.,* Farnsburg, Sissacherfluh, Gempenfluh et Bechburg *Hag.,* Lœwenburg *Fr.,* La Ferrière *Hall.,* Val-de-Ruz (Fenin) *Lesq.,* Mont-de-Boudry *God.,* Neuveville (Crossevaux) *Gib.,* Montbéliard (Bart) *Bern.,* Salins *Bab.,* Champagnole (Cise) *id.,* Longirod et Gimel *Gaud.,* Salève *Reut.,* Cluses de Nantua *Bern.,* Tour-du-Pin *id.;* probablement plus répandu.

R. arvensis Huds.—Buissons, les 3 rg. inf., surtout la mn., répandu abondant d. n. l.

R. systyla Bast. *(stylosa* Scr. Gaud., *leucochroa* Desv.) — Cette espèce, très-rare en Allemagne et en France, signalée aux environs de Lyon a été observée par Gaudin à— Nyon (bois Bougis).

R. gallica L.— Buissons, les 2 rg. inf., disséminé d. n. l., çà et là dans la VR., le BS. occidental, le Valais. — S. n. l., Besançon (Brégille, Rosemont), Orbe (Arnex), Nyon (Bossey, bois de Nant), Genève (assez fréquent), cultivé, puis çà et là naturalisé, p. ex., Neuveville (Crossevaux) *Gib.,* ce qui est peut-être le cas pour l'un ou l'autre des points ci-dessus.

35. SANGUISORBÉES.

Alchemilla vulgaris L.—Prés frais, les 3 rg. inf., plus rare dans la plaine, aussi alp., répandu', souvent abondant d. t. l. c. a. et d. t. l. J. — Cette espèce offre deux variétés principales, l'une presque entièrement glabre à corymbe plus lâche, l'autre à tige hérissée, à feuilles soyeuses et à corymbe plus aggloméré ; elles paraissent bien correspondre respectivement aux *A. vulgaris* L. et *A. hybrida* Hoffm., mais ce ne sont que des termes extrêmes liés par plusieurs modifications intermédiaires. J'ai fait d'inutiles efforts pour reconnaitre à quelles stations d'altitude ou de sol correspondent ces modifications, mais je les ai vues presque à côté l'une de l'autre sur les pentes du Monterrible, du Chasseral, du Reculet, du Grand-Colombier, du Ballon d'Alsace, du Montanvert, comme sur les collines de Salins, Bâle, etc. Cependant les variétés velues m'ont paru plus répandues dans la rg. mtg. des V., du S., du J. oriental et central et les variétés glabres dans les parties apriques des hautes chaînes du J. occidental.

A. alpina L.—Pelouses alp., répandue abondante et souvent sociale d. t. l. A., sur quelques points des V. et du S., et d. t. l. J., à partir de 1500^m dans les parties centrales, puis un peu plus haut dans les chaines méridionales. Dans les A. elle diminue le plus souvent vers 2000^m, bien que parfois elle s'élève jusqu'aux neiges. On la voit quelquefois, sporadiquement assez bas dans les vallées. Nous avons donné sa distribution d. l. J., page 185 ; c'est l'espèce la plus caractéristique de notre rg. alp.; elle constitue un bon horizon.

A. arvensis Scop. — Champs, ascendant avec eux, dans la rg. mn., aussi parfois la mtg., répandu abondant d. n. l., surtout les zônes psammiques.

Sanguisorba officinalis L. — Prés tourbeux, les 4 rg., inégalement disséminé d. l. c. a. et manquant sur certaines étendues.—S. n. l., Bâle, Béfort, Soleure, Neuchâtel, Payerne, Genève, Salins, etc. ; dans les mtg., hautes vallées à l'ouest du J. bernois, vals de Nods, Pontins, Chaux-de-Fonds, Brévine, Verrières, Maiche, Passonfontaine, Sône, Mouthe, les Foncines, Saint-Laurent, Champagnole, Chaux-du-Dombief, Levier, Joux, Rousses, etc., où de même que dans certaines parties des A. elle contribue beaucoup à la physionomie de la végétation ; très-ubiquiste quant à nos altitudes et atteignant la rg. alp., p. ex., Chasseral ; nul dans certains districts, p. ex., la plus grande partie du J. bernois et oriental. Même rôle inégal dans les V.; surtout les zônes eugéogènes.

Poterium Sanguisorba L.— Pelouses sèches, les 3 rg. inf., plus rarement alp., très-répandu, très-abondant d. n. l., surtout les zônes dysgéogènes. M. Spach a séparé cette espèce en deux, le *dictyocarpum* et le *muricatum* que nous avons probablement d. n. l.

56. POMACÉES.

Cratægus Oxyacantha L. — Buissons, les 5 rg. inf., très-répandu, très-abondant d. n. l.

C. monogyna Jacq.— Buissons, souvent avec le précédent, mais un peu moins ascendant, répandu abondant d. n. l., avec des intermédiaires.

Cotoneaster vulgaris Lindl. — Rochers apriques, rg. mn. et mtg., aussi alp., disséminé dans les A., surtout occidentales, rare dans les V. et le S., assez répandu dans l'A. et le J., mais y manquant par districts. — P. ex., Lægerberg, Gislifluh, Wasserfluh, Sissacherfluh, Lomont (Crêt-des-Roches), Chasseral, Creux-du-Van, Chasseron, Aiguillon, Suchet, Mont-d'Or, Dôle, Reculet, Cluses-de-Nantua, Grand-Colombier, Mont-du-Chat, Salève, Chartreuse ; aussi plus bas, Schaffhouse, Muttenz, Neuveville, Lasarraz, Moncharand ; assez fréquent d'après *Fr.* dans le J. bernois où j'ai presque toujours vu le suivant.—Roches dysg.—X.

C. tomentosa Lindl.—Rochers apriques, rg. mtg. et alp., disséminé dans les A., surtout occidentales, rare dans l'A., assez répandu d. t. l. J —Depuis les Hauenstein (Wasserfluh) jusqu'au Salève et à la Chartreuse, p. ex., chaînes des Passwang (Wasserfall), Chaive, Monterrible, Lomont, Raimeux, Graitery, Montoz, Moron, Weissenstein, Clôs-du-Doubs, Joux-du-Plane, Chaumont, Dent-de-Vaulion, Côtes-du-Doubs, Côtes-du-Dessoubre, Creux-du-Van, Cise, Mont-d'Or, Dôle, Colombier, Salève, Chartreuse ; plus bas Kaiserstuhl (Weyacherberg), Cluses de la Birse, de la Suze, Salins (pied de Poupet), Orbe (pied du Suchet), Cluses de Nantua, etc.; c'est dans le J. bernois qu'il paraît le plus habituel. —Roches dysg.—X.

Mespilus germanica L. — Arbre de l'Europe méridionale, spontané sur quelques points de France et d'Allemagne, cultivé, naturalisé et peut-être indigène d. l. c. a. et sur plusieurs points de notre rg. b., vignoble, p. ex.: —Bâle, Besançon, Salins, Arbois, Sellières, Bienne, Neuveville, Cerlier, Anet, Rolle, Nyon, Genève, Grenoble, etc.; bien spontané dans plusieurs de ces localités selon les observateurs respectifs, et différant de la variété cultivée.

Cydonia vulgaris Pers.—Arbre du sud de l'Europe, spontané sur quelques points de la France et de l'Allemagne méridionales, cultivé, puis çà et là comme naturalisé dans quelques endroits de notre rg. b., vignoble, p. ex. : —Bâle, Besançon, Salins, Genève, Dauphiné méridional. Sa culture dépasse un peu les limites de la vigne et s'élève çà et là dans la rg. mn.

Pyrus communis L.—Bois, les 2 rg. inf., aussi la mtg. inf. et rarement au dessus de 900 ᵐ, assez répandu d. t. l. c. a. et d. t. l. J. : les bonnes variétés cultivées ne dépassent guère les parties inférieures de la rg. mn. et les plus rustiques disparaissent vers 900 ᵐ.

P. Malus L.—Bois, les 2 rg. inf., aussi la mtg. inf., rare ou nul vers 900 à 1000 ᵐ, mais un peu plus ascendant que le précédent ; ses bonnes variétés cultivées appartiennent essentiellement à la rg. b. et sont assez répandues dans les parties inf. de la mn. dont elles n'atteignent guère la limite supérieure. La forme *acerba* de beaucoup la plus commune.

Aronia rotundifolia Pers. — Rochers, rg. mn. et mtg., disséminé dans toutes les A., surtout occidentales, le pied des V. et du S., les Cl., l'A. et assez répandu d. t. l. J., surtout méridional.—Depuis le Rhanden et l'Irchel jusqu'à Grenoble ; p. ex., Lægerberg, Schafmatt, Wannenfluh, Chaive, Monterrible, Côtes-du-Doubs, Clôs-du-Doubs, Lomont, Poupet, Taureau, Laveron, Chaumont, Tourne, Suchet, Dôle, Reculet, Cluses-de-Nantua, Mont-du-Chat, etc.; plus bas, collines de Bâle, Besançon, Salins, Arbois, Grenoble, Aarau, Soleure, Bienne, Neuchâtel, Yverdon, Genève, etc. — Roches dysg. — X.

Sorbus aucuparia L. — Bois graveleux, les 4 rg., surtout la mtg., disséminé souvent abondant d. t. l. c. a. et d. t. l. J. : on le voit encore à la limite arborescente avec les derniers épicéas et les aulnes verts dans le bois d'Andermatt au Gothard.

S. domestica L.—Il est douteux si cet arbre se trouve réellement spontané d. n. l. Il est cultivé çà et là dans la rg. b. vignoble et quelquefois naturalisé comme aux environs de Neuchâtel, Besançon, etc.: cependant M. Hagenbach l'indique comme indigène aux environs de plusieurs villages et anciens châteaux du J. bâlois (Mœnchenstein, Muttenz, Gruth, Ramstein, Sissach, Langenbruck, etc.) ; M. Kirschleger en Alsace dans les bois du Kastelvald, de la Hardt, etc.; M. Friche dans ceux entre Delle et Mulhouse ; M. Godron en Lorraine où il est rare ; M. Mutel dans les mtg. de Chalanche ; M. Laffon près Schaffhouse (Bargen, Merishausen). Je ne l'ai vu dans les autres parties du J. qu'aux environs de quelques habitations et jamais dans les bois.

S. hybrida L. *(P. pinnatifida* Sm.)*—Bois, divers niveaux, très-rare d. n. l. et presque uniquement dans le Valais et le J. — Côtes-du-Doubs (près des Bois) *Fr.,* Les Bois (la Combe-de-Noz, la Broche, les Prélats, le Terreau) *Gow.* 1848, Creux-du-Van *Shttlw.,* Chaux-de-Fonds (Boinods) *Lesq.,* des Geneveys aux Loges *God.,* Pontarlier (bois de la Fauconnière) *Gr.,* la Croizette près Saint-Cergues *Ducr.,* au dessus de Bière *Rap.,* sous la Dôle *Reut.,* Champagnole (Cise) *Bab.*

S. Aria Crtz.—Bois, rg. mtg. et alp., aussi la mn., répandu abondant d. t. l. c. a., surtout d. l. J. où il n'est habituel et caractéristique que dans la rg. mtg.

S. intermedia Ehrh. *(S. scandica* Friese*).* — Cette espèce, ou peut-être cette forme de la précédente n'est guère signalée d. n. l. que sur les Cl., dans l'A. et d. l. J., où elle est assez fréquente.—Roches de Moutier, Chasseral, Creux-du-Van, Suchet, Dôle, Reculet, Salève, Mont-d'Ain, Rimondière, Grand-Colombier, Mont-du-Chat, Dauphiné *Duby;* toujours dans les pentes rocailleuses et apriques, souvent en grande abondance comme, p. ex., au Grand-Colombier sur le versant oriental du crêt du sommet et, à ce qu'il m'a paru, jamais en société de l'*Aria* dont il n'est peut-être que la modification dans des stations arides.

S. torminalis Crtz.— Bois, les 2 rg. inf., disséminé, souvent rare d. t. l. c. a., peu ascendant dans la majeure partie du J. et cessant à l'apparition de l'*Aria;* aussi s. n. l. et leurs collines. — Schaffhouse, Bâle, Porrentruy, Montbéliard, Besançon, Salins, Neuveville, Neuchâtel, Romainmôtier, Nyon, Genève ; et, plus haut, dans le J. bâlois, neuchâtelois, salinois, mais rare ou nul sur de grandes étendues. Je ne me rends pas bien compte de la station et de la dispersion de cet arbre. Cependant, quoique je l'aie vu dans des conditions très-opposées, il me parait rechercher les sols pélo-psammiques des rg. inf., ce qui serait cause que dans le J. et l'A. il joue le rôle inverse de l'*Aria.*

S. Chamœmespilus Crtz. — Rocailles alp., assez répandu dans toutes le² A., sur les points culminants des V. et du S., puis d. l. J.— Lindenberg?? *Bronn.,* Chasseral, Tête-de-Rang, Creux-du-Van. Chasseron, Mont-d'Or, Suchet, Montendre, Dôle, Colombier, Reculet, Chartreuse (Saint-Nizier) ; chaînes de Maglan, Dauphiné. Une hybride qu'il forme avec l'*Aria* est indiquée au Creux-du-Van, Reculet, Dôle.

57. GRANATÉES.

Suppl.—Point de représentant indigène. Le *P. Granatum* cultivé en plein vent et donnant des fruits mangeables dans les vignobles les plus chauds des lisières suisse et surtout franc-comtoise, puis dauphinoise ; çà et là subspontané dans le Dauphiné méridional ; ne supportant déjà plus le plein vent dans la rg. mn.

58. ONAGRAVIÉES.

Epilobium angustifolium L. — Bois, les 5 rg. inf., répandu abondant d. n. l.

E. Dodonæi Vill. — Grèves des torrens, rg. mtg. et alp., répandu dans toutes les A. clastiques et cristallines et disséminé erratique dans les contrées basses sur les rives psammiques au pied du J. — Rhin (Schaffhouse, Bâle), Töss, Thur, Wiese, Birse, Doubs (Montbéliard *Wetz.*, Besançon *Gr.),* lacs de Bienne (Neuveville, Landeron) , de Neuchâtel, de Genève (fréquent), du Bourget, Rhône (Seyssel, etc.) , Usses, Isère, Drac (Grenoble) ; puis dans l'intérieur du Jura, Saint-Hippolyte (bords du Doubs) *Contej.,* Morey *Garn.;* sur la lisière occidentale, Arbois (Côte de Ferrière) *Dum.,* et méridionale, Belley (collines de Parve, fontaine de Fahy) *Bern.,* Cordon *id.;* généralement nul du reste d. n. l., au nord du J.—Roches eug. pm.—H.

E. hirsutum L. — Rives, les 2 rg. inf., aussi la mtg., répandu abondant d. n. l.

E. parviflorum Schrb.—Bois, les 2 rg. inf., aussi la mtg., répandu abondant d. n. l.

E. montanum L.—Bois, les 5 rg. inf., répandu abondant d. n. l.

E. palustre L. — Marais, les 5 rg. inf., aussi alp., disséminé d. l. c. a., assez répandu dans les V., le S., les A., un peu moins d. l. J. — S. n. l., Schaffhouse, Rheinfeld, Bâle, Porrentruy (Bonfol), Béfort, Montbéliard, Salins (Ivory, etc.) ; plus haut, Gruyère, Prélats, Chaux-d'Abel, Ponts, Verrières, Brévine, Pontalier, Bief-du-Fourg, Andelot, Saint-Cergues, Val-de-Joux, Trélasse.

E. tetragonum L.—Bois frais, les 2 rg. inf., aussi la mtg., assez répandu d. n. l.

E. roseum Schrb.—Lieux argileux frais, disséminé d. t. l. c. a., plus rare dans le BS. et dans plusieurs parties du J. — S. n. l., Schaffhouse, Bâle, Porrentruy, Béfort, Besançon, Salins, Soleure, Neuveville, Neuchâtel, Nyon, Genève, Chartreuse ; fréquent dans la rg. mtg. du J. occidental *Garn.*

E. trigonum Schrk. *(alpestre* Rchb.*)*—Lieux sylvatiques, rg. mtg. et alp., disséminé dans les A., sur les points culminants des V., du S. et d. l. J. — Dietisberg, Weissenstein (Röthlifluh), Raimeux, Montoz, Moron, Chasseral, Tête-de-Rang, Chasseron, Creux-du-Van, Châteluz, Mont-d'Or, Aiguillon, Suchet, Rizoux, Montendre, Noirmont, Dôle, Colombier, Reculet ; alpes de Maglan, J. méridional?, Dauphiné?.

E. origanifolium Lam.—Ruisseaux alp., répandu dans toutes les A., sur les points culminants des V.? et du S., point observé jusqu'à présent dans le J., si ce n'est à—la Dôle (sous la) *Monn.*; A. de Maglan, Dauphiné méridional.—Reculet *Reut.* (fide *Godet* 1848), Chasseron *Chaill.*—Dôle (torrent graveleux) *Rap.* 1848.

E. alpinum L.—Pelouses alp., répandu dans toutes les A., sur les points culminants des V. et du S., puis d. l. J. — Montendre *Bab.*, Dôle (Vuarne) *Gaud.*, Colombier *Reut. Bab.*, Reculet *Garn.*, Chartreuse (Grand-Som) *Gras*; A. de Maglan *Reut.* (1)

OEnothera biennis L. — Espèce exotique, naturalisée et fugace dans les lieux sablonneux d. t. l. c. a., disséminé dans les rg. inf.—S. n. l., Schaffhouse, Eglisau, Bulach, Bâle, Delle, Béfort, Montbéliard, Besançon, Villersfarlay, Arbois, Salins, Thoirette, etc., Bienne, Cerlier, Neuchâtel, Yverdon, Nyon, etc., Grenoble; plus haut, Delémont, Porrentruy, etc.

Isnardia palustris L.—Eaux stagnantes, disséminé et assez rare d. l. c. a., assez répandu dans les VR. et VS., rare dans le BS. et la Pl.—S. n. l., Bâle (Michelfeld), Montbéliard (prés de la Vaivre) *Vet.* et *Contj.*, Besançon (Sône) *Gr.*, Yverdon (Yvonand) *Rap.*, Genève (Ambilly, Etang-le-Druzon, etc.) *Reut.*, Villersfarlay (forêt de Chaux) *Bab.*, Sellières (id.), Bletterans (Lombard) *Garn.*, Pont-de-Beauvoisin (Saint-Didier *Mut.*, les Avenières *Gras*), Tour-du-Pin *Bern.*, Belley (Musein) *id.*, Bresse de l'Ain *Bossy*, Grenoble (Jarrie) *Mut.*

Circæa lutetiana L. — Bois frais, les 2 rg. inf., aussi la mtg., répandu abondant dans les zônes eugéogènes, surtout psammiques, plus disséminé et souvent assez rare dans les dysgéogènes; aussi alpestre?, Creux-du-Van *Dep.*

C. alpina L.— Bois, rg. mtg. et alp., assez répandu dans les A., les V., le S. et le J. — Passwang (Vogelberg, Wasserfall), Hauenstein (Bölchen), Blauenberg, Chaive (Haute-Borne), Monterrible, Raimeux, Chasseral, Sujet, Tête-de-Rang (le Seignot), Châteluz (Cornée), Chasseron, Creux-du-Van, Saut-du-Doubs, Fraisse, Boujailles (Levier, Vessoye, etc., commun), Dôle, Mont-d'Ain, Chartreuse; probablem ent plus répandu; commun dans la rg. des sapins du J. salinois *Garn. Bab.*

C. intermedia Ehrh.— Mêmes lieux que les deux précédents, souvent associé à l'un ou à l'autre *Schultz*, et regardé comme leur hybride par plusieurs observateurs.—Bottmingen près Bâle *Hay.*, la Cornée (Châteluz) avec l'*Al-*

---

(1) D'après la Flore de France de MM. Grenier et Godron, il faut ajouter à ces espèces l'*E. virgatum* Friese (non Koch) qui croit en Lorraine et Alsace, puis l'*E. Duriæi* Gay prise dans les Vosges pour l'*origanifolium* (1849).

pina God., le Creux-du-Van *Ler.*, Poisat *Bern.;* Dauphiné *Verl.*, plus fréquent dans les V., le S., l'A., les Cl. et descendant davantage dans les rg. inf. suivant M. Döll qui remarque qu'il est le plus souvent stérile.

Trapa natans L. — Eaux stagnantes, rg. b., assez rare d. t. l. c. a., plus encore dans le BS.—S. n. l., Rheinfeld *Vet.*, Bâle (Hiltelingen) *Vet.*, Béfort (abondant) *Par.*, Montbéliard (Chagey, Essonaivre) *Contj.*, l'Ognon (entre Geneuille et Voray) *Gr.*, Quingey (Lombard) *Garn.*, Sellières (Champrougie, Tassenières) *Bab. Garn.*, Chaumergy (Fay) *Dun.*, lac d'Aiguebelette *Bonj.*, Terres-froides (Morestel) *Duv.*, Grenoble (Laisses de l'Isère) *Vill.*, Yverdon *Vet.;* cette espèce a déjà disparu de beaucoup de localités ; ses fruits se portent sur les marchés à Béfort, Lons-le-Saulnier, etc.

39. HALORAGÉES.

Myriophyllum verticillatum L.—Eaux stagnantes, rg. b., disséminé d. t. l. c. a.— S. n. l., Schaffhouse, Bâle, Delémont, Béfort, Bourogne, Porrentruy (Bonfol), Montbéliard (Châtenois), l'Isle, Besançon, Villersfarlay (Chambley), Salins, Morestel (Curtin), la Bresse, les Terres-froides, Grenoble (Polygone), Aarau, Bienne, Landeron, Anet, Morat, Neuchâtel, Payerne, Nyon, Genève, etc.; Laisses sablonneuses de l'Alleine, du Doubs, de la Loue, de la Furieuse, du Boiron, du Rhin, du Rhône, etc. ; plus haut, la Reuse au Val-de-Travers, le Drujeon à Pontarlier ; plusieurs variétés comprenant le *M. pectinatum* DC.

M. spicatum L. — Même rôle, plus rare. — S. n. l., Schaffhouse , Bâle, Porrentruy (Bonfol), Béfort, Montbéliard , Besançon , Morestel (Curtin), la Bresse, les Terres-froides, Grenoble (Polygone), Bienne, Cerlier, Neuchâtel, Nyon, Genève, Nantua ; plus haut, Bellelay *Fr.*

M. alternifolium DC.—Cette espèce, rare d. n. l., habite les lacs des V.; très-rare ou nulle du reste d. n. l.

40. HIPPURIDÉES.

Hippuris vulgaris L. — Eaux stagnantes , surtout la rg. b., aussi ascendante, disséminé d. t. l. c. a., rare d. l. J. et nul sur de grandes étendues. — S. n. l., Bâle, Porrentruy (Bonfol), Montbéliard (Canal, etc.), Besançon, Belley, Bresse, Terres-froides, Aarau, Soleure, Bienne, Landeron, Neuchâtel, Yverdon , Orbe, Genève, etc.; plus haut, Val-de-Travers *Bab.*, Brévine *id.*,

Saut-du-Doubs *God.*, Biez-au-Fond et Biez-d'Etoz *Gouv.*, Mouthe (Doubs) *Nob.*, Pontarlier (Drujeon) *Garn.*, Val-de-Joux *Fr.*, Rousses *Bab.*

41. CALLITRICHINÉES.

Callitriche.—Il m'est impossible, dans l'état actuel de la synonymie de ce genre, de tirer parti des indications données jusqu'à ce jour relativement aux espèces de notre contrée pour arriver à des résultats positifs sur leur dispersion. Les *C. stagnalis* Scop., *platycarpa* Kütz., *vernalis* Kütz. et *hamulata* Kütz., de même que leurs variétés aquatiques et terrestres qui tous ensemble forment l'ancien *C. verna* L. et ne seraient selon quelques-uns que des modifications d'un seul type, se trouvent d. n. l. Le *platycarpa* et le *vernalis* y paraissent les plus répandus ; le *stagnalis* aimerait les eaux plus tranquilles sur sol pélique ; tous les trois ascendant dans les marais tourbeux du Jura. Quant au *C. autumnalis* L., d'après MM. Grenier et Godron, il manquerait en France et serait probablement nul d. n. l. Il serait aisé d'ajouter ici quelques localités certaines, mais elles n'offriraient aucun ensemble, beaucoup d'autres renseignements laissant trop d'incertitude.

42. CÉRATOPHYLLÉES.

Ceratophyllum demersum L. — Eaux stagnantes, surtout la rg. b., disséminé d. t. l. c. a. — S. n. l., Schaffhouse, Bâle, Bourogne, Porrentruy (Bonfol), Béfort, Montbéliard, Villersfarlay (Ecleux, Ounans, etc.), Bresse, Terres-froides, Grenoble, Bienne, Cerlier (Champion), Payerne, Nyon, Genève.

C. submersum L. — Même rôle, plus rare. — S. n. l., Schaffhouse *Laff.*, Bâle *Hag.*, Porrentruy (Bonfol) *Fr.*, Montbéliard *Contej.*, Bienne *id.*, Besançon *Gr.*, Genève *Reut.*, Arbois (Vadans) *Dum.*, Bourg *Nob.*, Pont-de-Beauvoisin *Mut.*, Tour-du-Pin *Bern.*, Bresse lyonnaise *Balb.*

43. LYTHRARIÉES.

Lythrum Salicaria L. — Rives, surtout argilo-sableuses, les 2 rg. inf., surtout la plaine, répandu abondant d. t. l. c. a., peu ascendant dans les zônes dysgéogènes et manquant déjà dans le J. sur de grandes étendues à partir de la rg. mn.

L. hyssopifolia L.—Lieux argilo-sableux, rg. b., disséminé d. t. l. c. a., plus rare dans le BS.— S. n. l., Bâle *Hag.*, Ferrette *Nob.*, Delle (Rechésy, le Puy) *Fr.*, Béfort (Trétudans, Boron) *Nob.*, Montbéliard (Luze, etc) *Contj.*, Salins (Certemery, etc.) *Garn.*, Sellières *Bab.*, Poligny (Toulouse) *id.*, Arbois (Grozon) *Garn.*, Bourg (Pont-de-Vaux, Bagé) *Bossy,* Nyon (Divonne, Calève, etc.) *Gaud.*, Genève (Délices, etc.), Fernex (Thoiry, etc.).

Peplis portula L.—Marais, rg. b., disséminé d. t. l. c. a., plus rare dans le BS. — S. n. l., Seckingen, Rheinfeld, Bâle, Ferrette, Delle, Porrentruy (Bonfol), Montbéliard, Besançon, Villersfarlay, Quingey, Salins, Poligny, Sellières, Chaumergy, Bresse, Terres-froides, Genève.— Roches eug. pl.— H.

44. TAMARISCINÉES.

Myricaria germanica Desv. — Grèves, disséminé, depuis les torrents des A. jusque dans les rg. inf. avec les cours d'eau.—S. n. l., plages de la Thur, Töss, Glatt, Thièle, Emme, Aar, Birse, Rhin, Rhône, Arve, Isère, Drac, Léman, etc.; ainsi, p. ex., Schaffhouse, Bâle, Aarau, Soleure, Bienne (Gottstadt), Rolle, Nyon, Saint-Genix (London), Genève, Seyssel, Culloz, Grenoble, etc. — Roches eug. pm. — H.

45. PHILADELPHÉES.

Suppl.— Point de représentant indigène. Le *Philadelphus coronarius* L., espèce méridionale cultivée dans la rg. b. et les parties inf. de la mn., se montre çà et là comme naturalisé, p. ex., Neuveville *Gib.*, Salins *Bab.*, Besançon *Chantr.*, etc.

46. MYRTACÉES.

Suppl. — Point de représentant indigène. Le *Myrtus communis* L. de la France et de l'Allemagne méditerranéennes, cultivé en orangerie, excepté peut-être sur les points les plus favorables de nos lisières méridionales.

47. CUCURBITACÉES.

Bryonia dioica Jacq. — Buissons, rg. b., parfois la mn., peu ascendant, surtout sud-occidental, disséminé partout d. n. l.

Suppl. — Le *Cucurbita Pepo* L., cultivé dans la rg. b. et la mn. inf. ; le *Cucumis sativus* L., plus ascendant ; le *C. Melo* L., moins ascendant et en plein vent seulement dans les contrées sud-occidentales, notamment certains points de la VS.

48. PORTULACÉES.

Portulaca oleracea L. — Lieux sablonneux, rg. b., disséminé d. l. c. a., plus rare dans le BS.— S. n. l., Schaffhouse, Bâle, Montbéliard, Neuveville, Neuchâtel, Estavayer, Payerne, Rolle, Genève, Salins, Arinthod (Thoirette), Grenoble ; une variété cultivée peu ascendante.

Montia fontana L.—Ruisseaux sablonneux, les 5 rg. inf., disséminé d. t. l. c. a., excepté le BS., ascendant et répandu dans les V. et le S., disséminé ou rare dans les A., comme nul dans le J. et l'A., rare sur les Cl.—S. n. l., Bâle (Wiese, Michelfeld, etc.), Béfort *Par.*, Montbéliard *Vet.*, Villersfarlay (Cramans, etc.) *Bab.*, Arbois (Aumont, Grange-Grillard, etc.) *Dum. Bab.*, Terres-froides *Dav.*, Bresse lyonnaise. Son absence dans le J. et l'A. fait contraste avec son abondance dans les MB. C'est en outre une des espèces qui semble n'avoir pu franchir le Jura pour se répandre dans le BS. — La forme des V. et du S. est le plus souvent le *M. rivularis* Gm., celle des lieux argilo-sableux des plaines, le *M. minor* Gm.; la première est plus aquatique, la seconde plus terrestre. —Roches eug. pl. et pm.—II.— Lausanne *Fivaz* teste *Monnard* 1849.

49. PARONYCHIÉES.

Telephium Imperati L.—Cette espèce de la France et de l'Allemagne méridionale se montre uniquement d. n. l.— au pied des Roches de Gilly près d'Arbois *Dum* et *rec.; aussi* en Valais.

Corrigiola littoralis L. — Grèves, rg. b., disséminé d. l. c. a., plus rare dans le BS. — S. n. l., Bâle (Wiese, Rhin à Neudorf) *Hag.*, Béfort (Savoureuse) *Par.*, Montbéliard (Alleine) *Contej.*, Terres-froides (commune) *Dav.*, Voirons *Mut.*—Roches eug. pm.—H.

Illecebrum verticillatum L.—Grèves, rg. b., disséminé ou rare d. l. c. a., assez fréquent dans la VS., nul dans le BS. — S. n. l., Quingey (Lombard) *Dum.*, Montbarrey (Mont-sous-Vaudrey) *Bab.*, Sellières *id.*, Arbois (la Ferté *id.,* Bourg (Pont-de-Vaux, Bagé) *Boss.,* Terres-froides (Eydoche) *Dav.* — Roches eug. pm.—H.

Herniaria glabra L.—Lieux sableux, rg. b., disséminé d. t. l. c. a., rare dans le BS.—S. n. l., Bâle (Wiese, etc.), Saint-Louis, Béfort, Montbéliard *Vet.,* Beaume, Besançon (Doubs), Montbarrey (Loue), Thoirette (Ain), Morges (Boiron), Saint-Genix (London) ; plus haut, Pontarlier *Bab.* — Roches eug. pm. — H.

H. hirsuta L.—Même rôle, plus rare.—S. n. l., Bâle *Hag.,* Béfort *Par.,* Baume *Gr.,* Besançon (Geneuille) *id.*—Quingey (Samson) *id.,* Salins (Saint-Joseph) *Bab.,* Thoirette *id.,* Terres-froides *Dav.,* Tour-du-Pin *Bern.,* Nyon (bois Bougis, etc.) *Gaud.,* Payerne *Rap.,* Genève (Penex, etc.) *Reut.,* Grenoble.

Polycarpon tetraphyllum L. — Lieux sableux, à peine aperçu d. n. l., excepté dans quelques localités de la Bresse lyonnaise, du Dauphiné méridional et des Terres-froides (Eydoche) *Dav.;* aussi nos frontières extrêmes de la VR.—Roches eug. pm.—H.

50. SCLÉRANTHÉES.

Scleranthus annuus L.—Champs, ascendant avec eux, répandu d. t. l. c. a. et d. t. l. J.

S. perennis L.— Lieux sableux, les 5 rg. inf., aussi alp., disséminé dans toutes les zônes eugéogènes psammiques d. c. a., répandu surtout dans les V, et le S. clastiques ou granitiques, nul dans la zône dysgéogène formée par le J., l'A. et les Cl.— S. n. l., Schaffhouse, Bâle, Béfort, Montbéliard?, Gimel (Longirod), Morges (Saint-Prex), Bourg (Pont-de-Vaux, Bagé) *Boss.,* Grenoble. Sa présence dans les MR. fait un contraste remarquable avec son absence totale dans les chaînes calcaires. Il reparaît aussi sur les principaux groupes cristallins des A., Bergel, Gothard, Simplon, Fouly, Montanvert, Chalanche, etc., puis dans la Serre (ravin de Vriange) *Garn.* 1847.—Roches eug. pm.—H.

51. CRASSULACÉES.

Rhodiola rosea L.—Cette espèce des rocailles alp., assez répandue dans les A., commence — à la Chartreuse (à Bovinant) *Mut.* Elle existe aussi sur un point des V. où elle n'est peut-être que naturalisée *Döll.*

Crassula rubens L.—Champs, rg. b., vignoble, disséminé d. l. c. a., sur-
tout sud-occidentales, plus rare dans les orientales et le BS. — S. n. l.,
Bülach (Rorbas à Teufen) *Heer.*, Bâle, Besançon, Lons-le-Saulnier, Belley,
Grenoble, Lenzburg (Nieder-Lenz), Neuchâtel?, Morges, Rolle, Nyon, Gex,
Coppet, Genève ; Lyon ; fugace.

Sedum Fabaria Koch. Godr. Bab. *(S. teleph.* Thom. exs., *S. tel. angustifolium* Döll.). — Cette espèce des lieux rocailleux secs qui paraît être le *S.
telephium* de la Fl. fr. de DC., est assez fréquente à l'ouest des V. sur les
collines calcaires de L., puis dans le J. également à l'ouest de la ligne Bâle-
Soleure, sur le côté français principalement ; elle paraît beaucoup plus rare
à l'est de ces limites. Elle est indiquée sous les noms ci-dessus et sous d'autres
(à en juger par les descriptions) à Soleure et Nidau *Mrtz.*, Neuchâtel (rare)
God., Porrentruy et Delle (assez répandu) *Nob.*, dans la Franche-Montagne
Gouv., dans le J. vaudois *Rap.*, à Genève *Reut.*, dans le J. occidental *Bab.*,
à Salins et Arbois *Garn.*, et probablement à Besançon *Gr.* (sous le nom de
S. telephium L.) (1).

S. purpurascens Koch. Hag. *(S. tel. rotundatum* Döll., *S. telephium* L.
Bab.) — Cette espèce serait plus répandue dans les parties orientales et germaniques de nos contrées, notamment dans les districts alsatiques, badois,

---

(1) Cette espèce et les deux suivantes sont très-distinctes et reconnaissables au premier
coup-d'œil. La confusion qui a régné tient sans doute uniquement à ce que les observateurs ne
les ont pas possédées les trois à la fois. Le *maximum* se distingue immédiatement par l'insertion
cordiforme à oreillettes inégales de ses feuilles. Voici relativement aux deux autres, qui toutes
deux sont cultivées depuis plusieurs années au Jardin de Porrentruy, quelques caractères com-
plémentaires des descriptions données jusqu'à présent.

Le S. *Fabaria* dépasse ordinairement 6 décimètres de hauteur ; ses feuilles sont alternes ou
éparses, dentées en scie à serratures aiguës, nettes, profondes, et cela jusque très-haut dans le
corymbe ; celui-ci n'occupe guère que la sixième partie de la longueur totale de la plante ; il
est compacte, pelotonné, formé de 15 à 20 rayons principaux dont les inférieurs sont un peu
écartés, un peu arqués, point remarquablement longs, égaux à-peu-près au diamètre de leur
corymbe partiel. Les filets des étamines alternes sont adhérents aux divisions correspondantes
de la corolle presque dans la moitié inférieure de leur longueur. Les fleurs sont d'un purpurin
décidé : je ne les ai jamais vues autrement. Toute la plante a un port très-élégant.

Le S. *purpurascens* n'atteint guère que 4 à 5 décimètres. Ses feuilles, dont l'insertion cunéi-
forme est plus arrondie que dans le précédent, sont plus grandes, plus épaisses, moins nombreuses,
souvent opposées ou ternées, dentées en scie moins profondément et à dents obtuses ; à partir
des rayons inférieurs du corymbe, elles deviennent entières. Celui-ci occupe un tiers au moins
de la longueur totale de la plante ; il est plus lâche que le précédent, à 12 ou 15 rayons ; les
inférieurs sont remarquablement écartés, droits et deux ou trois fois aussi longs que le diamètre
du corymbe partiel ; les fleurs sont purpurines ou d'un blanc verdâtre ; les filets ne sont point
adhérents ou ne le sont que très-bas ; le port de la plante est moins élégant que chez le précédent.

wurtembergeois. Cependant, il a régné une telle confusion entre cette espèce, la présente et la suivante, qu'il est presque impossible de préciser des localités. Toutefois, elle croît certainement — s. n. l., aux environs de Schaffhouse *Laff.*, Bâle *Hag.*, de Neuveville *Gib.*, Boudry et l'Ile (vers les Praz) *Corn.* et sur beaucoup d'autres points, mais plus rarement dans les parties françaises.

S. maximum Sut. Koch. Bab. *(S. max.* Thom. exs., *S. tel. cordatum* Döll.) —Cette troisième espèce se montre également disséminée sur différents points de nos contrées, sans qu'il me soit possible d'en indiquer la dispersion avec certitude. — Elle croît s. n. l. aux environs de Huningue *Döll.*, Neuveville *Gib.*, l'Ile *Corn.*, Nyon (Côtes de Trélex) *Rap.*, Thoirette *Bab.* ; puis dans le Valais et la Savoie.

S. Cepæa L.—Coteaux secs, rg. b., vignoble, disséminé dans les contrées sud-occidentales. — S. n. l., Gex, Coppet, Genthod, Versoix, Fernex, Genève, etc., Grenoble (Vizille), Lyon ; aussi plus au nord, mais rare sur l'un ou l'autre point de la VR. *Kirschl.*, de la L. *Moug.* et de la Bresse *Gr.*

S. villosum L. — Tourbières et lieux sableux, divers niveaux, disséminé d. t. l. c. a., les V., le S., les A., rare d. l. J. — S. n. l., Montbéliard (la Vaivre, etc.) *Vet.*, Porrentruy (Bonfol, Vandelincourt, Courtavon, etc), Berthoud, Payerne, Lausanne ; plus haut, Pontarlier, Salève.—Roches eug. pp. — H.

S. atratum L.— Rocailles alp., répandu dans toutes les A.; dans le J.— Chasseral (sur Frienisberg) *Gib.*, Noirmont, Montendre, Dôle, Colombier, Reculet, Chartreuse ?.

S. saxatile DC.—Rocailles sableuses, mtg. et alp., assez répandu dans les A., les V., le S., nul d. l. J. Sa présence dans les MR. fait contraste avec son absence dans les chaînes jurassiques ; de même surtout dans les A. cristallines ; Chalanche, Montanvert, Fouly, Gothard, etc. — S. n. l., sporadiquement à Bâle (sables de la Birse), Montbéliard *Vet.* — Roches eug. pm. — H.

S. album L. — Coteaux secs, les 3 rg. inf., très-répandu, très-ubiquiste d. n. l.

S. dasyphyllum L.— Rochers et murs à des niveaux très-différents, assez rare dans les contrées ambiantes au nord du J., sur quelques points des V., du S., du Hegau, puis plus fréquent dans le BS. et les A., disséminé d. l. J., surtout occidental ; ainsi, dans les rg. mtg. et alp. — Lægerberg, Creux-du-Van, Tête-de-Rang, Grand-Colombier, Salève, Chartreuse ; dans les rg. inf., Eglisau, Schaffhouse, Delémont (Develier), Quingey et Samson, Salins, Nans,

Arbois, Saint-Amour, Ceyseriat, Cerdon, Saint-Rambert et Tenay, Belley (Roussillon), Grenoble, Nyon, Genève (Saint-Antoine, Veyrier, etc.). Commun sur une grande partie de nos lisières sud-occidentales, le plus souvent sur les murs des vignes avec le *Ceterach officinarum*.

S. acre L. — Coteaux secs, les 5 rg. inf., aussi alp., répandu abondant d. n. l.

S. sexangulare L. — Mêmes lieux, disséminé d. t. l. c. a. et d. t. l. J., plus particulièrement répandu dans les parties sud-occidentales.

S. Boloniense Lois. Godr. Bab. DC. fl. fr. suppl.—Cette forme réunie à la précédente par plusieurs auteurs se montre assez rare sur les Cl., puis dans le J. — Aux environs de Salins (Arèle, Saint-Joseph, Poupet, Ivrey, Ivory) *Bab.*, Villersfarlay *id.*, Grenoble *Mut.* Elle est, je crois, plus répandue dans le J. méridional ; je crois l'avoir vue aux Côtes-de-Tenay près Saint-Rambert, et M. Bernard me l'a envoyée de Bugey. Du reste, elle diffère fort peu du *S. sexangulare*, et M. Garnier ne l'en sépare pas. Le *S. Boloniense* des environs de Paris n'est également pour MM. Germain et Cosson que le *sexangulare*. — *S. sexang.* DC. non L. selon Gr. Godr. 1848.

S. repens Schl.—Rochers, rg. alp., disséminé dans les A. et sur le point culminant des V., nul d. l. J.—A. de Maglan, de Chalanche.

. *S. anopetalum* DC. — Cette espèce des lieux graveleux secs du midi de la France et du Dauphiné est probablement assez répandue d. t. l. J. méridional.—Champagne et Buffard sur la Loue *Garn.*, Saint-Claude *Gaud.*, Cluses de Nantua et Sylant *DC. Bern.*, Pont-d'Ain (grèves) *Nob.*, Cerdon (côtes) *id.*, Saint-Rambert (Tenay) *id.*, Grenoble, Lyon, Lausanne (en Chamblaude) *Rap.*

S. reflexum L. K. — Coteaux secs, les 2 rg. inf., plus rarement la mtg., inégalement disséminé d. t. l. c. a. et d. t. l. J., mais nul par districts. — Assez répandu sur la lisière de Schaffhouse à Bâle, plus encore sur toute celle de Bienne à Genève et Chambéry, puis de Besançon à Grenoble ; de même, assez répandu sur les plateaux de la rg. mn. du J. occidental et méridional à partir du J. bernois ; rare et souvent nul sur de grandes étendues à l'est de cette limite ; c'est la variété glauque qui domine.

S. altissimum Lam. — Cette espèce de la France méridionale assez répandue au Dauphiné et à — Grenoble (Bastille, etc.) s'avance jusqu'à Pont-d'Ain (coteaux de la Chapelle) *Nob.*, et probablement ailleurs dans le Jura bugésien et sarde.

Sempervivum tectorum L. — Rochers, divers niveaux, assez répandu dans toutes les A.; d. l. J. — Dôle, Colombier, Reculet, Grand-Colombier, dans la rg. alp.; aux environs de Bienne, Neuveville (Crossevaux), Landeron (L. Cressier), Neuchâtel (Chaumont), Genève (Sous-Terre), Belley (Barterand), Salins (Saint-André, Château), Grenoble (Beauregard), sur les rochers de la rg. mn. et très-probablement spontané ; enfin sur les toits et les murs, probablement naturalisé, p. ex., Bâle, Nyon, Besançon, etc.; dispersion analogue à celle du *S. dasyphyllum*.

S. arachnoideum L.— Cette espèce des rochers apriques des A. à des niveaux très-différents, commence à — Grenoble (Bastille, etc.), dans les A. de Maglan, et probablement ailleurs dans les A. et le J. sardes.

Bulliarda Vaillantii DC. — Cette espèce disséminée en France, signalée en L., a été autrefois indiquée par de Besses dans le département du Doubs.

Tillæa muscosa L.—Cette espèce disséminée de loin en loin en France et en Allemagne a, comme la précédente, été indiquée par de Besses dans les bois humides du Doubs ; puis par Bossy aux environs de Pont-de-Vaux, et Bagé dans la Bresse de l'Ain.

52. CACTÉES.

Suppl. — Point de représentant indigène dans la contrée. L'*Opuntia vulgaris* Mill., naturalisé dans la Suisse transalpine et en Provence ne supporte le plein vent que dans nos parties vignobles méridionales.

53. GROSSULARIÉES.

Ribes Grossularia L.— Rochers, les 3 rg. inf., aussi alp. (Weissenstein), répandu abondant d. n. l.

R. nigrum L.— Cette espèce spontanée dans les bois sablonneux humides du nord de l'Allemagne et de la VR. est aussi indiquée en L., sur quelques points du BS. (Berne, Soleure, Zurich, Payerne, etc.) et d. l. J. — Bâle (les Haies) *Hag.*, Salins (haies des vignes, buissons des rives de la Furieuse) *Bab.*, Gex (au dessous de la Faucille, à la descente) *Fr.* ; est-elle indigène ou naturalisée dans ces localités?: la dernière serait la plus démonstrative.

R. alpinum L. — Bois, les 4 rg., surtout la mtg., assez répandu ou très-répandu dans les A., les V., le S., l'A., les Cl. et t. l. J. — Depuis le Lægerberg jusqu'à Grenoble, p. ex., Hauenstein, Passwang, etc., Blauenberg, Chaive, Raimeux, Moron, Monterrible, etc., Sujet, Chaumont, Tête-de-Rang, etc., Suchet, Dent, Aiguillon, etc., Lomont, Taureau, Montendre,

Dôle, Avocat, etc. ; plus bas, Schaffhouse, Bâle, Porrentruy, Neuveville, Vallorbes, Besançon, Salins, Arbois, Cerdon, Belley, etc. Peut-être le *petræum* a-t-il été pris pour cette espèce sur l'un ou l'autre des points montagneux ci-dessus. Bien qu'assez généralement répandue, cette espèce dessine cependant particulièrement par son abondance habituelle les zônes dysgéogènes de la contrée, et manque souvent sur les eugéogènes péliques ou psammiques les plus fraîches.—Roches dysg.—X.

R. rubrum L.—Bois, divers niveaux, répandu dans le nord de l'Allemagne, disséminé et rare d. n. l., sur quelques points en Lorraine *Godr.*, plus répandu en Dauphiné et sur un bon nombre de points du J. où il parait réellement indigène. — Bâle *Hag.*, Franches-Montagnes *Fr.*, Saint-Hippolyte *Chantr.*, Val-de-Saint-Imier (Convers) *Gaud.*, Côtes-du-Doubs (Valanvron) *id.*, Chasseral? (Roc-Milledeux), Chaux-de-Fonds, Sainte-Croix (près la tourbière de la Chaux) *Bab.*, Val-de-Dappes (pied de la Dôle du côté des Rousses) *id.*, Genève (bords du Rhône) *Virid.*, Salins (pied de Poupet, bois de Racine, etc.) *Bab.*, Neuveville (Crosseveaux) *Gib.*; Val-de-Maglan, Dauphiné ; souvent cultivé, souvent naturalisé provenant de culture, et peut-être tel sur l'un ou l'autre des points cités, mais entièrement spontané chez plusieurs. Il est à remarquer que cet arbrisseau a dû être autrefois plus répandu et probablement extirpé de beaucoup d'endroits pour la culture, comme on le voit clairement pour d'autres espèces qui de nos jours deviennent rares dans certains districts, p. ex., la *Gentiana lutea.*

R. petræum Wulf. — Rochers couverts, rg. mtg. et au dessus, disséminé dans les A., sur quelques points des V. et dans le J. — Côtes-du-Doubs (Valanvron et Cul-des-Prés) *Lesq.*, Pouillerel (Planchettes près la Chaux-de-Fonds) *God.*, Dent-de-Vaulion *Bl.*, Suchet *Monn.*, Mont-d'Or *Gr.*, pied du Noirmont (Longirod *Gaud.*, Montendre, sur Montricher) *Rap.*, Dôle (Vuarne *Gr.*, pente nord *Rap.*), Faucille *Mrtz.*, Rimondière (au dessus de Tenay) *Nob.*, Grenoble (Beauregard) *Mut.*; Valais, Alpes de Maglan ; aussi cultivé.

54. SAXIFRAGÉES.

Saxifraga Aizoon Jacq. — Rochers, rg. mtg. et alp., disséminé sur les principales sommités des V. et du S., assez répandu dans les A. et l'A., plus encore d. t. le J. — depuis le Lægerberg jusqu'au Salève et à la Chartreuse, limité par les hautes chaines, puis à-peu-près par les Schafmatt, Gempenberg, Blauenberg, Monterrible, Côtes-du-Doubs, du Dessoubre, de la Loue, de l'Ain,

Mont-du-Chat, etc. ; commun dans toutes les hautes chaînes et disséminé jusque dans la rg. mn. sur les collines de Bâle, Besançon, Salins, Arbois, Belley (Parves), Grenoble, etc., mais habituel seulement dans la rg. mtg. et l'une de ses espèces les plus caractéristiques.—Roches dysg.—X.

S. mutata L. — Rocailles, rg. mtg. et alp., disséminé dans les A. et sur quelques points des contrées basses comme sporadiquement.—S. n. l., Eglisau (Rafz, Rheinsfeld, etc.) *Heer.*, Lægerberg *id.*, Soleure (murs le long de l'Aar) *Fr.*, les Echelles *Vill.*, Pont-de-Beauvoisin (gorges de Malafossan) *Baulu*; Alpes de Maglan, Dauphiné.

S. muscoides Wulf.—Rocailles alp., assez répandu dans les A.; d. l. J. — Reculet, Colombier *Reut. Bab.*

S. oppositifolia L. — Rocailles alp., répandu dans toutes les A.; d. l. J. — Colombier, Reculet, Chartreuse (Grand-Som, etc.); Alpes de Maglan, Dauphiné.

S. aizoides L.— Rocailles alp., répandu dans toutes les A.; d. l. J.—Colombier, Reculet, Salève, Chartreuse; commun dans les A. à des niveaux bien inférieurs; sporadique dans les grèves du Rhin (Augst à Rheinfeld), du Rhône (Genève sous Aire, de Seyssel à Anglefort), du Drac (Polygone à Grenoble).

S. hirculus L.— Cette espèce des prés tourbeux du nord de l'Allemagne et qui se retrouve sur quelques points du pied des Alpes, est assez répandue dans les tourbières de la rg. mtg. du Jura.—Pleine-Seigne, Chételaz, Chaux-l'Abel, Eplatures, Sagne, Brévine, Châtagne (Val-de-Travers), Vraconne, Brassus, Trélasse, Pontarlier, Bélieu, Malbronde (près Brenod) et probablement ailleurs. Elle a peut-être déjà disparu de l'un ou l'autre de ces points par suite de l'exploitation des tourbières. Plante qui a dans le J. sa station principale et presque exclusive d. n. l. et au delà sur un grand rayon.

S. stellaris L.—Rives des ruisseaux alp., répandu dans les A., les V., le S. cristallins et clastiques, nul dans le J. et l'A.; son absence dans le J. est très-remarquable; il reparaît dans les Alpes granitiques de Chalanche, Chamouny, etc.—Roches eug. pm.—H.

S. cuneifolia L. — Cette espèce alpine fréquente dans les A., commence à — la Chartreuse (Sappey), puis dans le Dauphiné méridional, les A. de Maglan, etc.

S. Sponhemica Gm. — Cette espèce qui offre plusieurs variétés est très-répandue dans le nord de l'Allemagne, et dans l'Albe jusqu'à Sigmaringen ; on la retrouve sur quelques points isolés de la VR. et des V., puis d. l. J.— Salins (Belin, Côte-Veley) *Bab. Garn.*, Voiteur (roches de Baume) *Marcou* et probablement ailleurs ; abondante dans ces localités.

S. tridactylites L.— Lieux arides, les 2 rg. inf., aussi la mtg.?, assez répandu d. t. l. c. a. et d. t. l. J.

S. granulata L.— Pelouses sèches, surtout sableuses, les 2 rg. inf., disséminé d. t. l. c. a., plus répandu dans la VR., plus rare dans le BS., comme nul d. l. J. — S. n. l., Schaffhouse, Eglisau (Rafz), Kaiserstuhl (Weyach), Regensperg, Bâle, Béfort, Brugg, Genève (fréquent), Belley (le Thuy), Grenoble ; dans le J., bords des tourbières de Pontarlier. — Roches eug. pm. — H.

S. rotundifolia L. — Rochers ombragés, rg. mtg. sup. et alp., répandu dans toutes les A. et d. l. J. — Depuis le Weissenstein, jusqu'au Salève, au Grand-Colombier, au Mont-du-Chat et à la Chartreuse, dans toutes les chaînes qui atteignent 12 à 1300 mètres ; parfois plus bas, Côtes-du-Doubs (Valanvron, la Mort), Mouthe, Levier, Champagnole, Nozeroy, Châtel (sur l'Ile), Nantua, etc. Une des espèces les plus caractéristiques de notre rg. alp. faisant contraste par son absence dans les V. et le S.

Chrysosplenium alternifolium L.—Rochers ombragés, les 3 rg. inf., surtout la mtg., assez répandu d. n. l., très-répandu et habituel dans la rg. mtg. du J., où il est caractéristique.

C. oppositifolium L.— Même rôle, beaucoup plus rare, disséminé d. l. c. a., rare dans le BS. et les A., disséminé dans le J. — P. ex., Wallenburg (Neunbrunnen), Montbéliard (Béverne etc.), Béfort (fréquent), Monterrible (Ruz-des-Seignes, du Pichoux), Frénois (fontaine des Chaufours), Côtes-du-Doubs (Bief-d'Etoz, etc.), Pontarlier, Nans (source du Lison), Champagnole (fontaine de Balerne), Levier (Boujailles), Pont-de-Beauvoisin, Chartreuse, etc.

55. OMBELLIFÈRES.

Hydrocotyle vulgaris L.—Marais, rg. b., généralement rare et peu ascendant, disséminé d. t. l. c. a. et notamment la VR., plus rare dans le BS. et la VS.—S. n. l., Bâle, Besançon *Vet.*, la Bresse de l'Ain *Bossy*, les Terres-froides (Eydoche, Fluchères, etc.), Bresse lyonnaise *Balb.*, les Echelles de Savoie, Katzensee, Herzogenbuchsee, Soleure, Nidau, Cerlier, Landeron, Boudry, Yverdon, Orbe, Nyon, Genève, Belley (lac de Barque) *Bern.*; plus haut, Mouthe *Gr.*, Saint-Laurent-du-Pont *Vill.*

Sanicula europæa L.— Bois, les 3 rg. inf., assez répandu d. t. l. c. a. et d. t. l. J.

Astrantia major L.—Prés, rg. mtg. et alp., quelquefois la mn., assez répandu dans les A., sur quelques points des V., du S., de l'A., inégalement disséminé d. l. J., commun dans certains districts, nul dans d'autres, surtout sud-occidental.—Wasserfall, Cluses de la Birse (Verrerie de Lauffon) *Gressl.*, Monterrible, Clôs-du-Doubs, Côtes-du-Doubs (Goumois, Refrain, la Mort, etc.), J. neuchâtelois (fréquent), Aiguillon, Rizoux, Morteau, Mouthe, Lac-Saint-Point, Pontarlier, Chapelle-des-Bois, Boujailles, Champagnolle, Saint-Laurent, Nans, Neuveville (la Praye), Orbe, Mont-d'Or, Montendre, Nyon, Dôle, Val-de-Joux, Mont-d'Ain, Grand-Colombier, Salève, Chartreuse.

A. minor L.— Espèce alpine commençant à la Chartreuse et dans les A., de Maglan. On l'a aussi signalée à M. Grenier au Bois-d'Amont dans le Val-des-Rousses, localité qui laisse de l'incertitude.

Eryngium campestre L.—Lieux sablonneux et graveleux, rg. b., peu ascendant, disséminé d. t. l. c. a., excepté le BS. où il est rare.—S. n. l., Bâle, Mulhouse, Béfort, Audincourt, Montbéliard, l'Isle, Clerval, Baume, Roulans, Besançon, vallée de l'Ognon, plaines du Doubs et de la Louc, Bresse, Salins, Bourg, Pont-d'Ain, Cerdon, Ambérieux, Saint-Rambert, Culloz, Seyssel, Frangy, Grenoble, plaine du Léman et Genève; quelquefois plus haut jusque sur les premiers plateaux, p. ex., Revermont au dessus de Ceyseriat, Saint-Alban au dessus de Cerdon, etc., mais généralement nul d. l. J. et contrastant sur une grande partie de ses lisières.—Roches eug. pm.—H.

E. alpinum L.— Pelouses alp., disséminé dans les A. occidentales; d. l. J.—Colombier *DC.*, Reculet *JB.*, crête du Colombier au Mont-Leizé *Bern.*; au s.-s.-o. du signal du Colombier au dessus du plus occidental des deux chalets rapprochés *Fr.* 1857; cette plante rapportée de cette dernière localité par M. Friche a été cultivée plusieurs années dans le Jardin de Porrentruy; elle a aussi été indiquée au Val-de-Travers (chalet des Rochats et environs de Saint-Sulpice), mais elle n'y est que cultivée *Lesq. God.*; Valais, A. de Maglan, Dauphiné méridional.

Cicuta virosa L. — Marais, surtout la rg. b., aussi la mtg., disséminé d. l. c. a., surtout la plaine rhénane, rare dans le BS., ascendant dans les lacs des V.— S. n. l., Schaffhouse, Zurzach, Bâle, Mellingen (Nieder-Rohrdorf), Katzensee; plus haut, Pleine-Seigne *Fr. Gouv.*, lac de la Brévine *God.* 1848, Pontarlier *Gr.*, Val-de-Joux? (Séchey) *Rap.*; souvent sous la forme *tenuifolia*.

Apium graveolens L. — Cette espèce des côtes maritimes d'Allemagne se montre d. n. l. aux environs de quelques salines : Durheim *Döll.*, Dieuze *Godr.*, Arbois (Grozon, Villette) *Dum.*, Arc-sous-Senans *Bab.*; puis sur quel-

ques autres points aux environs de—Neuchâtel (Saint-Blaise), Nyon (Sadex),
Genève (Confignon), Bâle (Michelfeld), etc., où elle n'est peut-être que naturalisée provenant de culture.

Petroselinum segetum Koch.—Cette espèce des champs de la France, surtout
méridionale, nulle, du reste, d. n. l. a été autrefois signalée par M. Haller
dans le Val-de-Saint-Imier. M. Thomas dans ses *exsiccata* la donne des environs de Genève.

Suppl.—Le *P. sativum* Hoffm., cultivé, puis çà et là subspontané.

Trinia vulgaris DC. — Coteaux secs, divers niveaux, disséminé dans les
contrées sud-occidentales et sur plusieurs points de la VR. — S. n. l., Bâle
(Efringen, Istein, Kembs), Bienne et Douanne (côtes du lac), Orbe, Lasarraz
(Pompaples, rochers de Saint-Loup), pied de la Dôle, du Reculet, du Salève,
Mont-d'Ain, le Mont, les Balmes, Grenoble, Lyon ; probablement plus répandu dans le J. méridional ; très-ascendant et jusque dans la rg. alp. sur
les pentes de la Dôle et du Reculet.

Helosciadium nodiflorum Koch. — Ruisseaux, rg. b., disséminé d. l. c.
a., rare dans le BS. — S. n. l., Besançon (fréquent), Quingey (Liesle), Villersfarlay, Salins (S. Certemery, etc.), Arbois (Villette), Bourg, Bresse lyonnaise, Grenoble (fréquent), Rolle, Nyon (fréquent), Genève (id.), Landeron
Dep., Belley.

H. repens Koch. — Marais, rg. b., disséminé et rare d. l. c. a., surtout la
VR., plus rare dans le BS. — S. n. l., Aarau (an der Telli) *Bron.,* Neuveville
(Champion) *Gib.* 1848, Aubonne (chemin de l'Etraz) *Rap.,* Morat (Faoug)
id., Morges (Repentance) *Bisch.,* Rolle (Allaman) *Lorim.,* Genève (Cologny)
Reut., Bresse lyonnaise *Balb.,* Grande-Chartreuse.

H. inundatum Koch.—Cette espèce, disséminée de loin en loin en France
et en Allemagne, n'a été signalée nulle part d. n. l. que dans la Bresse *Bossy*
et les Terres-froides *Vet.* et *Mut.*

Ptychotis heterophylla Koch.—Coteaux sableux secs, divers niveaux, disséminé dans la France méridionale et la Suisse transalpine, comme nul d.
n. l., excepté — s. n. l., grèves du Léman aux environs de Morges, Nyon,
Coppet, Genève, Seyssel ; puis Grenoble (Bastille, Drac), Côte-d'Or.

Falcaria Rivini Host. —Champs argilo-sableux, disséminé de loin en loin
d. t. l. c. a., surtout les plaines rhénanes et lorraines, très-rare dans le BS.
et la VS.?—S. n. l., Schaffhouse, Rheinfeld (Olsberg), Bâle (assez fréquent),
Audincourt (vers Exincourt) *Contej.,* Aarau *Bron.,* Salins (salines d'Arc)
Bab.

Sison Amomum L. — Lieux argilo-sableux frais, rg. b., rare d. n. l. et presque uniquement — s. n. l., Nyon *Bl?*, Genève (Sous-terre, Aire, etc.) *Reut.*, Grenoble (Gières, etc.), Côte-d'Or.

Ammi majus L.—Cette espèce des champs de France et d'Allemagne transalpine a été observée à — Besançon *Gr.*, Salins (Ivory) *Bab.*, aux Terres-froides *Dav.*, puis à Lyon et en Lorraine dans les luzernes ; fugace.

A. glaucifolium L. —Cette espèce des champs de la France méridionale a été observée d. n. l. uniquement à —Montbéliard *Contej.* et à Besançon dans les luzernes *G.;* fugace.

Ægopodium podagraria L. — Lieux frais, les 3 rg. inf., aussi alp. autour des chalets, très-répandu d. n. l.

Carum Carvi L. — Prés, les 4 rg., surtout la mtg., répandu abondant d. n. l., tout-à-fait habituel dans les rg. sup.

C. Bulbocastanum Koch.—Champs argileux, ascendant avec eux, inégalement disséminé d. l. c. a., assez rare dans la VR., plus rare encore dans le BS., assez répandu en L. et dans les rg. mn. et mtg. du J. central et occidental.—Béfort, Porrentruy, Audincourt, Besançon, Salins, Boudry, Yverdon, Orbe, Rolle, Nyon, Genève, Valais, Savoie, etc.; plus haut, vals de Delémont, Moutiers, Saint-Imier, Ruz, Travers, Ornans, Pontarlier, Vallorbes, Champagnole, Joux, Rousses, etc.

Pimpinella magna L.—Bois, les 4 rg., répandu abondant d. n. l.; la variété *P. rubra* Hopp. assez répandue dans la rg. mtg. des A., du S., des V.? et d. t. l. J. — P. ex., Meltingen, Wallenburg, Saint-Braix, Hautes-Joux, Poupet, Boujailles, Reculet, Salève, Chartreuse, etc.

P. saxifraga L. — Pelouses sèches, les 3 rg. inf., aussi alp., surtout la mn., répandu abondant d. n. l. et suivant les zônes dysgéogènes.

Suppl. — *P. Anisum* L., cultivé sur quelques points d. n. l., p. ex., en Alsace.

Sium latifolium L. — Eaux stagnantes, rg. b., disséminé et assez rare d. l. c. a., surtout la plaine rhénane. — S. n. l., Schaffhouse, Eglisau (Rafz), Bâle, Béfort, Bienne, Morat, Landeron, Cudrefin, Yverdon, Payerne, Bourg?, Besançon *Vet.*, Bresse lyonnaise *Balb.*

Berula angustifolia Koch. — Ruisseaux, rg. b., aussi la mn., rarement mtg., assez répandu d. n. l.

Buplevrum falcatum L.—Coteaux secs, les 2 rg. inf., surtout la mn., aussi la mtg., disséminé d. t. l. c. a. et répandu sur toutes les zônes dysgéogènes, savoir A., Cl., Csv., Csh., J., souvent nul sur les zônes les plus eugéogènes. —Roches dysg.—X.

B. ranunculoides L.—Pelouses alp., répandu dans toutes les A.; d. l. J.:
— Brückliberg, Chasseral, Creux-du-Van, Chasseron, Mont-d'Or, Aiguillon,
Suchet, Dôle, Colombier, Reculet, Chartreuse.—Roches dysg.—X.

B. longifolium L. — Bois, rg. mtg. et alp., aussi la mn., disséminé dans
les A. occidentales, dans l'A., sur quelques points des V. et d. l. J.—Rhanden, Lægerberg, Brückliberg (Bettlachberg), Chasseral, Creux-du-Van, Chasseron, Suchet, Mont-d'Or. Dent-de-Vaulion, Dôle (Sommet, Vuarne), Reculet,
Gralet, Grand-Colombier, Chartreuse ; plus bas, contrée des côtes du Dessoubre (Fuans, Laval, Flange-Bouche) *Gr.,* Levier (Boujailles, Villeneuve, le
Souillot) *Garn.,* les Rousses, Champagnole ; probablement assez répandu d.
l. J. sud-occidental.

B. rotundifolium L.—Champs, rg. b., aussi la mn., disséminé d. l. c. a.,
surtout la L. et la VR., rare dans le BS. — S. n. l., Schaffhouse, Bâle, Besançon, Villersfarlay, Salins, Arbois, Aarau *Bron.,* Neuchâtel (rare), Yverdon, Nyon, Genève, Grenoble ; plus haut, Rhanden, Gempenberg, Val-de-
Travers ; fugace.—Roches eug.—H.

B. protractum Linck.—Cette espèce des cultures de la France méridionale
et de l'Allemagne transalpine a été observée dans les champs à — Besançon
(Cussey, Chamars, Savagney) et Villersfarlay (Cramans) par M. Grenier.

B. Odontites DC. —Cette espèce des coteaux secs, disséminée en France
et dans l'Allemagne transalpine, s'avance s. n. l. jusqu'à — Grenoble (Bastille, etc.) et Belley (collines de Musein) *Bern.*

B. junceum L. — Même rôle.—Grenoble et Belley (Musein) *Bern.*

B. tenuissimum L. — Disséminé en France et en Allemagne, se montrant
dans le nord de la VR., en L. et aux environs de Lyon.

OEnanthe fistulosa L. — Eaux stagnantes, rg. b., disséminé inégalement
d. t. l. c. a., mais nul sur certaines étendues.—S. n. l., Bâle, Béfort, Montbéliard *Vet.,* Besançon (Cussey), Val-de-l'Ognon (Voray), Montbarrey (Vaudrey), Arbois (Vadans, Vaucy), Sellières (Chavannes), Bourg, (commun),
Bresse lyonnaise, Aarau, Bienne, Landeron, Neuchâtel, Orbe, Payerne, Genève, Belley (Barterand).

OE. peucedanifolia Poll.— Prés marécageux, rg. b., disséminé d. t. l. c.
a., surtout la Pl. et la VR., plus rare dans le BS. — S. n. l., Morges (jonction de la Venoge) *Bl.,* Aubonne *Gr.,* Rolle (bois de Vernes) *Rap.,* Genève
(Sionnet, Bossy) *Reut.,* Salins (la Perrière) *Garn. ;* plus haut, Delémont
(marais de Broit) *Fr.,* Bresse lyonnaise, Grenoble. La forme *OE. Lachenalii*
Gm. qui constitue avec celle-ci (à laquelle elle passe par des intermédiaires
Döll) l'*OE. rhenana* Döll, est signalée à Bâle (Michelfeld) *Vet.,* Genève (Sionnet, Gaillard, etc.) *Reut.,* Nidau ? *Fr.* (ou peut-être la précédente).

OE. Phellandrium Lam.—Eaux stagnantes, les 3 rg. inf., surtout la plaine, disséminé d. t. l. c. a., plus rare dans le BS., dans quelques vals du J. — S. n. l., Bâle, étangs du Sundgau (le Puy, etc.) *Fr.,* Montbéliard, Besançon, Villersfarlay, Arbois (Vaucy), Sellières, Bresse, Pont-de-Beauvoisin, Belley (lac de Barque) *Bern.,* Lyon, Aarau *Bron.,* Aarberg (Seedorf) *Mrtz.,* Landeron *Shttlw.;* plus haut, sur le Doubs (Bief-d'Etoz et Biaufond *Gouv.,* Soubey, Goumois, Mauron, etc.), Val-du-Locle (Cul-des-Roches) *Vet. ;* Val-de-Travers *Gay.*

OE. crocata L. — Cette espèce de la France centrale et occidentale se montre— s. n. l. au Pont-de-Beauvoisin (les Avenières) *Gras.*

Æthusa Cynapium L. — Champs, ascendant avec eux, répandu abondant d. n. l.

Æ. elata Friedl. Bab.—Cette espèce voisine de la précédente a été constatée aux environs de Salins par M. Babey. — Salins (bois de Poupet, de Chaudreux, de Bovard, etc.) ; probablement ailleurs.

Fœniculum officinale All. — Cultivé, naturalisé puis indigène à ce qu'il paraît sur plusieurs points d. n. l., surtout dans les parties méridionales ; signalé tantôt comme subspontané, tantôt comme spontané aux environs de — Schaffhouse, Bâle, Montbéliard, Besançon, Arbois, Poligny, Dampierre, Grenoble, Neuveville, Neuchâtel, Genève.

Seseli montanum L.—Pelouses sèches, les 2 rg. inf., disséminé sur quelques points de la France, presque nul en Allemagne et d. n. l., excepté sur les Cl. et d. l. J.—Collines de la rg. mn., Delle, Bourogne, Béfort (Justice) *Bern.,* Châtenois, Montbéliard, Porrentruy, Pont-de-Roide, Clerval, Baume, Roulans, Besançon, Salins, Poligny, Arbois, Lons-le-Saulnier, Saint-Amour, Ceyseriat, Dauphiné méridional ; aussi à Frick *Bronn.,* Orbe *Schl.,* Noiraigue *Chap.,* localités qui laisseraient quelque incertitude ? Cette espèce, bien distincte de la suivante, étend comme on le voit son aire de dispersion sur toute la lisière française du J., de Porrentruy à Ceyseriat ; elle offre des variétés. —Roches dysg.—X.

S. coloratum Ehrh. — Pelouses sèches graveleuses, rg. b., aussi la mn., disséminé d. t. l. c. a., plus rare dans le BS.—S. n. l., Andelfingen (Mühleberg), Rhanden, Bâle (Crenzach, etc.), Payerne, Morges, Nyon, Genève, Salève, Savoie, Grenoble.—Roches eug. pm.—H.?

S. Hippomarathrum L.—Lieux graveleux, disséminé en Allemagne et sur quelques points de la VR. ; au Kaiserstuhl.

Libanotis montana All.—Coteaux secs, rg. mtg., parfois la mn., disséminé dans les A., surtout occidentales, rare dans les V., comme nul dans le S., çà et là sur les Cl., assez répandu dans l'A. et d. t. l. J.,—depuis le Læger-berg et le Rhanden jusqu'au Salève, au Mont-du-Chat et à la Chartreuse ; limité au sud par les hautes chaines, puis par celles de Gempenberg, Mon-terrible, Côtes-du-Doubs, du Dessoubre, de la Loue, de l'Ain, du Lison, de la Bienne, de Nantua, etc., aussi çà et là plus bas hors de ces limites, comme Porrentruy, Montbéliard, Baume, Besançon, Ornans, Salins, Arbois, Neuve-ville, etc. ; une des espèces caractéristiques de la rg. mtg. sèche et de ses approches, la dessinant dans toute la contrée.—Roches dysg.—X.

Athamanta cretensis L. — Rochers, rg. mtg. et alp., aussi la mn., dissé-miné dans les A., répandu d. t. l. J. — Depuis la Schafmatt jusqu'au Salève et à la Chartreuse, limité par les hautes chaines et à-peu-près par les Pass-wang, Gempenberg, Chaive, Monterrible, Lomont, Côtes du Doubs, du Des-soubre, de la Loue, de l'Ain, etc.; p. ex., Wasserfall, Vogelberg, Cluses de la Birse, de la Suze, de la Sorne, Clôs-du-Doubs, Saint-Braix, Montoz, Chas-seral, Chasseron, Creux-du-Van, Suchet, Mont-d'Or, Hautes-Joux, Tourne, Tête-de-Rang, Poupet, Dôle, Colombier, Reculet, Cluses-de-Nantua, Grand-Colombier, Mont-du-Chat, Chartreuse (Néron, etc.) ; aussi parfois plus bas hors de ces limites sur les collines de Bâle, Blamont, Ornans, Salins, Arbois, Aarau, etc., mais quelque peu habituel seulement dans la rg. mtg. sèche et assez caractéristique de cette zône.—Roches dysg.—X.

Silaus pratensis Bess. — Prés humides, les 2 rg. inf., surtout la plaine, parfois la mtg., assez répandu d. n. l.

Meum athamanticum Jacq.—Pelouses fraîches, rg. mtg. et alp., disséminé d. l. A., répandu dans les V. et le S., disséminé d. l. J. où il est nul sur de grandes étendues. — Chaive (Rangiers, Cheselles), Monterrible (la Croix), Saint-Imier (Ferrière), Chasseral, vals de la Brévine, de la Sagne, des Ver-rières et des Bayards, Tourne, Creux-du-Van, Châteluz (très-abondant *God.*), Larmont, Levier et probablement ailleurs, mais infiniment moins habituel (souvent souffrant) et moins abondant que dans les chaines cristallines et clastiques des MR. et du Dauphiné.—Roches eug.—H.

Ligusticum ferulaceum All. Cette espèce alp., disséminée dans les A., surtout méridionales, a été signalée dans le J. au—Reculet (Creux-d'Ardran) *Reut.*, Colombier ? (au dessus de Gex) *Gaud.*, Salève *Heg.*

Suppl. — Le *L. Levisticum* L., cultivé dans quelques jardins vétérinaires et aussi dans ceux des fermes des mtg., peut-être çà et là subspontané.

Selinum Carvifolia L.—Prés humides, rg. b., aussi parfois la mn., dissé-miné d. t. l. c. a., surtout la plaine rhénane.— S. n. l., Schaffhouse, Bâle, Béfort, Montbéliard, sur l'Ognon (Voray), Salins, Aarau, Bienne, Nidau,

Landeron, Grandson, Yverdon, Nyon, Genève, Grenoble, Tour-du-Pin ; plus haut, Delémont (Cortemelon) *Fr.*, Besançon (Sône) *Gr.*

Angelica sylvestris L. — Bois, les rg. inf., répandu abondant d. n. l. ; la forme *montana* Schl., qui n'en diffère essentiellement que par la décurrence des folioles extrêmes, est répandue dans la rg. mtg. et au dessus d. t. l. J. et t. l. c. a.; elle paraît liée au type par des intermédiaires.

A. pyrenœa Spreng.—Espèce mtg. des Pyrénées, répandue dans les hautes V. centrales, nulle du reste d. n. l.

Suppl.—L'*A. Archangelica* L., espèce boréale, cultivée, surtout autrefois, puis çà et là subspontanée ou naturalisée sur quelques points de la VR. et du J. — Signalée au Brückliberg (vergers) *Fr.*, au Hauenstein près Wallenburg *Hag.;* paraît plus que douteuse comme indigène.

Peucedanum Chabrœi Rchb.— Buissons, les 2 rg. inf., rarement la mtg., disséminé d. l. c. a., plus rare dans le BS.—S. n. l., Bâle, Porrentruy (habituel), Montbéliard, Besançon, Salins, Arbois, Neuveville, Romainmôtier, Bière, Saint-Cergues, Nyon, Genève ; plus haut, Monterrible, Val-Saint-Joseph., J. du Doubs (Pontarlier, etc.), Grand-Colombier (Retord), etc.

P. Cervaria Lap.—Coteaux graveleux, les 2 rg. inf., disséminé d. t. l. c. a. et d. l. J., surtout sud-occidental.—Schaffhouse, Eglisau, Bâle, Delémont, Béfort, Montbéliard, Besançon, Salins, Arbois, Thoirette, Cerdon, Belley, Culloz, Grenoble. Baden, Aarau, Neuveville, Neuchâtel, Yverdon, Lasarraz (Moiry), Payerne, Nyon, Genève, Salève ; aussi parfois plus haut, surtout les versants des hautes chaînes méridionales.

P. Oreoselinum Mœnch.— Lieux sylvatiques, sur sols sableux ou argileux frais ?, les 2 rg. inf., inégalement disséminé d. n. l., rare d. l. J.—S. n. l., Eglisau (Irchel), Kaiserstuhl (Weyacherberg), Bâle, Béfort, Audincourt (Arbouan) *Contej.*, Besançon, Arbois, Grenoble, Baden, Bienne, Landeron (Champion), Orbe, Aubonne, Saint-Genix (Thoiry), Payerne, Genève, Tour-du-Pin ; des indications au Chasseral et au Creux-du-Van paraissent inexactes; beaucoup plus répandu dans les V. sur les grès et dans le Kaiserstuhl sur les parties limoneuses pélo-psammiques.—Roches eug.—H.

P. alsaticum L.—Lieux sylvatiques, les 2 rg. inf., disséminé dans la VR., le Valais.—S. n. l., Mulhouse.

P. austriacum Koch.—Espèce des basses A. méridionales?, disséminée sur quelques points du Valais, du val de Maglan.—S. n. l. uniquement, Genève (marais de Sionnet) *Reut.* — Nulle en France *Gr. Godr.* 1848.

P. officinale L.—Prés humides, rg. b., disséminé dans la VR.

Thysselinum palustre Hoffm.—Prés marécageux, rg. b., parfois plus haut, disséminé d. l. c. a. — S. n. l., Schaffhouse (Siblingen), Bâle, Béfort (Offemont), Montbéliard (Chagey) *Contej.*, Katzensee, Büren (vers Grange), Aarberg (Seedorf), Landeron (Thielle), Yverdon, Payerne, Nyon (Divonne), Genève (Sionnet, Roellebot), les Echelles, Grenoble (Gières); plus haut, Pontarlier *Gr.*, Saint-Laurent-du-Pont *Vill.*

Imperatoria Ostruthium L.—Pelouses rocailleuses alp., assez répandu dans les A., çà et là cultivé et peut-être naturalisé sur quelques points des V. et du S., plus douteux encore d. l. J.—Chartreuse (Sappey) *Gras.*

Pastinaca sativa L. —Prés, les 3 rg. inf., inégalement disséminé d. t. l. c. a. et d. t. l. J., mais y manquant par districts, p. ex., dans la rg. mn. aux environs de Delle, Porrentruy, etc.; très-répandu dans la rg. mtg. de Pontarlier, Nozeroy, Mouthe, Champagnole, etc.

Heracleum Sphondylium L.—Prés, les 3 rg. inf., aussi alp., très-répandu et abondant d. n. l. La modification *H. elegans* Jacq. *(H. S. stenophyllum* Gaud.) liée au type par des intermédiaires, mais très-distincte dans ses formes extrêmes, disséminée d. t. l. c. a., signalée dans le W., le S., les A., le BS., le Dauphiné et d. l. J.—Jura bâlois *Hag.*, Delémont *Fr.*, Cluses de la Sorne (Pichoux) *id.*, Combe-de-Glovelier et Roche-Saint-Braix *id.*, Creux-du-Van *Bab.*, Salins (Grotte-des-Sarrasins) *id.*, Nyon *Gaud.*, Saint-Genix (Thoiry) *Reut.*, Jura neuchâtelois *God.;* probablement plus répandu.

H. asperum MB. *(H. montanum* Schl. sec. Koch.)- Cette plante intermédiaire au *Sphondylium* et à l'*alpinum*, se rapprochant tantôt de l'un, tantôt de l'autre *Shttlw.*, peut-être leur hybride, a été signalée sur quelques points des A. et du J. — la Dôle *Schl.* et *Rap.*, Creux-du-Van et Noiraigue *Shttlw. Bab.*, Chasseral *Gib.*, Roches-de-Moutiers *Nob.;* la plante de ces deux dernières localités se rapproche moins de l'*alpinum* quant à la foliation que ne le fait l'*H. montanum* Schl. Thom. exs. de Lavarraz en Valais; des exemplaires de l'Aiguillon et du Reculet que j'ai sous les yeux se rapprochent davantage encore du *Sphondylium;* M. Grenier me l'indique aussi aux environs de Mouthe.—Les *H. longifolium* Jacq. et *angustifolium* L. sont des espèces différentes des formes analogues des précédents. Le premier est selon M. Koch une modification de l'*H. sibiricum* L.; le second est peut-être l'espèce indiquée près de Grenoble par Mutel (au Saint-Eynard); tous deux dans les A.— Notre *H. asperum* est l'*H. Panaces* L. DC. (non Koch) selon Gr. Godr. 1848.

H. alpinum L. — Pelouses mtg. et surtout alp., disséminé dans les A. occidentales sardes et françaises, répandu dans le J. oriental et central, nul ou rare plus au sud-ouest; ainsi— depuis la Schafmatt jusqu'au Chasseron, comme au Passwang (Wasserfall, Vogelberg), Weissenstein, Brückliberg, Montoz, Graitery, Raimeux, Moron, Joux-du-Plane, Tête-de-Rang, Creux-du-Van et un peu plus bas, mais plus disséminé aux Hauenstein (Kallenfluh), Schafmatt (Geissfluh), Hornfluh, Monterrible (Mongremay), Saint-Braix (Bollmann), Frénois (Pichoux), etc.; souvent très-commun dans les premières chaînes énumérées; il se rencontre de nouveau dans le J. bugésien (au dessus de Hauteville. *Bossy,* puis à la Chartreuse (Grand-Som) *Gras* et ailleurs dans le Dauphiné?. C'est une des espèces les plus caractéristiques de la rg. alp. et de ses approches dans le J. oriental et central.—La plante du Dauphiné n'est pas l'*H. alpinum* L. selon MM. Gr. Godr. 1848.

Tordylium maximum L. — Lieux stériles, rg. b., rare d. l. c. a. — S. n. l., Orbe (vers le signal) *Ler.,* Genève (murs, subspontané?) *Reut.,* Lyon; fugace.

Laserpitium latifolium L.—Rocailles, rg. mtg. et alp., aussi la mn., assez répandu dans les A., assez rare dans les V., rare ou nulle dans le S., assez répandu dans l'A., les Cl. et t. l. J.— Depuis les chaînes soleuroises et plus à l'est (Lægerberg) jusqu'au Salève et à la Chartreuse, limité par les hautes chaînes et par celles des Hauenstein, Blauenberg, Monterrible, Lomont, Côtes du Doubs, du Dessoubre, de la Loue, Fresse, Boujailles, Côtes de l'Ain, de Nantua, Rimondière, Côtes de l'Albarine, etc.; aussi plus bas, Irchel, Bâle, Neuveville, Salins, Arbois, Pierre-Châtel, etc., mais habituel surtout dans les rg. mtg. où elle est une des espèces caractéristiques, p. ex., Weissenstein, Chasseral, Chasseron, Suchet, Montendre, Dôle, Reculet, Grand-Colombier, Mont-du-Chat, Saint-Eynard, etc.—Roches dysg.—X.

L. Siler L.—Mêmes lieux, répandu dans les A., surtout occidentales, sur un point de l'A., assez répandu d. l. J., surtout sud-occidental. — Rehag, Blauenberg (Heckenfluh), Chasseral, Joux-du-Plane (Pertuis), Pouillerel (Cirque-de-Mauron), Cluses-Saint-Sulpice, Creux-du-Van, Noirmont, Montendre, Chasseron, Aiguillon, Mont-d'Or, Suchet, Dôle, Colombier, Reculet, Cluses-de-Nantua (le Mont), Salève, Grand-Colombier, Mont-du-Chat, Savoie, Chartreuse (Saint-Eynard); parfois plus bas, Salins, Arbois; plus méridional que le précédent.—Roches dysg.—X.

L. prutenicum L.—Lieux sylvatiques froids, rg. b., rare d. n. l. et presque uniquement — s. n. l., Nyon (Duilliers, Divonne, Prangins, Trélex, etc.), Genève (Bâtie, Vangeron, Veyrier, etc.), Salins (Bois-Bovard) *Bab.,* Neuveville (Lignières, Nods) *Vet.,* Terres-froides (Tour-du-Pin) *Vill. Bern.,* Col-de-Fresne *id.,* Belley (Bois-de-Rotonne) *Bern.*

L. gallicum L. — Cette espèce de la France méridionale s'avance s. n. l. jusqu'à — Grenoble (Saint-Eynard, Rochefort, etc.), l'Huis (Benonce) *Bern.,* Cerdon (côtes de) *id.,* Belley, (Peyrieux) *id.,* Montréal (Serrières *Gr.* et peut-être plus au nord *Guyét.;* aussi la Côte-d'Or.

Siler trilobum Scop. — Cette espèce un peu méridionale, disséminée en France et en Allemagne, n'est signalée d. n. l. que sur quelques points des Cl.

Orlaya grandiflora Hoffm. — Champs, ascendant dans la rg. mn., disséminé d. t. l. c. a., surtout la L., l'A. et le J. — Eglisau, Bâle, Delémont, Porrentruy, Béfort, Montbéliard, Baume, Aarau, Neuchâtel, Yverdon, Payerne, Nyon, Genève, Seyssel (Béon), Grenoble ; plus haut, plateaux de Gempen, Vercel, Nods, Val-de-Ruz, etc. ; fugace.

Daucus Carota L.—Coteaux, les 3 rg. inf., aussi alp., très-répandu, très-abondant d. n. l. et très-ubiquiste.

Caucalis daucoides L. — Champs, les 2 rg. inf., disséminé d. t. l. c. a., souvent commun, mais nul par districts. — S. n. l., Schaffhouse, Eglisau, Bâle, Delémont, Delle, Porrentruy, Béfort, Montbéliard, Besançon, Salins, Arbois, Ceyseriat (Bohas), Cerdon, Grenoble, Aarau, Bienne, Neuveville, Neuchâtel, Orbe, Yverdon, Nyon, Genève.

Suppl. — Le *C. leptophylla* à peine aperçu et fugace d. n. l.

Turgenia latifolia Hoffm. — Champs, rare d. n. l., quelques points en Wurtemberg, Lorraine, Valais, Dauphiné méridional, Lyonnais.— S. n. l., uniquement à Schaffhouse (plateau du Rhanden) *Laff.?*, et dans la vallée de l'Ognon *Chantr.*

Torilis Anthriscus Hoffm. — Buissons, les 2 rg. inf., répandu abondant d. n. l.

T. helvetica Gm. — Champs, rg. b., disséminé d. t. l. c. a. — S. n. l., Schaffhouse *Laff.*, Winterthur *Stein.*, Eglisau *Köll.*, Bâle (fréquent) *Hag.*, Besançon *Gr.*, Salins (fréquent) *Bab.*, Delémont *Fr.*, Neuchâtel (commun) *God.* 1848, Yverdon (Mathod) *Rap.*, Morges (Buchillon) *id.*, Payerne *id.*, Aarberg (Frienisberg) *Gib.*, Genève (commun) *Reut.*, Grenoble?, Lyon *Balb.*; commun ou nul par districts.

T. nodosa Gaertn.—Cette espèce, disséminée dans l'Allemagne transalpine et en France, se montre rarement sur quelques points occidentaux d. n. l., p. ex., en Lorraine, puis — s. n. l. à Grenoble.

Scandix Pecten veneris L. — Champs, surtout argilo-sableux, peu ascendant, assez répandu d. l. c. a., assez rare d. l. J. et assez caractéristique de la rg. b.—S. n. l., Zurich, Schaffhouse, Bâle, Béfort, Montbéliard, Besançon, Salins, Poligny, Arbois, Sellières, Bourg, Ceyseriat, Belley, Grenoble, Aarau, Orbe, Rolle, Nyon, Genève.

Anthriscus sylvestris Hoffm. — Prés, les 3 rg. inf., aussi alp., répand abondant d. n l.

A. torquata Thom. exs. non DC. sec. K. (*A. S. tenuifolia* DC., *Chæroph. alpin.* Vill. sec. K.)—Cette plante que M. Koch envisage comme une forme de la précédente s'en distingue cependant de tout loin et habite les bois couverts. Les échantillons de M. Thomas, qui l'ont fait introduire dans les flores suisses sous le nom d'*A. torquata* Duby, proviennent du Monterrible (Cirques de Sous-les-Roches et de Chexbres) où j'ai observé cette forme pour la première fois en 1832. Elle croit aussi près de Salins (Creux-Billard) *Bab.*, et au Creux-du-Van *id.* et *God.* 1848; puis peut-être à la Grande-Chartreuse *Mut.*; MM. Grenier et Godron ne regardent cette plante que comme une variété de la précédente et ils envisagent de même l'*A. torquata* DC. Duby 1848.

A. vulgaris Pers. — Lieux sablonneux, rg. b., disséminé d. l. c. a., rare dans le BS.—S. n. l., Bâle *Hag.*, Porrentruy (le Fahy)? *Fr.*, Besançon *Gr.*, Arbois (source de la Cuisance) *Garn.*, Neuchâtel *God.*, Nyon *Bl.*, Genève *Reut.*, Grenoble (Beauregard) *Mut.*

Suppl. —*A. cerefolium* L., cultivé, puis çà et là subspontané.

Chærophyllum temulum M.— Bois, les 2 rg. inf., assez répandu et abondant d. n. l.

C. bulbosum L.—Bois, rg. b., assez rare d. l. c. a., plus répandu dans la VR., nul dans le BS. et sur de grandes étendues.—S. n. l., Schaffhouse *Laff.*, Bâle *Vet.*, Mulhouse *id.*

C. aureum L. (comprenant comme variété le *maculatum* Willd.). — Bois frais, rg. mtg. et au dessus, aussi la mn., répandu dans les A., l'A., le S. et le J.—Depuis les Hauenstein jusqu'à la Chartreuse, surtout dans les parties centrales et occidentales, limité par les hautes chaînes et par celles de Wallenburg, Franches-Montagnes, côtes du Doubs, du Dessoubre, Fraisse, Boujailles, assez répandu sur de grandes étendues dans ces limites, mais plus rare par districts ; aussi en dehors plus disséminé comme à Schaffhouse, aux Monterrible, Clôs-du-Doubs, Lomont, Mont-d'Arguel, Poupet ; puis reparaissant dans le J. méridional, p. ex., Nantua (les Balmettes), Grand-Colombier (Arvières), Aix-les-Bains, Chartreuse (Sappey).

C. hirsutum L. (comprenant comme variété le *Cicutaria* Vill. Hag.). — Lieux couverts, rg. mtg. et au dessus, répandu abondant dans les A., les V., le S. et t. l. J., plus rare dans l'A. et les parties sèches de nos chaines méridionales ; aussi çà et là dans la rg. mn.; une des espèces les plus caractéristiques de notre rg. mtg. dans toute la contrée ; les deux variétés souvent ensemble dans les mêmes localités, par exemple au Monterrible (Ruz-du-Pichoux).

Myrrhis odorata Scop.— Cultivé, naturalisé et peut-être indigène dans les pâturages des A. et sur quelques points des V. et du J.—Delémont (bords de la Birse) *Fr.*, Pery (vergers près Sesselin) *Nob.*, Plagne (vergers) *id.*, Chasseral (vergers de la Hacqueten) *id.*, Diesse et Nods (vergers) *Gib.*, Brückliberg (vergers de la Tiefmatt) *Fr.*, la Ferrière et la Brévine (vergers), Renan, Joux-du-Plane (Bec-à-l'Oiseau), Chaux-de-Fonds, Petits-Ponts, les Joux, les Longevilles (au pied du Mont-d'Or) *Bab.*, Grande-Chartreuse (la cour) *Mut.*, les Voirons (ruines du Couvent, etc.), etc. Point indigène en Suisse selon Hegetschweiler, point dans les Grisons selon M. Moritzi ; je ne l'ai jamais vu qu'aux environs des habitations actuelles ou anciennes et il ne me paraît que naturalisé dans le J.

Conium maculatum L.—Lieux graveleux, les 2 rg. inf., disséminé d. t. l. c. a., assez répandu dans la VR.—S. n. l., Rheinfeld, Bâle, Béfort, Villersfarlay, Arbois, Bienne, Neuveville, Neuchâtel, Orbe, Payerne, Nyon, Genève; un peu plus haut, Liestal, Delémont, Porrentruy, Saint-Ursanne ; fugace.

*Coriandrum.—Suppl.—*Le *C. sativum* L. cultivé, puis çà et là subspontané.

56. ARALIACÉES.

Hedera Helix L. — Bois, les 2 rg. inf., aussi la mtg., mais plus rare et peu frutescent (p. ex., Franches-Montagnes *Gouv.*), répandu abondant d. t. l. J. et d. t. l. c. a., fructifiant surtout dans les bonnes expositions de la rg. mn. dysgéogène.

57. CORNÉES.

Cornus sanguinea L. — Bois, les 2 rg. inf., aussi la mtg., mais plus rare (p. ex., Franches-Montagnes *Gouv.*), répandu abondant d. n. l., surtout les zônes dysgéogènes.

C. mas L. — Cultivé, parfois naturalisé et aussi indigène dans plusieurs parties des contrées ambiantes occidentales, notamment les Cl. (commun) *Godr.*, le Valais et le Dauphiné.—Signalé s. n. l., à Bâle (haies et bois montueux çà et là) *Hag.*, Baume (haies) *Gr.*, Besançon (rare) *id.*, Neuveville (rochers sur Blanchardoz) *Gib.*, Nyon (haies, commun) *Gaud.*, Grenoble (Rachet, Bastille, etc.) ; probablement spontané dans ces trois dernières localités ; cependant M. Bernard ne l'a pas observé dans le Jura bugésien jusqu'à ce jour (1847).

58. LORANTHÉES.

Viscum album L. — Parasite, les 2 rg. inf., aussi la mtg. sur les sapins, répandu d. n. l.

59. CAPRIFOLIACÉES.

Lonicera Caprifolium L.—Cette espèce de l'Allemagne transalpine et de la France méridionale s'avance dans le Jura jusqu'à Grenoble (Bastille, Roche-fort, etc.), Belley (rochers de Barque *Nob.*, collines de Musein *Bern.*) et pro-bablement ailleurs ; on la retrouve encore disséminée sur les Cl. et dans le Valais, puis cultivée et de là naturalisée à Bâle (Muttenz) *Hay.* ; elle est à Grenoble et à Belley associée au *Pistacia Terebinthus*. — Aussi indigène à Schaffhouse (Mühlenthal, etc.) selon M. Laffon.

L. Periclymenum L. — Bois argileux, les 2 rg. inf., surtout les plaines, assez répandu d. t. l. c. a., plus rare d. l. J.—S. n. l., p. ex., Schaffhouse, Bâle, Porrentruy, Besançon, Salins, Arbois, Lons-le-Saulnier, Bourg, Gre-noble, Soleure, Neuveville, Nyon, Genève, etc.; aussi plus haut sur les lam-beaux détritiques des plateaux de la rg. mn.; dessinant surtout les zônes eu-géogènes.—Roches eug. pl.—H.

L. Xilosteon L. — Bois, les 3 rg. inf., répandu abondant d. n. l., surtout les zônes dysgéogènes.

L. nigra L.—Bois, rg. mtg. et alp., répandu dans les A., les V., le S. et le J. — P. ex., Gislifluh, Wasserfluh, Hauenstein, Passwang, Raimeux, Mo-ron, Montoz, Graitery, Monterrible, Franches-Montagnes, Sujet, Chasseral, Joux-du-Plane, Pouillerel, Creux-du-Van, Châteluz, Larmont, Mont-d'Or, Boujailles, Montendre, Noirmont, Dôle, Salève, Rimondière, Grand-Colom-bier, Mont-du-Chat, Chartreuse, etc.

L. alpigena L.—Bois, rg. mtg. et au dessus, répandu dans les A., dissé-miné dans l'A., comme nul dans les V. et le S., répandu dans tout le J. — Depuis le Rhanden et le Lægerberg jusqu'au Salève et à la Chartreuse, limité par les hautes chaînes et par celles de Meltingen, Bretzweil, Blauenberg, Monterrible, Lomont, côtes du Doubs et du Dessoubre, Fresse, Hautes-Joux, Mâclus, Côtes-de-Nantua, etc.; p. ex., outre les chaines citées, Weissenstein, Chasseral, Sujet, Raimeux, Montoz, Dent-de-Vaulion, Montendre, Mont-d'Or, Dôle, Colombier, Chalam, Grand Colombier, Mont-du-Chat, etc.; aussi çà et là plus bas ; une des espèces les plus caractéristiques de notre rg. mtg. et paraissant préférer les zônes dysgéogènes.

L. cærulea L.—Marais tourbeux, rg. mtg., assez répandu dans les A., sur un point des V. et quelques-uns du J. — Petit-Val (Monible) *Vet.*, Praye et marais de Diesse *Lam.*, Lignières et Combe-Pelaton *Lesq.*, Chaux-d'Abel *Saucy*, Chaux-du-Milieu *Vet.*, Ponts *God.*, Brévine (lac d'Etalières) *God.*, Vraconne *Lesq.*, Chaux-de-Sainte-Croix *Bab.*, Rizoux (Chapelle-des-Bois) *id.*, Rousses (Bois-d'Amont) *id.*, Val-de-Joux, Marchairuz, Dauphiné méridional; aussi la chaîne du Reculet *Bern.*

Viburnum Lantana L. — Bois, les 3 rg. inf., répandu abondant d. n. l., un peu moins cependant dans la rg. mtg.

V. Opulus L. — Bois frais, les 3 rg. inf., assez répandu d. n. l., surtout les zônes dysgéogènes.

V. Tinus L. — Cette espèce de la France méridionale et de l'Allemagne méditerranéenne est signalée — près Grenoble (Saint-Nizier) *Mut.*

Sambucus Ebulus L.—Lieux humides, les 3 rg. inf., assez répandu d. n. l., surtout les zônes eugéogènes, plus disséminé d. l. J. et parfois nul sur certaines étendues.

S. nigra L.—Bois humides, les 3 rg. inf., répandu d. n. l., surtout les zônes eugéogènes.

S. racemosa L. — Bois, rg. mn. et surtout mtg., assez répandu dans les A., les V., le S. et tout le J., plus rare dans les Cl., l'A. et, si je ne me trompe, le J. méridional ; une des espèces qui dans la rg. mn. annonce les approches de la rg. mtg.; préfère les sols psammiques et graveleux.

Adoxa Moschatellina L. — Bois frais, les 2 rg. inf., aussi la mtg., assez répandu d. n. l., surtout les zônes eugéogènes.

60. STELLÉES.

Sherardia arvensis L. — Champs, ascendant avec eux, répandu abondant d. n. l.

Asperula arvensis L. — Champs, surtout argilo-sableux, rg. b., plus rarement mn., disséminé d. t. l. c. a. et quelques vallées du J.—S. n. l., Schaffhouse, Eglisau, Kaiserstuhl, Bâle, Montbéliard, Besançon, Salins, Grandson, Yverdon, Nyon, Genève, Grenoble ; plus haut, vals de Delémont, de Ruz, de Champagnole, etc.

A. taurina L. — Cette espèce des bois mtg., disséminé dans les A., se trouve dans le J. —à la Franche-Montagne (la Ferrière) *Vet.*, à Chasseral

(Bois-sur-Nods) *Vet.* et *rec.*, et au Molard-de-Dom *Bern.*; peut-être naturalisée dans les deux premières localités par Gagnebin ; Dauphiné méridional.

A. tinctoria L.—Lieux arides, disséminé, rare d. l. c. a.—S. n. l., Kaiserstuhl (Weyacherberg) *Haus.*, Schaffhouse (Rhanden, Mühlenthal) *Laff.*, Montbéliard (Châtillon) *Bern.*, Doubs *Chantr.*, Orbe (Montcharand) *Monn.*

A. cynanchica L. — Coteaux graveleux secs, les 5 rg. inf., aussi alp., dessinant partout la zône des terrains arides et faisant souvent contraste au passage des sols péliques frais.

A. odorata L. — Bois, les 5 rg. inf., répandu abondant d. n. l.; montagneuse, p. ex. aux plateaux de la Franche-Montagne, alpestre à la Haasenmatt *Mrtz.*; assez ubiquiste quant aux sols et aux altitudes.

A. galioides Bieb. (*G. glaucum* L.)—Coteaux secs, rg. b., disséminé d. l. c. a., notamment tout le Kaiserstuhl, les collines calcaires sous-vosgiennes, le Hegau (Hohentwiel), puis nos lisières méridionales, très-rare dans le BS. et nul, du reste, sur de grandes étendues. — S. n. l., Bâle (Istein), Genève (Cartigny, Genthod, Malagnoux, etc.), Salins (Barbarine), Grenoble.

Rubia peregrina L.—Cette espèce de la France méridionale, nulle du reste d. n. l., s'avance jusqu'à — Grenoble (Bastille, etc.) *Mut.*

Suppl. — La *R. tinctorum* L., cultivée sur quelques points des plaines ambiantes et subspontanée en quelques endroits d. n. l.—Morges (Savigny) *Rap.*, Bugey et Rhône *Bossy*, Montbéliard *Contej.*

Galium Cruciata Scop.— Bois, les 5 rg. inf., aussi alpestre (Haasenmatt) *Mrtz.*, répandu abondant d. n. l.

G. saccharatum All.—Champs, très-rare d. l. c. a.—S. n. l., uniquement Bâle *Hag.*

G. tricorne With.— Champs, disséminé d. l. c. a. et point ascendant.— S. n. l., Schaffhouse, Eglisau (Irchel), Bâle, Neuchâtel, Payerne, Orbe, Nyon, Rolle, Genève, Audincourt, Besançon, Salins, Arbois, Lyon.

G. Aparine L. (comprenant les formes *spurium* L. et *tenerum* Schl.) — Bois, les 5 rg. inf., répandu abondant d. n. l.; la forme *spurium*, rare dans les champs de lin, Porrentruy (Courgenay) *Nob.*, Blâmont *Vet.*, Locle *id.*, la Ferrière *id.*, Grenoble *Mut.*; la forme *tenerum* plus rare encore, s. n. l. aux Voûtes du Petit-Salève *Reut.*

G. uliginosum L. — Prés tourbeux, divers niveaux, disséminé d. l. c. a. et d. l. J. — S. n. l., Schaffhouse *Laff.*, Rheinfeld, Bâle, Zofingen, Cerlier (Champion) *Gib.*, Nyon (Longirod), Genève (Tröenex), Besançon (Sône), Arbois (Vaucy, etc.) *Garn.*, Grenoble (Polygone) ; plus haut, Chaux-d'Abel *Gouv.*, Ponts, Brévine, Pontarlier, Val-de-Joux, Trélasse *Rap.*

G. mucronatum Lam. (DC. fl. fr. ; Duby Bot. Gall. ; Mut. fl. Dauph., *G. obliquum* Vill.; *G. rubrum* L. var. β Koch.?)—Cette espèce des coteaux secs de la France méridionale, de l'Allemagne transalpine, des Pyrénées, du Dauphiné, fréquente à Grenoble s'avance plus au nord d. l. J.; je l'ai observée au Mont-du-Chat (Côtes-du-Bourget), à Belley (rochers de Barque et de Musein), aux Côtes-de-Tenay près de Saint-Rambert, aux Côtes-de-Cerdon et dans les grèves du Pont-d'Ain ; elle parait assez répandue d. t. l. J. bugésien et M. Bernard la cite aux Cluses-de-Nantua.

G. anglicum Huds.—Champs sableux, rg. b., disséminé d. l. c. a., assez répandu dans la VR., plus rare dans le BS. — S. n. l., Schaffhouse (Rheinau, etc.), Bâle (Muttenz, etc.), Nyon, Morges (Buchillon), Genève, Belley (Musein), Grenoble.—La forme *G. divaricatum* Lam. en Dauphiné.

G. palustre L.—Prés marécageux, les 2 rg. inf., généralement peu ascendant, répandu abondant d. n. l.

G. rotundifolium L.—Bois couverts, les 3 rg. inf., surtout la mtg., disséminé dans les A., les V., le BS., comme nul dans le S. et l'A., çà et là d. l. J. — S. n. l., Schaffhouse, Winterthur, Bülach, Bâle, Béfort, Zofingen, Soleure, Payerne, Neuchâtel (Peseux, etc.), Gimel ; plus haut, Franches-Montagnes (la Joux) *Fr.*, Chaux-de-Fonds *Lesq.*, Pontins *Bab.*, Pontarlier (village de Doubs) *Garn.*, Nozeroy (Censeau) *Garn.*, Levier (Villers, Boujailles) *Bab.*, etc., Chartreuse.—Roches eug. surtout pm.—II.

G. boreale L.—Prés tourbeux, divers niveaux, surtout la rg. mtg., disséminé d. n. l. depuis la plaine rhénane jusque assez haut dans les A., rare ou nul dans les V., le S. et l'A., assez répandu dans le J. — S. n. l., Schaffhouse (Dörflingen), Bâle (Michelfeld, etc.), Delémont (de Correndlin à Rebeuvelier), Soleure (Lomiswyl), Neuveville (la Praye, Lignières), Morges, Nyon, Genève (Tröenex, etc.), Belley (Contrèves) ; plus haut, vals de Moutier, de Ruz, de la Brévine, des Bayards, Pontarlier (Bief-du-Fourg, etc.), Levier (Boujailles, etc.), Rizoux (Chapelle-des-Bois), Chaux-du-Dombief, Champagnole, Val-de-Joux, Val-des-Rousses, Nantua (Pradon, le Mont), Mont-d'Ain, J. bugésien *Lat.*, Chartreuse.

G. verum L.—Bois, les 3 rg. inf., répandu abondant d. n. l.

G. sylvaticum L. — Bois humides, surtout la plaine, peu ascendant, assez répandu dans toute la zône eugéogène pélique, beaucoup plus disséminé dans le J. et presque nul par districts ; souvent contrastant au passage des terrains argileux aux collines sèches.—Roches eug. pl.—II.

G. aristatum L. Koch. (comprenant le *linifolium* Lam.) — Espèce de la France méridionale et de l'Allemagne transalpine signalée d. n. l.—à Genève et à Grenoble (Rachet, etc.).

G. Mollugo L. — Prés secs, les 3 rg. inf., aussi alp., répandu abondant d. n. l.; sa forme *lucidum* All. dans les districts méridionaux.

G. saxatile L. *(Hercynicum* Weig.)— Cette espèce des bruyères sableuses du nord de l'Allemagne, assez répandue dans les districts à roches clastiques et cristallines des V., du S., de la Côte-d'Or, du Dauphiné méridional, est nulle dans le J., l'A. et la majeure partie des A. C'est une des plantes les plus caractéristiques de la rg. mtg. psammogène des MR.—Le *G.* indiqué au Weissenstein par M. Hagenbach comme *G. saxatile* L.=*G. helveticum* Weig. n'est selon M. Moritzi qu'une forme du *sylvestre.*—Roches eug. pm.—II.

* *G. pumilum* Lam. (comprenant le *pusillum* L.) — Espèce méridionale signalée à Grenoble (Polygone, Drac), où elle est erratique provenant des mtg.

G. sylvestre Poll.—Pelouses, les 3 rg. inf., répandu d. n. l. sous la forme *glabrum*; la forme *hirtum,* çà et là sur les rochers arides, p. ex., Monterrible (la Croix); la forme *alpestre,* sur les sommités des A., des V., du S. et du J., p. ex., Hauenstein, Weissenstein, Poupet, Chasseral, Aiguillon, Suchet, Dôle, Grand-Colombier, etc.

61. VALÉRIANÉES.

Valeriana officinalis L.—Bois, les 3 rg. inf., aussi alp., répandu abondant d. n. l. sous les deux formes.

V. dioïca L.—Prés humides, les 4 rg., assez répandu d. n. l.

V. tripteris L. — Rochers, rg. mtg. et alp., disséminé dans les A., les V., le S., l'A., plus rare dans le J., où il manque sur de grandes étendues en contrastant à cet égard avec les MR.—Schafmatt, Passwang (Wasserfall, Vogelberg), Hauenstein (Kallenfluh), Blauenberg (Heckenfluh), Farnerberg (Günsberg), Gempenberg (Dornachfluh), puis plus à l'ouest, Taureau (l'Armont), Salins (Veley, Thésy, Nans), Arbois (Châtelaine), Mouthe (Hautes-Joux), Salève, Grand-Colombier et Mont-du-Chat *Bern.;* Chartreuse, Alpes de Maglan.

V. montana L.—Rochers, rg. mtg. et alp., assez répandu dans les A. occidentales et d. t. l. J. — Depuis le Lægerberg jusqu'au Salève et à la Chartreuse, limité par les hautes chaînes et par celles de Gempenberg, Monterrible, Côtes-du-Doubs, Côtes-du-Dessoubre, Taureau, Laveron, Hautes-Joux, Mâclus, etc.; p. ex., outre les chaînes précédentes, Weissenstein, Sonnenberg, Chasseral, Moron, Montoz, Raimeux, Chasseron, Creux-du-Van, Suchet, Colombier, Mont-d'Ain, Grand-Colombier, etc. ; aussi çà et là plus bas, p.

ex., sources du Lison , cluses de Sylant , etc.; une des espèces les plus caractéristiques de notre rg. mtg. et contrastant par son absence dans les MR.—Roches surtout dysg.—X.

V. saliunca All.—Espèce alpine commençant à—la Chartreuse et dans les A. de Maglan.

V. tuberosa L.—Espèce de la France méridionale s'avançant s. n. l. jusqu'à —Grenoble (Bastille, Rachet, etc.) *Mut.*

Suppl. — *V. Phu* L., espèce méridionale cultivée.

Centranthus angustifolius DC.—Coteaux graveleux, rg. mn., mtg. et aussi alp., disséminé dans les A. occidentales et d. l. J.—Weissenstein, (Haasenmatt) *Mrtz.*, Chasseral *id.*, cluses d'OEnsingen (Roggenfluh) *Fr.*, cluses de Saint-Sulpice *God.*, Creux-du-Van , Côtes-du-Dessoubre (Saint-Hippolyte) *Nob.*, Côtes-du-Doubs (Villers à Morteau) *Gr.*, Salins (Belin, Château, Saint-André, Poupet, Goaille, commun), Arbois (Gilly, les Planches), côtes du lac de Nantua, côtes de l'Albarine (Saint-Rambert, Tenay, la Burbanche) *Nob.*, Grenoble (Bastille, Saint-Eynard, etc.) et jusque dans la plaine entre Besançon et Dôle *God.*; nullement alp. comme l'indiquent quelques flores suisses.

C. Calcitrapa DC.— Cette espèce de la France méridionale s'avance en Dauphiné s. n. l. jusqu'à—Grenoble (Vouillant près Beauregard).

Suppl.—Le *C. ruber* DC., espèce méridionale cultivée et comme naturalisée sur quelques points d. n. l.—S. n. l., Neuveville (la Baume) *Gib.*, Neuchâtel (donjon) , Grenoble, Valais.

Valerianella olitoria Pollich. — Champs , ascendant avec eux , répandu abondant d. n. l.

V. carinata Lois.—Champs, rg. b., disséminé d. l. c. a.—S. n. l., Bâle, Besançon, Soleure, Neuchâtel, Nyon , Genève.

V. Auricula DC.—Champs, rg. b., disséminé d. l. c. a.—S. n. l., Bâle, Béfort *Par.*, Besançon, Salins, Soleure, Cerlier (Bretièges) *Gib.*, Nyon, Genève.

V. dentata Poll. (comprenant la *Morisonii* DC.) — Cultures , ascendant avec elles, beaucoup plus répandu que les deux précédents d. t. l. c. a. et d. t. l. J. — S. n. l., Schaffhouse, Bâle, Delémont, Montbéliard, Porrentruy, Béfort, Besançon, Salins, Pontarlier, Champagnole, Sellières, Aarau, Soleure, Neuchâtel, Nyon, Genève, Grenoble, etc.

62. DIPSACÉES.

Dipsacus sylvestris L.—Lieux graveleux, surtout les 2 rg. inf., beaucoup plus rare dans certains districts mtg., répandu abondant d. n. l.

D. laciniatus L. —Mêmes lieux, assez rare d. l. c. a., plus répandu dans la VR. — S. n. l., Bâle, Genève, Arbois, Poligny, Mont-sous-Vaudrey, Belmont, Grenoble ; plus haut, Delémont, Champagnole, Saint-Cergues ; nul sur de vastes étendues ; fugace.

D. pilosus L.—Lieux humides, les 3 rg. inf., surtout la plaine, disséminé d. t. l. c. a. et d. t. l. J., mais rare ou nul par districts. — P. ex., Schaffhouse, Rheinfeld, Bâle, Delémont, Porrentruy, Moutier, Landeron (Cressier), Neuchâtel, Lasarraz, Nyon, Genève, Grenoble.

Knautia sylvatica Duby.—Bois, les 3 rg. inf., surtout la mn. et la mtg., assez répandu d. n. l.

K. arvensis Coult.—Prés, les 3 rg. inf., répandu abondant d. n. l.

K. longifolia Koch. — Bois, rg. mtg., disséminé dans les A. allemandes et se retrouvant sur plusieurs points du J. central. — Franches-Montagnes, Chaux-de-Fonds, Sagne, Bec-à-l'Oiseau, Tête-de-Rang, Creux-du-Van. Selon plusieurs auteurs ces trois dernières espèces ne seraient que des modifications du même type. La forme *longifolia*, cultivée depuis dix ans au Jardin de Porrentruy, ne s'est point rapprochée de la *sylvatica*.

Cephalaria alpina Schrad. — Pelouses mtg. et alp., disséminé dans les A. occidentales ; dans le Jura. — Aiguillon (sur Baulmes) *Vuit.,* Chasseron *God. Rap.,* Dôle (Mont-Bôle) *Gaud.,* Reculet (Creux-d'Ardran *Reut.,* de Pransioz *Nob.),* Noirmont (sur Saint-Cergues) *Riy.,* Chartreuse (Saint-Eynard, Sappey, etc.).

Succisa pratensis Mœnch. — Prés humides, les 3 rg. inf., répandu abondant d. n. l. jusque sur les hauts plateaux, p. ex. Franche-Montagne *Gouv.*

Scabiosa Columbaria L. — Prés secs, les 4 régions en se modifiant, répandu abondant d. n. l. Sa forme montagneuse et alpestre *S. lucida* Vill., à laquelle elle passe par une foule d'intermédiaires, est assez répandue dans les A., plus disséminée dans les V., très-répandue d. t. l. J., au moins à partir des chaines bâloises jusqu'au Reculet et à la Chartreuse ; p. ex., Wasserfall, Weissenstein, Moron, Montoz, Chasseral, Chasseron, Creux-du-Van, Aiguillon, Suchet, Noirmont, Rizoux, Dôle, Reculet, Grand-Colombier. Une autre variété, l'*ochroleuca* L., se montre sur quelques rares points d. n. l.

S. suaveolens Desf. — Espèce des lieux sablonneux secs, disséminée sur quelques points éloignés des contrées ambiantes. — S. n. l., Schaffhouse *Laff.,* Bâle *Hag.,* Baden *Bron.,* Thoirette *Bab.*

S. graminifolia L. — Cette espèce de la France méridionale et du Dauphiné s'avance s. n. l. jusqu'à — Grenoble (Saint-Eynard).

65. COMPOSÉES.

1. *Corymbifères.*

Eupatorium cannabinum L.—Bois, les 3 rg. inf., répandu abondant d. n. l.

Adenostyles albifrons Koch.—Bois, rg. mtg. et alp., répandu dans les A., les V., le S. et t. l. J. — Depuis le Lægerberg et la Schafmatt jusqu'au Salève et à la Chartreuse, limité par les hautes chaînes et par les Gempenberg, Blauenberg, Monterrible, côtes du Doubs, du Dessoubre, Fraisse, Boujailles, Maclus, Côtes-de-l'Ain, Mont-du-Chat, etc. ; aussi çà et là plus bas. Une des espèces les plus caractéristiques de notre rg. mtg.

A. alpina Bl. Fg.—Côtes graveleuses, rg. mtg. et alp., assez répandu dans les A. et disséminé dans le J.—Schafmatt (Geissfluh), Passwang (Wasserfall), Hauenstein (Kallenfluh), Rehhag, Farnsburg, Weissenstein (Haasenmatt), Brückliberg, Cluses de la Birse, de la Sorne, Chasseral (Combe-Biosse), Joux-du-Plane (Pertuis), Pouillerel (Moron), Mont-de-Boudry, Creux-du-Van, côtes du Dessoubre (sources), de la Loue (id.), du Lison (id.), de l'Orbe (id.), Aiguillon, Côte-aux-Fées (Temple), Noirmont (Glacière Saint-Georges), Dôle (Faucille), Colombier, Salève, Côtes-de-Nantua, Grand-Colombier (Grange-du-Cimetière), Mont-du-Chat, Chartreuse (Collet), etc.

Homogyne alpina Cass.—Pelouses alp., répandu d. t. l. A., sur un point du S., assez répandu dans le J.—Passwang (Wasserfall), Brückliberg (Tiefmatt), Chasseral, Creux-du-Van, Tête-de-Rang, Suchet, Aiguillon, Chasseron, Mont-d'Or, Montendre, Dôle, Reculet, Salève, Chalame, Chartreuse.

Tussilago Farfara L. — Lieux argileux, les 3 rg. inf., répandu abondant d. n. l.—Roches eug. pl.—H.

Petasites officinalis Mœnch. — Rives, les 2 rg. inf., répandu abondant d. n. l.

P. albus Gaertn.—Lieux humectés, rg. mtg. et au dessus, disséminé dans les A., les V., le S., l'A. et la majeure partie du Jura.—P. ex., Lægerberg, Schafmatt, Passwang, Weissenstein ; Raimeux, Moron, Graitery, etc.; Monterrible, Saint-Braix, Côtes-du-Doubs, etc., Joux-du-Plane, Tête-de-Rang, Creux-du-Van, etc.; Châteluz, Larmont, Poupet, Hautes-Joux, Montmahoux, etc., Montendre, Rizoux, Dôle, Reculet, Salève, Côtes-de-Nantua ; peut-être plus rare dans le Jura méridional.

Petasites niveus Baumg.—Cette espèce disséminée dans les A. est à peine constatée d. l. J.—Signalée à Bellelay *Lach.*, Roulier près la Brévine *Hall.*;

elle n'a pas été revue depuis dans ces localités ; Chartreuse (Saint-Eynard, Chamchaude) *Mut.*, Alpes de Maglan *Reut.*

Chrysocoma Linosyris L.—Coteaux secs, rg. b., disséminé d. l. c. a., au pied des V. et du S., puis—s. n. l., Eglisau (Risibuck) *Köll.*, Rheinfeld (vers Warmbach) *Wiel.*, Bâle (Efringen), Bienne, Neuveville, Neuchâtel (fréquent), Belley (collines de Musein) *Bern.*, Grenoble (Bastille, etc.).—Roches dysg.? —X.

Aster alpinus L. — Pelouses alp., assez répandu dans les A. et d. l. J.— Brückliberg *Fr.*, Chasseral ?, Pouillerel (Mauron), Creux-du-Van, Mont-d'Or, Montendre, Dôle, Colombier, Montoisé, Reculet, Gralet.

A. Amellus L.—Coteaux secs, les 2 rg. inf., disséminé d. t. l. c. a. et d. t. l. J., surtout les zônes dysgéogènes de la rg. mn., aussi plus rarement la rg. mtg. du J. et moins ascendant dans les MR., nul du reste par districts. —Schaffhouse, Eglisau, Bâle, Laufon, Delémont, Aarau ?, Soleure, Bienne, Neuveville, Neuchâtel, etc., Nyon, Genève, Bellegarde, Belley, Grenoble ; plus haut, Monterrible, Côtes-du-Doubs, Montoz, Moron, Raimeux, Graitery, Chasseral, côtes de la Birse, du Seyon, de la Loue, du Doubs, de Sylant, de l'Ange (Montréal), de l'Ain (Thoirette).—Roches dysg.—X.

A. Tripolium L.— Cette espèce des sables maritimes se retrouve aux environs des salines d'Allemagne, de Lorraine, du Dauphiné ; Chantrans l'a indiquée près Besançon (Novillars, Roche, Petit-Vaire, etc.), mais elle n'y a pas été revue depuis.

Suppl.—L'*A. Salignus* L., à peine aperçu avec certitude d. n. l., est cependant signalé par MM. Heer et Kölliker sur plusieurs points du canton de Zurich. Plusieurs *Aster* américains tendent d'une manière remarquable à se naturaliser dans nos contrées ; de ce nombre est notamment l'*A. Novi-Belgii* Nees, assez fréquent maintenant sur les bords de plusieurs rivières, p. ex., en Lorraine, puis—s. n. l., aux environs d'Eglisau *Graf.*, Winterthur *Hirz.*, Bâle *Hag.*, Salins *Bab.*, Yverdon *id.*, Morat *Gaud.*, Besançon *Gr.*, Aix-les-Bains *Perr.*; il faut y ajouter l'*A. brumalis* Nees, observé à Pontarlier (bords du Doubs) *Gr.* 1846, puis les *A. abbreviatus* Nees, *parviflorus* Nees, *bellidiflorus* Wild., etc., commençant déjà à se montrer sur quelques points éloignés d. c. a.

Bellis perennis L. — Prés, les 3 rg. inf., aussi alp., très-répandu, très-abondant et une des espèces les plus ubiquistes d. n. l.

Bellidiastrum Michelii Cass.—Rocailles ombragées, rg. mtg. et alp., assez répandu dans les A., nul dans les V., très-rare dans le S., disséminé dans l'A., répandu d. t. l. J. — Depuis la Schafmatt jusqu'au Salève et à la Chartreuse, limité par les hautes chaines et par celles de Meltingen, Bretzweil, Blauenberg, Monterrible, Lomont, côtes du Doubs, du Dessoubre, de la Loue, Fraisse, Boujailles, Mâclus, Côtes-de-l'Ain, cluses de Nantua, etc.; p. ex., outre les chaines citées, Hauenstein, Raimeux, Moron, Montoz, Graitery, Weissenstein, Chasseral, Châteluz, Chasseron, Creux-du-Van, Montendre, Rizoux, Hautes-Joux, Dôle, Colombier, etc.; çà et là plus bas sporadiquement à Rheinfeld, Bâle, Payerne, Genève, Thoirette et sur les hautes collines molassiques du BS.; une des espèces les plus caractéristiques de notre rg mtg., peut-être moins répandu dans le J. méridional, et paraissant cependant affectionner les zônes dysgéogènes.

Stenactis annua Nees.—Cette espèce originaire d'Amérique selon quelquesuns, se montre d. n. l. dans les grèves du Rhin, du Rhône, de l'Isère, de la Moselle et de la Thur.—S. n. l., Schaffhouse, Rheinfeld, Bâle, Grenoble. —Roches eug. pm.—H.

Erigeron canadensis L. — Bois, les 3 rg. inf., répandu abondant d. n. l.

E. acris L.—Coteaux secs, les 3 rg. inf., répandu d. n. l.

E. alpinus L.—Pelouses alp., assez répandu d. l. A.; d. l. J.—Weissenstein *Hey.*, Chasseral, Creux-du-Van, Chasseron, Suchet, Rizoux (sur Mouthe) *Gr.,* Dôle, Colombier, Montoisé, Reculet, Grand-Colombier, *Bern.,* Chartreuse (Grand-Som, Collet) *Gras;* sur l'un ou l'autre de ces points, sous la forme *glabratus* (Suchet, Reculet), ou sous toutes les deux.

E. uniflorus L.—Espèce alpine répandue dans les A. et commençant à— la Chartreuse (Collet) *Gras;* Alpes de Maglan (Brezon, Vergy) *Reut.*

Bidens tripartita L.—Lieux humides, les 3 rg. inf., surtout les zônes eugéogènes péliques, assez répandu d. n. l.—Roches eug. pl.—H.

B. cernua L. — Marais, les 2 rg. inf., surtout les VR. et VS., plus rare dans le BS.—S. n. l., Bâle, Ferrette, Porrentruy (Bonfol), Béfort, etc., Besançon, Salins, Arbois, Bourg, Tour-du-Pin, etc.; Bienne, Landeron, Neuchâtel, Yverdon, Nyon, Genève, Grenoble; plus haut, Delémont, Val-de-Ruz, Sône, Pontarlier, les Verrières, Levier, Champagnole, Bonlieu, etc.; çà et là sous la forme *minima.*—Roches eug. pl.—H.

Solidago Virga aurea L. — Bois et pelouses, les 4 rg. en se modifiant, répandu abondant d. n. l.; la forme *minuta* ou *alpestris* à Chasseral et à la Chartreuse.

Buphthalmum salicifolium L. — Lieux arides, rg. mn. et mtg. inf., assez rare d. l. c. a., disséminé dans le BS. oriental, dans l'A., au pied des V., des A. et d. l. J.— Schaffhouse, Bötzberg, Hauenstein, Wallenburg, Dietisberg, Farnsburg, Homburg; puis plus haut à l'ouest, Neuchâtel (Bied?),

Champagnole (Chaux-des-Crotenay), Arinthod (Thoirette), Nyon (Saint-Cergue, Trélex), Virieu-le-Grand, Genève (Crozet), Fernex (Thoiry), Nantua (côtes du lac), Grenoble (Beauregard, etc.); probablement ailleurs, mais point *répandu d. t. l. J.* comme le disent quelques auteurs et manquant au contraire sur de vastes étendues. La variété *grandiflorum* L. à Saint-Claude *Bab.*, Thoiry et Crozet *Reut.*, Grenoble.

Inula Helenium L. — Cette espèce médicinale des prés humides du nord de l'Allemagne est cultivée, puis çà et là naturalisée d. n. l. sur quelques points peu nombreux. — D. l. J., Ballstal, Mont-de-Courroux (pâturage des Ortières) près Delémont; il est à remarquer que cette dernière localité du reste assez distante des habitations est attenante à la Haute-Roche où se trouvent des traces de l'époque celtique.

I. salicina L. — Coteaux secs, les 2 rg. inf., aussi parfois la mtg., assez répandu d. n. l. et dessinant les zônes dysgéogènes.—S. n. l., p. ex., Schaffhouse, Bâle, Delémont, Porrentruy, Montbéliard, Besançon, Salins, Arbois, Nantua, Belley, Grenoble, Soleure, Neuveville, Neuchâtel, Orbe, Nyon, Genève.—Roches dysg.—X.

I. hirta L.—Coteaux secs, très-rare d. n. l.—Schaffhouse (Gaisberg) *Laff.*, Eglisau (Risiback) et Kaiserstuhl (Weyacherberg) *Haus.*, canton de Neuchâtel *d'Iv.*, Coppet (vers Versoix) *Duc.*; Lyon

I. britannica L.—Prés humides sablonneux, rg. b., inégalement disséminé d. n. l., dans la VR., en L., sur quelques points du BS. et de la Bresse méridionale. — S. n. l., autour des lacs de Neuchâtel (Cudrefin), Yvonand (jonction de la Reuse) et Genève (Morges), puis Bâle (Michelfeld) *Fisch.*

I. germanica L. — Cette espèce, disséminée en Allemagne, est signalée dans le Dauphiné et—s. n. l., à Grenoble (Bastille), Belley (Mont-de-Parves) *Bern.*, Nantua (le Mont) *id.*

I. squarrosa L.— Cette espèce de la France méridionale s'avance s. n. l. jusqu'à—Grenoble, Belley (Mont-de-Parves) *Bern.*, Nantua (le Mont) *id.*

I. Vaillantii Vill.—Grèves, rg. b., nulle d. n. l., excepté le BS. et la vallée de l'Isère. — S. n. l., Zurich (Maur, sur le Graifensee) *Näg.*, Aarau *Mrtz.*, Aarberg (rives de l'Aar) *Nob.*, Neuchâtel *Vet.*, Genève (la Bâtie le long du Rhône) *Reut.* et probablement ailleurs dans la plaine de l'Aar, du Seeland et du Léman; puis Grenoble (Polygone).—Roches eug. pm.—H.

I. montana L. — Espèce méridionale s'avançant d. n. l. jusqu'à — Grenoble, Mont-du-Chat (Col-de-Charve) *Bern.*, Belley (le Thuy près Prémeyzel) *id.*, Ambérieux (Plain) *id.*; aussi signalée au Creux-du-Van *Vet.*, où elle n'a pas été revue; Val-d'Aoste, Côte-d'Or.

Pulicaria vulgaris Gaertn. — Lieux argileux, rg. b., peu ascendant, disséminé d. t. l. c. a., excepté le BS. oriental. — S. n. l., Schaffhouse, Bâle, Ferrette, Porrentruy (Lugnez), Béfort, Montbéliard, Besançon, Villersfarlay, Arbois, Sellières, Bourg?, Morat, Payerne, Grandson, Yverdon, Aubonne, Morges, Genève, Belley, Grenoble; assez caractéristique des plaines péliques. —Roches eug. pl.—II.

P. dysenterica Gaertn.— Lieux humides, les 2 rg. inf., surtout la plaine, aussi parfois la mtg., disséminé d. n. l. et suivant surtout les zônes eugéogènes.—Roches eug. pl.—II.

Conyza squarrosa L.—Coteaux secs, les 3 rg. inf., répandu ou disséminé d. n. l., suivant les zônes dysgéogènes, nul par district dans les eugéogènes. —Roches dysg.—X.

Carpesium cernuum L.—Lieux sylvatiques humides du midi de la France, très-rare d. n. l. sur un ou deux points de la VR.—S. n. l., Genève (marais de Divonne) *Vauch.*, Voreppe (les Balmes) *Gras*, cluses de Pierre-Châtel, *Bern.*, Val-de-Maglan (Bonneville) *Reut.*, Valais (Ollon) *Thom.*; Dauphiné méridional.

Micropus erectus L. — Grèves, généralement nul ou très-rare d. n. l. sur quelques points en L., dans le Lyonnais et en Dauphiné, puis — s. n. l., bassin du Léman (Prangins, Coinsins, Genollier, Promenthoux, Versoix), Fort-l'Ecluse, Belley (Musein, le Thuy sur Prémeyzel) *Bern.*, Mont-du-Chat (Col-de-Charves) *id.*, Grenoble (Bastille, etc.).—Montbéliard (Mathay *Bern.?*

Filago germanica L.—Champs, surtout argileux, ascendant avec eux, assez répandu d. n. l.; la forme *pyramidata* à Arbois, Polygny, etc. *Garn.*

F. Jussiæi Cos. Germ.— Cette espèce, longtemps confondue avec la précédente, est signalée en L. et se trouvera probablement ailleurs d. n. l.; elle m'est inconnue.

F. arvensis L. K. — Champs, disséminé d. l. c. a., surtout la VR. et les contrées orientales, plus rare ou nul dans la VS. et la Pl., assez rare dans le BS., point ascendant d. l. J.—S. n. l., Schaffhouse (Rheinau, etc.), Bâle, Montbéliard, Nyon, Genève, Grenoble. Roches eug. pp.— II.

F. minima Fries. K.—Coteaux sableux, disséminé d. t. l. c. a., ascendant dans les V. et le S., assez rare dans le BS., comme nul d. l. J. — S. n. l., Schaffhouse (Rheinau, etc.), Bâle, Montbéliard, Béfort, Besançon, Villersfarlay, Poligny, Arbois, Sellières, Grenoble, Belley (Musein), Cerlier (Jolimont), Cudrefin (Vully), Payerne, Nyon. Son absence dans le J. fait contraste avec sa large dispersion dans les MR.—Roches eug. pm.—H.

F. gallica L. — Champs argileux, rg. b., aussi parfois la mn., disséminé d. t. l. c. a., surtout occidentales.—S. n. l., Schaffhouse, Bâle, Delle, Porrentruy, Béfort, Montbéliard, Besançon, Villersfarlay, Salins, Poligny, Sellières, Bourg, Grenoble, Baden, Payerne, Nyon, Genève.

Gnaphalium sylvaticum L. — Bois, les 5 rg. inf., répandu abondant d. n. l.; la forme voisine *G. norwegicum* Gunn. *(fuscum* Lam.*)*, alpestre, disséminé dans les A., les V., le S., est signalée au Chasseron, au Colombier et dans la chaîne de Boujailles *Bab.;* je l'ai vu ailleurs d. l. J., mais point avec des caractères aussi distants du type que dans les A. et les MR.

G. supinum L.—Pelouses alp., disséminé dans les A., sur les culminances du S., nul d. l. J. Il commence dans les A. de Chalanche et de Maglan.

G. carpaticum Wahl. *(alpinum* Gaud.*)*— Cette espèce alp. répandue dans toutes les A., commence à — la Chartreuse (Sappey) et dans les montagnes de Maglan.

G. uliginosum L. — Lieux argileux humides, les 5 rg. inf., surtout les plaines, assez répandu d. n. l.—Roches eug. pl.—H.

G. Leontopodium Scop. — Pelouses alp., assez répandu dans les A.; dans le J. uniquement à—la Dôle ; A. de Maglan et Dauphiné trans-Isérien.

G. dioicum L. — Pelouses, surtout sablonneuses, les 4 rg., surtout la mtg., disséminé d. t. l. c. a., assez répandu d. t. l. J., plus encore dans les V. et le S.

G. luteo-album L.—Lieux argilo-sableux humides, rg. b., disséminé dans la VR., la VS., la Pl., le BS.—S. n. l., Eglisau (Rafz), Bâle (Ile de Neuenburg), grèves des lacs de Bienne (Cerlier à Saint-Jean) et Neuchâtel (Serrières, la Sauge), Salins (bois Mouchard) *Bab.*, Villersfarlay (Mont-sous-Vaudrey) *Garn.,* Sellières (étang de Chavannes) *id.,* Tour-du-Pin *Bern.,* Bresse lyonnaise, Grenoble (fréquent).—Roches eug. pp.—H.

Suppl.—Le *G. margaritaceum* L., indiqué en Wurtemberg, où son indigénat est révoqué en doute.

Helichrysum arenarium DC. — Espèce arénophile des sables de la plaine rhénane et disséminée sur quelques autres points d. n. l.—Roches eug. pm. —H.

Artemisia campestris L.—Lieux sableux, rg. b., disséminé d. l. c. a., nul sur de grandes étendues.—S. n. l., Bâle, Besançon (Rougemont), Neuchâtel (Cudrefin), Yverdon, Payerne, Lausanne, Aubonne, Nyon, Fort-l'Ecluse, Genève, Pont-d'Ain, Grenoble.— Roches eug. pm.—H.

A. vulgaris L. — Lieux graveleux, les 2 rg. inf., aussi la mtg., disséminé d. t. l. c. a. et d. t. l. J., plus rare cependant dans quelques districts orientaux du BS.

A. Absinthium L.—Coteaux secs, divers niveaux, disséminé dans les parties sud-occidentales de nos contrées où il est indigène, puis çà et là dans les parties orientales où il est le plus souvent naturalisé provenant de culture. Ainsi d. l. J. ou s. n. l. à — Saint-Hippolyte *Bern* , Salins, Montmahoux et Thoirette *Bab.*, Champagnole et Pontamougeard *Garn.*, Cerdon, Tenay, Bourg et Culloz *Nob.*, Grenoble ; puis au Val-de-Travers (Montagne de Couvet) *Vet.*, Yverdon *Bab.*, Genève (bois de la Bâtie) *Reut.*; cultivé en grand au Val-de-Travers et à Pontarlier, puis dans les jardins et de là parfois subspontané. Cette plante s'élève assez haut dans la rg. mtg. du J. méridional, p. ex., en montant à l'Avocat depuis Cerdon, au Grand-Colombier depuis Culloz, à la Chartreuse des Portes au Molard-de-Dom.

A. camphorata Vill.—Cette espèce de la France méridionale, signalée sur quelques points des collines sous-vosgiennes est assez répandue dans le Dauphiné ; elle s'avance jusqu'à Grenoble (Bastille, Rochefort, etc.) et Saint-Rambert *Bern.*

Suppl.—L'*A. pontica* L. cultivé en grand aux vals de Travers et de Pontarlier, puis naturalisé sur quelques points douteux. L'*A. Dracunculus* cultivé en petit.

Tanacetum vulgare L. — Coteaux secs, rg. b., surtout vignoble, aussi plus haut, disséminé d. t. l. c. a. —S. n. l., Bâle, Béfort, Montbéliard, Besançon, Salins, Aarau, Bienne, Landeron, Neuchâtel, Payerne, Yverdon, Moudon, etc.; peut-être indigène, mais souvent provenant de culture.

Achillea Ptarmica L. — Prés humides, rg. b., plus rarement au dessus, disséminé d. t. l. c. a., s'élevant dans quelques vallées du Jura, p. ex., vals de Delémont, de Ruz, de Pontarlier, etc., mais nul sur de grandes étendues des zônes dysgéogènes.— Roches eug. pp.— H.

A. Millefolium L. — Pelouses, les 4 rg. en se modifiant un peu, répandu abondant et très-ubiquiste d. n. l.

A. nobilis L. — Coteaux secs, rg. b., parfois la mn., disséminé sur les collines sv. et sh., le K. et les lisières jurassiques. — Bâle (Efringen, etc.), Béfort, Bienne (côtes du lac), Landeron (Cressier), Neuchâtel (Saint-Blaise. Mail, etc.).

A. macrophylla L.—Espèce alpine disséminée dans les A. et commençant à—la Grande-Chartreuse et aux mtg. de Maglan.

A. tomentosa L. — Cette espèce de la France méridionale s'avance s. n. l. jusqu'à—Grenoble (Drac) ; Valais, Savoie.

Anthemis tinctoria L.—Champs, les 2 rg. inf., disséminé, assez rare d. l. c. a., au pied du V., du S., rare dans le BS. — S. n. l., Schaffhouse (Elli-

kon, etc.), Eglisau, Kaiserstuhl (Weyacherberg), Waldshut, Sekingen, Rhein-
feld, Bâle, Delémont (la Croisée) *Fr.*, Audincourt (Valentigney *Wetz.* et
Abbévillers *Bern.)*, Salins *Bab.*, Lons-le-Saulnier (Crançot) *Garn.*, puis
Aarau.

A. arvensis L.—Champs, ascendant avec eux, généralement assez répandu
d. n. l., plus rare cependant dans quelques districts occidentaux.

A. Cotula L. — Champs, disséminé d. n. l., excepté le BS. où elle paraît
rare. — S. n. l., Schaffhouse, Eglisau, Kaiserstuhl, Bâle, lisière alsatique,
Delémont, Porrentruy, Montbéliard, Besançon, Salins, probablement la lisière
occidentale, Grenoble; peut-être confondue sur quelque point avec l'*A. agrestis* Wallr., forme de la précédente selon M. Koch.

A. nobilis L.—Cette espèce cultivée, puis çà et là naturalisée, est indiquée
comme indigène en L. par M. Godron et sur nos lisières occidentales. —
Villersfarlay, Salins (bois Mouchard), Arbois (Aumont), Sellières, Chaumergy, etc. *Dum. Gr. Garn. Bab.;* Montbéliard (Citadelle) *Bern.*

Matricaria Chamomilla L. — Champs, les 2 rg. inf., inégalement disséminé d. n. l., répandu sur les lisières et les plateaux par — Schaffhouse,
Winterthur, Eglisau, Kaiserstuhl, Frick, Bâle, Porrentruy, Béfort, Montbéliard, Besançon; plus disséminé par Salins, Montbarrey, Arbois, Lons-le-
Saulnier, Saint-Amour, Bourg, Ceyseriat, Grenoble; plus rare encore sur les
lisières suisses par Aarau, Soleure, Neuveville; enfin rare ou nul de Neuchâtel à Genève.

Chrysanthemum inodorum L. — Champs, ascendant avec eux, assez répandu d. n. l., plus rare cependant dans quelques parties orientales du BS.

C. Leucanthemum L.—Prés, les 4 rg. en se modifiant, très-répandu, très-
abondant, une des espèces les plus ubiquistes d. n. l.; sa forme mtg. et alp.
C. L. montanum Gaud. *(C. montanum adustum* Koch*)* répandue dans les
pelouses rocailleuses des A., des V., du S.?, de l'A. et du J.—P. ex., Passwang, Weissenstein, Raimeux, Graitery, Chasseral, Creux-du-Van, Taureau,
Hautes-Joux, Boujailles, Poupet, Châtelaine, Côtes-de-l'Ain, Rizoux, Aiguillon, Dôle, Reculet, Salève, Grand-Colombier, etc.

C. maximum Ram.—Cette plante des Pyrénées m'est signalée par M. Bernard—aux Cluses de Pierre-Châtel.

C. Parthenium Pers.—Espèce méridionale cultivée, surtout anciennement,
puis çà et là naturalisée autour des ruines. — P. ex., Schaffhouse, Eglisau
(Rafz), Château de Pfefflingen, Saint-Ursanne, Blamont, Montbéliard, Colombier, etc.; rochers à Salins (sur Mont-de-Cimon), Arbois (sources de la Cuisance), etc.; murs à Genève, etc.; indigène selon quelques-uns.

C. corymbosum L.—Coteaux graveleux, les 2 rg. inf., inégalement dissé-
miné d. l. c. a., surtout la VR., plus rare dans le BS.—S. n. l., Schaffhouse,
Eglisau, Kaiserstuhl, Bâle (Muttenz, etc.), Béfort, Salins (Belin, etc.), Nidau
Andrœa 1848, Nyon (Côtes-de-Trélex), Genève (Bâtie, etc.), l'Huis, Belley,
Grenoble ; pentes des Lægerberg, Schafmatt, Gislifluh et Weissenstein.

C. segetum L.—Cette espèce des champs, disséminée de loin en loin, en
France et en Allemagne, signalée en Alsace, en Lorraine et dans le Dauphiné, est indiquée s. n. l. à—Audincourt (Abbévillers et Valentigney) *Wetz.*

Doronicum Pardalianches L.—Bois secs, rg mn. et mtg., disséminé dans
les V., les basses A., sur quelques points du BS. occidental et dans le J. —
Besançon (Chapelle-des-Buis, Bois-du-Peu) *Gr.*, Salins (Bois-de-Château)
Garn., Bienne (Pavillon *Lam.*, Bois-des-Côtes *Fr.*), Landeron (Bois-de-l'Iter)
Vet., Neuchâtel (Roc, Saint-Blaise, etc.) *God.*, Orbe (Prunier) *Rap.*, l'Ile
(bois de la Coudre) *Corn.*, Rolle (Burtigny), Fernex (Thoiry), Salève *Reut.*,
Belley (Lit-au-Roi) *Bern.*, Grenoble (Beauregard, etc.) *Mut.*

Aronicum scorpioides Koch.—Espèce alpine commençant à—la Chartreuse
(Grand-Som) *Mut.* et aux A. de Maglan (Vergy) *Reut.*

Arnica montana L. — Pelouses mtg. et alp., répandu dans les A. cristallines, les V., le S., beaucoup plus disséminé dans l'A., rare et comme nul
d. l. J. où il n'a été observé que dans la chaîne du Creux-du-Van *Chap. God.*,
du Mont-de-Boudry *Ag.*, et du Chasseron (Beauregard) *Lesq.* 1846 ; il commence au Salève, dans les A. de Maglan et les chaînes dauphinoises trans-
Isériennes ; l'indication de cette plante au Weissenstein paraît inexacte, celle
du Crêt-de-Chalame est à constater. Sa presque nullité dans le Jura fait contraste avec sa large et abondante dispersion dans les MR. et les A. eugéogènes ; elle reparait dans la Côte-d'Or cristalline ; elle se montre sporadique
sur quelques points psammiques de la VR. (Haguenau) et de la VS. (Ambérieux) *Bern.*— Roches eug.—H.

Cineraria spathulœfolia L. *(C. campestris* et *spathul.* Auct.) — Prés tourbeux, les 3 rg. inf., surtout la mtg., assez rare d. l. c. a., comme nul dans les
MR., disséminé dans les A., l'A. et le J.— S. n. l., Lostorf, Ballstall, Orbe
(vers Entreroches), Moudon (Chapelle-Saint-Cierge) ; plus haut, Chételaz *Vet.*,
Chaux-d'Abel, Pleine-Seigne, Valanvron, Nods et Lignières, Ponts, Chaux-
de-Fonds, Brévine, Laval, Bélieu, Pontarlier, Val-de-Joux ?. Dans les contrées ambiantes et les localités jurassiques ci-dessus c'est partout la forme
spathulœf., excepté sur l'un ou l'autre point, notamment aux environs d'Orbe
et de Moudon, puis dans la chaîne du Noirmont (Marchairuz, Chobert, Grande
et Petite-Ennaz), où c'est bien la forme *campestris* qui me parait comme à

M. Rapin une modification du même type ; M. Babey l'indique aussi à Pontarlier.

Senecio vulgaris L.—Lieux cultivés, les 3 rg. inf., aussi alp., très-répandu, très-abondant d. n. l. Ainsi que le remarque M. Moritzi, cette espèce qui fleurit durant toute l'année est partout si répandue, qu'aucune phanérogame, à l'exception de la *Bellis* et du *Taraxacum* auxquels j'ajouterais le *Poa annua*, ne la dépasse quant au nombre des individus. Bien que très-ubiquiste elle préfère cependant les terrains eugéogènes psammiques qui constituent sa station, et n'est si commune dans les lieux cultivés qu'à cause de la division de leurs sols.

S. viscosus L. — Lieux sablonneux, les 3 rg. inf., disséminé d. l. c. a., suivant les plages et les talus graveleux des coteaux, et souvent nul sur de grandes étendues des sols dysgéogènes. — S. n. l., Schaffhouse, Eglisau (Irchel), Bâle, Béfort, Besançon, Salins, Arbois, Arinthod (Thoirette), Soleure, Nyon, Nantua, etc. ; plus haut, les Bois, Brévine, Champagnole, Nozeroy, glariers de la Tourne, du Chasseron, du Reculet, du Salève, de la Chartreuse (Sappey), etc.

S. sylvaticus L.—Bois sablonneux, les 3 rg. inf., disséminé d. t. l. c. a.. suivant les zônes eugéogènes psammiques, ascendant dans les V., le S., les A. cristallines, rare d. l. J. et nul sur de vastes étendues. — S. n. l., Schaffhouse, Bâle, lisière alsatique (abondant), Ferrette, Porrentruy (Bonfol, etc.), Béfort, Besançon, la Bresse?, Sellières, les Terres-froides (Morestel, etc.), Aarau, Soleure (rare), Payerne (commun), Cerlier (infréquent), Neuchâtel (id.), l'Ile, Bursins, Gimel, Cluses-de-Sylant, etc. ; plus rarement et fugace sur les calcaires, Lægerberg, Mont-du-Chat ; contrastant sur les lisières alsatique et vosgienne.—Roches eug. pm.—H.

S. erucœfolius L. — Lieux sylvatiques un peu argileux, les 2 rg. inf., aussi la mtg., assez répandu d. t. l. c. a. et d. t. l. J., dessinant surtout les zônes dysgéogènes oligopéliques ; peut-être plus rare dans quelques districts méridionaux.—Roches dysg. oligop.—X.

S. Jacobœa L.—Lieux sylvatiques, les 3 rg. inf., répandu abondant d. n. l.; sa variété *discoidea* Koch dans le J. méridional, p. ex., Fernex (Thoiry), Nyon, Genève, Salève, Arinthod (Thoirette), Pont-d'Ain, Saint-Rambert (Tenay), Grenoble, etc., où souvent elle remplace entièrement sa forme ordinaire.

S. aquaticus Huds.—Prés humides, rg. inf., disséminé d. t. l. c. a., plus rare dans le BS., peu ascendant, rare ou nul d. l. J.—S. n. l., Schaffhouse, Bâle, Ferrette, Montbéliard, Béfort, Besançon, Salins, Arbois, la Bresse,

Culloz, Belley, Grenoble, Aarau *Br.*, Soleure (Lomyswyl) *Fr.*, Bienne, Neuveville, Cerlier, Grandson, Nyon, Genève ; une des espèces qui, sur nos lisières alsatique et vaudoise, fait contraste à la sortie du J. — Roches eug. pl. — H.

S. lyratifolius Rchb. — Cette espèce mtg., disséminée dans les A., a été découverte dans le Jura par M. Friche sur deux points seulement où elle est rare : — au dessus de la ferme du Brückliberg et au dessus de celle de la Tiefmatt dans la même montagne ; des pieds provenant de cette localité sont cultivés au Jardin de Porrentruy. M. Babey signale également cette plante près du Locle (Combe-d'Enfer) où elle parait inconnue aux botanistes neuchâtelois.

S. adonidifolius Lois *(artemisiæfolius* Pers.*).* — Cette espèce, disséminée sur différents points de la France, a été découverte en 1846 par M. Garnier dans les—bois secs des environs de Montbarrey (la Ferté et Tassenières près de Mont-sous-Vaudrey) ; elle n'est signalée nulle part ailleurs d. n. l.; peut-être la plante indiquée par Chantrans près d'Ornans sous le nom d'*abrotanifolius* est-elle cette espèce *Bab.*

S. nemorensis L. K. Syn. 2ᵉ éd.—Bois couverts, rg. mtg. et alp., répandu dans les A., les V., le S., l'A., les Cl., puis çà et là jusque dans les plaines et d. t. l. J. — Depuis la Gislifluh jusqu'à la Chartreuse ; particulièrement abondante dans le J. soleurois, bâlois, bernois, puis dans le J. neuchâtelois, bisontin, salinois, vaudois, peut-être un peu plus disséminé dans le J. sud-occidental plus aride, p. ex., Rimondière, Grand-Colombier, etc.; la forme *S. jacquinianus* Rchb. dans les V.—Le *S. sarracenicus* L. Koch., espèce des rives de la plaine d'Allemagne, très-rare d. n. l. se trouverait sur quelques points en L. hors de nos limites.

S. paludosus L. — Marais, rg. b., disséminé d. l. c. a., surtout la VR., plus rare dans le BS.—S. n. l., Bâle, Béfort, Soleure, lacs de Bienne, Neuchâtel et Genève, la Bresse méridionale, Grenoble ; plus haut, Sône, Pontarlier, Saint-Pierre-de-Joux, mais généralement très-rare dans le J.—Roches eug. pl.—H.

S. Doronicum L.—Pelouses alp., disséminé dans les A.; d. l. J.—Suchet *Rap.*, Crêt-de-Châlame *Gr. mss.*, Dôle, Reculet, Colombier, Chartreuse ; A. de Maglan.

S. Doria L. — Cette espèce des prés humides de la France méridionale s'avance—s. n. l. jusqu'à Grenoble.

Calendula arvensis L. — Lieux cultivés, rg. vignoble, assez répandu dans la VR. et le Lyonnais, rare ou nul, du reste, d. n. l.

Suppl.—Le *C. officinalis* L., cultivé, assez haut dans la rg. mtg.

2. *Cynarocéphales.*

Echinops.—*Suppl.*—L'*E. sphærocephalus* L., espèce du midi de la France se montrant indigène dans le Valais? et le Dauphiné méridional, puis çà et là rarement naturalisée dans la VR. et — s. n. l. près de Bâle ; plus haut, au Val-de-Travers *Lesq.*, la Cluzette (de Rochefort à Brot) *id.* 1846.

Cirsium lanceolatum Scop. — Lieux graveleux, les 2 rg. inf., répandu d. n. l.

C. eriophorum Scop. — Pâturages, rg. mtg. et au dessus, aussi la mn., disséminé dans les A. occidentales, les V., le S., l'A., les Cl., assez répandu d. t. l. J.—Depuis le Passwang jusqu'au Salève, limité par les hautes chaînes, puis environ par celles de Meltingen, Bretzweil, Monterrible, côtes du Dessoubre, de la Loue, Haute-Pierre, Château-Maillot, Poupet, Fresse, Montrond, etc., jusqu'à la Chartreuse ; entre ces limites et surtout dans les hautes chaînes, p. ex., les Bois, Chasseral, Nozeroy, Noirmont, Montendre, Colombier, etc., contribuant beaucoup par son abondance à la physionomie de la végétation ; manquant cependant par districts ; descendant aussi parfois dans la plaine avec les cours d'eau jusqu'à Schaffhouse, Montbéliard, Besançon, Dampierre, Bourg, Pont-d'Ain, etc., mais alors plus disséminé et souvent peu persistant.

C. Erisithales Scop.—Lieux sylvatiques, rg. mtg. et alp., disséminé dans les A. et d. l. J. occidental : — Val-de-Travers, Morteau *Dum.*, Mont-d'Or, Montendre (sur Montricher, Marchairuz), Noirmont, Dôle (Crêt, Faucille, Mijoux), Colombier ; probablement ailleurs dans le J. méridional ; se retrouve au Rhanden *Laff.*

C. palustre Scop.—Prés humides, les 4 rg., répandu abondant d. n. l.

C. rivulare Link.—Prés, rg. mtg. et alp., disséminé dans les A., surtout occidentales, nul ou très-rare dans les V. et le S., disséminé dans l'A., répandu dans le J. central, limité à l'est par les cluses de la Suze et de la Birse jusqu'à Delémont, au sud par les hautes chaînes du Chasseral au Suchet, au nord par celles du Monterrible, Clôs-du-Doubs, Côtes-du-Dessoubre, Taureau, Hautes-Joux ; à l'ouest ses limites me sont mal connues ; on le voit au Val-de-Joux et, si je ne me trompe, aux Moussières ; souvent très-abondant dans la circonscription ci-dessus, p. ex., vals de Tavannes, Saint-Imier, Ruz, Brévine, etc.; plateaux des Franches-Montagnes, Maiche, Morteau, Pontarlier, les Foncines?, etc.; parfois plus bas avec les cours d'eau ; J. méridional?; se retrouve à Grenoble (Sassenage) et à Schaffhouse (Rhanden) *Laff.*

C. oleraceum Scop. — Prés humides, les 5 rg. inf., répandu abondant d. n. l.

C. acaule All.—Pelouses sèches, les 5 rg. inf., surtout la mn., aussi alp., dessinant partout d. n. l. les zônes dysgéogènes, Cl., A. et J., plus disséminé dans les V., le S. et toutes les zônes eugéogènes où il est souvent nul; faisant à cet égard contraste sur plusieurs de nos lisières jurassiques.—Roch. dysg. — X.

C. bulbosum DC. — Prés humides, divers niveaux, assez rare d. l. c. a., surtout la VR., rare dans le BS.— S. n. l., Bâle (Neudorf, Michelfeld, etc.) *Hag.*, Haasenmatt et Brückliberg *Fr.*, Ornans et Pont-de-Cornevache *Gr.*, Val-de-Joux *Mrtz.*, Salins (prés de Clucy, etc.) *Bab.*, Saint-Laurent (Morillon) *Garn.*, Champagnole (Ardon) *id.*, Levier (vis-à-vis Boujailles) *id.*, Cluses-de-Nantua *Bern.*, Belley (le Thuy) *id.*, Chartreuse (Saint-Eynard, etc.).

C. spinosissimum Scop. —Pelouses alp., assez répandu dans les A.; signalé dans le J. par DC.; Chartreuse; A. de Maglan (Vergy, Mery).

C. monspessulanum All. — Cette espèce du midi de la France s'avance s. n. l. jusqu'à—Grenoble (Polygone, Pont-de-Claix, etc.).

C. ferox DC.—Cette espèce de la France méridionale s'avance s. n. l. jusqu'à--Grenoble (Drac, etc.).

C. arvense Scop.—Champs, ascendant avec eux, répandu abondant d. n. l.

Suppl. — Nous omettons ici les Cirses hybrides dont plusieurs avaient été considérés comme espèces jusqu'à M. Nägeli. Les plus remarquables du J. sont les *C. subalpinum* G., *rigens* G., *erucagineum* DC.; ces deux dernières formes, cultivées au Jardin de Porrentruy depuis plusieurs années, y maintiennent entièrement leurs caractères.

Sylibum.—Suppl.—Le *S. marianum* Grtn., cultivé et rarement subspontané; peu persistant. — P. ex., Belley (Béon) *Bern.*, Bâle *Hag.*, Genève (Pont-de-Penex) *Reut.*, etc.

Cynara.—Suppl. — Les *C. Scolymus* L. et *Cardunculus* L., cultivés dans les rg. inf.

Carduus tenuiflorus Curt.—Lieux graveleux, disséminé en France et dans la VR., nul en Allemagne. —S. n. l., Béfort *Par.*, Genève (remparts, Conlignon, etc.) *Reut.*; Valais.

C. crispus L. —Lieux graveleux, les 2 rg. inf., aussi la mtg., répandu d. n. l., nul cependant par districts. J'y comprends avec MM. Godron et Babey le *C. polyanthemos (tenuiflorus* Koch.) disséminé sur plusieurs points du J. — Bâle, Montbéliard, Besançon, Salins, Poligny, Lons-le-Saulnier, Nyon, vals de Joux et des Rousses, etc. Le *C. acanthoides,* disséminé d. l. c. a. et qui n'est, selon quelques-uns, qu'une hybride du *crispus* et du *nutans*, n'est indiqué s. n. l. qu'à—Besançon *Gr.*

C. Personata L.—Lieux sylvatiques, rg. mtg. et au dessus, disséminé dans les A., sur quelques points des V., du S. *Koch* et de l'A., assez répandu d. l. J. central à-peu-près dans les mêmes limites que le *C. rivulare.*—Wasserfall, Weissenstein, Clôs-du-Doubs (Sous-Saint-Braix) *Nob.*, Côtes-du-Doubs (Sous-les-Bois) *Gouv.*, Saint-Braix (Glovelier, Bollmann) *Nob.*, Chasseral (Orvins, Convers, Combe-Biosse), Tête-de-Rang, Châteluz (Brévine), Pouillerel (Brenets), Creux-du-Van, Côtes-du-Dessoubre (Laval), Pontarlier, Entrevaux et Bonnevaux; plus répandu entre ces limites que ces localités ne l'indiquent; plus rare et souvent nul à l'est et à l'ouest : la Dôle (bois) *Rap.* 1848, Grand-Colombier (bois d'Arvières) *Bern.*, Chartreuse; rarement plus bas, p. ex., Porrentruy (Sablière).

C. defloratus L. — Rochers, rg. mtg. et alp., répandu dans les A., disséminé dans l'A., comme nul dans les V. et le S., très-répandu dans le J. — Depuis les chaînes argoviennes jusqu'au Salève et à la Chartreuse, limité par les hautes chaînes et environ par les Gempenberg, Blauenberg, Birkmatt, Monterrible, Clôs-du-Doubs, Lomont, Côtes du Dessoubre, de la Loue, Laveron, Hautes-Joux, Mâclus, Côtes-de-l'Ain, Côtes-de-l'Albarine, etc.; p. ex., outre les chaînes citées, Wasserfall, Cluses de la Birse, de la Suze, de la Sorne, Weissenstein, Chasseral, Moron, Montoz, Saint-Braix, etc., Chasseron, Creux-du-Van, Suchet, Aiguillon, etc., Mont-d'Or, Montendre, Noirmonts, etc., Reculet, Cluses-de-Nantua, Grand-Colombier, Mont-du-Chat, etc.: çà et là en dehors de ces limites, p. ex., Poupet, Belin, etc.; une des espèces les plus caractéristiques de notre rg. mtg.—Roches dysg.—X.

C. nutans L. — Lieux graveleux, les 3 rg. inf., répandu d. n. l., plus rare cependant dans quelques parties orientales du BS.

Onopordon Acanthium L. — Lieux sablonneux, rg. b., disséminé d. t. l. c. a., surtout occidentales, rarement ascendant dans le J. et les autres zônes dysgéogènes. — S. n. l., Schaffhouse, Bâle, Altkirch, Montbéliard, Audincourt, Besançon, Dampierre, Arbois, Bourg, Belley, Culloz, Grenoble, Seyssel, Frangy, Genève, lisière vaudoise, Yverdon, Morat, Neuchâtel, Bienne, Lenzburg; une des espèces caractéristiques des sols sablonneux de la plaine. — Roches eug. pp.—H.

Lappa major Grtn. — Lieux graveleux, les 3 rg. inf., surtout les plaines, disséminé d. n. l. et souvent fugace.

L. minor DC. — Même rôle, très-répandu d. n. l.

L. tomentosa Lam. — Même rôle, disséminé d. n. l.

Carlina acaulis L.— Pelouses sèches, les 3 rg. sup., surtout la mn. et la mtg. inf., assez rare dans les plaines ambiantes, disséminé dans l'A. et le S., plus rare dans les V., nul en L., très-répandu d. t. l. J. depuis les collines jusqu'à la rg. mtg. sup., p. ex., Sonnenberg *Gouv.* — Roches dysg. — X.

C. vulgaris L.— Lieux sablonneux, les 3 rg. inf., assez répandu d. n. l., mais moins que le précédent d. l. J. et parfois assez rare sur certaines étendues ; la forme *longifolia* Rchb. dans les V. — Roches eug. pl.? ou dysg. oligopl.?

Serratula tinctoria L.— Prés humides, divers niveaux, assez rare d. l. c. a., excepté en L., disséminé d. l. J. — S. n. l., Schaffhouse, Bâle (Michelfeld), Yverdon (Mathod), Neuchâtel (Pierrabot, etc.), Genève (Bâtie, etc.), Salins (Bois-Bovard), Grenoble (marais de Claix, etc.) ; plus haut, Levier (Boujailles), Champagnole, Saint-Laurent (Morillon), Poupet, Mont-d'Or, Dôle, Colombier *Fr.*, Gralet *Bern.*, Cluses-de-Nantua *id.*

S. nudicaulis DC.—Cette espèce mtg. des A. méridionales s'avance s. n. l. jusqu'au—Salève (sur Archamp) sa station plus boréale.

Leuzea conifera DC.—Cette plante de la France méditerranéenne s'avance s. n. l. jusqu'à — Grenoble (Tronche, Rochefort, etc.) ; c'est une des espèces les plus méridionales d. n. l.

Kentrophyllum lanatum DC. — Cette espèce méridionale est généralement nulle d. n. l., excepté sur quelques points en L., dans le BS. occidental et en Dauphiné.—S. n. l., Yverdon (Treycovagne), Morges (Péverenge), Rolle (Buchillon), Nyon (Pontfarbé, etc.), Genève (Prégny, Gaillard, etc.), Fort-l'Ecluse (vers Bellegarde), Grenoble (Glacis) ; probablement en Savoie ; Valais: fugace.

Carthamus. — Suppl. — Le *C. tinctorius* L., cultivé sur quelques points méridionaux.

Centaurea pratensis Thuill.—Prés, les 3 rg. inf., répandu abondant d. n. l.

C. Jacea L. — Pelouses sèches, les 3 rg. inf., surtout la mn., répandu d n. l. et dessinant les zônes dysgéogènes ; très-variable; la forme *C. amara* L. que M. Koch sépare comme espèce, sur quelques points ; Genève, Salins, Valais.

C. Scabiosa L.—Pelouses, les 3 rg. inf., aussi alp., très-répandu d. n. l.

C. Cyanus L.—Champs, ascendant avec eux, répandu d. n. l.

C. phrygia L.—Prés, rg. mtg. et alp., assez répandu dans les A., disséminé dans le S. — S. n. l., Alpes de Maglan ; paraît nul d. l. J.; montagnes d'Ornans *Chantr. nec rec.*

C. nigra L.—Prés, rg. mtg. et alp., aussi plus bas, répandu dans les V. et le S., puis çà et là dans les plaines ambiantes et quelques vallées du J. — S. n. l., Eglisau, Schaffhouse, Rheinfeld (Olsberg), Bâle (Saint-Louis, Bartenheim), Delle (Faverois), Montbéliard (Chagey), Béfort, Besançon (Chalezeules), Aarau, Langenthal, Cerlier, Pont-de-Beauvoisin ; plus haut, Brévine, les Verrières, Sainte-Croix, Levier (Boujailles, Chapelle-d'Huin), Larmont, Mont-d'Or ; sa large dispersion dans les MR. fait contraste avec sa rareté d. l. J. et l'A.—Roches eug.? pp.?

C. montana L. — Pelouses, rg. mtg. et alp., répandu dans toutes les A., les V., le S., quelques points de l'A. et t. l. J.—depuis la Schafmatt jusqu'à la Chartreuse, limité par les hautes chaînes et par les Farnsburg, Bretzweil, Meltingen, Passwang, Raimeux, Saint-Braix, Clôs-du-Doubs, Côtes-du-Dessoubre, Taureau, Boujailles, Hautes-Joux ; souvent habituel dans ces limites, surtout dans le J. central, p. ex., Weissenstein, Moron, Montoz, Graitery, Chasseral, Chasseron, Creux-du-Van, Mont-d'Or, Dôle, Colombier, Mont-du-Chat ; peut-être un peu plus rare dans le J. méridional ; une des espèces les plus caractéristiques de notre rg. mtg. ; sporadique sur quelques points des plaines ambiantes, p. ex., rives du Léman.

C. paniculata Lam.—Espèce méridionale des coteaux graveleux, disséminé sur quelques points de la rg. b., surtout dans la VR., plus rare dans le BS. —S. n. l., Bâle, Nyon, Grenoble ; Valais.

C. solstitialis L. — Espèce méridionale se montrant çà et là fugace dans les cultures des rg. inf. — S. n. l., Schaffhouse, Eglisau, Bâle, Porrentruy, Audincourt, Montbéliard, Béfort, Aarau, Soleure, Nyon, Besançon, Salins. Arbois, Nantua, Terres-froides (Eydoche).

C. Calcitrapa L.—Lieux sableux, rg. b., disséminé d. t. l. c. a., surtout les VR. et VS., plus rare en L. et dans le BS. — S. n. l., Eglisau (Rafz), Bâle, Béfort, Montbéliard *Vet.*, Besançon, Dampierre, Quingey, Salins, Arbois, Lons-le-Saulnier, Beaufort, Bourg, Pont-d'Ain, Nantua, Ambérieux. Saint-Rambert, Tenay, Grenoble, Belley, Culloz, Seyssel, Frangy, Genève, Orbe, l'Isle, Lasarraz, Yverdon.—Roches eug. pm.—H.

Crupina vulgaris Pers. — Cette espèce des coteaux secs de la France méridionale s'avance s. n. l. jusqu'à — Grenoble (Beauregard, Rochefort, etc.).

Xeranthemum inapertum Willd. — Cette plante des coteaux secs de la France méridionale s'avance s. n. l. jusqu'à — Grenoble (Bastille, Beauregard, etc.); Valais.

3. *Chicoracées.*

Catananche cærulea L. — Cette espèce de la France méridionale s'avance s. n. l. jusqu'à — Grenoble.

Lapsana communis L.—Bois, les 3 rg. inf., répandu abondant d. n. l.

Aposeris fœtida Less. — Cette espèce alpestre, disséminée dans les A., se montre s. n. l. en Savoie et — à la Grande-Chartreuse.

Arnoseris pusilla Gaertn. — Lieux sableux, rg. b., ascendant dans les V. et les A. cristallines, assez répandu dans la VR. et la Pl., rare s. n. l.—Regensperg (Windlach), Bâle, Montbéliard (lisière vosgienne), Yverdon, Tour-du-Pin *Bern.*—Roches eug. pm.—H.

Cichorium Intybus L.—Lieux graveleux, les 3 rg. inf., répandu abondant d. n. l.

Suppl. — Le *C. Endivia* L. cultivé.

Thrincia hirta Roth K. Syn. 2e éd. (comprenant deux modifications dont aucune n'est la *T. hispida* Roth).—Lieux sableux humides, rg. b., disséminé d. l. c. a., surtout la VR. et la Pl., plus rare dans le BS.—S. n. l., Schaffhouse, Bâle, Béfort *Par.,* Montbéliard *Vet.,* Besançon (Chalezeules, Pouilley, etc.), Villersfarlay (Certémery), Montbarrey (Vaudrey), Arbois (Villette), Sellières, Grenoble (Glacis, etc.), l'Ile *Corn.,* Nyon, Rolle, Morges, Genève.—Roches eug. pm.—H.

Leontodon autumnalis L. — Prés, les 4 rg., très-répandu, très-abondant d. n. l.

L. hastilis L. (comprenant les deux formes) ; même rôle ; les deux formes souvent côte-à-côte dans les mêmes stations.

L. incanus Schrk. — Cette espèce, disséminée en Allemagne et dans le Dauphiné, n'est signalée d. n. l. que sur quelques points de l'A. et des A.? M. Moritzi en soupçonne la présence au Chasseral d'après des indications de Haller.

L. pyrenaicus Gouan.—Pelouses alp., répandu abondant dans les A., disséminé dans les V. et le S., comme nul dans le J. — Passwang (Vogelberg) *Lach. nec rec.,* Chasseral *Gib.,* Chartreuse.

L. crispus Vill. — Cette espèce de la France méridionale s'avance s. n. l. jusqu'à — Grenoble (Bastille, etc.) et probablement dans le Jura bugésien ; Valais.

Picris hieracioides L. — Lieux arides graveleux, les 3 rg. inf., répandu abondant d. n. l.

Helminthia echioides Gaertn.—Cette espèce des champs (luzernières), disséminée en France et plus rare en Allemagne, n'a été aperçue d. n. l. qu'en L. et s. n. l. — Montbéliard *Bern.*, Besançon *Gr.*, Terres-froides (Eydoche) *Dav.*, Grenoble (Polygone) *Mut.*

Tragopogon pratensis L.—Prés, les 3 rg. inf., répandu abondant d. n. l.; aussi alp., Dôle *Reut.*

T. major Jacq. — Lieux arides graveleux, rg. b., disséminé d. l. c. a.. surtout la VR., à peine s. n. l.—Schaffhouse (Lahn) *Laff.*, Bâle (Saint-Louis) *Fr.*, Béfort *Par.*, Grenoble.

Suppl. — *T. porrifolius* L. cultivé, puis rarement subspontané : Bâle (bords du Rhin) *Hag.*

Scorzonera austriaca Willd. — Coteaux secs, les rg. inf., disséminé dans les basses A. occidentales, Valais, Savoie, Dauphiné et sur quelques points du J. méridional.—Salève (sur Archamp, la Grand'Gorge) *Horn. Rap. Jack.*, Vuache *Reut.*, Voreppe (Saint-Vincent) *Gras*, Grenoble (Rachet, etc.) *Mut.*; probablement plus répandu et plus au nord, p. ex., Baume-les-Dames? (rochers) *Fr.*, d'où provenaient, si je ne me trompe, les pieds cultivés pendant quelques années au Jardin de Porrentruy.—*S. montana* Mut., *S. humilis* Jacq.

S. humilis L. K.—Prés humides, divers niveaux, disséminé infréquent d. t. l. c. a., surtout le versant lorrain des V. et d. l. J.—Besancon (Sône), Châtillon, Laval, Pontarlier, Champagnole, Salins (Clucy), Levier (Boujailles, etc.), Arbois, Sellières, Val-de-Joux, Brenod (Coillard) *Bern.*, Ambérieux (Château-Gaillard) *id.*, Bresse *Bossy*, Grenoble (Néron, etc.) ; probablement ailleurs.

Suppl.—Le *S. hispanica* L. cultivé.

Podospermum Jacquinianum Koch. — Lieux incultes, rg. b., disséminé dans la VR., surtout vers le nord, peut-être souvent confondu avec le suivant. —S. n. l., Béfort (fréquent) *Par.*

P. laciniatum DC.— Mêmes lieux, disséminé rare sur quelques points d. c. b. a., VR., L., Valais, Dauphiné.— S. n. l., Grenoble (Bastille, etc.).

Hypochœris radicata L.—Prés, les 4 rg., répandu d. n. l.

H. glabra L.—Lieux sableux, rg. b., disséminé d. l. c. a., surtout la VR. et la Pl., ascendant dans les V., très-rare dans le BS. et la VS.? — S. n. l., Bâle (Altschweiler *Lach.*, Neuenburg à Zinken *Hag.*), Vallée de l'Ognon *Chantr.*, Salins (Bois-Mouchard) *Bab.*, Sellières *id.*

H. maculata L.—Prés, divers niveaux, surtout la rg. mtg., disséminé d. t. l. c. a., sur quelques points des V., du S., de l'A, comme nul dans le bassin et les A. suisses, plus fréquent dans les A. occidentales, assez répandu d. l. J. sud-occidental.—Champagnole (Cise) *Bab.*, Saint-Laurent (Morillon)

Garn., Levier (Boujailles, etc.) *id.,* Chapelle-des-Bois *Bab.,* Mouthe, Saint-Cergue *Gaud.,* Reculet (sur Thoiry) *Reut.,* Mont-d'Ain, Cluses-de-Nantua, Poisat et Brenod (Combe-Sochaux) *Bern.,* Cerdon (sommet de l'Avocat), Saint-Rambert (côtes-de-Tenay) et Grand-Colombier *Nob.*

Suppl.—L'*H. uniflora* Vill., espèce alpine indiquée d. l. J. par M. Duby, paraît bien douteuse.

Taraxacum officinale Wigg.— Stations très-diverses et modifications correspondantes dans les 4 rg.; la forme *lævigatum* dessinant les coteaux secs dans toute la contrée, habituelle sur les collines de la rg. mn. du J.; la forme *palustre* plus rare dans les rg. b. et aussi çà et là dans les tourbières de la rg. mtg. *Lesq. Garn.*; une des espèces les plus ubiquistes quant aux altitudes et aux terrains, depuis les basses plaines jusqu'à la région subnivale, depuis les marais jusqu'aux rochers apriques, et flexible dans ces limites ; une des plantes de la contrée la plus nombreuse en individus. Ses variations seules pourraient servir à tracer les diverses zônes phytostatiques.

Chondrilla juncea L.—Lieux argilo-sableux, rg. b., ascendant dans les V., disséminé d. l. c. a., notamment la VR. et en L. (souvent sous sa forme *latifolia)*, plus rare dans le BS.—S. n. l., Schaffhouse, Bâle (Birsfeld, etc.), Montbéliard *Berd. Bern.*, Baumes (vignes) *Chantr.*, Neuchâtel (rare), Nyon (Prangins, etc.), Payerne, Lausanne, Genève (les Tranchées), Fort-l'Ecluse, Grenoble ; Montbarrey sur la Loue *Garn.* 1848 ; probablement ailleurs, mais nul sur de grandes étendues.—Roches eug. pp.—X.

Phœnixopus muralis Koch.—Bois, les 5 rg. inf., répandu d. n. l.

Prenanthes purpurea L.—Bois, rg. mtg. et alp., aussi parfois la mn., répandu abondant dans les A., les V., le S., l'A. et tout. le J.; n'est habituel que dans la rg. mtg. et en indique partout les approches. La forme *tenuifolia* signalée à la Chartreuse (Voreppe, Saint-Laurent-du-Pont, Grand-Som) *Mut. Gras;* probablement ailleurs.

P. viminea L. — Cette espèce disséminée dans l'Allemagne centrale et la France méridionale se montre s. n. l. à — Grenoble *Gras;* Dauphiné méridional, Valais.

Lactuca virosa L.— Coteaux graveleux secs, rg. b., surtout vignoble, disséminé d. l. c. a., surtout la VR., rare dans le BS. — S. n. l., Besançon, Villersfarlay (Cramans), Salins, Boudry (Saint-Aubin), Orbe, Genève, Belley, Grenoble ; fugace.

L. Scariola L. — Mêmes lieux, rg. b., ascendant dans les V., disséminé d. l. . a.—S. n. l., Schaffhouse, Bâle, Montbéliard, Besançon, Salins, Sellières, Baden, Aarau, Neuchâtel, Nyon, Genève, Grenoble ; fugace.

L. saligna L.—Mêmes lieux, rg. b., disséminé d. l. c. a.—S. n. l., Frick, Bâle (rare), Besançon *Vet.*, Salins, Arbois, Nyon (fréquent), Genève (id.), Grenoble ; fugace.

L. perennis L.— Rochers arides, les 3 rg. inf., surtout la mn., rare d. n. l., excepté l'A., les Cl. et le J. — S. n. l., Schaffhouse, Lægerberg, Delémont (Chêtres, Vorburg), Cluses de la Birse, de la Suze, Besançon, Salins, Arbois, Côtes-de-l'Albarine, Cluses-de-Nantua, Grand-Colombier, Belley (le Thuy, Peyzieux), Grenoble, Bienne, Neuveville, Neuchâtel, Cluzette, côtes de Saint-Cergue, Fort-l'Ecluse, Vuache et probablement ailleurs dans le J. sarde.—Roches dysg.—X.

Suppl. — La *L. sativa* L. cultivée très-haut, p. ex., à Andermatt au Val-d'Urseren.

Souchus alpinus L.— Bois, rg. mtg., sup. et alp., assez répandu dans les A., les V., le S. et le Jura.— Passwang (Wasserfal), Weissenstein, Montoz, Moron, Raimeux, Chasseral, Sujet, Côtes-du-Doubs (Valanvron), Châteluz, Tête-de-Rang, Creux-du-Van, Suchet, Mont-d'Or, Aiguillon, Rizoux, Noirmont, Montendre, Crêt-de-Chalam, Crêt-de-la-Céraz, Dôle, Colombier, Reculet, probablement le J. méridional, Chartreuse (Sappey, Grand-Som) *Gras.* En général dans la plupart des chaînes qui atteignent 1500 mètres ; une des espèces les plus caractéristiques des dernières forêts aux approches de la rg. alpestre.

S. Plumieri L. — Cette espèce des A. occidentales, assez répandue dans les V., commence s. n. l. méridionales. — à la Chartreuse et dans les A. de Maglan (Reposoir).

S. oleraceus L. — Lieux cultivés, les 3 rg. inf., très-répandu, très-abondant d. n. l.

S. asper Vill.— Bois, les 3 rg. inf., répandu abondant d. n. l.

S. arvensis L.— Champs, ascendant avec eux, répandu d. n. l.

S. palustris L. - Cette plante est fort rare et peut-être nulle d. n. l.; elle a été indiquée autrefois par Haller sur les bords de la Broie, par Chantrans au bord de l'Ognon (près Sauvagney), localités douteuses ; Valais.

Barkhausia foetida DC. — Lieux graveleux, rg. b., aussi parfois la mn., disséminé d. t. l. c. a. et y dessinant surtout les zônes chaudes et vignobles des contrées occidentales, VR., Pl., Cl., BS. occidental et lisières du J.; rare ou nul dans les autres districts sur de grandes étendues. — S. n. l., Schaffhouse, Lauffenburg, Rheinfeld, Bâle, Béfort, Montbéliard, Baume, Roulans, Besançon, Salins, Arbois, Ceyseriat, Pont-d'Ain, Saint-Rambert, Belley, Grenoble, Landeron, Neuveville, Neuchâtel, Lausanne, Rolle, Nyon, Genève, etc.; parfois plus haut, p. ex., Monterrible (Mâle-Côte) *Guth.*, Chasseron (Côte-Vuittebœuf) *Nob.*—Roches eug. pm.—H.

B. Taraxacifolia DC. — Prés secs, les 3 rg. inf., répandu abondant d. n. l., surtout les zônes dysgéogènes.

B. setosa DC. — Cette espèce des cultures méridionales se montre de temps à autre sur quelques points de nos lisières. — Zurich, Rheinfeld, Bâle, Porrentruy, Salins, Neuveville, Landeron, Neuchâtel, Payerne, Nyon, Rolle, Genève, etc.; fugace.

Crepis prœmorsa Tausch. — Prés argileux, les 3 rg. inf., disséminé d. l. c. a., la VR., quelques points du BS., le J. central et ses lisières, répandu sur les Cl.—Schaffhouse, Eglisau (Irchel), Frick (Kienberg) *Nob.*, Bâle (Muttenz, Crenzach, etc.), Laufon *Fr.*, Delémont *id.*, Montbéliard (Roches) *Bern.*, Moutier (Roche) *Nob.*, Saint-Joseph et Weissenstein *Fr.*, Val-de-Travers (côte de Rozières), Lignières, Neuchâtel (Fontaine-André), Valangin *Vet.;* probablement ailleurs ; ce groupe de localités est dans le prolongement de la VR. —Roches eug. pl.—H.

C. aurea Cass.—Pelouses alp., répandu d. l. A., disséminé sur quelques points du J.—Weissenstein *Fr.*, Montoz *id.?*, Chasseral *God. Bab.*, Tête-de-Rang et Tourne *Lesq.*, Creux-du-Van *Vet.*, Chasseron (Beauregard) *Lesq.*, Noirmont (Mont-Gevrine sur Arzier) *Gaud.*, Montendre (versant nord) *Rap.*, Dôle *id.* 1848 et probablement ailleurs ; Dauphiné, A. de Maglan.

C. alpestris Tausch.—Lieux arides, rg. mtg., disséminé dans les A. orientales et assez répandu dans l'A., paraissant nul, du reste, d. n. l.—S. n. l., Rhanden *Laff.*

C. biennis L.—Prés, les 3 rg. inf., répandu abondant d. n. l.

C. nicæensis Balb. *(scabra DC.)* — Espèce méridionale des prés secs, signalée dans le nord de la VR., à Berne et sur quelques points de nos lisières, nulle du reste d. n. l. — Rolle (Pré-des-Eaux) *Rap.* 1842 et 1848, Genève (Carouge, Pinchat, Bâtie, etc.) *Mrtz.*

C. tectorum L.—Champs sableux, rg. b., rare d. n. l., excepté la VR.— S. n. l., Schaffhouse *Laff.*, Eglisau (Rafz) *Graf*, Bâle (Wiese, etc.), Saint-Louis, Mulhouse, Béfort *Par.*, Grenoble.

C. virens Vill.—Lieux graveleux, les 3 rg. inf., répandu abondant d. n. l.

C. pulchra L.—Espèce méridionale rare d. n. l., excepté quelques points au pied des V., en L. et s. n. l. — Salins (Pont-de-Saissenay, les Vallières, Saint-Cyr) *Bab. Garn.*, Grenoble (Rachet, etc.).

C. paludosa Mœnch.—Bois humides, rg. mtg. et alp., disséminé dans l'A., assez répandu dans les A., les V., le S. et le J. — Depuis les chaînes argo-

viennes jusqu'au Salève, limité par les hautes chaînes, puis environ par les
Passwang, Blauenberg, Monterrible, Clôs-du-Doubs, Côtes-du-Dessoubre,
Boujailles, etc.; p. ex., Wasserfall, Weissenstein, Raimeux, Cluses-de-la-
Birse, Franches-Montagnes, Chasseral, Creux-du-Van, Suchet, Hautes-Joux,
Taureau, Rizoux, Dôle, etc.; peut-être plus disséminée dans le J. méridional;
aussi çà et là en dehors des limites ci-dessus, p. ex., aux environs de Salins
et du Poupet et plus rarement jusque dans les bois de la plaine, p. ex.,
Delle (bois de Grandvillars) *Nob*.

C. succisæfolia Tausch. — Pelouses mtg. et alp., disséminé dans les A.,
sur quelques points de l'A., nul dans les V., assez répandu dans le S. et d.
l. J.—Depuis les chaînes argoviennes occidentales jusqu'au Grand-Colombier
et peut-être plus au sud, limité par les hautes chaînes et par les Passwang,
Blauenberg?, Monterrible, Clôs-du-Doubs, Côtes-du-Dessoubre, Boujailles,
Fresse; p. ex., Vogelberg, Farnerberg, Weissenstein, Montoz, Moron, Raimeux, Chasseral, Suchet, Creux-du-Van, Tourne, Châteluz, Aiguillon, Taureau, Hautes-Joux, Noirmont, Montendre, Dôle, Reculet, Rizoux, etc.; particulièrement commun dans les chaînes précitées du Jura bernois; une des
espèces les plus caractéristiques de la rg. mtg. dans le J. central.

C. blattarioides Vill. — Rocailles alp., répandu dans les A., sur quelques
points des V. et du S. et dans le J. — Passwang (Wasserfall), Weissenstein
(Haasenmatt), Brückliberg, Moron, Chasseral, Creux-du-Van, Chasseron,
Suchet, Aiguillon, Mont-d'Or, Montendre, Rizoux, Dôle, Reculet, Gralet.
Chartreuse Sappey, Saint-Eynard).

Soyeria montana Monn.—Pelouses alp., disséminé dans les A. et sur quelques points du J. — Dôle *Gaud. Reut.*, Thoiry (Reculet?) *Ray*, Chartreuse
(Grand-Som, Charmant-Som); Dauphiné, Alpes de Maglan (Brezon).

Hieracium Pilosella L.—Pelouses, les 4 rg., très-répandu, très-abondant
d. n. l.

H. Auricula L.— Prés, un peu humides, les 4 rg., surtout les zônes eugéogènes, répandu abondant d. n. l.

H. præaltum K. Syn., 2ᵉ éd.— Cette espèce comprenant plusieurs modifications voisines et controversées, est disséminée d. t. l. c. a. et d. t. l. J.
sous l'une ou l'autre de ses formes; celles qui dominent dans le Jura sont
les α *florentinum* K. et γ *fallax*; on les rencontre dans les lieux graveleux
secs aux environs de — Schaffhouse, Eglisau, Kaiserstuhl, Rheinfeld, Bâle,
Porrentruy, Besançon, Salins, Arbois, Grenoble, Côtes du Doubs, du Dessoubre, de la Loue, Neuveville, Neuchâtel, Orbe (Vuittebœuf), Nyon, Genève, mais il m'est impossible d'assigner les variétés correspondant à ces

localités. Je joins encore ici le *H. pratense* Tausch., envisagé par M. Döll comme forme du même type, disséminé sur les collines d'Alsace, dans les V., le Wurtemberg et sur quelques points d. n. l. — Bâle (Schauenburg, Muttenz, Arlesheim, etc.) *Hag.*, Salins (bois de Folle, pied de Poupet, etc.) *Bab.*

H. aurantiacum L. — Pelouses alp., disséminé dans les A., sur plusieurs points des V., un point du S. et d. l. J. — Chasseral (entre la Corne et les chalets de Bienne) *Hall. non rec.*, Tête-de-Rang (au bas du Crêt-Meuron, au nord-est de) *Lesq. Dep.*, Mont-d'Or *Gr.*, le Mont-Thoiry (Reculet?) *Gaud.*: Alpes de Maglan (Brezon) *Reut.*

H. staticefolium Vill. — Lieux graveleux, divers niveaux, disséminé dans les A., surtout occidentales et dans le J.—Echallens (Bretigny, Bottens) *Ler.*, Rolle (grèves) *Rap.*, Nyon (Genollier) *Gaud.*, Fernex (grèves de la London près Saint-Genix) *Garn.*, Thoiry *Gaud.*, Genève (Bâtie, jonction de l'Arve) *Reut.*, Arinthod (grèves de Thoirette) *Bab.*, Carouge (Arve) *Rap.*, Fort-l'E-cluse (pied du Crédoz) *Bern.*, Cluses-de-Sylant (Pont-des-Oilles) *id.*, Salève, cluses de Pierre-Châtel *Bern.*, Grenoble (Drac, etc.) ; Lyon , Dauphiné, Va-lais.—Roches eug. pm.—II.

H. glaucum All. Bab. Rap. (comprenant le *H. saxatile* Jacq. K. et comme variété le *H. buplevroides* Gm. K.)—Rochers arides, rg. mtg. et alp., dissé-miné dans les A. (les deux formes), sur quelques points de l'Albe *(buple-vroides)* et d. l. J. le plus souvent sous la forme *glaucum* et sous toutes deux dans le J. bâlois. —Hohefluh (Falkenstein) *Hag.*, Meltingen (Gilgenberg) *id.*, Bretzweil (Ramstein) *id.*, cluses de Moutier et Court *Fr.*, Weissenstein *Mrtz.*, Tête-de-Rang (crêts du Corbeau et du Cugnet) *Lesq.*, Tourne (côtes de Noi-raigue) *God.*, Creux-du-Van *Lesq.*, Dôle (sommet, Vuarne) *Rap.*, Cluses-de-Sylant (Pont-des-Oilles) *Bern.*, Mont-d'Ain *id.*, Salève *Gaud.*, Lomont (Crêt-des-Roches) *Gr.*; Alpes de Maglan, Dauphiné.—Roches dysg.—X.

H. villosum Bab. Rap. (comprenant le *valdè-pilosum* Gaud.) — Pelouses alp., disséminé dans toutes les A. et d. l. J.—Sonnenberg, Chasseral, Creux-du-Van , Mont-d'Or , Suchet, Montendre, Dôle, Colombier, Reculet, Mont-d'Ain, Mont-du-Chat *Bern.*; aussi plus bas, Lomont (Crêt-des-Roches) *Vern.*, Cluses-de-Nantua *Bern.*

H. flexuosum Willd. Bab. (comprenant comme variété le *longifolium* Schl.) — Lieux arides, rg. mtg., disséminé dans les A. et dans le J.—Gempenberg (Schartenfluh , Dornachberg) *Hag.*, Passwang (Wasserfall, Vogelberg) *id.*, Bretzweil (Ramstein) *id.*, cluses de Moutier et de Court *Fr.*, Weissenstein (Haasenmatt) *id.*, Chasseral *id.*, Creux-du-Van *God.*, Dôle *Rap. Gr.*, Mont-d'Or *Gr.*, Colombier et Reculet *Reut. Gr. Bab.*, Salins (Poupet) *Bab.*, Côtes-du-Doubs (près Saint-Braix) *Fr.*; probablement plus répandu; Dauphiné?

H. Mougeotii Frœl. *(cerinthoides decipiens* Monn.*)* — Cette espèce n'a été observée jusqu'à ce jour que dans les V. (Hohneck).

H. alpinum L.—Pelouses alp., répandu dans les A. cristallines et clastiques, sur les sommets des V. et du S., nul dans le J., sauf à—la Chartreuse (Grand-Som) *Gras*; Alpes de Maglan (Méry, Vergy) *Reut.*

H. vulgatum Friese K. Syn., 2ᵉ éd. (et probablement sous ce nom le *rigidum* Hartm.)—Bois, les 3 rg. inf., disséminé ou assez répandu d. t. l. c. a., surtout les zônes eugéogènes, les A., les V., le S., beaucoup moins répandu d. l. J. et rare dans plusieurs districts.—S. n. l., p. ex., Bâle, Béfort, Porrentruy, Besançon, Salins, Neuveville, Neuchâtel, Genève; plus haut, Pontarlier, Brenod (Coillard), etc.; la forme *ramosum* WK. Koch, près de Neuveville *Gib.*, et ailleurs est bien voisine; une forme mtg. habite les pâturages, p. ex., Brévine *God.*; le *H. rigidum* Hartm. répandu en L. est probablement confondu d. l. J. avec le *vulgatum*.

H. murorum L.—Bois, les 3 rg. inf., aussi alp., très-répandu, très-abondant d. t. l. c. a. et d. t. l. J.; la forme voisine *H. Schmidtii* Tausch. dans le Jura bâlois *Preisw.*, à la Neuveville *Gib.*, Neuchâtel *God.*, Gex (Thoiry) *Reut.*; la forme *incisum* Hopp. dans les A., les V. et au Chasseral *God.*; la forme *bifidum* Kit. dans les Vosges *Kirschl.*

H. rupestre All.—Cette forme des rochers apriques est signalée dans nos limites sur un point des V., de l'A. et dans le Valais.

H. andryaloides Vill.— Cette espèce des A. méridionales s'avance s. n. l. jusqu'à—Grenoble (Saint-Eynard, etc.) et au Salève (sur le Pas-de-l'Echelle, Grand'-Gorge, sur Monetier) *Reut. Süssk.*

H. lanatum Vill. — Cette espèce des A. méridionales, du Dauphiné, du Valais, des mtg. de Maglan s'avance s. n. l. jusque dans le Jura salinois. — Salève (sur Archamp) *Reut.*, Molard-de-Dom (Inimont, sources du Gland) *Bern.*, Val-Chésery (Montange) *id.*, Arinthod (Crêt-Matafelon sur Thoirette) *Cap.*, Arbois? (Châtelaine?) *Dum.*, Salins (ruines de la Châtelaine) *Bab.*; probablement plus répandu.

H. Jacquini Vill.—Rochers, rg. mtg. et alp., assez répandu dans les A., disséminé dans l'A., répandu d. t. l. J.—Depuis la Gislifluh jusqu'au Salève et à la Chartreuse, limité par les hautes chaines, puis environ par les Farnsburg, Meltingen, Gempenberg, Chaive, Monterrible, Lomont, Clós-du-Doubs, côtes du Dessoubre, de la Loue, de l'Ain, etc.; ainsi, p. ex., Passwang, Weissenstein, Brückliberg, Raimeux, Graitery, Chasseral, Joux-du-Plane,

Larmont, Mont-Maillot, Fraisse, Poupet, Mâclus, Dôle, Reculet, Grand-Colombier, Mont-du-Chat, etc.; cluses et cirques de Vorburg, Moutier, Court, Pichoux, Cluzette, Seyon, Creux-du-Van, Côte-aux-Fées, Vallorbe, Sylant, Saint-Rambert, Pierre-Châtel, etc.; aussi parfois plus bas et plus extérieurement sur les rochers des collines de Besançon, Salins, Arbois, Poligny, etc., puis sporadiquement jusque sur les murs de Porrentruy *Vet.*, Grenoble, etc. Une des espèces les plus caractéristiques de la rg. mtg. du J.; aussi la Côte-d'Or calcaire.—Roches dysg.—X.

H. amplexicaule L. — Rochers, rg. mtg. et alp., assez répandu ᵃᵃ s les A. et d. t. l. J.—Depuis les chaînes argoviennes jusqu'au Salève et à la Chartreuse, surtout dans les parties centrales; chaines de Wallenburg, Hauenstein, Gempenberg, Raimeux, Graitery, Moron, Montoz, Chaive, Blauenberg, Monterrible, Clôs-du-Doubs, Saint-Braix, Chasseral, Tête-de-Rang, Chasseron, Dent-de-Vaulion, Aiguillon, Larmont, Fraisse, Hautes-Joux, Noirmont Dôle, Grand-Colombier; cluses et cirques d'OEnsingen, Moutier, Reuchenette, Mauron, Seyon, Cluzette, Creux-du-Van, Vallorbe, Côte-aux-Fées, Saint-Claude, Thoirette, Nantua, Pierre-Châtel, etc.; çà et là sporadique dans la rg. b.; Genève, Belley (murs), Grenoble (id.); Valais, Savoie, Dauphiné; une bonne caractéristique de la rg. mtg. dans une grande partie du Jura. — Roches dysg.—X.

H. albidum Vill. — Pelouses alp., disséminé dans les A., surtout cristallines, et les hautes V.; Savoie, Dauphiné.—Roches eug. pm.?—H.

H. lycopifolium Frœl.— Espèce rare signalée d. n. l. sur quelques points de la VR. et observée récemment au dessus de Neuchâtel (colline du bois de l'Hôpital) *God.* 1848.

H. prenanthoides Vill. (comprenant le *cotoneifolium* Vill.?)—Pelouses alp., disséminé dans les A., les V., sur quelques points du S. et dans le Jura. — Chasseral, Creux-du-Van, Chasseron, Suchet, Mont-d'Or, Dôle, Salève; une variété à la Dôle est le *H. cydoniæfolium* Thom. teste Rap.

H. boreale Friese (et probablement sous ce nom le *sabaudum* L.). — Bois argileux et sableux, les 5 rg., assez répandu dans toutes les zônes eugéogènes de la contrée, ascendant dans les MR., disséminé et souvent nul d. l. J. — S. n. l., Zurich, Bâle, Ferrette, Porrentruy (Bonfol), Delle, Béfort, Besançon, Salins, Arbois, Bourg, Tour-du-Pin, Grenoble, Aarberg, Estavayer, Cerlier, Payerne, Rolle, Nyon, Genève, etc.; plus haut, Delémont, Pontarlier, Sône, etc.; probablement le vrai *boreale* Friese sur la plupart de ces points; du reste M. Schultz ne sépare pas le *boreale* du *sabaudum* et a fait voir qu'ils sont liés par des intermédiaires.—Roches eug. pp.—H.

H. umbellatum L. — Bois, surtout argileux, les rg. inf., répandu dans toutes les zônes eugéogènes, ascendant dans les A., les V., le S., beaucoup moins dans le J. et l'A. où il est assez rare par districts, en tous cas souffrant et de petite taille sur les calcaires compactes et y annonçant par son degré de développement les affleurements péliques et les lambeaux limoneux. — Roches eug.—II.

Suppl.—Je n'ai pas besoin de faire remarquer ici combien ce qui précède relativement aux *Hieracium* laisse d'incertitudes relativement à la présence ou à la dispersion de plusieurs espèces critiques. Dans la confusion qui a si longtemps régné et se montre encore à plusieurs égards, il est souvent impossible de tirer parti des indications des observateurs locaux.

64. AMBROSIACÉES.

Xanthium strumarium L. — Lieux sableux, les 5 rg. inf., disséminé et souvent fugace d. t. l. c. a., surtout la VR., très-rare dans le J.—S. n. l., Bâle, Soleure, Bienne, Porrentruy, Delémont, Montbéliard, Neuchâtel, Nyon, Genève, Besançon, Villersfarlay, Arbois, Sellières, Belley (Coron), Grenoble, etc.; à peine permanent sur plusieurs de ces points.—Roches eug. pm. — II.

X. spinosum L.—Cette espèce méridionale est signalée par M. Laffon près Schaffhouse (champs de Büsingen et Buchalten).

65. LOBÉLIACÉES.

Suppl.—Point de représentant d. n. l. — A peine représentée en France et en Allemagne par une ou deux *Lobelia*.

66. CAMPANULACÉES.

Jasione montana L. — Lieux sableux, disséminé d. t. l. c. a., ascendant, répandu dans les V. et le S., dessinant plus disséminé les zônes psammiques de la VR., du BS. et de la VS., rare ou nul sur de grandes étendues des autres zônes, notamment le J. et l'A.—S. n. l., Schaffhouse, Bülach, Eglisau, Kaiserstuhl, Bâle, Ferrette, Delle, Béfort, Montbéliard (lisière vosgienne), Villersfarlay (Grande-Loye), Sellières (étang de Chavannes), Pleure, le Déchaux , etc. , Bourg (Pont-de-Vaux , Bagé), Tour-du-Pin , Grenoble, Cerlier (Jolimont), Boudry, l'Ile, Payerne, Lausanne, Aubonne, Nyon, Genève; aussi, rarement plus dans l'intérieur du Jura, Porrentruy, Baume ; une des espèces dont la large dispersion dans les MR. fait contraste avec l'absence presque totale dans le J.—Roches eug. pm.—H.

J. perennis L.—Cette espèce de la France centrale et méridionale, disséminée en Allemagne, dessine dans les V. et sur quelques points du pied du S. les zônes clastiques et cristallines.—Roches eug. pm.—H.

Phyteuma orbiculare L.— Prés, rg. mtg. et alp., aussi la mn., assez répandu dans les A., l'A., les Cl., plus disséminé dans les MR., répandu abondant d. t. l. J., habituel dans la rg. mtg.; aussi çà et là jusque dans les plaines.

P. spicatum L.—Bois, les 5 rg. inf., répandu abondant d. n. l.; sa modification *cærulescens (nigrum* Schm.) disséminée dans les bois argilo-sableux d. t. l. c. a., surtout les V. et le S., et se montrant — s. n. l. à Kempten, Lausanne, Genève, Delle, Montbéliard, Vorey, Noironte, Grenoble; une forme alp. dans les V.

P. hemisphæricum L. — Cette espèce des hautes A., surtout cristallines. commence à la Chartreuse (Grand-Som); elle a été aussi indiquée aux Côtes-du-Dessoubre *Welz.??*

P. pauciflorum L.—Espèce alpine commençant également à la Chartreuse (Sappey) *Gras.*

Campanula pusilla Haenk.—Rochers humides, rg. mtg. et au dessus, assez répandu dans les A., très-rare dans les V., nul dans le S., répandu abondant d. t. l. J.—Depuis les chaines argoviennes jusqu'au Salève et à la Chartreuse, limité par les hautes chaines, puis environ par les Passwang, Blauenberg, Monterrible , Lomont, Clós-du-Doubs , Côtes-du-Dessoubre, Taureau, Hautes-Joux, Côtes-du-Lison, etc.; p. ex., Wasserfall, Weissenstein, Montoz, Moron, Raimeux, Franches-Montagnes, Sonnenberg, Côtes-du-Doubs, Chasseral, Creux-du-Van, Suchet, Mont-d'Or, Rizoux, Châtel, Montendre, Dôle, Reculet, cluses de Nantua et Sylant, Grand-Colombier, Mont-du-Chat, etc.; çà et là plus bas et sporadiquement jusque dans la plaine , p. ex., Schaffhouse, Bâle, Estavayer, Salins, etc.; une des espèces les plus caractéristiques de notre rg. mtg. dont l'absence fait contraste dans les MR.

Campanula rotundifolia L.—Pelouses, les 4 rg. en se modifiant, très-répandu, très-abondant d. n. l.—Comme nous l'avons dit (tome I, p. 337) la *C. Scheuchzeri* Vill. K. (comprenant la *linifolia* DC. et la *valdensis* All.) n'est pour nous qu'une modification alpestre de la *rotundifolia.* Donnons ici un exemple de la difficulté de mettre d'accord les observateurs en ce qui concerne certaines prétendues espèces. Selon M. Döll, Spenner a pris dans le Schwarzwald une variété de la *rotundifolia* pour la *Scheuchzeri*. M. Grisselich pense de même, mais il égale cette variété à la *linifolia*. M. Kirschleger indique également, dans les hautes Vosges la *linifolia* en ajoutant que c'est une variété de la *rotundifolia,* et, malgré cela, M. Döll indique la vraie *Scheuchzeri* dans les Vosges. M. Godron indique la *linifolia* dans les Vosges comme variété de la *rotundifolia*, rôle qu'il fait également jouer à la *pusilla* des Vosges. Hegetschweiler indique la *Scheuchzeri* et plusieurs formes voisines dans les Alpes en les rapportant toutes au type de la *rotundifolia ;* Gaudin, sous le nom de *valdensis*, indique comme commune dans le J. une espèce très-voisine. M. Moritzi l'y indique sous le nom de *Scheuchzeri*. M. Hagenbach l'indique dans le Jura, au Wasserfall, sous le nom de *linifolia,* mais il ne sait si c'est la *Scheuchzeri*. M. Godet indique une *Scheuchzeri* au Creux-du-Van et à la Brévine, mais il pense que cette dernière pourrait différer de la première et n'être qu'une forme de la *rotundifolia*. M. Gibollet indique la *valdensis* au Chasseral sans parler de la *linifolia* ni de la *Scheuchzeri*. M. Mutel signale la *Scheuchzeri* en l'égalant à la *linifolia*. M. Friche n'a vu dans le J. que des variétés de la *rotundifolia*. M. Reuter qui a vu la *linifolia* dans les Alpes de Maglan ne l'a pas vue dans le Jura non plus que la *valdensis* (que Gaudin y dit commun), du moins il ne la mentionne pas. M. Rapin ne signale pas la *valdensis* dans le Jura et n'a vu la *Scheuchzeri* = *linifolia* qu'au Creux-du-Van. M. Garnier n'a vu dans le Jura que des variétés de la *rotundifolia*. M. Babey, qui signale la *Scheuchzeri* dans le Jura, l'a vue comme *linifolia* = *valdensis* à la Dôle, au Colombier, au Creux-du-Van et nulle part lui-même comme *valdensis* All. = *valdensis* ₐ Gaud. Enfin, si l'on compare avec soin les diagnoses données par M. Koch pour sa *rotundifolia* et sa *Scheuchzeri* on voit qu'elles ne diffèrent qu'en ce que dans la dernière les feuilles sont plus linéaires, les fleurs plus en grappe et moins nombreuses (souvent une seule) et les lanières calycinales plus redressées.—J'ai sous les yeux et *recueillie par moi-même* la plante controversée du Feldberg, du Ballon de Soultz, du Righi, du Gothard, du Montanvert, du Chasseral, de l'Aiguillon, du Reculet et du Grand-Colombier, toutes offrant des différences dues évidemment à la station. J'y vois les caractères ci-dessus indiqués (à quoi il faut ajouter la grandeur de la fleur) d'autant plus marqués que la station est à la fois plus fraîche, plus froide, plus élevée. Ils sont très-tranchés dans la forme des Alpes ; moins bien, mais encore assez nettement dans celle du Schwarzwald ; plus vagues encore dans celle des Vosges et beaucoup moins nets dans celle du Jura. Nous avons dit au Chap. XVII comment en s'élevant dans les montagnes ci-dessus, on voit la *rotundifolia* se modifier insensiblement pour prendre les formes en question. Ajoutons que, dans le Jura, la pubescence varie selon l'apricité de la station de manière à devenir plus fréquente dans les districts méridionaux. En résumé, les *C. Scheuchzeri* Vill., *valdensis* All., *linifolia* DC. ne sont, pour nous, que des modifications à divers degrés de la *rotundifolia* sous l'influence des agents extérieurs, parmi lesquels la chaleur, la lumière, l'humidité jouent le rôle principal.

C. rhomboidalis L. — Pelouses mtg. et alp., disséminé dans les A. occidentales et dans le J., à-peu-près à partir du Creux-du-Van. — Chasseron, Dent-de-Vaulion, Suchet, Aiguillon, Mont-d'Or, Montnoir, Hautes-Joux, Noirmont, Montendre, Dôle, Colombier, Reculet, Poisat, Grand-Colombier, Mont-du-Chat, Salève, Chartreuse ; ainsi, seulement dans une partie du Jura, et non partout, comme le dit Gaudin.

C. patula L.—Coteaux graveleux secs, les 2 rg. inf., disséminé rare d. l. c. a., surtout le BS. occidental, nul sur de grandes étendues, notamment d. l. J. — S. n. l., Schaffhouse, Eglisau (Rafz), Bâle (rare), Cerlier (Pont-de-Thielle), (Vavre à Marin), Boudry (Bevaix à Châtillon), Grandson, Vallorbes Neuchâtel (vers Ballaigue), Payerne (la Molière), Gimel (G. Bière), Nyon (Crans, Gingins, etc.), Rolle (pied du Jura), Genève (Vernier à Meyrin, etc.), Côtes-de-l'Ain, Voreppe, Grenoble ; Valais, Savoie, Lyon.

C. latifolia L.—Bois, rg. mtg. et alp., disséminé dans les A. occidentales, sur plusieurs points des V. et du S., disséminé dans le Jura.—Weissenstein (cirque de la Röthifluh) *Fr.*, Chasseral *id.*, Sujet (rochers de Lamboing à Orvins) *Gib.*, Joux-du-Plane (Pertuis), Pouillerel (Valanvron, Brenets, Chaux-de-Fonds), Creux-du-Van (Cirque), Pontarlier (bois de Doubs) *Vet.*, Levier (Souillot à Chaffoy) *Garn.*, Salins (vers Saint-Ange) *id.*, Mont-d'Or *Gr.*, Dôle (sur Bonmont et les Rouges) *Rap.*, Chartreuse.

C. thyrsoidea L.— Pelouses rocailleuses alp., disséminé dans les A. et d. l. J.—Chasseron (Chanelaz) *Lesq.*, Montendre (Marchairuz, etc.), Noirmont *Bab.*, Dôle, Colombier, Reculet, Chartreuse ; Alpes de Maglan.

C. cervicaria L.—Lieux sylvatiques sableux, disséminé rare d. n. l. — S. n. l., Schaffhouse (Thäingen, Geissberg) *Laff.*, Regensperg (Stadel à Bach) *Haus.*, Rheinfeld (bois de) *Hag.*, Aarau (Hungersberg) *Heg.*, Nyon *Ducr.*, Genève (Bâtie, Crevin) *Mrtz. Chan.*, Salins (bois Bovard et de Chaudreux) *Bab.*, Chartreuse (prés humides) *Mut.*

C. glomerata L. (y compris la forme *aggregata*)—Pelouses, les 2 rg. inf., aussi la mtg., répandu abondant d. n. l.

C. Rapunculus L.—Bois, les 2 rg. inf., aussi la mtg., répandu abondant
d. n. l.

C. persicifolia L.—Bois graveleux, les 3 rg. inf., disséminé d. t. l. c. a.,
ascendant dans les V., le S. et le J. — S. n. l., Schaffhouse, Eglisau, Kaiserstuhl, Bâle, Besançon, Salins, Poligny, Thoirette, Ceyseriat, Cerdon, Tenay, Saint-Rambert, Belley, Grenoble, Aarau, Soleure, Neuveville, Neuchâtel, toute la lisière vaudoise jusqu'à Genève ; plus haut, Lægerberg, cluses
de la Suze, Chasseral, Côtes-de-l'Ain, etc.

C. rapunculoides L.—Bois, champs, les 2 rg. inf., aussi la mtg., assez ré-
répandu d. n. l.

C. Trachelium L. — Bois, les 3 rg. inf., répandu abondant d. n. l.; sa
variété *urticæfolia* Schm. sur quelques points mtg. : Creux-du-Van, Poupet,
Salève.

C. barbata L.—Espèce alpine?, répandue d. t. l. A., commençant à — la
Chartreuse ; Alpes de Maglan.—M. Cornaz m'annonce que cette espèce a été
découverte au Montendre par M. Vionnet en 1848.

C. Medium L.—Cette espèce de la France méridionale, souvent cultivée,
çà et là subspontanée d. n. l., s'avance indigène jusque s. n. l.—à Grenoble
(la Tronche, etc.) *Mut.*

Prismatocarpus Speculum L'Hér.—Champs, ascendant avec eux, répandu
d. n. l.

P. hybridus L'Hér.—Champs, assez rare d. l. c. a., quelques points de la
VR. et de la Pl., plus rare encore dans le BS. — S. n. l., Schaffhouse *Laff.*,
Bâle *Hag.*, Besançon *Vet.*, Salins (By) *Bab.*, Arbois (Pupillin) *Dum.*, Ge-
nève *Mrtz.*; Dauphiné méridional.

Wahlenbergia hederacea Rchb. — Cette espèce des prés tourbeux, disséminée, assez rare en France, en L., dans le nord de la VR. ne se montre
nulle part d. n. l.

W. Erinus Linck. — Cette espèce des provinces méridionales de France
doit avoir été signalée aux environs de Montbéliard par Bernard ; elle n'a pas
été revue depuis et paraît fort douteuse ; nulle, du reste, d. n. l.

67. VACCINIÉES.

V. Myrtillus L.—Bois humides, tourbières, les 3 rg. inf., surtout la mtg.,
excessivement répandu dans les V. et le S., un peu moins dans les A. en
général, moins encore dans les occidentales, surtout les cristallines et clas-

tiques centrales, assez rare dans les plaines ambiantes, mais répandu sur les collines molassiques du BS., assez répandu dans toutes les zônes tourbeuses du J., mais beaucoup moins habituel que dans les MR. et manquant ou rare sur de grandes étendues de la rg. mn. et même de la mtg. sèche, jouant le même rôle dans l'A.—Roches eug. pm.—H.

V. Vitis-idœa L. — Bois et tourbières , rg. mtg., assez répandu dans les V. et le S., plus disséminé d. l. J., moins descendant et manquant souvent dans les districts secs au dessous de 1000^m environ.—Passwang, Weissenstein, Moron, Franches-Montagnes, Montoz, Sonnenberg, Chasseral, Creux-du-Van, Chasseron, Pouillerel, Mont-d'Or, Taureau, Suchet, Dent-de-Vaulion, Aiguillon , Boujailles, Hautes-Joux, Rizoux, Montendre, Reculet, Salève, Cluses-de-Sylant, Bugey *Boss.,* Chartreuse , etc., et la plupart des hautes vallées comprises entre ces chaines, rarement plus bas. p. ex., Schaffhouse. Beaucoup plus habituel dans les MR.—Roches eug.—H.

V. uliginosum L.—Tourbières, rg. mtg., aussi parfois les plaines, répandu avec elles dans les A., les V., le S., le J. et sur quelques points de l'A. — Bellelay, Gruyère, Chaux-d'Abel, Sonnenberg, Pontins, Chasseral, Joux-du-Plane, Ponts, Sagne, Brévine, Creux-du-Van, Noiraigue, Sainte-Croix, Chaux, Vraconne, Pontarlier, Mouthe, Boujailles, Bonlieu, Saint-Antoine, Entre-Côtes, Foncine-le-haut, Chapelle-des-Bois, Bief-du-Fourg, Joux, Rousses, Trélasse, Coillard, etc.

V. Oxycoccos L.—Tourbières, divers niveaux, surtout la rg. mtg., disséminé d. t. l. c. a., surtout les A., V., S. et J.—Bellelay, Gruyère, Pleine-Seigne, Chaux, les Enfers, Chantraine, Barrières, Chaux-d'Abel, Chasseral, Eplatures, Ponts, Brévine, Pontarlier, Mouthe, Boujailles, Bief-du-Fourg, vals de Joux, des Rousses, Trélasse, Coillard, etc.; plus rare dans le J. méridional comme les tourbières.

68. ÉRICINÉES.

Arctostaphylos alpina Sprng.—Cette espèce alpine, assez répandue dans les A., ne se montre que disséminée dans le J.—Chasseral (Cheneau de Cortébert et Saint-Imier) *Gagn. non rec.,* Dôle (rochers au nord-est non loin du signal) *Fr.,* Crêt-de-la-Neige ? (montagne d'Allemogne) *Reut.,* Chartreuse? A. de Maglan (Brezon, Vergy) *Reut.*

A. officinalis Wimm.—Cette espèce des landes du nord de l'Allemagne et des montagnes de France se montre disséminée dans les A. et dans le J. —

Weissenstein (Haasenmatt, Saint-Joseph), cluses de la Suze et de la Birse, Tourne (Tablette), Suchet, Dent-de-Vaulion (sur Vallorbes), Mont-d'Or, Noirmont (sur Genollier), Montendre, Dôle, Colombier, Montoisé, Reculet, Crédoz (pied du), Cluses-de-Nantua (Latour), Mont-du-Chat ; aussi parfois plus bas dans le BS., Eglisau (Irchel), Cudrefin (Vully), Neuveville (côtes du lac), Genève (Bâtie), etc.

Andromeda polifolia L. — Tourbières, divers niveaux, disséminé dans les plaines wurtembergeoises et le BS., assez répandu dans les V., le S., le J. central et occidental, nul dans les A. et le Jura méridional ; une des espèces boréales du Jura. — Bellelay, Pleine-Seigne, Gruyère, Chaux-d'Abel, Ponts, Sagne, Brévine, Pontarlier, Mouthe, Chapelle-des-Bois, Chaux-du-Dombief, Villeneuve-d'Amont, Bief-du-Fourg, Vaux, Boujailles, Noiraigue, Sainte-Croix, Val-de-Joux, Rousses, Trélasse, etc.

Calluna vulgaris Salisb. — Lieux argilo-sableux, divers niveaux, dessinant surtout les zônes eugéogènes psammiques d. n. l., très-répandu dans les MR., beaucoup plus disséminé, moins abondant et moins prospère dans le J. et l'A., sauf dans leurs tourbières, contrastant souvent sur les lisières calcaires du J. et de l'A. *de Mohl ;* une espèce tellement répandue dans les V. et jusque sur les rochers (ce qui n'a jamais lieu dans le Jura), qu'on peut l'y considérer comme la plante la plus commune *Kirschl.,* — Roches eug. pm. — H.

Erica carnea L. — Cette espèce des sols psammiques, disséminée dans les basses A. et jusque sur quelques points du BS., manque, du reste, d. l. J. et l. c. a.

Suppl. — Les *E. Tetralix, cinerea, ciliaris, scoparia* commencent à paraître sur des points éloignés des frontières extrêmes de notre contrée en Wurtemberg, Prusse rhénane, Lorraine et Dauphiné méridional ; nuls, du reste, d. n. l.

Rhododendron ferrugineum L. — Cette espèce alpine, très-répandue dans les A., se trouve sur quelques points du J. — Chasseral *Lam.* 1842 *et revue en* 1848, Creux-du-Van (fond du Cirque), Noirmont (Seiche des Embornats), Montendre, Dôle (Faucille, Vuarne, versant des Rousses), Montoisé, Reculet, Chartreuse (Chamchaude, Charmant-Som, Grand-Som) *Mut. Gras ;* Alpes de Maglan, Dauphiné.

R. hirsutum L. — Cette espèce, répandue d. l. A. centrales et orientales, rare ou nulle dans les occidentales, paraît fort rare d. l. J. ; elle y a été indiquée au Thoiry (Reculet?, Crêt-de-la-Neige?, Pré-Marmier?) par Haller, mais n'y a pas été retrouvée depuis. J'ignore pourquoi M. Babey l'indique à la Dôle sur

le témoignage de M. Reuter qui n'en parle pas ; c'est sans doute une inad-
vertance, car c'est bien le *ferrugineum* qui est indiqué dans cette localité (en
descendant vers les Rousses) par M. Reuter qui place en outre l'*hirsutum*
parmi les espèces non retrouvées et dont il n'a pas vu d'exemplaire authen-
tique. Quoiqu'il en soit de cette localité, cette plante se trouve au Chasseral
où elle a été découverte en 1842 par M. Lamon. Voici ce que m'en écrit ce
botaniste : « J'avais fait plusieurs excursions sur la chaine de Chasseral dans
le but d'y découvrir le *R. hirsutum,* mais vainement. En 1842, étant entré
avec un ami dans une métairie, et ayant demandé si l'on ne connaissait pas
ce joli arbrisseau (Alprosen), on eut la complaisance de nous faire voir trois
petits buissons de *R. hirsutum* et, à ma grande surprise, un exemplaire du
ferrugineum; il est vrai que ce dernier avait beaucoup souffert de la main
des curieux et qu'il était réduit à un petit nombre de rameaux ; mais l'*hirsutum* offrait d'assez fortes touffes. Dans une excursion que j'ai faite cet été
(1845), je n'ai pu les retrouver, mais des bergers ont rapporté de beaux
bouquets de l'*hirsutum.* » M. Lamon qui habite Diesse, localité située au pied
du Sujet et très-voisine du Chasseral, y a revu cette plante en 1848; M. Godet l'y a également constatée la même année.

Azalea procumbens L. — Répandu dans les A., surtout cristallines et clastiques, nul dans le J.; Chartreuse? ; Alpes de Maglan, Dauphiné méridional.

Ledum palustre L. — Cette espèce des tourbières du nord, signalée anciennement sur un point de la VR. où elle n'a pas été revue depuis, et sur deux
points du S., est nulle, du reste, d. n. l.

69. PYROLACÉES.

Pyrola rotundifolia L. — Bois, les 3 rg. inf., disséminé d. n. l., plus répandu sur les zônes eugéogènes.

P. chlorantha Sw. — Bois, disséminé ou rare d. l. c. b. a. — S. n. l.,
Schaffhouse, Eglisau (Irchel), Soleure (bois de Lomiswyl) *Fr.,* Bienne (bois
des Côtes) *id.,* Valangin (gibet et bois de Bussy *Corn.) God.* 1848, Lausanne
(Sauvabelin), Nyon (bois de Coinsins) *Rap.*

P. minor L. — Bois, les 4 rg., surtout la mtg., assez répandu dans les
zônes eugéogènes, les V., le S., plus disséminé d. l. J. — Roches eug. — II.

P. secunda L. — Bois, les 4 rg., surtout mtg. et alp., disséminé dans les A.,
rare dans les V., le S., assez répandu dans l'A. et t. l. J. — P. ex., Lægerberg, Wasserfall, Weissenstein, Raimeux, Monterrible, Lomont, Chasseral,

Franche-Montagne, Côtes-du-Doubs, Chasseron, Taureau, Mont-d'Or, Poupet, Suchet, Rizoux, Dôle, Mont-d'Ain, Cluses-de-Nantua, Côtes-de-l'Albarine, Grand-Colombier, Chartreuse, etc.—Roches dysg.—X.

P. uniflora L. — Bois, les 4 rg., disséminé ou rare d. l. c. a., surtout la rg. mtg. du S., puis sur quelques points d. n. l. — Schaffhouse (Rhanden) *Laff.*, Rheinfeld (Olsberg), Neuchâtel (bois des prés de Reuse), Val-de-Rosières (Saint-Joseph à Crémine) *Fr.*, bois de Coinsins *Rap.*, Grenoble.

P. media Sw.— Cette espèce, très-rare d. n. l., est signalée au— Salève (sur Archamp) *Reut.*

P. umbellata L. — Cette espèce, très-rare d. n. l., a été indiquée sur un point des V.

70. MONOTROPÉES.

Monotropa Hypopitys L.—Bois couverts, les 3 rg. inf., assez répandu d. t. l. c. a. et d. t. l. J.

EXOGÈNES DICHLAMYDÉES COROLLIFLORES.

71. ÉBÉNACÉES.

Suppl. — Point de représentant indigène d. n. l.

72. AQUIFOLIACÉES.

Ilex aquifolium L.—Bois, surtout argileux et sableux, les 3 rg. inf., disséminé dans les A., répandu dans les V. et le S., plus disséminé et souvent assez rare dans le J. et l'A.—Roches eug.—H.

73. OLÉACÉES.

Ligustrum vulgare L.—Bois, les 2 rg. inf., aussi la mtg., surtout les zônes dysgéogènes de la rg. mn., répandu ou disséminé d. n. l. — Roches dysg. — X

Syringa. — *Suppl.* — Le *S. vulgaris* L., arbrisseau exotique cultivé, puis çà et là comme naturalisé, p. ex., aux environs de Bâle, Salins, Neuveville (cascade de Crossevaux) *Gib.*, Grenoble, etc.; cultivé très-haut dans les jardins de la rg. mtg., p. ex., les fermes les plus élevées des Rizoux.

Phillyrea latifolia Lam. — Cette espèce des collines de la France méridionale est signalée à Luirieux, village entre Champagne et Culloz au pied du Grand-Colombier; ce serait une des espèces les plus méridionales d. n. l.

Olea. — *Suppl.* — L'*O. europœa* L. supporte à peine le plein vent sur quelques points les plus chauds d. n. l., p. ex., aux environs de Grenoble où l'on en voit un beau pied à la Tronche; probablement çà et là dans le vignoble franc-comtois?; enfin en quelques endroits du vignoble vaudois : ainsi, il paraît avoir été cultivé aux environs de Montagney près Lutry où, au rapport de M. Blanchet, d'anciens documents parlent de la *dîme des olives*

Fraxinus excelsior L. — Bois frais, graveleux, les 3 rg. inf., surtout les zônes mtg. eugéogènes des V., du S. et tourbeuses du J., mais souvent assez rare sur certaines étendues des plateaux dysgéogènes de la rg. mn. — Roches eug. — II.

74. JASMINÉES.

Jasminum fruticans L. — Cet arbrisseau de la France méridionale paraît s'avancer s. n. l. jusqu'à — Grenoble (Bastille) et ailleurs dans le Dauphiné; il se retrouve plus au nord, çà et là naturalisé aux environs d'Arbois (rochers sur les jardins) *Bab.* et Salins (rochers de Château et d'Arèle) *id.* On l'a aussi signalé dans le Valais.

75. ASCLÉPIADÉES.

Cynanchum Vincetoxicum R. Br. — Lieux arides, les 3 rg. inf., surtout la mn., dessinant partout d. n. l., disséminé ou répandu, les zônes dysgéogènes, Cl., A., K., Csv., Csh., J., souvent en société de l'*Helleborus fœtidus,* beaucoup plus rare et nul parfois sur certaines étendues des zônes eugéogènes. — Roches dysg. — X.

Asclepias. — *Suppl.* — L'*A. syriaca* L., naturalisé dans la France méridionale, m'est signalé d. n. l. aux environs de Belley *Bern.*

76. APOCYNÉES.

Vinca minor L.—Bois, les 2 rg. inf., surtout la mn. et les zônes dysgéogènes, plus rarement mtg., disséminé ou répandu d. n. l.; la variété *velutino-
purpurea* dans les stations chaudes, p. ex., Bienne, Nyon, Salins et aussi çà
et là plus haut, Schauenburg, Delémont (près Domont) *Fr.*, Porrentruy (vers
Fontenois) *id.*, Môtiers-Travers (château de) où l'admiration de J.-J. Rous-
seau, herborisant sous la direction de d'Ivernois, préparait à la *Pervenche* sa
réputation classique.

V. major L. — Cette espèce de la France méridionale et de l'Allemagne
transalpine s'avance s. n. l. jusqu'à Grenoble (Beauregard, etc.) *Mut.*, Nyon
Gaud., Genève (Châtelaine à Aire) *Reut.* et Neuveville (buissons de Crosseveaux, abondante) *Gib.*; aussi cultivée et peut-être naturalisée.

77. GENTIANÉES.

Menyanthes trifoliata L.—Prés tourbeux, divers niveaux, disséminé d. t.
l. c. a. et d. l. J.—P. ex., s. n. l., Schaffhouse, Zurich, Bâle, Ferrette, Por-
rentruy, Montbéliard, Delémont, etc.; Landeron, Neuchâtel, Nyon, Genève,
Grenoble, etc.; plus haut, Bellelay, Tramelan, les Bois, vals de Moutier, Nods.
Travers, Brévine, Ponts, Pontarlier, Bief-du-Fourg, Chapelle-des-Bois, Sône,
Entre-Côtes, Boujailles, Grand-Chalame, Coillard, etc.

Villarsia nymphoides Vent.—Eaux stagnantes, rg. b., très-disséminé dans
la VR., la Pl., la vallée de l'Ognon *Vet.*, plus répandu dans la Bresse, nul
dans le BS.—S. n. l., Bâle (Michelfeld) *Vet.*, Sellières (Champrougie) *Garn.*,
Chaumergy (Fay) *Dum.*, Bourg (Moulin de la Rosière, Pont-aux-Chèvres près
de la ville, etc.) *Bross.*; Bresse lyonnaise, Terres-froides?; certainement plus
commun dans la Bresse que ces données ne semblent l'indiquer.

Chlora perfoliata L. (comprenant le *serotina* Koch). — Lieux argileux
chauds?, les 2 rg. inf., surtout la plaine, disséminé d. l. c. a., surtout
sud-occidentales, rare ou nul sur de grandes étendues. — S. n. l., Eglisau
(Irchel), Bâle (Neudorf, etc.), Boudry, Bevaix, Rolle, Morges, Nyon (Pro,
menthoux, etc.), Versoix, Fernex (Thoiry), Genève (bois des Frères, etc.),
Bourget, Culloz, Belley, Grenoble, Salins (Prémoureau, Baud à Mont-de-
Cernans), Arbois *Dum.*; plus haut, Chasseral *Vet.*, Boinods *id.*, la Sagne
Lesq., les Eplatures *id.*—Roches eug. pl.—H.

Swertia perennis L. — Tourbières, rg. mtg., répandu dans toutes les A., disséminé dans le J., sur un point du S., nul dans les V. — Pleine-Seigne, Combe-Moncenez, Pontins, Echelette, Envers-de-Renan, Lignières, Pouillerel, Eplatures, Brévine, Morteau, Bélieu, Pontarlier, Mouthe, Vaux, Entre-Côtes, Chapelle-des-Bois, Sainte-Croix, vals de Joux, des Rousses, des Dappes, Trélasse, Malbronde ; espèce de l'Allemagne boréale caractéristique des marais mtg. et ne descendant point dans les rg. inf. d. n. l.

Gentiana lutea L.—Cette espèce est généralement répandue dans toute la rg. mtg. du J. au dessus de 900 à 1000 ^{m} et une centaine de mètres plus haut dans les chaînes méridionales. Nous en avons donné la dispersion tome I page 184. Elle se trouve aussi en abondance dans les V., mais circonscrite à la partie centrale du Ballon d'Alsace au Brézoir *Kirschl.* au dessus de 1000 mètres environ, et manque sur d'autres points qui atteignent ce niveau. Elle est moins abondante dans le S., et se montre sur quelques sommités à des hauteurs très-différentes vers 800 mètres dans la partie wurtembergeoise, et vers 1400 seulement dans la partie badoise. On la voit çà et là dans l'A. vers 800 mètres. Elle est inégalement distribuée dans les A. entre 1000 et 800 mètres, rare ou nulle sur d'assez grandes étendues, c'est-à-dire, ainsi que le remarque M. Moritzi, moins commune que dans le Jura, à quoi l'on peut ajouter, moins uniformément répandue. Ainsi, en résumé, on peut dire qu'elle est très-répandue dans le Jura et seulement disséminée dans les MR. et les A. Cette dispersion vient à l'appui de l'opinion de Decandolle qu'elle préfère les terrains calcaires, et de M. Moritzi qu'elle croit de préférence sur les roches massives, ce qui, selon nous, revient à dire qu'elle évite les sols détritiques trop absorbants. Elle peut aussi être gênée dans les mtg. cristallines et elastiques par l'envahissement excessif de plusieurs espèces sociales, notamment les bruyères; enfin, il ne faut pas oublier qu'elle a dû disparaître de plusieurs localités par l'extirpation graduelle de ses racines pour les usages officinaux et économiques.

G. cruciata L. — Pelouses sèches, les 2 rg. inf., surtout la mn., aussi la mtg., disséminé d. t. l. c. a. et t. l. J., surtout les parties hémipéliques des zônes dysgéogènes, Cl., l'A., K., etc.—Roches dysg. oligopl.—X.

G. asclepiadea L.—Cette espèce, disséminée dans la rg. mtg. des A., ne se montre, du reste, d. n. l. que sur quelques points du W. et du J. oriental et de ses lisières.—Bülach, Eglisau, Schaffhouse (Rhanden), Lægerberg, Reigoldswyl (Schelmenloch), Passwang et Vogelberg, Weissenstein (Röthlifluh); elle se montre de nouveau dans les Alpes de Maglan (Reposoir) et du Dauphiné méridional.

G. Pneumonanthe L. — Prés tourbeux, divers niveaux, disséminé d. t. l. c. a. et d. l. J.—S. n. l., Schaffhouse, Bâle, Delémont, Landeron, Estavayer, Yverdon, Nyon, Genève, Pont-de-Beauvoisin (Romagnieux) ; plus haut, Lignières, Bellelay *Hag.*, Val-de-Travers, Sainte-Croix, pied du Mont-d'Or *Vet.*, Saint-Laurent (Morillon) *Cord.*, Champagnole (Pâquier) *Garn.*, Clairvaux *Dum.*

G. acaulis L. — Pelouses alp., répandu dans la majeure partie des A. et d. l. J. — Schafmatt (Geissfluh), Farnerberg (Schmiedematt), Weissenstein, Montoz, Raimeux, Chasseral, Tête-de-Rang, Creux-du-Van, Chasseron, Châteluz, Suchet, Aiguillon, Noirmont, Montendre, Dôle, Colombier, Montoisé, Reculet, Poisat, Grand-Colombier, Mont-du-Chat (l'Epine), Chartreuse ; aussi plus bas dans la rg. mtg., mais plus disséminé, p. ex., chaînes de Wallenburg, Roche-de-Courroux, Roggenburg, Saint-Braix (Crêt-de-Moébré), Franches-Montagnes (Crêt-brûlé), Chaumont, Côtes-du-Doubs (Crêt-des-Sommètres, Valanvron), Boujailles, Chaux-des-Crotenay, grotte des Echelles, etc.; enfin, plus bas encore et plus sporadiquement, dans les cluses de Moutier, Court, Pichoux, la Loue, etc. ; une des espèces les plus caractéristiques de la rg. alp. et de ses approches dans la majeure partie du J., surtout central.

G. verna L.—Pelouses, rg. mtg. et alp., répandu dans les A., nul ou rare dans les V. et la majeure partie du S., assez répandu dans l'A. et répandu d. t. l. J.—Depuis la Schafmatt (plus à l'est?) jusqu'au Salève et à la Chartreuse, p. ex., Wasserfall, Vogelberg, Weissenstein, Moron, Montoz, Saint-Braix, Monterrible, Franches-Montagnes, Chasseral, Chaumont, Creux-du-Van, Taureau, Hautes-Joux, Mont-d'Or, Suchet, Noirmont, Montendre, Dôle, Colombier, Reculet, Poisat, Mont-d'Ain, Grand-Colombier, Molard-de-Dom, etc., vals de Delémont, Moutier, Saint-Imier, Ruz, Travers, Morteau, Pontarlier, Joux?, Brenod, etc.; peut-être un peu moins répandu dans le J. méridional; jusque dans les plaines du W. et de la Suisse orientale, nul sur de grandes étendues des plateaux et basses chaines de la rg. mn. occidentale ; assez caractéristique de la rg. mtg. et de ses approches, surtout dans le J. central et occidental.

G. utriculosa L. — Prés humides, divers niveaux, disséminé dans les A., la VR. et s. n. l. — Schaffhouse *Laff.*, Eglisau (Irchel) *Köll.*, Bâle (Michelfeld) *Vet.*; d'après Decandolle, au Chasseral et aux combes de Valanvron, ce qui n'est pas confirmé par les botanistes neuchâtelois et où M. Gouvernon ne l'a pas vue non plus.

G. nivalis L. — Cette espèce, assez répandue dans les A. et ne s'y montrant guère qu'à des altitudes supérieures à celles du Jura, a été observée

au sommet du Montendre en 1822 et 1850 par M. Babey; M. Shuttelworth
l'a reçue de M. Cornaz qui l'a recueillie dans cette même chaîne en 1841
vers le chalet du Grand-Crozet et celui du Montendre ; elle a aussi été observée au sommet du Chatel, contrefort avancé du Montendre, par M. F. Cornaz ;
elle descend jusque dans les pâturages du Pré-de-Saint-Livre non loin du
pied du Montendre où elle a été observée en 1848 par M. Rapin ; enfin,
elle a aussi été signalée en 1845 par M. Grenier, aux Rizoux, au dessus
de Mouthe, localité qui paraît douteuse.

G. campestris L.—Pelouses, rg. mtg. sup. et alp., assez répandu dans les
A., les V., le S. et le J.—Depuis les chaines bâloises jusqu'au Salève et à la
Chartreuse, p. ex., Ramstein, Weissenstein, Montoz, Moron, Chasseral,
Franches-Montagnes (les Bois, Chaux-d'Abel, etc.), Sonnenberg, Joux-du-
Plane, Creux-du-Van, Tourne, Pouillerel, Châteluz, Hautes-Joux, Taureau?,
Suchet, Aiguillon, Boujailles, Poupet, Châtelaine, Rizoux, Noirmont, Mon-
tendre, Dôle, Reculet, Poisat, Grand-Colombier, etc.; aussi parfois plus bas,
p. ex., Salins (Belin), etc.; assez caractéristique de notre rg. mtg.

G. germanica Willd.—Pelouses, les 2 rg. inf., aussi la mtg., p. ex., Sonnenberg, Franches-Montagnes, répandu abondant d. n. l.; M. Bernard envisage comme appartenant à l'*obtusifolia* Willd. une forme voisine des environs
de Nantua (Saint-Martin-du-Fresne, Brion, lac Sylant).

G. ciliata L.—Pelouses subhumides, les 4 rg., surtout la mn., disséminé
d. t. l. c. a., plus rare dans les V. et le S., répandu d. t. l. J., surtout à la
rencontre des assises calcaires marno-compactes des collines et plateaux et
jusqu'aux sommités, p. ex., Sonnenberg, Suchet, Mont-d'Or, Grand-Som, etc.,
remarquablement abondant sur les terrains conchylien, keupérien et liassique
de la vallée du Neckar et de la Pl. — Roches dysg. oligopl.—X.

G. punctata L. — Cette espèce alpine commence à — la Chartreuse *Mut.*
et aux A. de Maglan.

Erythræa pulchella Friese. — Lieux argileux, les 2 rg. inf., surtout les
plaines, disséminé d. t. l. c. a. et aussi d. l. J. aux affleurements des assises
marneuses et des lambeaux diluviens, dessinant surtout d. n. l. les zônes
eugéogènes perpéliques. — S. n. l., p. ex., Schaffhouse, Bâle, Porrentruy,
Béfort, Besançon, Salins, Arbois, Sellières, Neuchâtel, Genève, Grenoble, etc.
—Roches eug. pl.—II.

E. centaurium Friese.—Lieux argilo-sableux, les 5 rg. inf., disséminé d.
t. l. c. a. et d. t. l. J., surtout les zônes eugéogènes et plus ascendant dans
les MR. que d. l. J.—Roches eug. pp.— II.

Exacum filiforme Willd.—Cette espèce des lieux sableux humides, disséminée en France et en Allemagne, à peine aperçue d. l. c. a., a été observée sur quelques points de nos lisières occidentales. — Villersfarlay (bois Mouchard) *Garn.*, Montbarrey (Mont-sous-Vaudrey, la Ferté) *Bab.*, Arbois? (Brainans) *Dum.*, Dôle *Mut.*; assez commun dans la rg. stagnale bressane *Garn.* 1848.—Roches eug. pp.—H.

E. *Candolii* Bast.—Cette espèce, disséminée ou rare en France, a été découverte en 1846 s. n. l. par M. Garnier, aux environs de Montbarrey (bords de l'Etang Baulet près Tassenières), où elle est associée au *Juncus tenageya* et à la *Lindernia pyxidaria*.

<h2 style="text-align:center">78. POLÉMONIACÉES.</h2>

Polemonium cœruleum L. — Cette espèce, disséminée en Allemagne et d. n. l. en Wurtemberg, est indiquée comme spontanée en Suisse sur quelques points des A., puis dans le J. — Bâle (Birsfeld, Neuewelt, etc.) *Hag.*, Brévine (la Châtagne) *Lesq.*, Val-de-Travers (Môtiers, ruisseau de Buttes à Longeaigues) *Lesq. Bab.*, Sainte-Croix (ruisseau de Noirveaux) *Bab.*, Pontarlier (rives du Doubs sous le fort de Joux) *Chantr.*, Morteau (vers Chaillexon) *Dep.*, etc.; est-elle indigène ou naturalisée dans ces localités?

<h2 style="text-align:center">79. CONVOLVULACÉES.</h2>

Convolvulus sepium L.—Buissons, les 2 rg. inf., aussi la mtg., mais plus disséminé, répandu abondant d. n. l.

C. *arvensis* L. — Champs, ascendant avec eux, moins habituel cependant dans la rg. mtg., répandu abondant d. n. l.

C. *Cantabrica* L. — Cette espèce de la France méridionale et de l'Allemagne transalpine s'avance s. n. l. jusqu'à—Grenoble (Bastille); Dauphiné.

Cuscuta europœa L. - Parasite, disséminé d. n. l.

C. *Epithymum* L.—Parasite, peut-être plus répandu d. l. J. que le précédent, très-haut avec ses espèces nourricières, p. ex., au Reculet.

C. *Epilinum* Weihe. — Parasite, inégalement disséminé d. n. l., notamment la VR., aussi le BS. et le J.

80. BORRAGINÉES.

Heliotropium europæum L. — Champs sableux, disséminé ou assez rare d. l. c. b. a., VR., Pl., rare dans le BS. — S. n. l., Bâle (assez fréquent), Montbéliard, Audincourt, Besançon (rare), Baume-les-Messieurs, Thoirette, Neuchâtel (rare), Yverdon (rare), Nyon (fréquent), Coppet, Genève (assez fréquent), Grenoble (çà et là) ; Lyon ; fugace.

Asperugo procumbens L.—Lieux cultivés sableux, disséminé d. l. c. b. a., aperçu s. n. l. en quelques points, fugace, aux environs de—Bâle, Besançon, Neuchâtel, Genève, Grenoble.

Echinospermum Lappula Lehm. — Lieux graveleux, les rg. inf., disséminé d. l. c. a., rare dans le BS., nul sur de grandes étendues, aperçu s. n. l. en quelques points, fugace, aux environs de — Bülach (Rorbas), Bâle, Besançon ?, Grenoble (Drac, etc.), Neuchâtel, Morges (Buchillon, Saint-Prex, etc.), Rolle (Tartegnins), Genève (Etrambières, etc.), Seyssel (Culloz) ; rarement ascendant d. l. J., Arinthod (Thoirette), Val-de-Ruz, Passavant.

Cynogloglossum officinale L.—Lieux arides graveleux, les 3 rg. inf., assez répandu d. n. l.

C. montanum Lam.—Rochers couverts, rg. mtg., assez rare, sur quelques points des V., des A., de l'A., du J. — Wallenburg (Neunbrunnen), Liestal (Rothenfluh), Weissenstein (pied sud) *Fr.*, Cluses-de-Moutier (grottes) *id.*, Monterrible (crêt de la Vacherie-dessus) *id.*, Montbéliard (Châtaillon) *Bern.*, Lomont *JB.*, Locle (Col-des-Roches, Rancenière), Chasseral (Combe-Grède), Creux-du-Van (pied du cirque), côtes de Moutier-la-Loue, Suchet, Salève (sur Archamp), Grand-Colombier (bois d'Arvières) *Bern.*, probablement plus répandu.

Borrago.— *Suppl.*— La *B. officinalis* L. cultivée, puis çà et là subspontanée.

Anchusa officinalis L. (comprenant l'*angustifolia* de divers auteurs). — Cette espèce disséminée, fugace sur quelques rares points d. c. a., a été à peine aperçue s. n. l. — Neuchâtel (Saint-Aubin, Gorgier) *Vet.*, Coppet et Versoix *Heldr.*

A. italica Retz.—Non moins rare d. l. c. a.—Besançon *Vet.*, Nyon (Clarens, Pontfarbé) *Gaud.*, Fernex (chemin de Saint-Genix à Thoiry) *Reut.*, Annemasse (Monetier) *id.*, Grenoble (Beauregard, etc.) ; Lyon. — Champs au dessus de Coinsins (près Nyon) *Rap.* 1848 ; j'ai revu cette espèce près de Thoiry en 1845.

Lycopsis arvensis L.—Champs sableux, disséminé d. l. c. b. a., surtout la VR., la Pl., le BS. occidental, ascendant dans les V., rarement dans le J.—S. n. l., Schaffhouse, Eglisau, Kaiserstuhl, Bâle, Montbéliard, vallée de l'Ognon, Aarau (Petite-Aar), Cerlier (Champion), Neuchâtel et toute la plaine vaudoise jusqu'à Genève, Grenoble ; Lyon.

Symphytum officinale L.— Prés humides, rives, les 2 rg. inf., plus rarement la mtg., disséminé d. n. l.

Cerinthe alpina Kit. K. *(C. glabra* Gaud.)—Cette espèce disséminée dans les pelouses mtg. des A., se retrouve sur quelques points du J. — Côtes-du-Doubs (Valanvron) *Vet. et Lesq.*, Chaux-de-Fonds (Eplatures *Droz et Dep.*), les Ponts (Joux *Dep.*, Sagne au Montdard *Lesq.*), Val-de-Travers (Noiraigue et Chaux-du-Milieu *Dep.*, Boveresse à Saint-Sulpice *God.*, Fleurier *Lesq.*), Noirmont (Seiche des Embornats) *Gaud.*, Grande-Chartreuse *Mut.*, Alpes de Maglan (Méry) *Reut.* Nous n'avons, je crois, dans le J. que la forme à feuilles glabres qui se retrouve également sur plusieurs points des A. occidentales (p. ex., Bovonnaz en Valais *Thom. exsicc.*) ; la forme à feuilles hispides *C. major* LK. qui se montre sur d'autres points des A. (p. ex., Stockhorn) n'en diffère que par ce caractère. Notre espèce est si commune aux environs de Fleurier (Val-de-Travers) qu'on l'y recueille pour la préparer comme légume *Lesq. in litt.*

C. minor. L.—Cette espèce disséminée, rare, fugace en Allemagne et en France, aperçue d. n. l. aux environs de Ferrette, ne paraît pas y avoir été revue depuis.

Echium vulgare L.—Coteaux graveleux secs, les 3 rg. inf., plus disséminé dans la mtg., répandu abondant d. n. l.

Pulmonaria officinalis L. — Bois, les 2 rg. inf., assez répandu d. n. l., surtout les plaines, souvent peu ascendant d. l. J., presque nul par districts et comme remplacé par l'espèce suivante.—S. n. l., Lauffenburg, Bâle, Delémont, Soleure, Salins, Besançon, Genève, Grenoble.—Roches eug.?

P. angustifolia L. — Bois plus secs, rg. mn. et mtg., disséminé sur les collines d. c. a., ascendant dans les A., les V., le S., l'A., puis inégalement d. l. J. — Plateaux et collines des environs de Schaffhouse, Bâle (rare), Besançon (fréquent), Salins (id.), Bienne, lisière vaudoise (commun), Nyon, Genève, Nantua (Volognat), Grenoble ; plus haut, Monterrible (Caquerelle), Cluses-de-Moutier, Reuchenette, Tête-de-Rang, Dôle et probablement sur beaucoup d'autres points.— Roches dysg.?

Myosotis palustris L. Döll. — Prés humides, les 3 rg. inf., répandu dans toutes les zones eugéogènes, plus disséminé dans les dysgéogènes ; ainsi,

souvent habituel dans les bois des plaines, des V., du S.., rarement d. l. J.
La forme *strigulosa* Rchb. se montre çà et là ; la forme *cæspitosa* Schltz.,
surtout dans les plaines aux environs de—Schaffhouse, Bâle, Ferrette (Mör-
nach, Dirlingsdorf, etc.), Porrentruy (Bonfol, etc.), Besançon, Salins, Béfort,
Lausanne, Nyon, Genève, Nantua, etc., et aussi dans les montagnes, vals de
Moutier, de Ruz, des Ponts, Joux-du-Plane et probablement ailleurs.

M. sylvatica Hoffm. — Bois , les 5 rg. inf., répandu abondant d. n. l.,
moins habituel cependant sur les zônes eugéogènes très-fraiches où il est
remplacé par le *palustris,* et plus habituel sur les sols dysgéogènes hémipéliques où ce dernier manque souvent ; sa forme des pelouses alpestres, *alpestris* Schm., répandue dans les A., sur quelques points des V., nulle dans le
S. se montre d. l, J. au — Mont-d'Or *Garn.,* Taureau ? (Pontarlier) *Gr.,* Aiguillon ? (Sainte-Croix) *Reyn.,* Chasseron *Lesq.,* Dôle *Gaud.,* Colombier, Reculet, Chartreuse ; Dauphiné, A. de Maglan (Brezon).

M. intermedia Link. — Prés, champs , les 5 rg. inf., répandu abondant
d. n. l.

M. hispida Schlecht.—Mêmes lieux, inégalement répandu d. n. l.—S. n.
l., Eglisau , Kaiserstuhl, Delémont , Bâle , Porrentruy , Béfort , Neuveville,
Neuchâtel, Nyon, Genève, Grenoble ; rare ou nul par districts.

M. versicolor Pers. — Lieux sableux , disséminé d. l. c. a. et s. n. l. —
Schaffhouse, Bâle (fréquent), Porrentruy (rare), Villersfarlay (Cramans), Salins, Lons-le-Saulnier (Pimont) , Bresse , Terres-froides , Grenoble, Soleure,
le Jorat, Genève (fréquent).

M. stricta Link. — Cette espèce des lieux sableux, disséminé dans la VR.
et la Pl., paraissant, du reste, rare d. n. l., n'a été signalée s. n. l. qu'à —
Béfort (commune) *Par.;* je l'ai indiquée à tort à Porrentruy, où il n'y a que
des formes de la précédente.

Lithospermum officinale L. — Lieux graveleux secs, les 5 rg. inf., surtout
la mn., assez répandu sur les zônes dysgéogènes, plus disséminé, du reste,
d. n. l.

L. arvense L.—Champs, ascendant avec eux, plus rare cependant dans la
rg. mtg., assez répandu d. n. l.

L. purpureo-cæruleum L. —Lieux sylvatiques secs, les 2 rg. inf., surtout
la mn., disséminé d. t. l. c. a. et d. t. l. J., dessinant surtóut les zônes
dysgéogènes au pied des V., du S., de l'A., du J. — S. n. l., Schaffhouse,
Eglisau (Rafz), Rheinfeld (Olsberg), Bâle (fréquent), Porrentruy (rare), Montbéliard , Besançon (Montfaucon), Salins , (Belin , etc.), Arbois (Gilly, etc.),
Grenoble , Laufon, Delémont (sous le Vorburg), Soleure , Neuchâtel *God.*

1848, Val-de-Travers, Yverdon (Pont-du-Buron), Rolle (Tartegnin), Genève (fréquent), côtes du Mont-du-Chat, etc.; Valais, Savoie.— Roches dysg. ~ X.

81. SOLANÉES.

Solanum nigrum L. — Lieux graveleux azotés, les 2 rg. inf., surtout les plaines et les zônes eugéogènes psammiques, peu ascendant et nul d. l. J. sur de vastes étendues.—S. n. l., Zurich, Schaffhouse, Bâle, Béfort, Montbéliard, Besançon, Salins, Arbois, Grenoble, Aarau, Bienne, Neuveville, Neuchâtel, Genève; plus haut, Porrentruy (rare), Delémont (id.), Franche-Montagne (très-rare), etc. Les formes *villosum* Lam., *humile* Bernh., *miniatum* Bernh. sur quelques-uns des points cités.—Roches eug. pm.—II.

S. Dulcamara L.— Lieux sylvatiques graveleux, les 2 rg. inf., surtout les zônes eugéogènes psammiques, souvent rare du reste, disséminé d. n. l. — Roches eug.—II.

Suppl. — Le *S. tuberosum* cultivé partout d. n. l., diminue sensiblement vers 700 ^{m}, n'est déjà plus habituel vers 800, et a presque disparu vers 1000, dans la majeure partie du J.

Physalis Alkekengi L. — Lieux graveleux, rg. b., surtout vignoble, aussi parfois la mn., disséminé d. t. l. c. a. et nul par districts.—S. n. l., Schaffhouse, Liestal, Bâle, Laufon, Delémont (Bebrunn), Montbéliard (Mathay), Saint-Hippolyte (Vaufrey), Béfort, Besançon, Quingey, Salins, Arbois, Grenoble, Boudry, Yverdon, Orbe, Beaulmes, Nyon, Genève, Seyssel (Anglefort), Belley; plus haut, Val-de-Travers, Clös-du-Doubs, hautes Côtes-du-Doubs (Mauron).

Atropa Belladona L.—Bois, prés-bois, les 3 rg. inf., surtout la mn. et les zônes dysgéogènes, nul par districts dans les zônes eugéogènes, disséminé d. t. l. c. a., plus répandu d. t. l. J.—Roches dysg.—X.

Hyosciamus niger L. — Lieux graveleux azotés, les 2 rg. inf., plus rarement la mtg., disséminé, fugace d. t. l. c. a. et d. t. l. J.

Datura Stramonium L. —Lieux graveleux azotés, les 2 rg. inf., plus rarement la mtg., disséminé, fugace, rare par districts d. t. l. c. a. et d. t. l. J.; exotique naturalisé.

Nicotiana.—*Suppl.*—Les *N. Tabacum* L. et *rustica* L., çà et là cultivés et subspontanés.

Lycopersicum.—*Suppl.*— Le *L. esculentum* L. cultivé çà et là dans la rg. b. et les districts méridionaux

Lycium.— *Suppl.*— Les *L. barbarum* L. et *europœum* L. cultivés dans les rg. inf., puis çà et là naturalisés.

82. VERBASCÉES.

Verbascum Thapsus L. em. Döll (comprenant les deux formes à grandes fleurs, l'une à feuilles plus décurrentes *thapsus* L. Mey., *thapsiforme* Schrad., l'autre à feuilles moins décurrentes *phlomoides* L. sec. Döll). — Lieux graveleux, les rg. inf., moins ascendant que le suivant, assez répandu d. n. l., surtout sous la seconde forme.

V. Schraderi Mey. Döll (fleurs plus petites, à feuilles plus ou moins décurrentes).—Lieux graveleux, les 2 rg. inf., aussi plus haut, surtout la mn. disséminé d. t. l. c. a. et d. t. l. J.; sa forme à feuilles peu décurrentes est la plus répandue d. l. J. où elle est plus commune que l'espèce précédente et paraît plus indépendante des habitations. Il règne une telle confusion relativement à ce groupe d'espèces qu'il est impossible de tirer parti des indications des auteurs relativement à la dispersion. Le *V. montanum* Schrad. et *crassifolium* Schl., observé d. l. A., se trouve à la Haasenmatt, au Reculet, à Rolle, et n'est selon quelques-uns qu'une variation du *Schraderi*. Hegetschweiler envisage toutes ces formes comme des variations d'un même type avec des intermédiaires.

V. floccosum WK. (*pulverulentum* Var. non Vill.)—Lieux graveleux, rg. b., disséminé d. t. l. c. a. et s. n. l.—Bâle, Saint-Louis, Besançon, Dampierre, Bourg, Ceyseriat, Thoirette, Pont-d'Ain, Ambérieux, Saint-Rambert, Tenay, Morestel, Pont-de-Beauvoisin, Neuchâtel, Grandson, Yverdon, Nyon, Genève.

V. Lychnitis L. — Coteaux secs, les 2 rg. inf., surtout la mn., disséminé d. t. l. c. a., plus répandu dans le J. et dessinant d. n. l. les zônes dysgéogènes, souvent rare ou nul sur les eugéogènes dans de grandes étendues; la variété à fleurs blanches est la plus répandue.—Roches dysg.—X.

V. nigrum L.— Lieux graveleux, les 5 rg. inf., répandu d. n. l., surtout la rg. mn., peut-être plus rare dans quelques districts méridionaux.

V. Blattaria L. — Lieux argilo-sableux frais, rg. b., disséminé d. t. l. c. a., peu ascendant et comme nul dans le J., dessinant les zônes eugéogènes pélo-psammiques avec le *floccosum,* et souvent contrastant sur nos lisières. — Schaffhouse, Bâle, Béfort, Audincourt, Montbéliard, Besançon, Villersfarlay, Salins, Montbarrey, Arbois, Pont-d'Ain, Saint-Rambert, Belley, Grenoble, Soleure, Boudry, Nyon, Genève.—Roches eug. pp.—II.

Suppl.—Nous omettons quelques formes critiques réputées hybrides.

Scrophularia nodosa L. — Bois humides, les 2 rg. inf., assez répandu d. n. l.

S. aquatica L.—Rives, les 3 rg. inf., assez répandu d. n. l., particulièrement les zônes eugéogènes.

S. Balbisii Horn.—Cette espèce, longtemps confondue avec la précédente, est disséminée d. t. l. c. b. a., notamment les terrains calcaires de L., où elle est commune ; elle est signalée d. l. J. par M. Babey—aux environs de Salins (la Furieuse, les Doigts, etc.), d'Arbois par M. Garnier, de Genève (Etrambières, etc.) par M. Reuter ; elle est probablement plus fréquente.

S. canina L.—Grèves des rivières.—Rhin, Wiese, Birse, Sihl, Töss, Thur, Linth, Aar, Sorne, Ain, Lison, Planches, Rhône, lacs de Neuchâtel?, Genève, Joux, Brenets, Bourget, Drac, Isère, Doubs ; ainsi, p. ex., Eglisau, Rheinfeld, Bâle, Aarau, Aarberg, Coppet, Cully, Saint-Genix, Fort-de-Joux, Pichoux?, Thoirette, Nans, les Planches, Nantua (Volognat), Pont-d'Ain, Ambérieux, Saint-Rambert (St.-R., Tenay)?, Seyssel (Culloz), Belley, Bourget, Grenoble ; peut-être l'espèce suivante sur quelques-uns de ces points.—Roch. eug. pm.—II.

S. Hoppii Koch. — Graviers secs de la rg. mtg., disséminé dans le J. — Weissenstein, Haasenmatt, Cluses-de-la-Sorne (Pichoux)?, Creux-du-Van, Côtes-du-Doubs (Soubey, Valanvron), Côtes-du-Dessoubre (Saint-Hippolyte) *Vern.*, Mont-d'Or, Suchet, Cluses-de-Màclus, Dôle (Faucille), Reculet, Fort-l'Ecluse, Saint-Rambert, Chartreuse (Chamchaude).—Roches dysg.?—X.?

S. vernalis L.—Espèce très-rare d. n. l.; sur quelques points en L.

83. ANTIRRHINÉES.

Gratiola officinalis L.—Prés humides, argileux, rg. b., disséminé d. t. l. c. a. et s. n. l. — Constance, Schaffhouse, Bâle, Besançon, Salins, Arbois, Bourg, Grenoble, Soleure, Nidau, Morat, Landeron, Yverdon, Orbe, Nyon, Genève, Belley ; rarement ascendant.

Digitalis purpurea L. — Cette espèce de la rg. mn. et surtout mtg., très-répandu dans les bois des V., du S., puis sur quelques points des plaines ambiantes, manque entièrement d. l. J., les Cl., le K., l'A. (¹) et sur toutes les zônes dysgéogènes d. n. l.; c'est une des plantes les plus contrastantes

______

(¹) Elle se trouve cependant, à ce qu'il paraît, sur quelques points sableux dolomitiques ou coralliens de l'Albe.

entre les MR. et les chaînes jurassiques ; elle manque aussi entièrement dans le BS. (¹) et les A., et le Jura semble avoir servi d'obstacle à sa dispersion ; elle se retrouve çà et là sur les limons graveleux de nos lisières alsatiques par Delle (Fahy d'Etupes), Fesche-les-Prés (bois des Landes), la Féchotte (bois de Truche), Fèche-l'Eglise, Faverois (bois du Chânois), Ferrette?, Sirenz ; puis dans la contrée des Terres-froides *Vill. Dav.;* elle a aussi été signalée par les anciens observateurs aux environs de Besançon, Ornans, Neuchâtel et Bienne, mais probablement par erreur, car elle n'y a jamais été revue depuis ; elle contribue beaucoup à la physionomie de la végétation des Vosges et de la Forêt-noire, mais particulièrement sur les roches cristallines et clastiques (granites, syénites, grès vosgien, bigarré, rouge), et se montre sensiblement moins répandue à l'approche des roches plus dysgéogènes (eurites, certains gneiss, etc.). De même, nulle sur les calcaires des Cl., elle se retrouve sur les grès verts de l'Argonne ; nulle sur les coteaux jurassiques de la Côte-d'Or et du Lyonnais, elle reparaît sur les roches cristallines du Chârolais et du Mont-d'Or ; et ainsi de suite. — Roches eug. pm.—H.

D. grandiflora Lam.-- Pelouses sèches, les 5 rg. sup., surtout la mn. et la mtg. inf., rare dans les plaines ambiantes, assez répandu dans les A., surtout occidentales, les V., le S., l'A. et inégalement dans le Jura ; assez rare jusqu'aux limites occidentales du Jura bernois, mais très-répandu à partir de là, particulièrement sur les hauts plateaux du Doubs, du Jura, de l'Ain et dans toutes les hautes chaînes depuis Chasseral jusqu'au Grand-Colombier ; peut-être un peu moins fréquent dans quelques districts bugésiens méridionaux.

D. lutea L.—Lieux sylvatiques secs, rg. mtg. et alp., aussi la mn., disséminé dans les A., les V., le S., l'A., répandu sur les Cl. et d. t. l. J. ; particulièrement abondant dans les zônes dysgéogènes et occupant aussi dans les MR. les stations les plus sèches ; çà et là jusque dans les rg. inf., notamment le BS.—Roches dysg.—X.

Suppl.— Nous omettons deux formes réputées hybrides.

Antirrhinum majus L.—Cette espèce cultivée se montre souvent soit naturalisée, soit indigène dans les lieux graveleux et sur les murs.— P. ex., Schaffhouse, Bâle, Besançon, Salins, Neuchâtel, Nyon, Belley (collines de Parves), Pierre-Châtel, Grenoble ; dans ces dernières localités c'est la variété *latifolia* qui est habituelle.

(¹) Elle est indiquée par Gaudin sur un ou deux points du canton de Zurich, mais Hegetschweiler, puis MM. Heer et Kölliker ne l'y ont point constatée.

A. Orontium L. — Champs sableux, rg. b., disséminé d. t. l. c. a., surtout occidentales, suivant les vignobles, ascendant dans les chaînes clastiques et cristallines, point d. l. J. — S. n. l., Winterthur, Schaffhouse, Eglisau (Irchel), Bâle, Béfort, Besançon, Salins, Villersfarlay, Arbois, Aarau (Küttigen), Bienne (Douane), Neuchâtel, Boudry, lisière vaudoise jusqu'à Genève, Grenoble.—Roches eug. pm.—H.

Linaria Cymbalaria Mill. — Murs, rg. inf., surtout vignoble, disséminé d. t. l. c. a., rare sur de grandes étendues.—S. n. l., Schaffhouse Eglisau, Bâle, Béfort, Montbéliard, Baume, Clerval, Besançon, Salins, Arbois, Grenoble, Zurich, Aarau, Soleure, Bienne, Boudry (Vaumarcus), Yverdon. Orbe, Lausanne, Genève (Mornex); rarement ascendant, et généralement nul d. l. J.

L. Elatine Mill. — Champs argilo-sableux, rg. b., disséminé d. t. l. c. a. et s. n. l. — Schaffhouse, Bâle, Rheinfeld, lisière alsatique, Béfort, Montbéliard, Besançon, Salins, Montbarrey, Arbois, Sellières, Arinthod (Thoirette), Grenoble, Neuchâtel, Lasarraz, plaine vaudoise, Rolle, Genève; point ascendant d. l. J.

L. spuria Mill.—Champs, ascendant avec eux, assez répandu d. n. l.

L. minor Desf.—Champs, ascendant avec eux, très-répandu d. n. l.

L. alpina Mill.— Graviers alp., répandu dans les A. et sur quelques points du J.—Weissenstein (Haasenmatt) *Mrtz.*, Chasseral (rochers au dessus de la forêt de Nods) *Fr.*, Creux-du-Van *God.*, Reculet (sommet, Creux-d'Ardran) *Bab. Reut.*, et plus bas sporadiquement Rhin (Constance, Chalampé), Arve, Drac, grèves du lac de Joux, côtes du petit lac de Tenay près Saint-Rambert *Nob.*, l'Huis (Glandieu) *Bern.*

L. striata DC. — Coteaux secs, rg. inf., surtout la mn., disséminé dans quelques districts occidentaux d. n. l., sur plusieurs points des V., surtout les Cl., et les lisières occidentales du J. — Salins (Belin, Poupet Saint-Joseph, etc., commun), Arbois (Châtelaine, Planches, etc., fréquent), Grenoble (fréquent); puis plus disséminé et moins abondant Porrentruy (rare), Montbéliard *Vet.*, Landeron, Boudry (Vaumarcus), Morteau, Nyon (Duilliers), localités où il provient peut-être de culture.

L. vulgaris Mill. — Coteaux graveleux, les rg. inf., répandu abondant d. n. l.

L. arvensis Desf.—Cette espèce des provinces méridionales de la France, disséminée sur quelques points de la VR. et très-rare en L., n'est signalée s. n. l. qu'à — Grenoble. La forme voisine *L. simplex* DC. m'est indiquée par M. Bernard près Morestel.

L. supina Desf. — Cette espèce des lieux sableux , disséminée en France, très-rare d. n. l., excepté sur l'un ou l'autre point en L., n'est signalée s. n. l. qu'à — Grenoble (Polygone).

L. origanifolia Desf. — Espèce des lieux arides de la France méridionale, s'avançant s. n. l. jusqu'à — Grenoble.

L. Bauhini Mut.—Mutel signale cette espèce voisine de la *genistifolia* dans les montagnes de la Chartreuse.

Anarrhinum bellidifolium Desf. — Cette espèce de la France méridionale est généralement nulle d. n. l., excepté à nos lisières extrêmes sur quelques points de la Côte-d'Or, du Lyonnais, du Bas-Dauphiné, du Valais? et s. n. l. — Fernex (Thoiry) *Thom.,* Genève (Penex et bois de Bay *Reut.,* Vernier *Sauss.,* Satigny *Schl.),* Tour-du-Pin *Bern.*

Erinus alpinus L. — Rochers , rg. mtg. et alp., disséminé d. t. l. A. et dans une grande partie du J. — Hauenstein (Bölchen), Passwang (Wasserfall, Vogelberg , Bogenthal) , Weissenstein , cluses de la Birse (Grellingen , Liesberg, Moutier, etc.), de la Sorne (Pichoux), Dent-de-Vaulion (sur Vallorbes), Lomont (Crêt-des-Roches), côtes de Morey, vals Saint-Laurent, de Joux, des Rousses, des Dappes (côtes de Mijoux vers Septmoncel), Noirmont, Montendre, Dôle, Colombier, Reculet, Salève, Cluses-de-Nantua, côtes de Saint-Rambert et de Tenay, Cluses-de-Pierre-Châtel, Chartreuse, Grenoble (Porte-de-France). —Roches dysg.—X.

Veronica scutellata L.—Marais argileux et tourbeux, divers niveaux, surtout la rg. b., disséminé d. t. l. c. a., plus rare d. l. J. — S. n. l., Schaffhouse, Eglisau (Rafz), Rheinfeld, Bâle, Ferrette (Dirlingsdorf, Kœstlach, etc.), Porrentruy (Bonfol, etc.), Béfort, Montbéliard, Besançon, Salins, Sellières, la Bresse (commun), Grenoble , Bienne , Landeron , Orbe , plaine vaudoise jusqu'à Genève ; plus haut, Bellelay, les Ponts, Sône, Brévine, Bief-du-Fourg, Andelot, Pontarlier, Levier (Vessoye), les Rousses.—Roches eug.—II.

V. Anagallis L. — Lieux aquatiques , les 2 rg. inf., très-répandu , très-abondant d. n. l.

V. Beccabunga L. — Lieux aquatiques, les 3 rg. inf., très-répandu, très-abondant d. n. l.

V. urticæfolia L. — Bois couverts, rg. mtg. et alp., assez répandu dans toutes les A., inégalement disséminé d. t. l. J. —Depuis le Lægerberg jusqu'à la Chartreuse, p. ex., Liestal, Wallenburg, Gempenberg, Weissenstein, Chasseral, Mont-de-Boudry, Creux-du-Van , Saint-Laurent, Morey , Champagnole, Mont-d'Or, Dent-de-Vaulion , Rizoux, Montendre , Dôle, Reculet, Mont-du-Chat, Mont-l'Epine ; peut-être plus rare dans le Jura méridional ;

plus bas çà et là, Eglisau, Schaffhouse, la Hardt, Nantua, les collines de molasse de la lisière suisse ; rare ou nul, du reste, dans le Jura sur de grandes étendues.

V. Chamædrys L.—Prés, les 4 rg., répandu abondant d. n. l.

V. montana L.—Bois couverts, les 4 rg., surtout les mn. et mtg., disséminé ou rare d. l. c. a., les A., l'A., les Cl., plus fréquent dans les V., inégalement d. l. J., surtout central, et plus rare dans le méridional. — P. ex., Rheinfeld, Bâle, Porrentruy, Montbéliard, Besançon, Salins, Arbois, Sellières, Neuveville, Genève, Salève, Nantua ; plus haut, Diesse, les Ponts, Sainte-Croix, Boujailles, Chartreuse.

V. officinalis L.—Bois, les 4 rg., disséminé ou assez répandu d. n. l.

V. aphylla L. — Pelouses alp., assez répandu dans les A., sur quelques sommités du Jura.—Dent-de-Vaulion, Montendre, Noirmont, Dôle, Reculet, Chartreuse (Collet, Grand-Som) ; peut-être ailleurs.

V. Teucrium Wallr. in Döll. — Cette espèce se montre sous trois formes principales d. n. l.— 1º La *latifolia* L. des lieux herbeux ombragés frais et que l'on désigne le plus souvent comme *V. Teucrium* L.; elle se montre disséminée dans toutes les parties de la contrée, mais elle est souvent remplacée sur de grandes étendues par les formes suivantes : d. l. J. aux environs de Schaffhouse, Bâle, Béfort, Montbéliard, Besançon, Neuchâtel, Neuveville et surtout dans la rg. mtg. inf., p. ex., Saint-Braix, les Bois, etc. 2º La *prostrata* L. des stations sèches de toutes nos zônes dysgéogènes, surtout dans la rg. mn., Schaffhouse, Bâle, Béfort, Porrentruy, Montbéliard, Baume, Besançon, Salins, Lons-le-Saulnier, Bienne, Neuveville, Neuchâtel, Genève. 5º La *media* Döll, qui tient le milieu entre les deux précédentes, y passant souvent par des intermédiaires, surtout à la *prostrata ;* selon qu'elle se rapproche de l'une ou de l'autre de ces limites extrêmes, désignées sous les noms de *Teucrium* L., *dentata* Schrad., *austriaca* L.; çà et là, souvent peu répandue où les types extrêmes sont habituels. La forme *dentata* sur les collines rocailleuses de la Brévine.

V. spicata L. — Lieux sableux, les rg. inf., disséminé ou rare d. l. c. a., y manquant sur de grandes étendues, p. ex., en L., dessinant la zône des stations psammo-péliques chaudes dans la plaine rhénane et sur les lisières du J. — Hohentweil, Schaffhouse, Eglisau, Bâle, Audincourt (Arbouan), Besançon, Arbois (Bief-de-Corne), Arinthod (Thoirette), Grenoble, Bienne. Neuveville, Neuchâtel, Orbe, bassin du Léman, Rolle, Nyon, Fernex (Thoiry), Genève ; plus haut, mais rare sur les plateaux du Doubs *Gr.,* à Champagnole *Garn. Bab.;* Valais, Dauphiné.—Roches eug. pm.—H.

V. bellidioides L. — Espèce alpine commençant à — la Chartreuse et aux A. de Maglan (Brezon).

V. fruticulosa L. — Pelouses alp., répandu dans les Alpes et sur quelques points du J. — Noirmont *Bab.*, Rousses *id.*, Faucille *id.*, Dôle *Garn.*, Colombier, Montoisé, Reculet, Salève ; Alpes de Maglan (Brezon) ; Dauphiné.

V. saxatilis L. — Rocailles alp., répandu dans les A., sur les sommités des V., du S. et du J. — Chasseral (autour du Signal) *Lam.* 1848, Thoiry (Reculet?), Crédoz (Crêt-du-Miroir) *Mët. in Reut.*, Grand-Colombier (Retord) *Bern.*, Chartreuse (Sappey) *Gras*; A. de Maglan (Brezon) *Reut.*

V. alpina L. — Rocailles alp., répandu dans les A.; d. l. J. seulement — aux Colombier, Reculet, Chartreuse (Grand-Som) ; A. de Maglan (Vergy).

V. serpyllifolia L. — Lieux humides, les 4 rg., répandu d. n. l. ; très-ascendant, p. ex., les pentes du Colombier, le Pont-du-Diable au Gothard.

V. acinifolia L. — Champs, rg. b., assez rare d. l. c. a., notamment la VR.—S. n. l., Eglisau (Rheinsfeld), Regensperg (Stadel), Schaffhouse, Rheinfeld, Bâle, Mulhouse, Béfort, Besançon, Villersfarlay, Salins, Arbois, plaine vaudoise, Rolle, Genève, Grenoble ; Lyon.

V. arvensis L. — Champs, ascendant avec eux, répandu abondant d. n. l.

V. verna L. — Lieux sableux secs, disséminé ou rare d. l. c. a. et comme nul dans le Jura. — S. n. l., Bâle (la Wiese), Genève *Lecl.*, Grenoble ; Ornans *Vet.*

V. triphyllos L. — Champs, les rg. inf., disséminé d. t. l. c. a., ascendant çà et là dans la rg. mn., surtout dans les V. et le S., aussi parfois d. l. J. —S. n. l., Schaffhouse, Regensperg, Eglisau, Kaiserstuhl, Bâle, Béfort, Porrentruy, Blamont, vallée de l'Ognon, Neuchâtel, plaine vaudoise, Genève ; plus rare dans la VS.; plus au sud, Bourgoing.

V. præcox All. — Champs, rg. inf., assez rare d. l. c. a., plus répandu dans la VR.—S. n. l., Schaffhouse, Eglisau, Bâle, Rheinfeld, Morges (Ecublens), Nyon (Genollier, etc.), Genève?.

V. agrestis L. — Lieux cultivés, ascendant avec eux, répandu abondant d. n. l.

V. polita Fries. — Lieux cultivés, probablement assez répandu d. n. l. — S. n. l., Bâle, Porrentruy, Salins,

V. opaca Fries. — Lieux cultivés, disséminé d. l. c. a. et probablement le J.—S. n. l., Bâle, Genève.

V. Buxbaumii Ten. — Lieux cultivés, assez rare d. l. c. a.—S. n. l., Zurich, Winterthur, Schaffhouse, Eglisau (Rafz), Bâle, Béfort, Soleure, Neuchâtel, Rolle (route de l'Etraz) *Rap.* 1848.—Rolle (Mont) *Monn.* 1849.

V. hederæfolia L.— Lieux cultivés, ascendant avec eux, répandu d. n. l.

Lindernia pyxidaria L.—Cette espèce des lieux argilo-sableux, rare dans la VR., la VS. et en L., se montre sur quelques points d. n. l.— Bâle *Vet.*, Genève *id.*, Montbarrey (étang de Vaudrey) *Bab.*, même lieu (étangs de Biaulet et de Tassenières) *Garn.* 1846 ; Bresse lyonnaise.

Limosella aquatica L.—Lieux inondés, rg. inf., disséminé d. l. c. a., surtout la VR. et la Pl., rare dans le BS. — S. n. l., Béfort *Vern.*, Bâle (rare), Delémont (Courroux) *Fr.*, Porrentruy (Bonfol) *id.*, Montbéliard (mares de Châtaillon, de l'Alleine) *Bern.*, probablement la contrée stagnale de Ferrette à Delle, Besancon (Sône) *Gr.*, Villersfarlay (vers Certémery) *Garn.*. Montbarrey (étang de Vaudrey) *Bab.*, Salins (bois Mouchard) *id.*, Poligny *Garn.*, Arbois (Villette) *Bab.*, Bresse *Bossy*, Bienne (vers Nidau) *Vet.*, Cerlier (Tschug) *Jean-Jaquet* 1848, Saint-Blais (Thielle), Versoix (rives du lac vers Genthod); plus haut, Morteau *Dum.* — Roches eug.—H.

84. OROBANCHÉES.

Orobanche cruenta Bert. *(vulgaris* Gaud.*)* — Sur les *Lot. cornic.*, *Hippocr. comosa, Genist. tinct.*, disséminé d. t. l. c. a., plus répandu d. l. J.; ainsi, Jura alsatique *Kirschl.*, bernois *Nob.*, vaudois *Rap.*, occidental *Garn.*; aux environs de Zurich *Köll.*, Bâle *Hag.*, Porrentruy *Nob.*, Neuchâtel *God.*, Neuveville *Gib.*, Salins *Bab. Garn.*, Pontarlier *Gr.*, Genève *Reut.*, Grenoble *Mut.*; aussi sur les collines calcaires du pied des V. et du S., et plus rare dans ces mtg.; dans la rg. alp., Suchet *Garn.*

O. Rapum Thuill.—Sur le *Saroth. scop.*, commun dans les V., plus disséminé dans le S., sur le revers sud des A., dans la Bresse?, nul, du reste, comme son espèce nourricière.—S. n. l., Béfort *Par.*

O. Epithymum DC.—Sur le *Thym. Serpyl.*, disséminé d. t. l. c. a., assez répandu dans les V., l'A., les Cl. et t. l. J.—Ainsi, Jura alsatique, argovien, bernois, vaudois, salinois; aux environs d'Eglisau (Irchel) *Köll.*, Béfort *Par.*, Bienne et Neuveville (Crossevaux) *Gib.*, Neuchâtel *God.*, Gimel (Longirod) *Reut.*, Gimel (Bière) *Rap.*, Salins *Bab.*, Grenoble *Mut.*, et jusque dans la rg. alp., la Dôle *Vauch. Rap.*

O. Galii Duby.—Sur les *Gal. verum* et *Mollugo*, un des plus communs ; disséminé d. t. l. c. a., plus répandu sur les zônes dysgéogènes, surtout le Jura occidental. — Zurich (rare) *Köll.*, Bâle *Hag.*, Béfort *Par.*, Porrentruy (commun) *Nob.*, Besançon (id.) *Gr.*, Salins *Bab. Garn.*, Arbois *Garn.*, Genève *Reut.*, Vaud *Rap.*, Neuchâtel *God.*, Neuveville *Gib.*, Grenoble *Mut.*; plus haut, Val-de-Joux *Rap.*

O. Teucrii Schultz.—Sur les *Teucr. Chamædr.*, *montan.* et le *Thym. Serpyll.*, disséminé d. t. l. c. a., sur les zônes dysgéogènes. — Béfort *Par.*, Laufon *Fr.*, Porrentruy *Nob.*, Besançon (commun) *Gr.*, Salins *Bab. Garn.*, Genève et plantes méridionales du Jura vaudois et genevois *Rap. Reut.*

O. minor Sutton. — Sur le *Trif. prat.*, disséminé assez rare d. l. c. a., plus répandu en Suisse. — S. n. l., Bâle *Fr.*, Lausanne, Rolle, Nyon et la Côte *Rap.*, Genève *Reut.*, Salins *Bab.*, Grenoble *Mut.*

O. cœrulea Vill. — Sur les *Achill. Millef.* et *nobilis*, disséminé d. t. l. c. a. et d. t. l. J.—S. n. l., Zurich (rare) *Köll.*, Salins et Arbois *Garn.* ; plus haut, dans l'Albe et sur quelques points du J. bâlois.

O. ramosa L.—Chanvre, tabac, maïs, morelle noire, disséminé d. t. l. c. a. et d. l. J.—P. ex., Zurich, Schaffhouse, Bâle, Porrentruy, Béfort, Montbéliard, Besançon, Salins, Grenoble, Aarau, Neuveville, Neuchâtel, Genève ; plus haut, Moutier-Grandval, Nods.

Suppl. —Notre contrée compte encore plusieurs Orobanches qui me sont peu connues : 1° *O. procera* K. *(Cirs. arv.)*, disséminé dans la VR.—2° *O. rubens* Wallr. *(Medicago)*, même rôle, citée à Bâle *Döll* et à Genève *Reut.* — 3° *O. Picridis* Schultz *(Picr. hierac.)*, même dispersion. — 4° *O. amethystea* Thuill. *(Eryng. camp.)*—5° *O. arenaria* Bork. *(Artem. camp.)*, qui se trouve à Bâle *Hag.* et à Genève *Reut.*—6° *O. Hederæ* Duby *(Hed. helix)*, observée sur quelques points du système du Rhin et dans le J. à Neuveville *Gib.* et Neuchâtel *God.*—7° *O. Scabiosæ (S. Columb.* et *lucida, Card. defloratus)*, vue à Saint-Sulpice par M. *Lesquereux,* à Salins par M. *Babey,* au Reculet, à la Dôle et au Vuarne par M. *Reuter.*— 8° *O. alsatica* Schultz. *(brachysepala?* Reut., *Peuced. cerv.)*, des collines sous-vosgiennes et à Neuchâtel *(brachys.)* Reut. God.—9° *O. Laserpitii* Rap. *(Las. Siler)*, observé à la Dôle (Vuarne) et que je crois avoir retrouvée à l'Aiguillon.— 10° Enfin, *O. libanotidis* Bab. *(Lib. montana)*, observé à Salins. Ces 4 dernières espèces sont probablement assez répandues dans le J. Il est probable, ainsi que l'a présumé Hegetschweiler, que toutes ces formes se grouperont un jour autour de quelques types principaux. Quant à leur dispersion, elle suit évidemment celle de leurs espèces nourricières, si toutefois elles y sont exclusivement attachées, ce qui paraît assez constant pour plusieurs d'entr'elles. Ainsi les *O. cruenta, epithymum, Galii, Teucrii* paraissent plus répandues dans le J., l'A., les Cl., tandis que les *O. rapum, amethystea, arenaria* n'y ont pas encore été observées, et suivent avec leurs espèces les sols eugéogènes des contrées du Rhin. On voit aussi que plusieurs des Orobanches ci-dessus s'élèvent avec elles dans les rg. mtg. et alp. Du reste, il y a probablement encore quelques erreurs dans les indications de localités que nous avons données.

Lathræa Squammaria L. — Bois couverts, les 5 rg. inf., disséminé d. t. l. c. a. et d. t. l. J., mais rare ou nul par districts.—P. ex., Zurich, Schaff-house, Eglisau, Bâle, Porrentruy, Montbéliard, Besançon, Salins, Soleure, Neuveville, Nyon, Genève, Grenoble, etc.; plus haut, Moutiers, Monterrible, Morteau, Levier, Poupet, Nantua, Salève, etc.

85. RHINANTHACÉES.

Tozzia alpina L.—Pelouses alp., assez répandu dans les A.; sur quelques sommités du J. — Passwang (Wasserfall??) *Vet.*, Weissenstein (Röthilluh), Chasseral (Combe-Biosse, Combe-Grède, Neuenberg), Creux-du-Van, Chas-seron, Noirmont, Montendre, Dôle (Faucille, vers le Grand-Chalet, vers la Trélasse), Chartreuse (Chamchaude, Charmant-Som); Dauphiné, Alpes de Maglan.

Melampyrum cristatum L. — Coteaux secs, les 2 rg. inf., disséminé d. t. l. c. a., y dessinant les zônes dysgéogènes au pied de l'A., du K., des Cl. et sur les lisières sud-occidentales du J.—Schaffhouse, Bâle (Muttenz, etc.), Montbéliard *Bern.*, Salins (Saicenay), Clairveaux *Dum.*, Saint-Rambert (Te-nay), Grenoble, Neuveville, Neuchâtel, Genève; parfois plus haut, Val-de-Ruz *Ben.*, Champagnole (vers Cise) *Garn.*; probablement plus répandu. — Roches dysg.— X.

M. arvense L.—Champs, ascendant avec, répandu d. n. l.

M. nemorosum L. — Cette espèce commune dans le Dauphiné et la Savoie, se retrouve sur quelques points des A. vaudoises. Elle a été signalée autre-fois aux environs de Winterthur *Stein.*, Mulhouse *Risl.*, Bienne *Hall.*, Neu-châtel *Chaill. Ben.*, Valangin *Schl.*, Ornans et Marvelise *Chantr.*, mais elle n'a jamais été retrouvée depuis dans ces localités. Je l'ai vue en abondance à la montée du Grand-Colombier au dessus de Culloz; elle se retrouve à la Grande-Chartreuse et probablement sur d'autres points du Jura méridional bugésien et sarde; mais les Flores françaises ont tort de l'indiquer dans le J. d'une manière générale : elle y paraît au contraire généralement nulle, de même que d. t. l. c. a. au nord de la latitude du Bugey.

M. pratense L. — Bois humides, les 2 rg. inf., surtout les plaines, aussi la rg. mtg., très-répandu et abondant sur toutes les zônes eugéogènes, beaucoup plus disséminé et parfois assez rare dans les dysgéogènes. — Roches eug. — H.

M. sylvaticum L. — Bois, rg. mtg. sup. et alp., assez répandu dans les A., les V., le S., sur quelques points de l'A. et d. l. J. — Depuis la Schafmatt jusqu'au Salève et à la Chartreuse, p. ex., chaines de Meltingen, Bretzweil, Passwang (Wasserfall, Vogelberg), Weissenstein, Raimeux, Moron, Montoz, Chasseral, Franches-Montagnes, Saint-Braix, Chaumont, Mont-de-Boudry, Creux-du-Van, Châteluz, Mont-d'Or, Hautes-Joux, Boujailles, Montendre, Rizoux, etc. ; plutôt dans les hautes vallées que sur les sommités ; probablement moins répandu dans le J. méridional.

Pedicularis sylvatica L. — Pelouses humides, les 4 rg., surtout les hautes vallées, disséminé d. t. l. c. a. et d. l. J., beaucoup plus répandu dans les MR., souvent nul dans les zônes dysgéogènes sur d'assez grandes étendues, ou bien y marquant çà et là les affleurements marneux et les lambeaux limoneux des terrains récents. — Roches eug. — H.

P. palustris L. — Marais, les rg. inf., surtout la plaine, aussi la mtg., disséminé d. t. l. c. a. et d. t. l. J. — Dans les marais tourbeux de la mtg., Moutiers-Grandval, Pleine-Seigne, Lignières, les Ponts, Levier, Pontarlier, Champagnole, Villeneuve-d'Amont, Chapelle-des-Bois, les Rousses ; plus haut encore, dans les A., p. ex., vallée d'Urseren à Andermatt.

P. foliosa L. — Pelouses alpestres, disséminé dans les A., sur quelques sommités des V. et du J. — Chasseral (montée depuis la Combe-Biosse *God.,* pied du crêt du sommet *Bab.*, mêmes lieux *Lamon* 1848), Reculet (montée depuis le Creux-d'Ardran) *Reut.,* Grande-Chartreuse (Grand-Som) *Gras* ; Dauphiné, Alpes de Maglan (Reposoir) ; la seule Pédiculaire alpestre qui s'étende au nord de la Chartreuse et des Alpes occidentales sardes.

P. tuberosa L. — Espèce alpine, disséminée dans les A., commençant à — la Chartreuse *Mut.*

P. gyroflexa Vill. — Même rôle. — Chartreuse (Charmant-Som) *Gras.*

P. incarnata L. — Même rôle. — Chartreuse (Grand-Som) *Gras.*

Rhinanthus minor Ehrh. — Prés, pelouses, les 5 rg. inf. avec modifications, répandu abondant d. n. l.

R. major Ehrh. — Prés, champs, les 5 rg. inf. avec modifications, répandu abondant d. n. l., surtout la forme *Alecterolophus.*

Bartsia alpina L. — Pelouses alp., répandu dans les A., sur les sommités des V., du S. et dans le J. — Schafmatt *Vet.,* Passwang (Wasserfall) *Vet.,* Chasseral *Bab.*, Creux-du-Van, Chasseron, Suchet, Mont-d'Or, Chapelle-des-Bois, Montendre *Corn.*, Dôle (Lavatay à la Faucille), Colombier, Recu-let, Bugey *Boss.*, Chartreuse (Grand-Som, Sappey) *Gras;* Dauphiné, Alpes de Maglan.

Euphrasia officinalis L.—Prés, lieux sylvatiques, les 4 rg., répandu abon-dant d. n. l.; plusieurs formes : la *nemorosa*, fréquente sur les pelouses sèches du J. et souvent en société avec le type ; une forme alp. qu'il ne faut pas confondre avec l'*E. salisburgensis* et qui s'élève très-haut dans les A., sur quelques sommités, p. ex., Aiguillon, Reculet, etc.

E. minima Schl. DC. — Cette espèce alpine, assez répandue dans les A. où elle monte jusqu'aux neiges, est signalée au Montendre *Rap.*, à la Dôle (pied vers la Vasserode *Garn.*), au Noirmont et au Colombier *Bab.*, au Mont-du-Chat *Bern.;* probablement ailleurs ; Alpes de Maglan (Brezon, Vergy, Méry).

E. salisburgensis Funk *(alpina* DC.*).* — Pelouses mtg. et alp., assez ré-pandu dans les A.; d. l. J. — Chaînes de Wallenburg, cluses de Moutier et Court, Chasseral, Creux-du-Van, Chasseron, Mont-de-Boudry, cluse Saint-Sulpice, Mont-d'Or, Dôle, Colombier ; moins ascendante dans les A., à ce qu'il paraît, que la forme alpestre de l'*officinalis* avec laquelle on l'aura peut-être confondue dans l'une ou l'autre des localités ci-dessus.

E. Odontites Lam. *(verna* Bell.*)* — Champs argileux, surtout la plaine. probablement répandu d. t. l. c. a. — S. n. l., Schaffhouse?, Bâle, Por-rentruy, Besançon, Salins, Saint-Amour, Bourg, Ceyseriat, Grenoble, Rolle, Genève, etc.

E. serotina L.—Lieux arides un peu argileux, répandu d. n. l., plus rare peut-être dans certains districts.

E. lanceolata Gaud.— Cette espèce croît dans les champs aux environs de Chambéry en Savoie et en Piémont, où elle a été observée par Bonjean et Ph. Thomas : je ne la trouve point signalée ailleurs d. n. l.

E. lutea L.—Coteaux secs, les 2 rg. inf., surtout la mn., dessinant surtout les zones dysgéogènes apriques chaudes par les Csv., Csh., Cl., plaine rhé-nane et wurtembergeoise et lisières du J.—Schaffhouse, Bâle, Béfort *Par.*, Baume *Faivre*, Montbéliard (Côte-de-Rose) *Contej.* 1848, Besançon *Vet.*, Villersfarlay (Mouchard) *Garn.*, Salins *id.*, Arbois (Vadans) *Vet.*, Lægerberg *Vet.*, Neuveville, Landeron, Neuchâtel, Romainmôtier (Agiez), Fernex (Thoiry), Grenoble ; Savoie, Dauphiné.—Roches dysg.—X.

E. linifolia L.—Espèce de la France méridionale s'avançant s. n. l. jus-qu'à—Grenoble, Voreppe et Belley (Rossillon) *Bern.*

86. LABIÉES.

Lavandula vera DC. — Cette espèce de la France méridionale, souvent cultivée, çà et là naturalisée, paraît en outre indigène sur quelques points d. n. l. — Neuchâtel (Vully)?, Neuveville (Schlossberg) *Gib.*, Besançon (Rosemont, Brégille) *Gr.*, Salins (Saint-André) *Bab. Garn.*, Culloz (montée du Grand-Colombier) *Nob.*, et probablement ailleurs dans le J. méridional.

Mentha rotundifolia L. — Lieux argileux humides, rg. b., disséminé d. l. c. a., la VR., la VS., en L., dans le BS. occidental et sur les lisières méridionales du J. — Bâle, Béfort, Besançon, Salins, Poligny, Arinthod (Thoirette), Grenoble, Bourget, Chambéry, Belley, Seyssel (Culloz), Bienne, Neuveville, Neuchâtel *Vet.*, Morges, Lausanne, Nyon, Genève; plus haut, Champagnole *Bab.* — Roches eug. pl. — H.

M. sylvestris L. (comprenant la *viridis* comme variété). — Lieux humides, les 5 rg. inf., surtout la plaine, aussi alp., répandu d. n. l. avec de nombreuses modifications.

M. aquatica L. (*hirsuta* L. helvet.) — Ruisseaux, rg. inf., surtout la plaine, aussi la mtg., répandu d. n. l.

M. arvensis L. — Champs un peu argileux, ascendant avec eux, répandu d. n. l.

M. Pulegium L. — Champs, lieux argilo-sableux sub-humides, rg. inf., disséminé d. t. l. c. a., assez répandu dans les VR., VS., Pl., rare dans le BS. — S. n. l., Bâle, Béfort, Montbéliard, Besançon, Villersfarlay, Montbarrey, Salins (Port-Lesnay), Sellières, Arbois *Dum.*, Grenoble, Lyon, Morges *Vet.*, Genève; paraît rarement ascendant d. l. J. — Roches eug. pp. — H.

M. sativa L. — Lieux aquatiques sur sol argilo-sableux, surtout les rg. inf., disséminé d. t. l. c. b. a., paraissant peu ascendant dans le Jura où, ainsi que les espèces précédentes, on le remarque peu dans les marais montagneux.

Suppl. — Ces six formes offrent bien des modifications, mais on y démêle assez facilement les types principaux. Nous omettons les hybrides, puis les espèces cultivées et subspontanées. L'étude de ce genre est éminemment propre à mettre en relief l'action modificatrice des facteurs physiques et les rapports des formes avec les stations.

Lycopus europæus L. — Lieux argileux humides, les 2 rg. inf., surtout la plaine, disséminé d. t. l. c. et répandu dans les contrées stagnales des VR., VS., Pl. et BS.; peu ascendant, p. ex., Diesse.

Salvia glutinosa L.—Lieux couverts, les 5 rg. inf., surtout la mtg., disséminé dans les A. et dans le J.,—inégalement depuis les chaines argoviennes jusqu'au Salève et à la Chartreuse ; ainsi , Schaffhouse , cluses de Langenbruck , Wallenburg, Lauffon , Liesberg , Vorburg , Moutier ; Gempenberg, cluses de la Suze (Reuchenette), du Seyon (Vauseyon), de la Reuse (Val-de-Travers), Val-Saint-Imier (droit de Villeret), etc.; Aarau (Nieder-Erlinsbach), Neuveville, Neuchâtel (Hauterive), Boudry (Vaumarcus), côtes de l'Ain (Thoirette) , lisière vaudoise jusqu'à Collonge et Genève , puis Belley , cluses de Pierre-Châtel, Morestel (Vezeronce) ; principalement le J. central.

S. pratensis L.—Prés, les 5 rg. inf., très-répandu, très-abondant d. n. l.

S. verticillata L.—Cette espèce des lieux secs, très-rare d. n. l. sur quelques points de la VR. et du BS., est signalée s. n. l.—à Schaffhouse (Mühlenthal, Hemmenthal) *Laff.*, Eglisau (Rafz, etc.) *Graf.*

Suppl. — La *S. officinalis* L. cultivée, puis çà et là subspontanée ; la *S. Sclarea* L. cultivée , puis parfois subspontanée et naturalisée sur quelques points de la rg. b. vignoble.

Origanum vulgare L.—Coteaux secs, les 5 rg. inf., surtout les zônes dysgéogènes de la mn., répandu abondant d. n. l.

Thymus Serpyllum L.—Pelouses, les 4 rg. en se modifiant, répandu abondant d. n. l.; très-ubiquiste quant aux altitudes et aux terrains ; la forme *lanuginosus* sur les calcaires et les basaltes (Kaiserstuhl) apriques.

Suppl. — Le *T. vulgaris* L., plante de la France méridionale et du Dauphiné, cultivé, puis rarement subspontané ou naturalisé dans la rg. vignoble. p. ex., les pentes stériles au dessus de Neuveville et Landeron *Shttlw.*, où elle provient d'anciennes cultures *Gib.*

Satureia montana L.— Cette espèce de la France méridionale et de l'Allemagne transalpine m'est signalée s. n. l.—à Belley (collines de Musein) par M. Bernard.

Suppl.—La *S. hortensis* cultivée, puis çà et là subspontanée.

Calamintha officinalis Mœnch. — Coteaux secs , les 2 rg. inf., surtout la mn., dessinant assez nettement toutes les zônes chaudes et surtout dysgéogènes par les Cl., Csv., Csh., K., la plaine rhénane, le pied de l'Albe (plus rare) et t. l. J., surtout occidental ; plus disséminé dans les contrées orientales ; atteignant à peine la rg. mtg. inf. du J. et s'élevant fort peu dans les MR. où il est nul sur de grandes étendues, excepté dans les parties euritiques des V.— Roches dysg.— X

C. alpina Lam.—Pelouses mtg. sup. et alp., répandu dans les A., disséminé d. l. J.—Weissenstein, Chasseral, Tourne, Creux-du-Van, Mont-d'Or,

Noirmont, Montendre, Dôle, Colombier, Reculet, Salève, Poisat, Grand-Colombier, Chartreuse ; aussi au Rhanden *Laff*.

C. Acinos Clairv. — Champs, lieux arides, les 5 rg. inf., assez répandu
d. n. l.

C. grandiflora Mœnch. — Cette espèce des A. méridionales et occidentales, de Savoie, Valais, Dauphiné, s'avance s. n. l. jusqu'à — la Chartreuse
(Sappey).

Clinopodium vulgare L.—Prés secs, les 5 rg. inf., surtout la mn., répandu
d. n. l.

Melissa officinalis L.—Espèce méridionale cultivée, puis çà et là subspontanée et naturalisée, peut-être indigène ? — P. ex., Bâle, Besançon, Salins,
Arbois, Genève, Grenoble, Saint-Laurent-du-Pont, etc.

Hyssopus officinalis L. — Espèce méridionale cultivée, puis çà et là subspontanée ou naturalisée dans la rg. vignoble.—P. ex., Salins, Lons-le-Saulnier, Belley (collines de Muscin) *Bern.*, Grenoble (Beauregard, Bastille) ;
peut-être indigène dans ces deux dernières localités.

Nepeta Cataria L.—Lieux graveleux, les 2 rg. inf., surtout la plaine, disséminé d. t. l. c. a., peu ascendant et rare d. l. J.—S. n. l., Eglisau, Rheinfeld, Bâle, Porrentruy (Damphreux), Montbéliard, Baume, Besançon, Salins,
Montbarrey, Baume-les-Messieurs, Grenoble, Aarau, Bienne, Neuchâtel (Beauregard) *Mort.*, plaine vaudoise, Genève ; plus haut, Saint-Ursanne, Vallorbe,
Côtes-du-Doubs (Mauron); provenant peut-être de culture sur quelques points:
nul sur de grandes étendues.

Glechoma hederacea L.—Lieux ombragés, les 5 rg. inf., répandu d. n. l.

Melittis Melissophyllum L.—Lieux sylvatiques secs, rg. mn. et mtg. inf.,
dessinant partout, bien que disséminé, la zône des terrains dysgéogènes et des
stations chaudes par l'A., les Cl., Csv., Csh., K. et le J.; souvent contrastant
au passage des zônes eugéogènes où il est nul sur de grandes étendues des
plaines ambiantes et des MR.; s'élevant à peine dans la rg. mtg. jurassique.
— Roches dysg.—X.

Lamium amplexicaule L. — Lieux cultivés, surtout sableux et vignobles,
ascendant avec eux, mais plus répandu dans les rg. inf., rare ou nul par districts ; dans les mtg. p. ex., champs du Graitery, du Poupet et jusques assez
haut dans les Alpes, Andermatt au Val-d'Urseren.

L. maculatum L. — Lieux sylvatiques, les 5 rg. inf., répandu abondant
d. n. l., plus rare cependant dans les Alpes et dans quelques districts occidentaux.

L. purpureum L.—Champs, ascendant avec eux, répandu abondant d. n. l.

L. album L.—Lieux couverts, les 2 rg. inf., aussi la mtg., assez répandu d. n. l.

L. hybridum DC. — Cette espèce des lieux cultivés, disséminée en France et en Allemagne, rare d. n. l., s'y montre çà et là dans les contrés occidentales du BS., de L., de la VS., du Valais, du Dauphiné. — S. n. l., Rolle *Rap.*, Genève (Plainpalais, Compézières) *Reut.*, Grenoble, Lyon.

Galeobdolon luteum Huds. — Lieux sylvatiques, les 4 rg., assez répandu d. n. l.; alpestre dans les dernières forêts du Chasseral.

Galeopsis ladanum L. — Coteaux graveleux, les 4 rg., très-répandu, très-abondant d. n. l. et très-ubiquiste, depuis les cultures des plaines jusqu'aux lieux graveleux des sommités en se modifiant un peu, p. ex., au sommet du Reculet.

G. ochroleuca Lam.—Lieux sableux, champs, disséminé d. t. l. c., surtout la VR., ascendant dans les V. et le S., notamment sur les grès et les granites décomposés, comme nul dans le J. et les autres zônes dysgéogènes, et rare aussi sur d'assez grandes étendues des zônes eugéogènes non psammiques; une espèce qui, bien que disséminée, fait souvent contraste au passage des plaines sur les collines calcaires.—S. n. l., Bâle (Wiese, Wyl, etc.), Béfort. Porrentruy (Bonfol, Vaudelincourt), Quingey (Lombard), Chaumergy, Mont-barrey (Mont-sous-Vaudrey), Arbois, Sellières, Terres-froides (Eydoche), Cerlier (Jolimont), Boudry (Vaumarcus), Grandson (Bonvillars), Yverdon (Yvonand), Morges (Saint-Sulpice); plus haut, Champagnole (vers Loulle) *Cord.*—Roches eug. pm.—II.

G. Tetrahit L.—Lieux graveleux, les 3 rg. inf., aussi alp., très-répandu d. n. l.; les formes *bifida* Bonningh. et *pubescens* Bess. séparées par quelques auteurs, signalées sur quelques points. Le *G. versicolor* Curt., aussi indiqué sur quelques rares points de nos districts orientaux. p. ex., en Wurtemberg, n'a été signalé nulle part s. n. l.

Stachys germanica L.—Lieux argileux un peu humides, rg. b., disséminé d. l. c. a., surtout la VR. et la L., plus rare dans le BS. — S. n. l., Schaff-house, Bâle, Laufon, Altkirch, Delémont, Dannemarie, Béfort, Montbéliard, l'Isle, Besançon, Villersfarlay, Salins (Arc), Tour-du-Pin, Bresse méridionale, Grenoble, Neuchâtel *Vet.*, Nyon, Fernex (Thoiry), Coppet, Genève; contrastant sur la lisière alsatique.—Roches eug. pl.—II.

S. alpina L. — Lieux sylvatiques, rg. mn., surtout mtg., disséminé dans les A., sur quelques points de l'A. et des Cl., répandu d. t. l. J. — Depuis les chaînes bâloises (et aussi plus à l'est) jusqu'au Salève et à la Chartreuse, mais inégalement et assez rare par districts, p. ex., les collines et plateaux de Schaffhouse, Rheinfeld, Bâle, Porrentruy, Montbéliard, Besançon, Baume, Mamirolle, Salins, Poligny, Pontarlier, Nyon, Arzier, Saint-Cergue, Longirod, etc.; les cluses de la Birse, du Seyon, de Cerdon, de Saint-Rambert, etc.; les chaînes du Wasserfall, Monterrible, Chasseral, Creux-du-Van, Laveron, Poupet, Suchet, Noirmont, Grand-Colombier, etc.; une espèce qui fait contraste avec les MR.—Roches dysg.—X.

S. sylvatica L. — Bois humides, les 3 rg. inf., aussi alp., répandu abondant d. n. l., surtout les zônes eugéogènes.

S. palustris L.—Lieux humides, les rg. inf., surtout les plaines, aussi la mtg., disséminé ou assez répandu d. n. l., surtout les zônes eugéogènes.

S. arvensis L. — Champs sableux, surtout la rg. b. vignoble, disséminé d. t. l. c. a., notamment la VR. et la Pl., rare dans le BS.—S. n. l., Schaffhouse, Bâle, Mulhouse, Béfort, Audincourt, (Mathay), Besançon, Salins, Arbois, Poligny, Terres-froides, Grenoble, Neuchâtel, Payerne, Lausanne, Rolle (Mont), Nyon, Genève; rarement plus haut, Porrentruy. — Roches eug.—H.

S. annua L.—Champs, ascendant avec eux, répandu abondant d. n. l.

S. recta L. — Lieux arides, les 2 rg. inf., surtout la mn., aussi la mtg., dessinant les zônes sèches, surtout dysgéogènes d. n. l.—Roches dysg.—X.

Suppl. — J'omets une espèce réputée hybride de même que le Stachys laineux des jardins naturalisé près de Lasarraz (pente du Mormont en face du moulin Bornu) *Ler.*—M. Monnard m'envoye (1849) cette dernière plante recueillie dans la localité précitée et où M. Cornaz l'aurait encore vue en 1848.

Betonica officinalis L. — Pelouses sèches, les 3 rg. inf., surtout la mn., répandu abondant d. n. l.

B. hirsuta L.—Espèce méridionale s'avançant s. n. l. jusqu'à — la Chartreuse (Sappey) *Gras* et aux Cluses-de-Nantua *Bern.*, probablement ailleurs dans le Jura méridional, puis se retrouvant à Schaffhouse (Büttenhardt) *Laff.*

B. Alopecuros L.—Espèce des mtg. méridionales s'avançant s. n. l. jusqu'à —la Chartreuse (Bouvines, Grand-Som).

Sideritis scordioides L. Koch.—Cette espèce des lieux arides de la France méridionale, Dauphiné, Lyonnais, Savoie, est disséminée dans le J. sud-occidental et ses lisières. — Pentes et pied du Poupet, de la Dôle, du Reculet, du Gralet, du massif de Chalame, cluses de Sylant et Châtillon, côtes de Saint-Claude (vers Septmoncel), Côtes-de-l'Ain (Thoirette), grèves de l'Ain (Pont-d'Ain), Chartreuse, Grenoble (Polygone) et probablement sur beaucoup d'autres points; nul, du reste d. n. l.

Marrubium vulgare L.— Lieux graveleux secs, rg. b., disséminé d. t. l. c. a., surtout la VR. et la Pl., plus rare dans le BS. et la VS.—S. n. l., Bâle, Béfort, Montbéliard *Vet.*, Besançon, Baume-les-Messieurs, Aarau, Yverdon, Payerne, Morges, Rolle, Nyon, Genève, Belley (Peysieux); nul sur de grandes étendues ; autrefois plus répandu, mais extirpé en plusieurs endroits pour les usages pharmaceutiques.

Ballota nigra L.—Lieux graveleux, les 2 rg. inf., aussi la mtg., mais rare. répandu abondant d. n. l.

Leonurus Cardiaca L. — Lieux graveleux, surtout la rg. b., disséminé, souvent rare d. l. c. a.—S. n. l., Regensperg (Stadel), Béfort, Montbéliard *Vet.*, Pont-de-Roide (Glainans, Dambelin), Besançon, Villersfarlay, Arbois, Grenoble (Morestel), Neuchâtel, plaine vaudoise, Genève ; suit les vignobles; peu ascendant, p. ex., Val-de-Ruz.

Scutellaria galericulata L.— Prés humides, rg. b., aussi parfois la mtg.. assez répandu d. t. l. c. a., nul sur de grandes étendues dans le J. et faisant souvent contraste sur ses lisières ; dans la rg. mtg., p. ex., Val-de-Travers. Brévine, Pontarlier, Morteau, les Foncines, Andelot-sur-Salins, Cluses-de-Sylant. — Roches eug.— H.

S. minor L. — Lieux tourbeux, argilo-sableux, rg. b., disséminé dans la VR., la VS., la Pl., nul dans le BS. —S. n. l., Béfort (pied de l'Arsot, etc.), Villersfarlay (Vieille-Loye, Chamblay) , Poligny, Sellières (Lombard, Chavannes), Arbois (Vaucy), Terres-froides (Eydoche, etc.), Bresse lyonnaise.— Roches eug. pp.—H.

S. alpina L.—Espèce alpine, disséminée dans les A., et se montrant à— la Chartreuse (Charmant-Som) *Gras* et aux Alpes de Maglan (Méry) *Reut.*

Prunella vulgaris L.—Prés humides, les 3 rg. inf., surtout les zônes eugéogènes, très-répandu, très-abondant d. n. l.

P. grandiflora Jacq. — Pelouses sèches, les 3 rg. inf., aussi alp., surtout la mn., dessinant la zône des terrains dysgéogènes et plus répandu que le précédent dans plusieurs districts de la rg. mn. jurassique, p. ex., Porrentruy: faisant souvent contraste au passage du J. sur les sols eugéogènes des plaines ambiantes; dans la rg. mtg. sup., p. ex., pâturages de Pouillerel ; plus rare ailleurs , p. ex., les Bois ; presque jusque dans la rg. alp., p. ex., montée du Reculet où il ne dépasse guère les creux d'Ardran et de Pransioz ; à feuilles plus souvent entières sur sols un peu péliques , p. ex., dolérites du Kaiserstuhl, craies de la Champagne, plus souvent laciniées sur sols nettement dysgéogènes, p. ex., collines calcaires de Porrentruy; indiquant souvent sur une petite échelle, par ces deux manières d'être de sa foliation, la succession des affleurements.—Roches d$_j$sg.—X.

P. alba Pall. — Pelouses sèches, les 3 rg. inf., surtout la mn., s'élevant moins que le précédent, dessinant aussi la zône dysgéogène, surtout occidentale, rare dans nos districts orientaux, assez répandu dans une grande partie du J. — Bâle, Béfort, Porrentruy, Besançon, Baume, Ornans, Salins, Saint-Amour, Ceyseriat, Pont-d'Ain, Cerdon, Tenay, Belley, Grenoble, Neuveville, Neuchâtel, lisière vaudoise (Montcharand, Bonmont, Coinsins, etc), Genève, etc.; plus haut, Diesse, Morteau (Mont-Vouilleau); plus rarement sur sols péliques, p. ex., Bourg, et psammiques, p. ex., plaine rhénane.—Roch. dysg.—X.

Ajuga reptans L.— Prés, les 4 rg., répandu abondant d. n. l. et se modifiant dans ses stations mtg. et alp. par l'absence des stolons *(A. alpina* Vill.*)*.

A. genevensis L.—Lieux graveleux, surtout les rg. inf., disséminé d. t. l. c. a., s'élevant dans les V., le S., aussi sur les Cl. et dans quelques vallées tertiaires du J. où il est rare ou nul, du reste, sur de grandes étendues. — S. n. l., Schaffhouse, Bâle, Montbéliard, Besançoon, Salins, Tenay, Tour-du-Pin, Cerlier, Neuchâtel, Vaud, Genève, Grenoble; plus haut, vals de Laufon, Delémont, Undervilliers.—Roches eug. pp.— H.

A. pyramidalis L. Koch. — Cette espèce des Alpes ne paraît pas avoir été observée avec certitude d. n. l.; on a souvent indiqué sous ce nom une modification de la précédente; cependant M. Laffon l'a signalée tout récemment (1847) aux environs de Schaffhouse.

A. Chamæpytis Schrb. — Champs argileux, rg. b., disséminé et souvent répandu d. l. c. a., surtout la VR., la VS. et le BS. occidental, aussi les Cl. et les premiers plateaux jurassiques occidentaux, mais généralement peu ascendant dans le J. où il est nul sur de grandes étendues et contraste souvent sur ses lisières. — S. n. l., Eglisau, Kaiserstuhl, Schaffhouse, Bâle, Saint-Louis, Béfort, Montbéliard, Besançon, Quingey, Salins, Arbois, Tour-du-Pin, Grenoble, Katzensee, Aarau, Neuveville, Neuchâtel, plaine vaudoise, Genève; plus haut, Delémont, etc.—Roches eug. pp.—H.

Teucrium Scorodonia L.—Bois humides, les 3 rg. inf., répandu dans toutes les zônes eugéogènes, disséminé et parfois assez rare dans les dysgéogènes. Ainsi, beaucoup plus rare d. l. J. et l'A. que dans les MR. et presque nul par districts.—Roches eug.—H.

T. Botrys L.—Champs, les 2 rg. inf., ascendant parfois avec eux, p. ex., dans la rg. mtg., les Bois, assez répandu d. n. l.

T. Scordium L. — Prés marécageux, surtout argilo-sableux, rg. b., disséminé d. t. l. c. a., surtout la VR. et la Pl., plus rare dans le BS. et la VS.,

peu ascendant et, bien que disséminé, assez caractéristique de la plaine. —
S. n. l., Schaffhouse (Herblingen), Mulhouse *Vet.*, Montbéliard et Audincourt
(Echelotte, Mathay, etc.) *Contej.*, Besançon (Cussey, Sône), Arbois (Aumont
Garn., Sous-Grozon *Bab.*), Cluses-de-Sylant *Bern.*, Terres-froides (Paladru),
Grenoble (Jarrie), Zofingen, Soleure (l'Enge) *Fr.*, Nidau, Anet, Landeron,
Saint-Blaise (St.-B., Epagnier), Boudry (Colombier), plaine vaudoise, Nyon
(Calève), Genève. — Roches eug. — II.

T. Chamædrys L. — Coteaux secs, les 3 rg. inf., surtout la mn., répandu
dans toute la zône dysgéogène, beaucoup plus disséminé et parfois rare dans
les eugéogènes, souvent contrastant sur les lisières du J. où il est beaucoup
plus abondant que dans les MR., généralement plus disséminé dans la région
mtg. — Roches dysg. — X.

T. montanum L. — Rochers secs, les 4 rg., surtout la mn. et mtg., dessinant la zône des terrains dysgéogènes par le pied de l'A., le K., les Cl. et t.
l. J.; beaucoup plus rare dans les MR., aussi parfois les stations pm., p. ex.,
la plaine rhénane. — Roches dysg. — X.

87. VERBÉNACÉES.

Verbena officinalis L. — Lieux graveleux, les 2 rg. inf., plus rare dans la
mtg., répandu assez abondant d. n. l.

88. ACANTHACÉES.

Suppl. — Point de représentant indigène d. n. l.

89. LENTIBULARIÉES.

Pinguicula alpina L. — Pelouses humides, rg. alp., assez répandu dans
les A., puis sur quelques points du J. — Mont-de-Boudry (derrière Trémont)
Chap. 1848, Dôle, Reculet, Mont-du-Chat *Bern.*, Chartreuse (Chamchaude)
Gras; plus bas, Mont-de-Sion *Reut.*

P. vulgaris L. — Prés tourbeux, les 3 rg. inf. et plus haut en se modifiant,
surtout la rg. mtg., disséminé d. t. l. c. a., les V., le S. et le Jura. — Ainsi,
s. n. l., Schaffhouse, Eglisau, Bâle, Porrentruy (Bonfol), Aarau, Neuveville,
Neuchâtel, Orbe, Nyon, Collonge, Genève; dans le Jura bâlois, soleurois,

bernois, bisontin, lédonien, p. ex., Passwang, Goldenthal, Weissenstein, Cluses-de-Moutier, Franches-Montagnes (Pleine-Seigne, etc.), Nods, Ponts, Val-de-Travers, Boujailles, Pâquier, Chaux-du-Dombief, lac Châlin, Marigny, Pontarlier, Champagnole (Vannoz), Mont-d'Or, Rousses, etc. ; la variété *grandiflora* Koch, qui selon M. Facchini, passe au type par des intermédiaires et en serait la modification alpestre, assez répandue dans les hautes chaînes : Chasseral *Lesq.*, Creux-du-Van *id.*, Châteluz (Cornée) *Vet.*, Chasseron *Mrtz.*, Dôle, Colombier *Bab.*, Montoisé *Garn.*, Crêt-de-Chalame, Reculet, Pied-du-Crédoz *Bern.*, marais de Coillard près Brenod *id.*, prairies de Poisat *id.*, Voerle près Izernore *id.*; la variété *longifolia* à Beauregard dans la chaîne du Chasseron *Lesq.*, au Châteluz (Cornée) *God.* 1848 et peut-être sur l'un ou l'autre des points précités ; toutes deux assez répandues dans les A., nulles dans les MR.

Utricularia vulgaris L. — Eaux stagnantes, rg. b., aussi la mtg., disséminé d. t. l. c. a.—S. n. l., Schaffhouse, Rheinfeld, Bâle, Béfort, Porrentruy (Bonfol), Montbéliard, l'Isle, Besançon (Sône), Sellières (Champrougie), Salins (Andelot, Villeneuve), Bresse et bords de la Saône *Boss.*, Bresse lyonnaise *Balb.*, Morestel (Curtin) *Bern.*, Terres-froides (Lemps) *Dav.*, Grenoble *Vill.*, Katzensee, Landeron, Saint-Blaise (Montmirail), Boudry (Colombier), Payerne, Yverdon, Nyon, Genève, Belley (Musein et Peyrieux) *Bern.*; plus haut, Pontarlier, Grand-Chalame, Entre-Côtes, Oyonnax.

U. minor L.—Mêmes lieux, assez rare d. l. c. a. et aussi dans le Jura.— S. n. l., Schaffhouse *Laff.*, Bâle *Vet.*, Salins (Andelot) *Garn.*, Morestel (Curtin) *Bern.*, Terres-froides *Dav.*, Grenoble *Vill.*, Katzensee *Heg.*, Yverdon (Yvonand) *Ler.*, Nyon (Divonne, Duilliers, Trélex) *Gaud. Monn.*, Genève (Lossy, Troenex, Bossy) *Reut.*; plus haut, les Ponts *Lesq.*, Pontarlier *Vet.*, Saint-Laurent (tourbières Saint-Pierre et Salave) *Cord.*

Suppl. — L'*U. intermedia* Hayn. aperçue sur quelques points d. n. l. : Béfort *Par.*, Verrières et Ponts *Lesq.*, laisse quelque incertitude. L'*U. Bremii* Heer, signalée au Katzensee. L'*U. neglecta* Schm. de présence douteuse d. n. l.

90. PRIMULACÉES.

Trientalis europaea L.—Cette espèce des bois humides, tourbeux, ordinairement sur sol psammogène, du nord, se montrant sur quelques points élevés des A. et du S., manque, du reste, d. n. l. ; c'est une des plantes boréales de nos contrées.

Lysimachia thyrsiflora L.— Marais, rg. b., rare d. l. c. a.—S. n. l., Soleure (Aeschisee) *Mrtz.*, Yverdon (Yvonand) *Ler.*, Neuchâtel (Loquiat) *Lesq.*

L. vulgaris L.—Lieux humides argileux, les 2 rg. inf., surtout les plaines, répandu dans toutes les zônes eugéogènes, s'élevant dans les MR., peu dans le J. et l'A. et faisant souvent contraste sur ses lisières ; décelant parfois les affleurements jurassiques marneux.—Roch. eug.—II.

L. Nummularia L.—Lieux humides, les 5 rg. inf., répandu d. n. l.; dans la rg. mtg., p. ex., Franche-Montagne.

L. nemorum L.—Bois humides des rg. inf., et aussi des tourbières mtg., répandu dans toutes les zônes eugéogènes et s'élevant dans les MR., plus disséminé et souvent rare dans les zônes dysgéogènes, l'A., les Cl., le J., souvent contrastant sur les lisières jurassiques ; dans la rg. mtg., p. ex., Locle, Creux-du-Van, Levier, Champagnole, etc.—Roches eug. pp.—II.

L. punctata L.—Cette espèce, rare en Allemagne, n'est signalée d. n. l. que sur deux points du canton de Zurich dont l'un— s. n. l., Eglisau (Rafz) *Graf.*

Anagallis phœnicea Lam. — Champs, ascendant avec eux, assez répandu d. n. l.

A. cœrulea Schreb. — Champs, ascendant avec eux, un peu plus rare que le précédent.

A. tenella L. — Marais sableux, à peine aperçu sur l'un ou l'autre point d. c. b. a.; autrefois sur nos lisières vaudoises d'où il a disparu ; Lyon.

Centunculus minimus L.—Lieux argileux humides, rg. b., disséminé d. l. c. a., surtout la VR. et la VS., plus rare dans le BS. et la Pl.—S. n. l., Rheinfeld (Olsberg), Bâle (Bottmingen, etc.), Porrentruy *Lap.*, Montbéliard *Bern.*, Arbois (Frétille), Salins, Bourg (Pont-de-Vaux, Bagé) *Boss.*, Bresse lyonnaise, Terres-froides (Morestel, etc.), Landeron, Neuchâtel, Nyon, Genève, etc.; plus répandu, mais peu observé.—Roches eug. pl.—II.

Androsace lactea L. — Pelouses rocailleuses alp., disséminé dans les A. occidentales et le J. — Depuis les chaines bâloises jusqu'au Reculet, surtout dans les parties centrales ; Hauenstein (Bölchenfluh), Passwang (Wasserfall, Vogelberg), Weissenstein (Röthifluh, Haasenmatt?), Montoz, Raimeux, Moron, Côtes-du-Doubs (les Ruz, Pré-des-Tissots), Chasseral, Joux-du-Plâne (Pertuis), Creux-du-Van, Côte-aux-Fées (Temple), Châteluz, Chasseron, Suchet, Mont-d'Or, Aiguillon, Dôle, Reculet ; çà et la plus bas, Gempenberg (Dornach, Schauenburg), cluses de la Birse (roches de Moutier et de Court), de la Sorne (Pichoux) ; assez caractéristique de la rg. alp. et de ses approches dans une grande partie du J.

A. villosa L. — Pelouses rocailleuses alp., disséminé dans les A. occidentales et dans le J.—Dôle, Chartreuse *Mut.*; signalée autrefois au Falconnaire (chaine du Creux-du-Van selon Gaudin) par Haller, au Creux-du-Van et au Chasseron par d'Ivernois, elle n'a pas été revue dans ces localités.

A. carnea L. — Cette espèce alp., disséminée dans les A. occidentales, surtout cristallines et se retrouvant au sommet des V., parait nulle, du reste, d. n. l. Elle a été signalée autrefois par Chantrans aux environs de la Grâce-Dieu (entre Vercel et Baume, Doubs), contrée dont les altitudes ne dépassent guère notre rg. mn. et dont la végétation est en effet à peine mtg. ; il est très-probable que c'est une erreur.

A. maxima L. — Cette espèce des champs se montre sur quelques points des frontières extrêmes de notre champ d'étude dans la VR., en L. et dans le Valais.

Primula farinosa L.—Prés humides, rg. mtg. et alp., disséminé dans les A. et l. J. — Delémont (Cortemelon), Diesse (Nods, Prèle, etc.), Pontarlier, Morteau, Mouthe, Saint-Laurent, Chapelle-des-Bois, Morey, Val-de-Joux, Montendre, Rousses, Saint-Georges, Longirod ; dans la plaine sporadiquement?, Constance, Schaffhouse, Bâle, Aarau, Orbe, Lasarraz, l'Ile.

P. officinalis Jacq.—Prés, les 3 rg. inf., répandu abondant d. n. l.

P. elatior Jacq.—Bois, les 4 rg., répandu abondant d. n. l.

P. acaulis Jacq. — Bois, rg. b., assez rare d. l. c. a., surtout les lisières occidentales du J. — Liestal, Soleure *Fr.*, Bienne, Landeron (Enges), Neuchâtel, Grandson, Yverdon, Moudon, Rolle, Nyon, Genève ; puis Salins (bois de Myon) *Bab.*, Tour-du-Pin *Bern.*, Nantua *id.*, Grenoble ; plus haut, Passwang (Vogelberg) *Hag.*, Val-de-Travers (Rochefort) *Ben.*—Roches eug.?—H?

P. auricula L.—Rochers, rg. mtg. et alp., disséminé dans les Alpes, sur quelques points du S., puis dans le Jura oriental et central. — Schafmatt (Geissfluh), Hauenstein (Bölchenfluh), Hohefluh (Falkenstein), Hornfluh, Passwang (Wasserfal, Vogelberg), Meltingerberg (Gilgenberg), Weissenstein (Haasenmatt), cluses de la Birse (Vorburg, roches de Moutier et de Court), de la Sorne (Undervilliers, Pichoux), chaine de Saint-Braix (crêt de Moebré)? *Nob.*, Lomont-de-Baume (crêt Châtard) ; rare ou nul plus à l'ouest ; puis Mont-du-Chat *Bern.*, de l'Epine *id.*, Chartreuse (Chamchaude, etc.).

Hottonia palustris L.—Eaux stagnantes, rg. b., disséminé d. l. c. a., surtout la VR. — S. n. l., Bâle (Neudorf, Michelfeld, etc.), Besançon (Voray), Montbarrey (Loue, Germigney), Terres-froides (Morestel, Brangue) *Dav. Bern.*, Bresse lyonnaise, Aarau (Rohrerschach), Bienne (vers Nidau), Landeron (L. Epagnier), Neuchâtel (Loquiat), Yverdon (Y. Yvonand), Avanches (vers Missey), Morat (Faoug à Salavaux) ; rarement plus haut, Morteau *Gr.*

Soldanella alpina L. — Pelouses alp., très-répandu dans les A., sur les sommités du S. et du J. — Suchet, Montendre, Crêt-de-Chalame, Dôle, Colombier, Montoisé, Reculet, Chartreuse (Charmant-Som, Grand-Som) *Gras.*

Cyclamen europæum L. — Bois, divers niveaux, disséminé dans les A. et dans le J.—Soleure (Grange) *Mrtz.*, Neuveville (combe Blanchardet, bois de l'Iter), Jougne (montée du Mont-d'Or), Bonneveaux (bois de), Champagnole (vers Siam, la Billaude), Morteau (M. et les Gras), Saint-Claude (montée de Septmoncel), Mijoux (montée vers Septmoncel), Pont-de-Lison *Cord.*, Châtillon-de-Michaille (Planche-d'Arlot) *Bern.*, Brenod? (Outria dans la Combe-Duval près Lantenay) *id.*, Salève (commun), Grenoble *Vet.*

Samolus Valerandi L.—Marais, rg. b., assez rare d. l. c. a., plus encore dans le BS. — S. n. l., Arbois (Vaucy, la Villette) *Garn. Bab.*, la Bresse *Boss. Balb.*, Genève (Sionnet, Roellebot) *Reut.*, Tour-du-Pin *Bern.*, Belley (lac de Barterand) *id.*, Grenoble (Polygone, etc.) ; plus haut, Pontalier *Gr.*

91. GLOBULARIÉES.

Globularia vulgaris L.—Coteaux secs, les 2 rg. inf., surtout la mn., dessinant, bien que disséminé, les principales zônes dysgéogènes, par l'A., le K., les Csv., les Cl. et les lisières occidentales du Jura, mais peu ascendant, rare ou nul dans cette chaîne sur de grandes étendues. — S. n. l., Winterthur, Schaffhouse, Eglisau, Bâle, Audincourt (Arbouan), Pont-de-Roide, Besançon, Salins, Arbois, Poligny, Ceyseriat, Saint-Rambert, Tenay, Belley, Grenoble, Bienne, Neuveville, Neuchâtel, plaine vaudoise, Genève ; plus rarement mtg., Oltingen, Monterrible (Rangiers), Lomont (Crêt-des-Roches), Champagnole (vers Loulle), etc.

G. cordifolia L.—Rocailles mtg. et alp., assez répandu dans les A., disséminé dans le J. — Hauenstein (Kallenfluh), Wallenburg, Passwang (Wasserfall), Raimeux, Montoz, Graitery, Chasseral, Tête-de-Rang, Tourne, Creux-du-Van, Suchet, Mont-d'Or, Montendre, Noirmont, Dôle, Colombier, Reculet, Chalame, Salève, Grand-Colombier, Mont-du-Chat, Chartreuse ; plus bas, Dornach, cluses de Moutier, de Court, de Nantua, Grenoble.

G. nudicaulis L.—Cette espèce, disséminée dans les A., surtout occidentales, assez répandue dans le Dauphiné, s'avance s. n. l. jusqu'à — la Chartreuse (Collet, etc.).

Suppl.—D'après les renseignements de M. Bernard la *G. alypum* L.. aurait été observée au Mont-du-Chat par M. T. de Saussure.

92. PLUMBAGINÉES.

Statice alpina Hopp. K.— Cette espèce alp. a été observée par M. Reuter dans les pentes élevées du Vergy et du Méry (Alpes de Maglan) et se retrouve dans le Valais et le Dauphiné ; serait-ce l'espèce que Mutel à indiquée dans le Jura ?

Suppl. — Le *S. maritima* Willd. des côtes de la Mer-du-Nord , cultivé. Le *S. elongata* Hoffm. indiqué sur plusieurs points dans le nord de la VR. et contrées limitrophes, puis s. n. l. extrêmes aux environs de Constance, a aussi été signalé près de Bâle (Scheffelten près Arisdorf), par M. Münch (in *Hag.*); est-il spontané dans cette localité ?

93. PLANTAGINÉES.

Littorella lacustris L.— Grèves, assez rare d. l. c. a., surtout le BS., nul sur de vastes étendues.— S. n. l., Constance, Bâle (Klein-Richen), Porrentruy (Bonfol), Cerlier (Saint-Jean), Saint-Blaise, Neuchâtel (Auvernier), Boudry (Saint-Aubin , Colombier), Lausanne (Pierrettes), Nyon (Promenthoud), Versoix, Genève (les Pâquis, le Vengeron), Bresse lyonnaise.

Plantago major L. — Lieux graveleux, les 5 rg. inf., aussi alp., répandu abondant d. n. l. ; sa variété *minima* sur plusieurs points pélo-psammiques, p. ex., Bâle , Porrentruy (Montingoz) , Salins , Sellières (Chaux), Yverdon (grèves), Nyon (Calève), Grenoble (Polygone), etc.

P. media L. — Pelouses, les 4 rg., très-répandu , très-abondant d. n. l.

P. montana Lam. *(atrata* Hopp., *alpina* Willd.)—Pelouses alp., répandu dans les A. et sur quelques sommités du J. — Chasseron, Noirmont, Montendre, Dôle, Colombier, Reculet, Chartreuse (Chamchaude).

P. lanceolata L.—Pelouses, les 4 rg., très-répandu, très-abondant d. n. l.

P. alpina L. Pelouses alp., répandu dans les A.; d. l. J. — Dôle, Reculet, Salève, Chartreuse (Sappey) *Gras;* A. de Maglan *Reut.*

P. arenaria W. K. — Espèce méridionale se montrant quelquefois dans les cultures ; aperçue aux environs de Bâle *Hag.,* d'Aarau *Zchk.,* Genève *Sauss.,* Mulhouse *Büch.,* Besançon *Gr.,* Seurre *Mut.,* Grenoble (Isère) *Vill.;* fugace.

P. graminea DC. — Espèce de la France méridionale s'avançant s. n. l. jusqu'à—Grenoble (Drac, Polygone).

P. Coronopus L. K. *(integralis* Gaud. sec. K.*)* — Cette espèce disséminée dans les lieux sableux en France et en Allemagne, très-rare d. n. l., se trouve sur quelques points de nos lisières méridionales.—Saint-Julien (entre Archamp et Salève, près du Chable) *Reut. Rap.*, Seyssel (îles du Rhône vers Rochefort) *Bern.*, Grenoble.

P. maritima L. var. *dentata* K. *(P. dentata* Roth*).* — Cette espèce se trouve dans le Jura du Doubs à Vielley, à Tarcenay entre Ornans et le Puits de Brême *Gr.*, puis dans le Jura salinois entre Malans, Eternoz et Amancey *Garn.*, partout dans les affleurements marneux du terrain oxfordien.

P. Cynops L. (comprenant le *genevensis* DC.)— Espèce meridionale des coteaux graveleux secs, nulle d. n. l., excepté quelques points des contrées sud-occidentales. — Rolle (Mont), Nyon (Justice), Genève (Bâtie), Salève, Mont-du-Chat, Grenoble (abondant).

EXOGÈNES MONOCHLAMYDÉES.

94. AMARANTHACÉES.

Amaranthus sylvestris Desf.—Lieux cultivés sableux, rg. b., rare d. l. c. a. —S. n. l., Schaffhouse, Lausanne, Genève, Besançon, Grenoble, Lyon.— Roch. eug. pm.—H.

A. retroflexus L. — Lieux cultivés sableux, rg. b., rare d. l. c. a., excepté la VR. — S. n. l., Schaffhouse, Bâle, Besançon, Arbois (Saint-Cyr), Lons-le-Saulnier, Genève?; Lyon. — Roch. eug. pm.—H.

A. blitum L. — Lieux cultivés, les rg. inf., assez répandu d. n. l.

Suppl.—L'*A. caudatus* cultivé, puis çà et là subspontané, p. ex., Payerne, Yverdon, Lausanne.

95. PHYTOLACÉES.

Suppl.—Point de réprésentant, le *P. edcandra* L., originaire d'Amérique, çà et là naturalisé dans le midi, ne supporte pas nos climats.

96. CHÉNOPODÉES.

Salicornia herbacea L. — Cette espèce des côtes maritimes et des environs des salines d'Allemagne et de Lorraine (Dieuze, Marsal, Vic, etc,) a été indiquée par Chantrans près des sources salées d'Audeux (près Besançon) et de Soulce près Saint-Hippolyte, où elle n'a pas été revue depuis.

Polycnemum arvense L. (y compris la forme *majus).* — Champs argilo-sableux, rg. b., disséminé d. t. l. c. a., mais nul sur de grandes étendues et point ascendant dans le J. — S. n. l., Schaffhouse (Rheinau, Uhwiesen), Bâle, Audincourt (Arbouan), Baume, Besançon, Quingey, Chaussin (Beau-voisin), Grenoble, Soleure, Neuchâtel, Orbe, Payerne, Lausanne, Rolle, Ge-nève. — Roches eug. pm.—H.

Chenopodium hybridum L. — Lieux cultivés graveleux, rg. b., assez ré-pandu d. t. l. c. a., point ascendant dans le J.—S. n. l., Schaffhouse, Bâle, Béfort, Montbéliard, vallée de l'Ognon, Villersfarlay (Cramans), Arbois, Gre-noble, Baden, Zurich, Neuveville, Neuchâtel, Payerne, plaine vaudoise, Rolle, Nyon, Genève. – Roches eug. pp.—H.

C. urbicum L.—Mêmes lieux, rg. b., assez rare d. l. c. a., plus répandu en L.—S. n. l., Schaffhouse, Bâle, Montbéliard *Wetz.,* Salins, Arbois, Sel-lières, Payerne, Nyon (Prangins), Grenoble ; Lyon. – Roches eug. pp.—H.

C. murale L.— Mêmes lieux, rg. b., assez répandu d. l. c. a.— S. n. l., Bâle, Montbéliard *Bern.,* Besançon, Salins, Arbois, Poligny, Grenoble, Neu-veville, Neuchâtel, plaine vaudoise, Genève.—Roches eug. pp.—H.

C. album L. K.—Mêmes lieux, les 3 rg. inf., répandu d. n. l.

C. opulifolium Schrd.— Mêmes lieux, rg. b., très-rare d. l. c. a., surtout la VR., nul sur de grandes étendues.—S. n. l., Schaffhouse *Laff.,* Bâle *Hag.,* Salins *Bab.,* Grenoble ; Lyon.

C. ficifolium Sm. — Mêmes lieux, rg. b., très-rare d. l. c. a., surtout la VR., nul sur de vastes étendues. — S. n. l., Bâle *Hag.,* Montbéliard *Bern.,* Salins *Bab.*

C. polyspermum L. — Mêmes lieux, les 2 rg. inf., surtout la plaine, assez répandu d. n. l.—S. n. l., p. ex., Schaffhouse, Rheinfeld, Bâle, Porrentruy, Montbéliard, Besançon, Salins, Arbois, Grenoble, Soleure, Neuchâtel, Nyon, Genève, etc.

C. Vulvaria L.— Mêmes lieux, rg. b., disséminé d. t. l. c. a., surtout la VR. et la Pl., plus rare dans le BS. — S. n. l., Schaffhouse, Bâle, Béfort, Montbéliard, Besançon, Poligny, Grenoble, Bienne, Neuchâtel, Boudry, Nyon, Genève, etc.

C. Botrys L.—Cette espèce méridionale, généralement nulle d. n. l., ne s'y montre que dans le Bas-Dauphiné et sur quelques points du BS. occiden-tal. — Payerne (rives de la Broye au Châtelard) *Rap.,* Boudry (rives du lac à Saint-Aubin) *Dur.,* Lucens *Hall.,* Genève (Chambésy) *Reut.*

Blitum capitatum L.—Espèce subméridionale des lieux sableux, cultivée, rarement subspontanée ou indigène? sur quelques rares points d. l. c. a. — Bâle *Hag.*, Payerne *Rap.*

B. *virgatum* L. — Même rôle. — S. n. l., Torpes *Vet.*, Montbéliard *Vet.*, Besançon (moulin de Tarragnoz) *Vet.*, Rolle (Mont) *Monn.*, Nyon *Gaud.*, Genève *Vet.*, Annemasse (Colonge) *Reut.*

B. *Bonus Henricus* C. A. Meyer. — Lieux habités, les 4 rg., répandu abondant d. n. l. et très-haut avec les habitations, p. ex., l'hospice du Gothard.

B. *glaucum* Koch. — Mêmes lieux, rg. b., disséminé d. t. l. c. a., surtout la VR. et la Pl., plus rare dans le BS. — S. n. l., Bâle, Porrentruy, Neuchâtel *Vet.*, Morat, Payerne, Avenches, Genève, Besançon *Vet.*

B. *rubrum* Rchb.—Mêmes lieux, plus rare.—S. n. l., Schaffhouse *Laff.*, Bâle *Hag.*, Béfort *Par.*, Montbéliard *Bern.*

Beta.—*Suppl.*—La B. *vulgaris* L. cultivée sous ses diverses formes.

Spinacia.—*Suppl.*—Le S. *oleracea* L. cultivé partout.

Atriplex tatarica L. *(oblongifolia* W. K.*)* — Lieux graveleux, disséminé dans la VR.—S. n. l., Bâle?

A. *patula* L. K. *(angustifolia* WK.*)* —Mêmes lieux, rg. b., aussi la mn., disséminé d. t. l. c. a., assez répandu dans la VR., VS., Pl., plus rare dans le BS. — Zurich, Schaffhouse, Bâle, Porrentruy, Béfort, Besançon, Salins, Grenoble, Neuveville, Neuchâtel, Vaud, Genève.

A. *latifolia* Wahl. K. — Mêmes lieux, disséminé dans la VR., VS., Pl., rare ou nul dans le BS. — S. n. l., Schaffhouse?, Bâle?, Porrentruy *Nob.*, Béfort *Par.*, Besançon *Gr.*, Salins *Bab. Garn.* et probablement plus répandu, mais difficile à indiquer avec sûreté vu la confusion qui a régné dans ce genre. La modification *salina (A. oppositifolia* DC.*)*, commune à Grozon (près Arbois) *Garn.* autour de la source salée et aux environs des salines d'Allemagne où M. Döll l'a vu passer au type par des intermédiaires.

Suppl. — L'A. *hortensis* L. cultivé et quelquefois subspontané ; l'A. *hastata* L. indiqué peut-être par erreur sur l'un ou l'autre point d. n. l.

97. POLYGONÉES.

Rumex palustris Sm.—Marais, rare d. l. c. a., dans la VR., en L., nulle part s. n. l.; souvent confondu avec le suivant.

R. maritimus L. — Cette espèce, disséminée en Allemagne, dans la VR.
et en L., nulle, du reste, sur de grandes étendues, est indiquée s. n. l. —
Rheinfeld (Weyerfeld) *Hag.*, Bâle (Neuenburg *Lang.*, Dornach *Hag.*), Porrentruy (Bonfol) *Fr.* Les Abrets *Dav.*, Morestel (Crest) *id.*; probablement la
Bresse.

R. conglomeratus Murr. — Lieux humides, les 2 rg. inf., aussi la mtg.,
surtout les zônes eugéogènes, assez répandu d. t. l. c. a. et d. l. J.—P. ex.,
Schaffhouse, Bâle, Porrentruy, Besançon, Salins, Grenoble, Neuchâtel, Nyon,
Genève, etc.

R. nemorosus Schrad.—Bois humides, les 2 rg. inf., aussi la mtg., surtout
les zônes eugéogènes, assez répandu d. n. l., ascendant dans le J. central,
plus disséminé cependant dans nos districts germaniques et le BS.—P. ex.,
Schaffhouse, Bâle, Porrentruy, Besançon, Salins, Neuveville, Neuchâtel, Nyon,
Genève, Grenoble ; la variété *sanguineus* cultivée et rarement indigène : Blamont (Glay) *Chantr.*

R. pulcher L. — Lieux graveleux, rg. b., rare d. l. c. a., excepté nos li-
sières sud-occidentales.—Bâle (Neuenburg) *Lang.*, Béfort *Par.*, l'Isle *Bern.*,
Saint-Amour, Bourg, Ceyseriat, Saint-Rambert, Pont-d'Ain, Balmes, Belley,
Grenoble ; puis Yverdon, Orbe, Lassarraz, Lutry, bords du Léman, Genève,
Savoie, Dauphiné, Lyon.

R. Hydrolapathum Huds.— Marais, disséminé d. l. c. a., surtout la VR.
et la Pl.—S. n. l., Schaffhouse, Lauffenburg (Sisselnbach) *Br.?*, Bâle, Salins
(Saint-Joseph) *Bab.*, Bienne *Fr.*, Landeron, Morat, Neuchâtel (Loquiat),
Payerne, Yverdon (Yvonand, etc.), Nyon (Divonne) *Met.*; rarement plus haut,
Pontarlier *Bab.*; probablement la Bresse.

R. obtusifolius L.—Lieux humides, les 4 rg., répandu abondant d. n. l.,
plus haut encore dans les A., p. ex., Val-d'Urseren. Le *R. pratensis* M. K.
que plusieurs auteurs envisagent comme un hybride de celui-ci avec le suivant, paraît disséminé d. n. l.

R. crispus L.— Lieux cultivés, les 4 rg., répandu abondant d. n. l.; plus
haut encore dans les A., p. ex., Val-d'Urseren.

R. alpinus L.—Cette espèce des environs des chalets, très-répandue dans
les Alpes, se montre aussi en quelques endroits des V., du S. et du Jura.—
Farnerberg, Weissenstein, Brückliberg (Tiefmatt), Raimeux, Dôle, Reculet
(Thoiry), au dessus de Hauteville *Bossy*, Chartreuse (Sappey) et probablement
ailleurs ; Alpes de Maglan, Dauphiné.

R. aquaticus L. — Cette espèce, disséminée sur quelques rares points d.
c. a., notamment la VR. et le Lyonnais, comme nulle dans le BS., est si-

gnalée à — Schaffhouse *Laff.*, Neuchâtel (Saint-Blaise) *Vet.*, Saint-Ursanne *Fr.*, Morteau *Berth.*, Pontarlier *Gr.*; probablement plus répandue.

R. scutatus L.—Coteaux graveleux secs, les 3 rg. sup., dessinant, inégalement répandu, mais souvent social, les zônes dysgéogènes par l'A., les Cl. et la majeure partie du J., rare ou nul du reste.—P. ex., cluses de Langenbruck, Balstal, Moutier, Cluzette, Saint-Sulpice, Valanvron, Clerval, Baume, Saint-Claude, Saint-Rambert, Cerdon, etc. ; pentes apriques des Gislifluh, Wannenfluh, Hauenstein, Creux-du-Van, Dôle, Reculet, Grand-Colombier, Mont-du-Chat, etc.; coteaux secs et murs des environs de Aarau, Neuchâtel, Rheinfeld, Porrentruy, Montbéliard, Salins, Poligny, Lons-le-Saulnier, Ceyseriat, Grenoble, etc. ; mais souvent rare ou nul par districts ; contrastant avec les MR.—Roches dysg.—X.

R. arifolius All.—Bois, rg. mtg. sup. et surtout alp., assez répandu dans les V., le S., les A. et le J. — Weissenstein, Montoz, Chasseral, la Tourne (mtg. de Travers) *Lesq.*, Creux-du-Van, Mont-d'Or, Suchet, Aiguillon, Rizoux, Montendre, Dôle, Reculet, Chartreuse (Chalais) *Gras;* probablement ailleurs ; surtout le J. central.

R. Acetosa L.—Prés, les 4 rg., très-répandu, très-abondant d. n. l.

R. Acetosella L. — Lieux argileux ou sableux, les 4 rg., assez répandu partout d. n. l., mais dessinant particulièrement abondant et social toutes les zônes eugéogènes, souvent assez rare par districts dysgéogènes ; très-ubiquiste quant aux altitudes ; hospice du Gothard.—Roches eug.—H.

Polygonum Bistorta L. — Prés humides, rg. mtg. et alp., répandu dans les A., les V., le S. et peut-être un peu moins dans l'A. et le J.; contribuant beaucoup à la physionomie de la végétation dans toutes les hautes vallées.

P. viviparum L.—Pelouses alp., répandu dans toutes les Alpes et sur les sommités du J.—Tête-de-Rang, Creux-du-Van, Chasseron, Dent-de-Vaulion, Suchet, Aiguillon, Mont-d'Or, Montendre, Dôle, Colombier, Reculet, Chartreuse (Grand-Som) et probablement ailleurs.

P. amphibium L.— Eaux stagnantes et prés humides, les 2 rg. inf., surtout la plaine, aussi parfois la mtg., p. ex., le Locle, les Brenets, assez répandu d. n. l.

P. lapathifolium L. — Lieux humides, les 2 rg. inf., disséminé d. n. l.; la variété *incanum,* çà et là, p. ex., Rolle *Rap.*, Genève *Reut.*

P. Persicaria L.—Lieux humides, les 3 rg. inf., répandu abondant d. n. l.

P. mite Schrk. Godr. (comprenant le *minus* Huds.) — Lieux humides, les 2 rg. inf., surtout la plaine et les zônes eugéogènes pélo-psammiques, disséminé d. t. l. c. a., surtout la forme *minus*. — S. n. l., p. ex., Zurich, Schaffhouse, Bâle, Béfort, Porrentruy (Bonfol, etc.), Besançon, Salins, Grenoble, Payerne, Neuchâtel, Morat, Genève, etc.; plus haut, Pontarlier, Bief-du-Fourg.

P. Hydropiper L.—Lieux humides surtout argileux, les 2 rg. inf., surtout les zônes eugéogènes, assez répandu, souvent commun d. n. l., plus rare cependant dans les districts jurassiques les plus dysgéogènes.

P. aviculare L.—Lieux graveleux, les 3 rg. inf., très-répandu, très-abondant d. n. l.

P. Convolvulus L.—Champs, ascendant avec eux, répandu abondant d. n. l.

P. dumetorum L.—Buissons, les rg. inf., inégalement disséminé d. t. l. c. a., rare (p. ex., le BS. oriental) ou commun (p. ex., la L.) par districts, peu ascendant dans le Jura.— S. n. l., Schaffhouse (Rheinau), Regensperg (Otelfingen), Bâle, Montbéliard (Bart) *Bern.,* Besançon, Salins, Arbois, Terres-froides, Baden, Neuveville, Boudry, Nyon, plaine vaudoise, Genève.

Suppl.—Le *P. Fagopyrum* L. cultivé dans la rg. b., surtout la Bresse; le *P. tataricum* L. cultivé et plus ascendant.

98. THYMÉLÉES.

Passerina annua Wckst.—Champs arides, les 2 rg. inf., surtout les zônes occidentales un peu dysgéogènes par le K., les Cl. et le J., plus disséminé dans les districts germaniques orientaux, peu ascendant dans les mtg. — P. ex., s. n. l., Schaffhouse, Eglisau, Bâle, Porrentruy, Béfort, Montbéliard, Besançon, Quingey, Villersfarlay, Salins, Arbois, Thoirette, Tour-du-Pin, Aarau, Cerlier, Neuchâtel, Yverdon, Orbe, Nyon, Genève, Belley.

Daphne Mezereum L. — Bois, les 4 rg., surtout la mn., dessinant assez répandu les zônes dysgéogènes par l'A., le K., les Cl. et le J., plus disséminé et souvent nul dans les eugéogènes; abondant et vigoureux dans les pelouses alp. du Jura, p. ex., Chasseral, Aiguillon, Montendre, Colombier, Reculet.—Roches dysg.—X.

D. Laureola L. — Bois, rg. mn. et mtg., disséminé distant dans les A. occidentales, les Cl. et tout le J. — Depuis les chaînes argoviennes jusqu'au Salève et à la Chartreuse, partout peu abondant et distant, nul peut-être par petits districts.—Ainsi, pentes, collines et plateaux au dessus d'Aarau, Liestal, Bâle, Ferrette, Besançon, Salins, Nyon, Rolle, Belley, Grenoble, etc.; chaînes de Gislifluh, Passwang (Wasserfall), Wallenburg, Langenbruk, Gempenberg, Fringeli, Chaive, Clôs-du-Doubs, Monterrible, Moron, Lomont, Poupet, Montendre, Dôle, Salève, cluses de Nantua, Grand-Colombier, Chartreuse et certainement sur beaucoup de points où il échappe à l'observation par son isolement ; malgré sa dissémination, l'une des espèces les plus caractéristiques du Jura relativement aux MR. et même aux Alpes suisses. — Roches dysg.—X.

D. alpina L. — Espèce méridionale des rochers, disséminée dans les A. occidentales, sur quelques points de la Côte-d'Or et dans le J.—Weissenstein (sur Oberdorf), cluses de Moutier (Verrerie de Roche), de Court, de Saint-Sulpice (roches de Fleurier), côtes du Doubs (cirque du Mauron), Lomont-de-Blâmont (Crêt-des-Roches), Lomont-de-Baume (Crêt-Châtard), Lomont-de-Roulans (Lessey près Deluz) *Puis.,* Morteau (Roche-pesante), Salins (Poupet, Arêle, Belin, etc.), Arbois (Châtelaine), Creux-du-Van, Salève (sur Crevin, etc.), Mont-du-Chat (Col-de-Charve), Grotte-des-Echelles, Grenoble (Saint-Eynard, Grand-Som) et certainement ailleurs où il échappe aisément à l'observation.—Roches dysg.—X.

D. Cneorum L. — Cette espèce des lieux un peu psammiques des mtg., plus répandue dans les parties méridionales de l'Allemagne et de la France, plus disséminée dans nos contrées, se montre sur quelques points de l'A., du S., des V., des Cl., des A. occidentales et du J.—Hauenstein (Widwald près Eptingen) *Hag.,* cluse d'OEnsingen *Mrtz.,* Mont-de-Vermes (crêt des pâtures de Rebeuvelier) *Fr.,* Clôs-du-Doubs (Crêt-du-Trembiaz) *Nob.,* Brévine (La Chaux) *Chap.,* Champagnole (culée de Ney, chemin de Loulle) *Garn. Bab.,* Montendre (Pré-de-Bière) *Reut.,* Noirmont (Seiche-des-Embornaz) *Gaud.,* Mont-d'Ain *Bern.,* Chartreuse (Saint-Eynard) *Mut.* et probablement ailleurs.

99. LAURINÉES.

Suppl.—Point de représentant indigène. Le *Laurus nobilis* L. supporte la pleine terre sur quelques points les mieux abrités de la rg. vignoble, notamment à Grenoble, puis plus au nord dans le vignoble franc-comtois et le long de la côte vaudoise.

100. SANTALACÉES.

Thesium pratense Ehrh. — Prés secs, les 5 rg. inf., surtout la mn., disséminé dans les A. occidentales, les V., le S., l'A., les Cl., aussi les plaines ambiantes, assez répandu d. t. l. J.—P. ex., collines et plateaux de Schaff-house, Rheinfeld (Olsberg), Bâle, Béfort, Porrentruy, Besançon, Quingey, Salins, Arbois, Saint-Rambert, Nantua, Grenoble?, Neuveville, Neuchâtel, Genève ; plus haut, Delémont, Monterrible, Lomont, Pontarlier, Champagnole ; probablement très-répandu, mais pendant longtemps confondu avec les suivants.

T. alpinum L. K.—Prés secs, rg. mtg. et alp., aussi plus bas, disséminé dans les A., les V., le S., les Cl., puis probablement sur toutes les sommités du J. — Chaînes bâloises *Hag.*, cluses de Moutier et Court, Chasseral, Taureau, Creux-du-Van, Chasseron, Tête-de-Rang, Aiguillon, Suchet, Rizoux, Montendre, Dôle, Colombier, Reculet, Poisat, Mont-d'Ain, Grand-Colombier, Chartreuse (Collet) *Gras ;* beaucoup plus mtg. que le précédent quoique descendant aussi très-bas.

T. intermedium Schrd. — Cette espèce des prés montueux, qui est peut-être le *T. linophyllum* L., est très-répandue sur les sols eugéogènes de la VR. (Bregentz à Bitsch *Döll.),* des V., du S. ; elle paraît plus disséminée à l'ouest des V. et à l'est du S.; elle est rare en Suisse et dans le Jura; on l'a signalée aux environs — d'OEnsingen *Fr.,* Saint-Cergue, Longirod, la Dôle, Grenoble?; M. Babey l'indique à Salins et je l'ai recueillie dans les grèves de Pont-d'Ain; elle paraît absente des zónes dysg.—Roches eug. pm.—II.

T. montanum Ehrh.—Cette espèce, considérée par quelques auteurs comme une modification de la précédente, très-rare d. n. l., a été signalée sur l'un ou l'autre point des V., du S., du W. et des A., puis — s. n. l., à Schaff-house (Griesbach) *Laff.*

T. humifusum DC. — Cette espèce, assez répandue sur les Cl., n'est signalée, du reste, nulle part ailleurs d. n. l.

T. rostratum MK.—Espèce très-rare d. n. l., signalée sur quelques points seulement. — S. n. l., Schaffhouse (Wolfsbuck) *Laff.,* Wülflingen *Köll.,* Eglisau (Irchel) *Heer.*

Osyris alba L. — Cette espèce de la France méridionale s'avance s. n. l. jusqu'à — Grenoble (Bastille, Rochefort, etc.) et Belley (collines de Muscin) *Bern.*

101. ÉLÉAGNÉES.

Hippophae rhamnoides L.—Grèves des grands cours d'eau.—Rhin, Rhône, Aar, Arve, Thur, Linth, Glatt, Isère, Drac, Rives du Léman ; s'élevant jusque dans la rg. mtg. des A.

102. CYTINÉES.

Suppl. — Point de représentant indigène.

103. ARISTOLOCHIÉES.

Aristolochia Clematitis L.—Espèce méridionale cultivée, puis çà et là naturalisée dans la rg. b., surtout vignoble. — P. ex., Schaffhouse, Eglisau (Rheinau), Montbéliard, Bienne, Neuveville, Lasarraz, l'Ile, Avenche, Payerne; Dauphiné; très-envahissante et peut-être indigène sur certains points d'où l'on a beaucoup de peine à l'extirper, comme dans les vignes de Gléresse près Bienne *Lam.*

Asarum europæum L.—Bois couverts, les 5 rg. inf., surtout la mn., dessinant assez répandu toutes les zônes dysgéogènes par l'A., les Csh., les Csv., les Cl. et tout le J. depuis les plateaux jusqu'aux hautes vallées, beaucoup plus disséminé et souvent nul du reste; contrastant entre le Jura et les MR. — Roches dysg.— X

104. EMPÉTRÉES.

Empetrum nigrum L.—Bruyères mtg. et alp., répandu d. t. l. A., surtout cristallines, assez répandu dans les V. granitiques, disséminé dans le S. et dans quelques hautes vallées eugéogènes tourbeuses du J.— Lac Saint-Point *Vet.*, Sainte-Croix (Vraconne) *Boiss.*, Creux-du-Van *Shttlw.*, Val-de-Joux (Sentier), Rousses, Montoisé (sur Allemogne) *Bab.*, Reculet (côté nord) *id.;* Dauphiné, Alpes de Maglan; assez contrastant entre les bruyères tourbeuses des V. et les tourbières du J. — Roches eug.— H.

105. EUPHORBIACÉES.

Buxus sempervirens L.—Cet arbuste joue dans le J. un rôle particulier que nous avons décrit, tome I, page 191. Il manque, du reste, d. l. c. a., excepté sur quelques points des Cl. et dans la Côte-d'Or. Il est généralement nul en Allemagne au nord des A., et n'est que disséminé dans la France boréale et même centrale, du moins au nord du plateau d'Auvergne. Il est commun à partir de là dans le midi : sa présence dans le J. et son augmentation vers le sud indiquent le passage graduel à des températures plus élevées. S'il préfère les calcaires dans nos latitudes, il n'y est point exclusivement attaché et s'accommode de toutes les roches suffisamment sèches par suite de leurs propriétés physiques, de leurs expositions ou du climat où elles se trouvent. On le voit sur les schistes des Pyrénées, les roches anciennes en Bretagne, les terrains tertiaires parisiens, les gneiss, les micaschistes, les roches volcaniques d'Auvergne, les sols variés du Beaujolais, mais toujours, toutes choses égales, plus prospère sur les plus dysgéogènes de ces roches, plus habituel, p. ex., sur les calcaires jurassiques que sur les tertiaires, sur les basaltes que sur les trachytes, sur les grès compactes que sur les grès désagrégeables ou les granites décomposés, etc. Abandonné à lui-même dans des expositions favorables, il atteint jusqu'à 5 et même, assure-t-on, 7 mètres de hauteur ; mais le plus habituellement il ne dépasse pas dans le J. un mètre et demi à deux mètres, et demeure inférieure à cette limite dans les districts où il n'est que disséminé ; dans les parties méridionales du Bugey, on en voit assez souvent de 3 à 4 mètres.—Roches dysg.—X.

Euphorbia helioscopia L. — Champs, ascendant avec eux, répandu commun d. n. l.

E. platyphylla L.—Champs, les rg. inf., assez répandu d. n. l.—P. ex., Schaffhouse, Bâle, Porrentruy, Béfort, Salins, Arbois, Lons-le-Saulnier, Besançon, Neuveville, Genève, Grenoble; souvent confondu avec le suivant.

E. stricta L. — Bois, les rg. inf., surtout la mn., plus répandu d. n. l. que le précédent, surtout les zônes dysgéogènes.—P. ex., Bâle, Béfort, Porrentruy, Salins, Lons-le-Saulnier, Arbois, Neuveville, Neuchâtel, Genève, Grenoble.

E. dulcis L.—Bois, les 5 rg. inf., surtout la mn., dessinant disséminé les zônes dysgéogènes par l'A., le K., les Csh., les Csv., le Cl. et tout le J. — P. ex., Schaffhouse, Stein, Bâle, Porrentruy, Montbéliard, Besançon, Salins, Grenoble, Aarau, Soleure, Neuchâtel, Nyon, Genève, etc.; Lægerberg, Monterrible, Chasseral, Chaux-de-Fonds, Boujailles, etc.—Roches dysg.—X.

E. verrucosa L.—Coteaux secs, les 4 rg., dessinant disséminé ou répandu les zônes dysgéogènes par l'A., les Csh., les Csv., le K., les Cl. et tout le J. jusqu'aux sommités où il prend surtout sa forme purpurescente.—P. ex., Schaffhouse, Bâle, Porrentruy, Montbéliard, Besançon, Salins, Ceyseriat, Grenoble, Aarau, Soleure, Neuchâtel, Nyon, Genève, etc.; Passwang, Chasseral, Tête-de-Rang, Montendre, Dôle, Reculet, etc.; contrastant entre le J.

et les MR., et, sur la plupart de nos lisières, entre la plaine et les collines. — Roches dysg.—X.

E. palustris L. — Marais, rg. b., assez rare d. l. c. a., surtout la VR., plus rare dans le BS. — S. n. l., Bâle (Michelfeld), Arbois (Vaucy, Grozon), Cerlier, Landeron, Cudrefin, Yverdon (Yvonand), Orbe.

E. Gerardiana Jacq.—Cette espèce des grèves sableuses est surtout habituelle dans la plaine rhénane d'où, à Bâle, on la retrouve sur les plages du Rhône méridional (Lyon, Valence) et de l'Ain (Thoirette, Pont-d'Ain, Ambérieux), puis le long de la Thur près de Flaach et de la Saône?; probablement ailleurs ; aussi le Valais.—Roches eug. pm.—H.

E. amygdaloides L. — Bois, les 5 rg. sup., aussi parfois les plaines, dessinant répandu les zônes dysgéogènes par l'A., le K., les Cl., les Csv., les Csh. et tout le J. jusqu'aux sommités alp. (p. ex., Chasseral), plus disséminé et souvent nul du reste ; contrastant entre le J. et les MR., puis sur ses lisières. — Roches dysg. - X.

E. nicæensis All. — Cette espèce de la France méridionale et de l'Allemagne transalpine a été observée à — Salins (graviers de la Loue, Belmont, Montbarrey, Ounans, etc.) par M. Babey; Chantrans l'a indiquée sur les bords de l'Ognon ; Lyonnais.

E. Cyparissias L.—Lieux graveleux, les 4 rg., assez répandu d. n. l. et souvent très-répandu, surtout les zônes eugéogènes, les plaines, les MR., plus disséminé d. l. J. et rare par districts, p. ex., environs de Porrentruy.

E. Peplus L.—Lieux cultivés, ascendant avec eux, répandu d. n. l.

E. falcata L.—Cette espèce, un peu méridionale, ne se montre guère d. n. l. que sur quelques points d. n. l. sud-occidentales. — Salins (Arsures) *Bab.*, Montbarrey (Mont-sous-Vaudrey) *id.*, Ambérieux, Belley (les Paroisses, Musein), Saint-Rambert, la Barbanche *Bern.*, Grenoble, Boudry (Colombier) *Vet.*, Lausanne, la Côte, Rolle, Nyon, Fernex (Thoiry), Genève ; Valais, Savoie, Dauphiné, Lyonnais ; aussi à Schaffhouse *Laff.*

E. Esula L. — Cette espèce, assez rare dans la VR., en L. et dans le Lyonnais, n'a été observée s. n. l. qu'à—Besançon (route du Polygone) *Gr.;* Doubs *Chantr.*

E. exigua L.—Champs, ascendant avec eux, répandu abondant d. n. l.

E. lucida WK. — Cette espèce, rare en France, observée seulement dans quelques contrées de l'Allemagne, se trouve selon M. Grenier sur les rives de la Saône, d'où sporadiquement — à Besançon.

Suppl. — L'*E. Lathyris* L. cultivé et naturalisé sur quelques points ; l'*E. segetalis* L. indiqué d. n. l. par d'anciens observateurs.

Mercurialis perennis L. — Bois, les 3 rg. inf., surtout la mn., dessinant assez répandu toutes les zônes dysgéogènes, plus disséminé du reste, très-répandu dans le J. et assez contrastant avec les MR.—Roches dysg.—X.

M. annua L. — Lieux cultivés, rg. b., surtout vignoble, plus rarement la mn., disséminé ou assez répandu d. t. l. c. a., plus rare dans le BS., s'élevant peu dans le J.—Roches eug.? —H?

106. URTICÉES.

Urtica urens L.—Lieux habités, les 4 rg., très-répandu, très-abondant d. n. l., plus haut encore dans les A., p. ex., hospice du Gothard.

U. dioica L.—Même rôle, un peu moins habituel d. n. l.

Parietaria erecta MK.—Murs, rg. b., surtout vignoble, disséminé dans la VR., la L., le BS., rare ou nul dans la VS.—S. n. l., Winterthur, Eglisau (Rafz), Rheinfeld, Bâle, Soleure, Bienne, Landeron (L. Cressier), Boudry (Cortaillod), plaine vaudoise, Nyon, Genève, Valais.

P. diffusa M. K.—Cette forme, voisine de la précédente et le plus souvent nulle dans les districts que celle-ci occupe (excepté en L.), disséminée dans la Suisse transalpine, le nord de la VR., la L., le Dauphiné, dessine toute notre lisière occidentale française et complète ainsi la zône de dispersion de la *P. erecta* au pied du J.—Besançon, Salins, Arbois, Saint-Amour, Ceyseriat, Bourg, Pont-d'Ain, Saint-Rambert, Belley, Nantua, Grenoble.

Humulus lupulus L. — Lieux sylvatiques, les 2 rg. inf., aussi parfois la mtg., surtout la plaine et les zônes eugéogènes, disséminé d. n. l.; cultivé en grand dans la VR.

Ulmus campestris L.—Il se montre sous plusieurs formes qu'on peut réunir en deux groupes. — 1° Celles à grandes feuilles rudes, rarement glabres, à rameaux lisses, qui comprennent le *campestris* Sm., le *montana* Sm. et le *glabra* Mill. ; elles sont disséminées d. t. l. c. a.; la première souvent frutescente paraît préférer les stations sèches des contrées basses ; la seconde les pentes ombragées de la rg. mtg. du Jura bâlois, bernois, neuchâtelois, vaudois, bressan et probablement toutes les autres parties (p. ex., Lægerberg, forêt de Hegelin près Lucelle, où elle est abondante, Clôs-du-Doubs, Graitery, Sonnenberg, Côtes-du-Doubs (sous les Bois), Chasseral (rare), Sujet (rare), Côtes-de-Trélex, Saint-Amour, Grand-Colombier, etc.) et se soutient en Valais et en Dauphiné : la troisième paraît plus rare d. n. l. — 2° Celles à feuilles ordinairement plus petites et à rameaux subéreux qui paraît préférer les sols psammiques chauds, se montrant disséminée et souvent frutescente dans la plaine rhénane en s'élevant dans les V.; elle paraît rare dans plusieurs autres parties de nos contrées et notamment dans le Jura (Lauffon, pied du Buchberg, sud de Duggingen) et s. n. l., Bâle. Généralement peu ascendant dans les A.

U. effusa Willd. *(ciliata* Ehrh.)—Bois, disséminé ou rare d. l. c. a., plus encore dans le J. où il n'est indiqué qu'aux environs de Schaffhouse *Laff.* et de Bâle (Muttenz, Schauenburg, chaînes bâloises) *Hag.* Assez souvent cultivé, se montrant dans la rg. mn. dans certaines parties des Alpes (Glaris *Heer*). Gaudin ne l'a pas vu en Suisse, M. Godron point en Lorraine.

*Ficus.—Suppl.—*Le *F. Carica* L., arbre exotique naturalisé dans le midi de la France, puis au sud des A. germaniques et suisses, se montre tel s. n. l. extrêmes aux environs de Grenoble (Bastille, Beauregard, etc.) *Mut.*; cultivé en plein vent dans le Dauphiné, puis dans le vignoble franc-comtois et vaudois où il ne mûrit pas toujours ses fruits ; plus au nord il doit être recouvert en hiver et supporte à peine le plein vent, même dans les meilleures expositions ; il exige l'orangerie dans toutes les parties froides de la contrée, et partout dans la rg. mn.

*Celtis.—Suppl.—*Le *C. australis* L., arbre méridional naturalisé sur quelques points de la Suisse transalpine et en Valais, indigène? en Dauphiné méridional (Montélimar), çà et là cultivé d. n. l.

Cannabis. — Suppl. — Le *C. sativa* L. cultivé partout dans les 2 rg. inf., aussi la mtg., mais sans mûrir ses fruits.

Morus. — Suppl. — Le *M. alba* L., arbre exotique cultivé en grand dans les parties méridionales de nos contrées (Dauphiné, Savoie, Grenoble, Chambéry), puis çà et là en se disséminant dans les vallées du Bugey, la Bresse vignoble, la plaine vaudoise, en Alsace ; partout dans les meilleures expositions et rarement jusque dans la rg. mn.; quelques essais jusqu'à Soleure, Arau, Bâle-Campagne. Le *M. nigra* L., cultivé çà et là dans les mêmes districts que le précédent.

107. JUGLANDÉES.

*Juglans.—Suppl.—*Point de représentant indigène. Le *J. regia* L. cultivé dans les deux rg. inf., surtout la plaine, répandu ou disséminé d. n. l. Sa culture devient déjà moins habituelle dans la rg. mn. d'une grande partie du J. et y exige certaines conditions ; ainsi elle ne réussit que médiocrement

dans plusieurs parties des plateaux suisses et français mal abrités, tandis
qu'elle prospère au même niveau ou un peu plus haut sur des lisières au
pied des montagnes. On voit encore des noyers jusque vers 600 ou 700 ^{m},
mais, vers cette limite, ils sont déjà rares et souvent ne fructifient point,
excepté dans certaines expositions méridionales comme à Diesse (800 ^{m})
Lam. ; au dessus de ces niveaux ils sont plus exceptionnels ; cependant ils
s'élèvent plus haut dans le J. sud-occidental, et, sur les versants méridionaux, on en voit jusque vers 900 ^{m}. Ils montent un peu moins dans l'A. et
le S., à-peu-près autant (sauf certaines vallées) dans les V., et un peu plus
dans les A. On peut admettre, en général, qu'ils cessent au dessus de notre
rg. mn. d. n. l.

108. CUPULIFÈRES.

Fagus sylvatica L. — Le hêtre est généralement répandu dans tout le Jura
où il forme de vastes forêts soit seul, soit associé au sapin. Il se tient de
préférence dans la rg. mn. et dans les parties inf. de la mtg., à-peu-près de
400 à 900 ^{m}. Vers ce dernier niveau, il est remplacé par le sapin et l'épicéa,
mais il monte disséminé plus haut, et on le trouve buissonnant jusque dans
notre rg. alp., p. ex., au Chasseral vers 1500 ^{m} et plus. Il devient moins
habituel, rare ou nul à l'approche des contrées basses alsatiques, bressanes et suisses. Il est très-répandu et constitue de grandes forêts dans les
V. : on l'y trouve buissonnant jusque vers 1200 et 1500 ^{m}. Bien qu'il forme
des forêts entières dans le S., il y est moins commun que dans les V. Il
règne presque exclusivement dans l'A. Il est moins répandu sur le versant
nord des A. et souvent infréquent sur de grandes étendues ; on l'y voit buissonnant jusque vers 1500 et même 1600 ^{m} ; sur le revers sud il ne se trouve
guère qu'entre 1200 et 1600 et manque du reste. En outre, d. l. J. même,
à mesure qu'on s'avance vers le sud, il hausse ses limites inférieure et supérieure indiquées plus haut comme une moyenne pour l'ensemble de la chaîne.
Ainsi, d. l. J. bugésien et sarde au sud de Nantua et Ceyseriat, il commence
surtout vers 600 à 700 ^{m} pour ne cesser que vers 1200 ; enfin, dans le Dauphiné il ne commence que vers 800 ^{m} et s'étend jusqu'à 1500. — Le hêtre
recherche un sol médiocrement sec et cependant convenablement frais. Il
fuit également les terrains trop arides, trop apriques et les terrains trop humides, trop froids. Il en résulte d'un côté qu'il évite souvent les contrées
basses péliques ou psammiques inondables ou trop froides, comme plusieurs

districts du BS., de la VR., de la VS. et commence dans les montagnes et sur les collines des V., du S., de l'A., à la rencontre des massifs suffisamment épurés. Il en résulte également qu'il fuit les pentes rocheuses trop chaudes et trop sèches du J. méridional et n'y commence qu'à une altitude qui compense ces inconvénients. Il forme, du reste, de vastes forêts sur les terrains de la nature la plus opposée, p. ex., les calcaires jurassiques et les grès vosgiens, pourvu qu'ils offrent le degré de sécheresse moyenne convenable. Il résulte de ces diverses causes que cet arbre est très-répandu dans le J., un peu moins dans les V., moins encore dans le S., disséminé sur le versant nord des A., plus rare sur le versant sud, plus fréquent dans le BS. occidental que dans l'oriental, etc.; enfin beaucoup plus habituel et appartenant à la rg. mn. dans le J. oriental, central et occidental, moins habituel et montagneux dans le J. méridional.

Castanea vulgaris Lam. — Cet arbre méridional, très-répandu sur tout le versant sud des A., le Dauphiné, la Savoie, le Valais, s'étend sur les lisières et dans les vallées du J. sud-occidental — d'un côté par Grenoble, Voreppe, Pont-de-Beauvoisin, Belley, Ambérieux, Pont-d'Ain, Cuzeau et Saint-Amour, de l'autre par Chambéry et Genève, puis Crans, la Côte, Thoiry, Trélex, Cossonay, Estavayer, l'Ile, Chaumont, Neuveville, l'Ile-Saint-Pierre. Indigène, abondant, formant çà et là forêts dans les districts méridionaux ci-dessus où seul il porte de bons fruits *(C. sativa* DC.*)*, disséminé par groupes interrompus et souvent provenant de culture à mesure qu'on s'avance vers le nord et l'est sur les lisières du Jura. Il se montre en outre dans quelques bonnes expositions au pied nord des A., dans le Hegau, au pied des V. et du S. où il est souvent abondant, enfin, sur quelques points des Cl. Dans toutes ces contrées, il s'élève jusque vers 500 ou 600^m et même un peu plus. Il se montre partout exclusivement sur des sols graveleux ou sableux profonds, calcaires ou siliceux, médiocrement frais et point humides, ce qui fait qu'il occupe le plus souvent les pentes et le pied des collines.—Roches eug.—H.

Quercus sessiliflora Sm.—Bois, surtout argileux, les 2 rg. inf., surtout les zônes eugéogènes, répandu ou disséminé d. n. l. Il forme, associé au suivant, des forêts dans la VR., la VS., la Pl., la VX. et paraît plus rare dans le BS. Dans plusieurs des contrées ci-dessus, il constitue souvent des forêts à lui seul ou du moins l'emporte de beaucoup sur le pédonculé. Il m'a paru beaucoup moins habituel sur les collines et plateaux de la rg. mn. jurassique; il est même très-disséminé dans certains districts où il décèle souvent les petits affleurements marneux et limoneux (collines de Porrentruy) et comme nul dans d'autres (collines de Schaffhouse). Il se retrouve aussi sur les terrains remaniés du J. salinois, puis sur les collines de Neuveville *Gib.* et Neuchâtel où il serait même le plus commun *God.*, mais probablement sur des zônes de terrains analogues. Il me paraît rechercher des sols plus puissants ou plus frais que le suivant ; je le crois aussi moins ascendant, p. ex., il vit difficilement à Diesse dans des expositions méridionales où le pédonculé prospère encore vers 800 ^{m} *Lam.*—Roches eug.—II.

Q. pedunculata Ehrh. — Bois, surtout argilo-sableux ou graveleux, les 2 rg. inf., surtout les plaines et les zônes eugéogènes, répandu abondant d. n. l., plus habituel, plus ascendant, se contentant de sols moins profonds et moins frais que le précédent ; formant également comme lui et avec lui de vastes forêts dans toutes les contrées basses et en outre sur les collines de la rg. mn. jurassique, où il se dissémine peu à peu pour cesser vers 500 ^{m} ou un peu plus, s'arrêtant à la rencontre des s. pins. On le voit rarement et isolé dépasser 700 et 800 ^{m} comme aux vals Saint-Imier, de Ruz, de Travers, etc. Il ne repose pas ordinairement sur les calcaires proprement dits, mais sur des lambeaux de terrains récents ou des affleurements jurassiques marneux, notamment oxfordiens. On le voit s'étendre au pied des mtg., former des zônes autour des vals intérieurs, se grouper à certains endroits des plateaux partout où le sol offre une certaine profondeur ou une désagrégation suffisante dans ses masses superficielles. Aussi a-t-il peut-être existé autrefois malgré l'altitude dans quelques-unes de nos tourbières mtg. où l'on en retrouve des restes bien que très-rarement, comme cela se voit aux tourbières de la Gruyère dans le J. bernois.

Q. pubescens Willd. — Cette espèce habite les coteaux secs des rg. inf., surtout la mn. Elle est très-répandue dans le Dauphiné, la Savoie, le Valais, où elle règne souvent seule dans les pentes rocailleuses apriques des chaînes méridionales. En partant de là, elle dessine toutes les lisières sud-occidentales du J. par Grenoble, Belley, Saint-Rambert, Cerdon, Ceyseriat, Saint-Amour, Lons-le-Saulnier, Arbois et Salins ; puis par Chambéry, Seyssel, Genève, Cossonay, Orbe, Yverdon, Neuchâtel, Neuveville, Bienne. Elle se trouve probablement aussi çà et là dans les chaînes intérieures. Elle reparaît disséminée sur les Cl., le K., le pied des V., du S., de l'A.? Je ne l'ai vue descendre nulle part sur les sols péliques et frais de la plaine, mais elle s'avance sur leurs sols psammiques secs comme sur les rives du Léman à Rolle. Je ne l'ai jamais vue associée au chène sessile, mais quelquefois au pédonculé. Elle vit, du reste, souvent en société avec les *Cytis. Laburn.*, *Prun. Mahal.* et *Acer opulif.*, puis plus au sud avec le *Pistac. Tereb.* Elle est caractéristique de la rg. mn. du J. méridional où on la distingue par un nom vulgaire.—Roches dysg.—X.

Q. apennina Lam. —Espèce méridionale très-rare d. n. l., signalée à Lyon, Nancy, Colmar (Kastelwald). Selon M. Godron le *Q. apennina* est au *pedunculata* ce que le *pubescens* est au *sessiliflora* : l'un et l'autre semblent être la modification de leur type dans les stations sèches et chaudes.

Q. Cerris L. — Cette espèce de la France sud-occidentale et de la Suisse transalpine est disséminée dans les bois des districts nords de la vallée de la Saône. —S. n. l., aux environs de Quingey et Villars-Saint-Georges *Gr.* La forêt de Chaux *Nob.*, de Cramans à Dôle par la Vieille-Loye *Bab.*, les bois d'Osselles, Saint-Vit, Novillars, etc. (commune) *Garn.* 1848, et probablement ailleurs dans la Bresse ; on ne l'indique ni dans le Lyonnais, ni dans le Dauphiné.— Roches eug.—H.

Corylus Avellana L. — Lieux sylvatiques, les 3 rg. inf., très-répandu, très-abondant d. n. l., particulièrement la rg. mn. et les parties inférieures de la rg. mtg., surtout les zônes dysgéogènes, plus disséminé dans les eugéogènes.

Suppl.—Quelques indications feraient soupçonner l'existence du *C. tubulosa* Willd. dans le J. bernois.

Carpinus Betulus L. — Cet arbre est très-répandu dans toutes les zônes eugéogènes, plus disséminé dans les dysgéogènes ; il accompagne souvent le chêne et s'élève peu dans la rg. mtg. du J., de même que dans les V., le S. et l'A. ; il s'arrête généralement dans les A. vers 700 à 800 ^{m}.

105. SALICINÉES.

Salix pentandra L.— Tourbières, rg. mtg., disséminé dans les A. et sur quelques points du Jura.—Pleine-Seigne (la Combe vers le moulin) *Fr.*, les Ponts (douteux) *God.*, Morteau, Bélieu, Pontarlier, Mouthe, etc. *Gr.*, Nozeroy (Bief-du-Fourg) *Garn.*, Mouthier-la-Louc (Longeville) *id.*, pied du Mont-d'Or (entre les Longevilles et les Hôpitaux-neufs) *Bab.*, Vaux (entre Bonnevaux et Sainte-Marie) *id.*, Val-de-Joux (fréquent) *Gaud.* et probablement ailleurs, Grande-Chartreuse *Vill.*

S. fragilis L. — Rives, les rg. inf., disséminé d. t. l. c. a., surtout la VR., plus rare dans le BS. — S. n. l., Schaffhouse, Bâle, Ferrette, Delémont, Delle, Porrentruy, Béfort, Montbéliard, Pont-de-Roide, Salins et une partie de la lisière occidentale, Pont-d'Ain, Grenoble (assez rare) ; puis Arau, Anet, Neuchâtel?, Morges, Nyon ; nul ou rare par districts ; souvent cultivé.

S. alba L.—Rives, les 2 rg. inf., quelquefois la mtg., répandu abondant d. n. l., arborescent sur les sols profonds, frutescent dans les vallées à terrains peu puissants ; sa variété *vitellina* cultivée partout.

S. amygdalina L. K. (y compris sa forme *triandra*). — Rives, les 2 rg. inf., répandu abondant d. n. l., peu ascendant.—P. ex., Schaffhouse, Bâle, Aarau, Porrentruy, Delémont, Neuveville, Bienne, Neuchâtel, Montbéliard, Besançon, Salins, Nyon, Bourg, Nantua, Pont-d'Ain, l'Huis, Seyssel, Grenoble.

S. daphnoïdes Vill.— Rives sableuses des cours d'eau descendant des A.— Rhin, Aar, Emme, Arve, Drac, jusque s. n. l.; Rheinfeld *Döll*, Bâle (Wiese), Soleure (jonction de l'Emme), Genève (jonction de l'Arve), Grenoble (Drac, Polygone); nul, du reste, d. n. l.; Montbéliard (Allaine)? *Bern.*

S. purpurea L. *(monandra* Hoffm.*)*—Rives, les 3 rg. inf., répandu abondant d. n. l.

S. rubra Huds. *(fissa* Ehrh.*)*—Rives, surtout la rg. b., inégalement disséminé d. l. c. a., surtout la VR., rare dans le BS., plus encore dans la VS. et en L.—S. n. l., Rheinfeld, Bâle, Delémont, Delle, Porrentruy, Zofingen, Anet (Bretièges), Neuchâtel (rare), Payerne, Genève?, Grenoble ; çà et là cultivé.

S. hippophaefolia Thuill.—Espèce disséminée en Allemagne et en France, généralement nulle d. n. l., excepté le nord de la VR. et en L. où elle est assez répandue.

S. viminalis L.—Rives sableuses, rg. b., peu ascendant, disséminé d. l. c. a., surtout la VR. et en L.— S. n. l., Rheinfeld, Bâle, Delémont, Delle, Ferrette, Béfort, Montbéliard, l'Isle, Salins, Arbois, la Bresse?, Anet, Neuveville, Payerne, Rolle, Moudon ; nul sur de grandes étendues ; cultivé.

S. acuminata Sm.—Cette espèce du nord de l'Allemagne est signalée aux environs de—Rheinfeld (bois de Wyl entre Gibenach et Olsberg) *Müll.;* nulle part ailleurs, du reste, d. n. l.

S. Seringeana Gaud.—Cette espèce des vallées des A. a été observée uniquement d. n. l. aux environs de — Rheinfeld (Rives du Rhin) *Mull.*, Bâle (Mont-Crenzach) *Hag.*, puis au Val-de-Joux *Schl.*

S. cinerea L.—Bois humides, les 3 rg. inf., surtout les zônes eugéogènes, répandu ou disséminé d. n. l.

S. incana Schrk.—Grèves, les 4 rg., répandu abondant dans les A. et le Jura, y dessinant partout les vallées accidentées à pentes graveleuses et les torrents des mtg. — Thur, Glatt, Rhin, Rhône, Doubs, Aar, Emme, Birse,

Rause, Sorne, Suze, Seyon, Reuse, Ain, Loue, Barbèche, Dessoubre, Sylant, Albarine, Isère, Drac, Usses, Arve, etc.; plages des lacs de Bienne, Neuchâtel, Genève, Joux, Bourget, etc.; p. ex., à Bâle, Soleure, Moutier, Besançon, Champagnole, Saint-Claude, Thoirette, Pont-d'Ain, Nantua, Genève, Culloz, Saint-Rambert, Bourget, Grenoble, etc.; continuant vers le nord dans la plaine rhénane, généralement nul dans les V., le S., l'A., les Cl. et les plaines ambiantes. Une des espèces qui contribue le plus à la physionomie des vallées rocheuses du J. et fait contraste avec les MR.—Roches dysg.?—X.?

S. nigricans Fr. (et sa forme *eriocarpa* ou *S. Halleri* Ser.)—Espèce des vallées des A., disséminée dans les contrées voisines, surtout en Suisse, dans la plaine rhénane et sur plusieurs points du J.—Bâle *Hag.*, Porrentruy? *Fr.*, Neuveville *Gib.*, Neuchâtel *God.*, Yverdon, Nyon, Genève; tourbières de Pontarlier *Gr.*, et du Val-de-Joux; Chasseral *Gaud.*, Tête-de-Rang *Shttlw.*, Mont-d'Or *Bab.*, Salève, Grande-Chartreuse *Vill.*; la dispersion de cette espèce dans le Jura m'est mal connue; elle se trouve dans le Jura bâlois selon *Hag.* et serait fréquente dans tout le J. selon *Fr.*

S. Capræa L.— Bois, les 3 rg. inf., surtout la plaine, très-répandu, très-abondant d. n. l.; sa modification *alpestris* Gaud. *(sphacelata* Mut.*)* m'est signalée sur nos sommités jurassiques, p. ex., Chasseral, par M. Godet.

S. grandifolia Ser.—Cette espèce qui paraît jouer le rôle de modification mtg. et alp. de la précédente est assez répandue dans toutes les A. et dans le J.— Schafmatt (Geissfluh, Wiesenfluh) *Wiel.*, Weissenstein (Haasenmatt) *Ser.*, Raimeux (cluses de Moutier) *Nob.*, Graitery (cluses de Court, Pichoux) *id.*, Frenois (cluses d'Undervilliers) *Fr.*, Hauenstein (Eptingen) *Hag.*, Chasseral *Fr.*, Aiguillon et Rizoux *Nob.*, Mont-d'Or et Suchet *Gr.*, Creux-du-Van *Shttlw.*, Côtes-de-Noiraigue *God.*, Dôle (Faucille) *Garn.*, Colombier *id.*, Reculet *Reut*, Salève *id.*, Grand-Colombier *Nob.*, A. de Maglan *Reut.*, Dauphiné?—Je crois avec Friche cette espèce beaucoup plus répandue dans le Jura que ces localités ne paraissent l'indiquer, et je pense l'avoir vue sur plusieurs autres point de la rg. mtg. sup. et alp. où elle remplace le *S. Capræa.* Elle est aussi indiquée sur un point du S.

S. aurita L. — Bois argileux humides, les 3 rg. inf., dessinant plus ou moins répandu toutes les zônes eugéogènes, notamment les plaines péliques, puis dans le J. les vals tertiaires, les lambeaux limoneux des plateaux et les combes marneuses des montagnes, plus disséminé, du reste, et souvent nul sur d'assez grandes étendues dysgéogènes. — S. n. l., p. ex., Schaffhouse, Rheinfeld, Bâle, Porrentruy (Bonfol), Ferrette, Delle, Delémont, Béfort, Besançon, Salins, Arbois, Lons-le-Saulnier, Bourg, Grenoble, plaine vaudoise,

Payerne, Nyon, Genève, etc.; plus haut, Monterrible, Franche-Montagnes, Ponts, Joux-du-Plane, Châteluz, Noiraigue, Pontarlier, Val-de-Joux, etc. — Roches eug. pl.—H.

S. repens L. *(depressa* Hoffm.) — Tourbières, divers niveaux, disséminé souvent rare d. l. c. a., surtout la VR., plus rare dans les V. et le S., assez répandu d. l. J. — S. n. l., Constance, Schaffhouse, Rheinfeld, Bâle, Delémont, Katzensee, Soleure (Lomiswyl), Cerlier (Champion), Genève (Roellebot, etc.); plus haut, Bellelay, Pleine-Seigne, Gruyère, Chaux-d'Abel, Echelette, Lignières, Ponts, Chaux-du-milieu, Pontarlier, Noiraigue, Chaux-du-Dombief, Sainte-Croix, Sône, Val-de-Joux, Rousses, Malbronde, Colliard, etc.; très-variable.

S. ambigua Ehrh.—Cette espèce des tourbières, rare d. n. l., n'a été observée jusqu'à présent que— aux Ponts *God.*, Sainte-Croix (la Sagne) *Nob.*, Val-de-Joux *Gaud.*, Trélasse *Reut.*

S. reticulata L. — Pelouses rocailleuses alp., répandu dans les A. et sur quelques points du J.—Chasseral (sommet) *Lesq. Gib.*, Dôle (montée depuis les Rousses) *Garn.;* peut-être ailleurs; signalée dans le J. par Clairville, Seringe et Gaudin.

S. retusa L.—Pelouses rocailleuses alp., disséminé dans les A. et dans le J.—Chasseral, Tête-de-Rang, Creux-du-Van, Chasseron *Ben.*, Suchet, Noirmont (Grande-Ennaz), Colombier *Bab. Bern.*, Reculet, Chartreuse (Charmant-Som, Grand-Som); A. de Maglan; Dauphiné.

Suppl.—S. babylonica L., cultivé dans les 2 rg. inf., mais déjà souffrant dans la mn. où il périt souvent. Les *S. hastata* et *herbacea,* espèces alpines ne commencent que dans les Alpes de Maglan et du Dauphiné trans-Isérien ; cependant M. Bernard croit avoir vu le premier au Colombier de Gex.

Populus tremula L.—Bois, les 2 rg. inf., aussi la mtg., surtout les zônes eugéogènes, les plaines, les MR., répandu ou assez répandu d. n. l.

P. nigra L. — Rives sableuses, rg. b., dans la plupart d. c. a., généralement peu ascendant, cependant dans quelques vals tertiaires du Jura, sauf les plages des rivières, nul sur de vastes étendues ou seulement cultivé et subspontané.— Töss, Thur, Glatt, Rhin, Aar, Emme, Wiese, Birse, Reuse, Ain, Doubs?, Rhône, Arve, Usses, Isère, Drac et bords des lacs de Neuchâtel et Genève ; plus haut, vals de Delémont, Moutier, Tavannes, Undervilliers avec la Birse et la Sorne, mais généralement rare dans le Jura comme aussi dans les V., le S. et l'A.—Roches eug. pm.—H.

P. alba L.— Cet arbre, indigène et assez répandu dans les bois des bords du Rhin, puis de l'Isère et du Drac, et plus disséminé dans ceux des contrées du Rhône et de l'Arve, est, du reste, généralement nul ou rare d. n. l. et le plus souvent provenant de culture.—S. n. l., Bâle, Montbéliard *Vet.*, Genève, Grenoble.—Roches eug. pm.—H.

P. canescens Sm. — Beaucoup plus rare encore sur quelques points de la plaine rhénane et du Dauphiné.—S. n. l., Bâle *Hag.*, Belley (Billieu) *Bern.*, Grenoble *Mut.*

Suppl. — Le *P. pyramidalis* Roz. cultivé partout jusque dans la rg. mtg. inférieure.

110. BÉTULINÉES.

Betula alba L.—Bois sableux, à des niveaux très-différents, répandu dans toutes les zônes eugéogènes, rare ou nul dans les dysgéogènes ; ainsi, répandu dans toutes nos vallées, les chaines cristallines et clastiques des A., des V., du S., de la Serre, du Beaujolais, du Dauphiné (Chalanche), puis dans quelques vals tertiaires ou tourbeux du J.; au contraire, généralement rare ou nul dans le J., les Cl., les parties dysgéogènes de l'A., le K., enfin même les districts euritiques, gneissiques, etc., suffisamment compactes des MR. Une des espèces les plus contrastantes en petit entre le J. et ses lisières, et dans l'ensemble avec les V. et le S. ; tellement rare dans la majeure partie du J. qu'on y en oublie presque l'existence.— Roches eug. pm. et pp.— H.

B. pubescens Ehrh. — Cet arbre des tourbières mtg., disséminé sur quelques points des V., du S., de l'A., plus rare dans les A. et dans la plaine rhénane est plus répandue dans le J. — Bellelay, Chaux-d'Abel, Sonnenberg et Sous-le-Rang *Gouv.*, Pontins, Lignières et Nods, Ponts, Joux-du-Plane, Creux-du-Van, Brévine, Sainte-Croix, Bélieu, Bief-du-Fourg, Boujailles, Sentier, Brassus, Rousses, Trélasse, Pontarlier, Levier (Villeneuve) ; il se retrouve dans les A. cristallines du Dauphiné.

B. intermedia Thom.—Cette forme rare, découverte dans le J. par M. A. Thomas aux tourbières de la Chaux-d'Abel a été retrouvée par M. Friche aux Pontins (marais sous les Roches) et à la Gruyère, puis par M. Lamon à Chasseral (1848). On la distingue de tout loin du *B. pubescens* et du *nana* ; cet arbuste serait propre au Jura ; Hegetschweiler l'indique aussi au Val-de-Joux.

B. torfacea Schl. — Cette forme découverte par Schleicher au Val-de-Joux et aux marais de la Tour-de-Gourze dans le Jorat est également signalée par Hegetschweiler au dessus de Saint-Imier (Pontins) : cet auteur l'envisage comme une simple modification du *B. alba* ; je ne l'ai vu qu'en herbier. Ne pouvant apporter aucune lumière positive dans la controverse relative à ces trois dernières espèces, je devrais m'abstenir ici de toute réflexion à leur sujet. Je me contenterai donc de remarquer que le *B. alba* croît également dans nos tourbières où il varie beaucoup d'un lieu à l'autre et souvent en société des formes aussi variables du *pubescens,* dont il n'est pas toujours facile de le distinguer. Il semble que ce dernier soit un des termes les mieux arrêtés d'une série de modifications tourbeuses du type *B. alba* dont les extrèmes seraient les *B. torfacea* et *intermedia* propres aux stations les plus froides et les plus alpestres.

B. nana L. — Tourbières, rg. mtg. sup., disséminé dans les A., surtout occidentales, le nord de l'Allemagne et le J.—Gruyère, Pleine-Seigne, Chaux-d'Abel, Pontins, Echelette, Ponts, Crozettes, Eplatures, Brévine, Pontarlier *Vet.,* Sentier, Brassus.

Alnus viridis DC. — Cette espèce de la rg. mtg. et alp., répandue dans toutes les A., surtout cristallines et clastiques et sur quelques points du S., se montre aussi çà et là sur les collines du BS., p. ex., Schaffhouse, Irchel, vallée de la Töss, Huttwyl, Vully, Payerne, Jorat et — s. n. l. à Rheinfeld (Olsberg), Bâle *Vet.,* Delémont *Hag.,* Salève, Mont-de-l'Epine (sur Aiguebelle) *Bern.,* A. de Maglan et cristallines du Dauphiné; nul, du reste, d. n. l. Roches eug.?—H.?

A. incana DC. — Rives et bois sableux, surtout dans nos contrées, ces cours d'eau descendant des Alpes, Töss, Thur, Glatt, Rhin, Wiese, Emme, Aar, Rhône, Arve, Usses, Isère, Drac, etc.; aussi ceux du J., Birse, Sorne, Reuse, Seyon, Doubs, Loue, Ain et remontant quelquefois dans les vallées intérieures, surtout tertiaires : ainsi, Lauffenburg, Bâle, Aarau, Soleure, Aarberg, Neuchâtel, Boudry, plaine vaudoise, Genève, etc., Montbéliard, Besançon, Pont-d'Ain, Culloz, Tour-du-Pin, Grenoble, etc.; plus haut, vals de Delémont, Moutiers, Undervilliers, Monterrible, Côtes-du-Doubs (Réchesse), Côtes-de-la-Loue, Poisat, etc., mais généralement rare dans l'intérieur du J.; plus rare encore, si je ne me trompe, dans les MR. et une grande partie des plaines ambiantes comme la VS. et la Pl.—Roches eug.—H.

A. glutinosa Gaertn.—Rives et bois argileux humides, répandu dans toutes les zônes eugéogènes, surtout la VR., la VS., la Pl., s'élevant dans la rg. mtg., des V., du S., des A., puis dans les vals tertiaires et les combes marneuses du Jura, mais seulement disséminé et nul, du reste, sur de grandes étendues des collines, des plateaux et des chaines, de sorte que son apparition au passage à la plaine fait contraste sur la plupart de nos lisières.— Roches eug. pl. — H.

111. MYRICÉES.

Suppl. — Point de représentant indigène. Le *Myrica gale* L., espèce de la France et de l'Allemagne ; nulle part d. n. l.

112. CONIFÈRES.

Taxus baccata L.—Bois couverts, rg. mn. sup. et surtout mtg., très-rare dans les V. et le S., sur l'un ou l'autre point des Cl., disséminé dans l'A., les A. et assez répandu dans tout le J., mais presque toujours peu abondant. — P. ex., Schafmatt, Passwang, Raimeux, Monterrible, Chasseral, Lomont, Franches-Montagnes, Côtes-du-Doubs, Graitery, Chaumont, Hautes-Joux, Fresse, Poupet, Suchet, Dent-de-Vaulion, Noirmont, Salève, Côtes-de-l'Albarine, Alpes de Maglan ; paraît plus rare dans le Jura méridional. — Roches dysg.—X.

Juniperus communis L. — Pelouses et bois, depuis les plaines les plus basses jusqu'aux sommités en se modifiant, répandu abondant d. n. l., mais avec quelques inégalités dont je ne saisis pas la cause; sa forme alp. *J. nana* Willd. répandu dans les A. et sur quelques sommités du J., Dôle, Colombier, Reculet et probablement ailleurs ; Alpes de Maglan et du Dauphiné.

J. Sabina L. — Cette espèce méridionale, assez répandue sur le versant sud des A. et sur quelques points du revers nord, s'avance s. n. l. méridionales jusqu'à—Grenoble (Néron) ; Friche la signale également aux roches du Brückliberg ; souvent cultivée.

Cupressus.— *Suppl.*—Le *C. sempervirens* L. supportant le plein vent sur quelques points des contrées basses occidentales.

Thuia.—*Suppl.*—Les *T. occidentalis* et *orientalis* supportent aisément le plein vent dans les 2 rg. inf. sur des points où le noyer prospère à peine.

Pinus sylvestris L. — Cet arbre des sols sableux et graveleux qui forme d'immenses forêts dans les plaines du nord de l'Europe et déjà dans la VR. à partir de Fendenheim, est assez répandu et en bois épars dans les V., le S. et les collines des vallées ambiantes sur leurs sols les plus élastiques, notamment les grès vosgien, bigarré, liassique, keupérien, dans les A. et le BS. sur les molasses, et dans la partie du J. située vis-à-vis la VR. dans les districts de Bâle, Ferrette, Delémont, Porrentruy, Béfort et Montbéliard. Il est rare ou nul dans l'A. calcaire et dans toutes les autres parties de la chaîne

du J. où l'on ne voit plus que les formes tourbeuse et alpestre suivantes : on
ne le rencontre plus que cultivé dans le J. bisontin, salinois, lédonien, mais
il se retrouve sur quelques points des pentes méridionales bernoises (Chasseral, rare) *Lam.*, neuchâteloises, vaudoises (p. ex., l'Ile) *Corn.* et bressanes
(Crédoz, cluses de Sylant, Belley à Parves) *Bern.*, pour reparaître commun
dans le Dauphiné.—Roches eug. pm.—II.

   P. Mughus Scop. K.— Cette espèce offre deux formes principales : 1º *P.
m. uliginosa* Koch, arbre des tourbières à tronc droit, très-répandu dans le
Jura et se retrouvant aussi dans le S. et les A.; p. ex., marais tourbeux de
Fornet, Bellelay, Chaux-d'Abel, Diesse, Pontins, Ponts, Montmollin, Eplatures, Brévine, Passonfontaine, Bélieu, Boujailles, Sainte-Croix, Val-de-
Joux, Rousses, Trélasse, etc.; réuni aux *Betula alba, pubescens* et *nana,* il
donne à ces stations une physionomie toute boréale. 2º *P. m. Pumilio* Koch,
arbre peu élevé, habitant les rochers de la rg. mtg. et alp., à tronc et rameaux tortueux et décombants d'autant plus étalés et plus rampants que la
station est plus élevée ; on le voit sur plusieurs sommités du Jura où il est
probablement assez répandu ; ainsi il est bien caractérisé à la Hasenmatt, au
Suchet, à l'Aiguillon, au Reculet, puis sur les cimes du Bugey? et du Dauphiné, mais nulle part cependant dans ces stations jurassiques, aussi rasant
le sol que dans les Alpes à des altitudes supérieures, p. ex., dans les parties
hautes des vallées de l'Arve et de la Reuss.

   P. uncinata Ram. K.—Cette espèce, répandue dans les Pyrénées, se montrant dans les A. occidentales françaises et jusque dans le Valais, a été indiquée dans le J. par DC. Elle se trouve en effet dans le Bugey d'où elle m'a
été envoyée par M. Bernard; il l'a observée sur plusieurs points où elle forme
même des bois comme celui de Leyssard près des Côtes-de-l'Ain et de Con-
damine près d'Izernore ; le caractère des crochets y est parfaitement tranché.

   Obs. Le *P. uncinata* se distingue bien des deux autres par les crochets ; le
P. sylvestris et le *Mughus* diffèrent surtout par les cônes tournés vers le bas
chez le premier et redressés chez le second. Il y a plusieurs endroits dans le
J. (p. ex., cluses de la Birse, crêts du Monterrible) où l'on voit un pin tortueux et ressemblant à cet égard au *Mughus pumilio,* et un autre dans des
stations tourbeuses semblables au *Mughus uliginosa,* sans que je puisse dire
dans l'un et l'autre cas si ces formes appartiennent en effet au *Mughus* ou
sont seulement des variétés de station du *sylvestris.* En tous cas, il est certain
qu'il existe des variations de ce dernier qui par leur aspect extérieur peuvent donner lieu à confusion. Il peut se faire aussi que le véritable *Mughus*
ait été pris pour l'*uncinata* et réciproquement.

Abies pectinata Lam. — Le sapin est très-répandu dans toute la rg. mtg. du J., c'est-à-dire au dessus de 700 m dans les parties centrales et occidentales, un peu au dessous sur les versants nord des parties orientales, et seulement vers 200 m plus haut dans les districts méridionaux. En général, il se montre encore buissonnant jusque dans les parties inf. de notre rg. alp., p. ex., au Chasseral vers 1500 m et plus haut dans les chaînes méridionales. C'est surtout entre 700 et 1100 m qu'il forme le plus de forêts à lui seul, car plus haut il est très-souvent remplacé par l'épicéa. Nous avons donné en détail sa distribution dans le J., tome I, page 182. Il est aussi répandu d. l. A., cependant il y constitue moins habituellement les forêts que dans nos chaînes calcaires et y est plus souvent mêlé à l'épicéa ; il n'y dépasse guère 1500 m. Il est plus généralement répandu dans les V. par suite de la rareté de l'épicéa, entre 600 et 1200 m environ et un peu plus haut disséminé. Il occupe à-peu-près les mêmes niveaux dans le S., mais il y est moins abondant à cause de la prédominance de l'épicéa. Il est disséminé dans l'A. C'est l'arbre et même l'espèce végétale la plus caractéristique de la rg. mtg. dans toutes nos contrées. Sa présence entraîne presque toujours celle de quelques espèces mtg. et la disparition ou la diminution de quelques espèces xérophiles. Ainsi, en passant sur le même plateau jurassique, d'une forêt de hêtres dans une forêt de sapins on y voit souvent apparaître plusieurs plantes nulles dans la première, comme *Actæa, Senec. nemor., Elymus, Carex maxima, Dentaria pinnata, Veronica montana*, etc., tandis que les *Helleborus, Euphorbia amygdaloides* etc., deviennent plus disséminés. Cette circonstance qui rappelle bien le mot linnéen *frigoris comes et causa* ne permet pas de douter que la diminution graduelle du sapin dans plusieurs parties du J. n'apporte des modifications assez notables à la dispersion des espèces.

A. excelsa Lam. — L'épicéa exige des stations plus fraîches et même un peu humides ; il s'accommode de terrains et d'altitudes très-différents pourvu qu'ils satisfassent d'une manière ou d'une autre à cette condition. Ainsi, il prospère à la hauteur de 200 m dans l'Europe boréale à une latitude qui contrebalance les effets du niveau, tandis qu'il n'habite plus à cette altitude dans la VR., la VS. et la Pl. Il prospère dans le BS. entre 400 et 500 m sur les molasses qui constituent une station éminemment fraîche et compensant la faiblesse du niveau, tandis qu'à la même hauteur, il manque généralement sur les plateaux calcaires du J. Enfin, il prospère également sur ces mêmes calcaires dans les chaînes jurassiques au dessus de 1000 m, parce que le niveau fait contrepoids à l'impropriété des sols ; ce qui précède donne la clé de sa distribution. Il est donc généralement répandu et constitue de vastes forêts dans le J., d'abord associé au sapin, puis seul, au dessus de l'altitude signalée, c'est-à-dire, à-peu-près dans les mêmes limites que la *Gentiana lutea* qui l'accompagne presque toujours, bien que parfois elle descende plus bas. Il monte donc plus haut que le sapin, et presque partout des forêts tracent la limite arborescente ou plutôt celle des forêts, dépassées çà et là par l'érable, le sorbier, l'aria ; en revanche, il descend au dessous de ses niveaux dans les vals tertiaires occupés par des molasses. — Il est très-répandu dans le BS. Il est partout sur le versant nord des A. où il monte jusqu'à 1800 et 1900 ^{m}, tandis qu'il s'arrête beaucoup plus haut sur le versant sud. Il l'est également dans le S. depuis 500 ^{m} presque jusqu'aux sommités, mais beaucoup moins dans les V. où il se montre disséminé et ne forme que quelques forêts. Il est rare dans l'A. et se voit sur quelques points du bas Wurtemberg. — Il obéit donc à des lois de distribution autres que celles du sapin ; celui-ci aime les sols mieux épurés des terrains en pente, une atmosphère plus sèche et plus de lumière ; celui-là des sols plus psammiques, plus absorbants, plus humides, des terrains moins inclinés, une atmosphère plus aqueuse. Le premier est un arbre des mtg. du midi, le second un arbre des plaines du nord. Voyez relativement à la distribution des conifères en Europe la belle étude de M. G. Gand.

Suppl. — Le *P. larix* Lam., espèce des A. commençant dans les chaines cristallines du Dauphiné, est cultivée dans le J., les V., le S. jusque dans la rg. mn. où il réussit plus aisément que plusieurs espèces indigènes.

ENDOGÈNES PHANÉROGAMES.

113. HYDROCHARIDÉES.

Stratiotes aloides L. — Cette espèce du nord de l'Allemagne, très-rare en France, naturalisée dans les fossés de Strasbourg par Nestler, est indiquée par M. Gras sur le témoignage du professeur Jullien dans les marais près le Pont-de-Beauvoisin (les Avenières).

Hydrocharis Morsus ranæ L.—Eaux stagnantes, rg. b., disséminé ou assez rare d. t. l. c. a., surtout la VR., plus rare dans le BS.—S. n. l., Constance, Bâle, Besançon *Vet.*, Bourg *Bross.*, Bresse lyonnaise *Balb.*, Pont-de-Beauvoisin et Terres-froides *Gras Dav.*, Morestel et Tour-du-Pin *Bern.*, Nidau, Cerlier, Landeron, Yverdon (Yvonand), Morat.

114. ALISMACÉES.

Alisma Plantago L.— Lieux aquatiques argileux, les 2 rg. inf., surtout la plaine et les zônes eugéogènes, répandu d. t. l. c. a., peu ascendant dans le J. et presque nul par districts.—Roches eug. pl.—H.

A. parnassifolia L. — Cette espèce rare, nulle, du reste, d. n. l., est signalée—dans la Bresse près Bourg (étang de la Chambrière) *Mut.* et les Terres-froides près le Pont-de-Beauvoisin (étang des Avenières) *Gras.*

A. ranunculoides L.—Cette espèce, très-rare d. n. l., signalée sur l'un ou l'autre point en L., se trouve—sur les bords de l'Aar à Wangen *Hey.*, sur les bords des lacs de Morat et de Neuchâtel (Pont-de-Thieile, Champion, Auvernier, Pré-de-Reuse, Yvonand), à Belley (lac Barterand) *Bern.*, dans les Terres-froides *Gras* et la Bresse lyonnaise.

A. natans L.—Cette espèce, à peine constatée d. n. l., a été signalée autrefois—par Lachenal près de Montbéliard et aux environs de Bâle par Zeiher; elle n'a pas été revue depuis dans ces localités ; s. n. l. extrêmes, dans la Côte-d'Or et à Lyon.

A. Damasonium L.— Cette espèce, nulle, du reste, à ce qu'il paraît d. n. l., est signalée — au Pont-de-Beauvoisin (les Avenières) par M. Gras.

Sagittaria sagittæfolia L.—Eaux stagnantes, rg. b., surtout les contrées stagnales sur sols eugéogènes péliques, disséminé d. t. l. c. a., surtout la VR., plus rare dans le BS., point ascendant dans le J. — S. n. l., Eglisau, Bâle, Ferrette et toute la lisière alsatique, Porrentruy (Bonfol), Delle, Béfort, Montbéliard, Besançon, Villersfarlay, Poligny, Sellières, Bourg, Terres-froides (commun), Morestel, vallée de l'Isère, lacs de Bienne, Morat, Neuchâtel, Genève (Nyon) *Bl.*

115. BUTOMÉES.

Butomus umbellatus L.—Eaux stagnantes, rg. b., assez disséminé d. l. c. a., surtout la VR., nul dans le BS. — S. n. l., Bâle (Michelfeld), bords du Doubs *Chantr.*, de l'Ognon (de Recologne à Marnay) *Garn.*, mares de la Loue à Ounans *id.*, Baumotte *Dum.*, Sellières (Chavannes, Colonne) *Bab.*, Bresse de l'Ain *Bossy*, Bresse lyonnaise.

116. JUNCAGINÉES.

Scheuchzeria palustris L. — Tourbières, divers niveaux, rare d. n. l. sur
quelques points des A., du S., surtout des V. et quelques points du J. —
S. n. l., Constance, Katzensee ; dans les mtg., la Gruyère *Fr.*, la Brévine
God. 1848, Ponts, Cachot et Vraconne *Lesq.* (fréquent dans les tourbières
du haut Jura *id.*), lacs Saint-Point et Sainte-Marie *Chantr.*, val des Foncines
(Châtel-blanc) *Gr.*, lac de la Chapelle-des-Bois *Garn. Bab.*, les Rousses
Sauss. et probablement ailleurs ; Dauphiné trans-Isérien.

Triglochin palustre L. — Marais, les 3 rg. inf., surtout la plaine et les
zônes eugéogènes, disséminé d. t. l. c. a. et d. t. l. J. — S. n. l., p. ex.,
Schaffhouse, Eglisau, Bâle, Delémont (Bellevie), Porrentruy (Papplemont,
etc.), Besançon (Sône), Arbois (Vaucy), Tour-du-Pin, Grenoble, Neuchâtel,
Yverdon, Nyon, Genève, Seyssel, Belley, etc.; plus haut, Wasserfall, Val-
Saint-Imier (Convers), Nods et Diesse, vals de Ruz et de Travers, lacs de
Marigny, de Châlin, de Chapelle-des-Bois, etc. ; sa forme *maritimum* dans
les marais salés de Lorraine et d'Allemagne.

117. POTAMÉES.

Potamogeton natans L. (y compris le *fluitans* Roth).—Eaux stagnantes et
lentes, rg. b., parfois dans la rg. mtg., assez répandu d. n. l.

P. rufescens Schrad. *(obtusus* Ducr.)—Mêmes lieux, divers niveaux, assez
rare dans la plupart d. c. a. — S. n. l., Montbéliard *Fr.*, Besançon (Sône)
Gr.; plus haut, la Brévine *God.*, Val-de-Joux (Brassus) *Rap.*, Saint-Cergues
(gouilles de la Givrine) *Monn.*; aussi les Alpes.

P. Hornemanni Meyer.—Mêmes lieux, rare d. l. c. a.—S. n. l., Cerlier
(Champion) *Gib.*, Genève (Choulex) *Reut.*, Nyon (Duilliers à Coinsins) *Ler.*
Ducr.

P. gramineus L. K. *(heterophyllus* Var.) — Mêmes lieux, divers niveaux,
disséminé d. t. l. c. a. et aussi le J. — S. n. l., Constance *Lein.*, Bâle (Michelfeld, etc.), Montbéliard (Vaivre) *Bern.*, Landeron *God.*, Cudrefin (vers
la Sauge) *Rap.*, Morat *id.*, Yverdon (Yvonand) *Ler.*, Versoix (vers Genthod)
Reut., Grenoble *Mut.*; plus haut, la Brévine *Lesq.*, entre les lacs de Joux et
des Brenets *Ler.*

P. prælongus Wulf. — Mêmes lieux, à peine constaté d. n. l. si ce n'est sur quelques points des A. et découvert récemment au lac d'Etalières *God.* 1848.

P. lucens L.—Rivières et ruisseaux, surtout la plaine, assez répandu d. l. c. a.—S. n. l., Schaffhouse, Rheinfeld, Bâle, Ferrette, Porrentruy (Bonfol), Montbéliard, Béfort, Besançon, Salins?, Arbois (Vaucy), Sellières, Morestel, Grenoble, Landeron, Neuchâtel, Orbe, Nyon, Genève, Nantua, Belley, etc.; plus haut, Bellelay *Nob.*, Pontarlier *Garn.*

P. perfoliatus L.—Mêmes lieux, divers niveaux, assez répandu d. t. l. c. a. et ascendant avec la Birse, le Doubs, la Loue, etc.; aussi les lacs.

P. crispus L. — Mêmes lieux, divers niveaux, assez répandu d. t. l. c. a. et ascendant avec la Birse, la Alle, le Doubs, la Loue, le Drujeon, le Dessoubre, etc.; aussi les lacs.

P. compressus L. *(P. zosteræfolius* Schum.*)*—Mêmes lieux, divers niveaux, assez rare d. l. c. a.—S. n. l., Bâle (Michelfeld, Neudorf, etc.), Montbéliard *Contej.*, Salins (la Loue), Villersfarlay (Mont-sous-Vaudrey); Lyon; plus haut, lac d'Etalières *God.*

P. obtusifolius M. K.— Mêmes lieux, très-rare d. n. l.— Besançon *Mut.*, lac d'Etalières *God.*

P. pusillus L.—Mêmes lieux, divers niveaux, surtout la plaine et les zônes eugéogènes, assez répandu d. t. l. c. a. et d. l. J. — S. n. l., Katzensee, Schaffhouse, Bâle, Ferrette, Delémont, Porrentruy (Bonfol), Béfort, Montbéliard, Salins, Villersfarlay, Arbois (Vaucy), Sellières, Nantua, Grenoble, Landeron, Neuchâtel, Nyon, rives du Léman, etc. ; plus haut, Chaux-de-Fonds (Crozettes), Saint-Hippolyte (Montandon), Pontarlier.

P. pectinatus L. — Mêmes lieux, divers niveaux, surtout la plaine, disséminé d. t. l. c. a. et d. l. J.—S. n. l., Schaffhouse, Rheinfeld, Bâle (Birse), Béfort, Montbéliard, Besançon (Doubs), Landeron *Vet.*, Nyon, rives du Léman ; plus haut, lac d'Etalières *God.*, Val-de-Joux (Sentier, Brassus), Rousses.

P. densus L. — Mêmes lieux, divers niveaux, surtout la plaine, assez répandu d. t. l. c. a. et d. l. J.

Suppl.— J'omets quelques espèces rares des frontières extrêmes de notre champ d'étude.

Zanichellia palustris L. — Mêmes lieux, divers niveaux, assez rare d. l. c. a. — S. n. l.. Schaffhouse *Laff.*, Rheinfeld (vers Augst) *Hag.*, Bâle (Bubendorf, Riehen, Pratteln), Soleure (bassin de la promenade) *Fr.*, Genève (Rhône) *Reut.*, Montbéliard (fossés de la Vaivre) *Bern.*, Villersfarlay (Loue)

Bab., Arbois (Vaucy, Villette, Grozon) *Garn.*, Source salée d'Audeux *Gr.*, Bresse, Grenoble (Lemps, etc.) ; la forme *pedicellata* Wahl. signalée à Schaffhouse *Laff.*

118. NAIADES.

Naias major Roth.— Eaux stagnantes, rg. b., rare d. l. c. a.— S. n. l., signalée à Bâle (Neudorf-See), Huningen, Zurich, Bienne *God.*, Dôle *Bab.*, Terres-froides, Grenoble *Mut.* ; Lyon.

N. minor All.—Même rôle, signalée— s. n. l. à Bâle *Preissw.*, Sellières (Froideville à la Chaux) *Bab.*, l'Isle-sur-le-Doubs *Garn.*, Terres-froides, Nyon (jonction du Boiron) *Rap.* ; Lyon.

119. LEMNACÉES.

Lemna minor L. — Eaux stagnantes, les rg. inf., aussi la mtg., p. ex., Chaux-d'Abel *Gour.*, répandu abondant d. n. l.

L. trisulca L.—Eaux stagnantes, rg. b., disséminé d. l. c. a.— S. n. l., Schaffhouse, Katzensee, Bâle, Béfort, Montbéliard, Besançon, Landeron, Nyon, Genève, Grenoble ; Lyon.

L. polyrrhiza L. — Même rôle, assez rare — s. n. l., Schaffhouse *Laff.*, Winterthur *Stein.*, Bâle *Hag.*, Béfort *Par.*, Montbéliard *Contej.*, Besançon *Bab.*, Neuchâtel *Ben.*, Nyon *Gaud.*, Genève *Reut.*, Grenoble *Mut.* ; Lyon.

L. gibba L.—Même rôle, rare.—S. n. l., Winterthur *Stein.*, Bâle *Hag.*, Béfort *Par.*, Montbéliard *Contej.*, Nyon (Promenthoud) *Gaud.*, Genève *Reut.*, Besançon et Salins *Bab.*, Neuchâtel (jonction de la Reuse) *Ben.*

L. arrhiza L.—A peine signalé d. n. l.—S. n. l., Katzensee *Schult.*

120. TYPHACÉES.

Typha latifolia L.—Eaux stagnantes, les rg. inf., surtout la plaine, aussi parfois la mtg., disséminé d. n. l.—P. ex., s. n. l., Bâle, Porrentruy (Bonfol), Béfort, Montbéliard, Quingey, Salins, Arbois, Bourg, Belley, Grenoble, Neuveville, Neuchâtel, Nyon, Genève, Nantua, etc.; plus haut, Nods et Lignières, les Longevilles, Chaux-du-Dombief, Bonlieu, etc.

T. angustifolia L.—Mêmes lieux, disséminé dans la VR., la Pl., la VN., très-rare en Suisse, uniquement le Valais et quelques points du Jura. — La Ferrière et Saint-Imier *Vet.* et *God.*, marais de Pouillerel *Nicol.* et *Dep.*, marais du Locle *Dep.* (Bullet. soc. Neuch. 1844-45), Montbéliard (Canal) *Contej.*, Bugey *Bossy*, Grenoble (Polygone) *Mut.*; probablement plus répandu et confondu avec le précédent.

T. minima Hopp. — Rives, rg. b., assez rare d. l. c. a., surtout la plaine rhénane. — S. n. l., Constance, Bâle (grèves du Rhin), l'Isle-sur-le-Doubs *Gr.*, Genève (Léman, Rhône, Arve), Seyssel (îles du Rhône) *Bern.*, Grenoble (Isère, Drac) ; Lyon.

T. Shuttleworthii Koch Sond.—Cette espèce rare a été découverte d. n. l. —sur les bords de l'Aar près Aarau par M. Shuttleworth. — M. Guthnick me l'envoie de Belp près Berne 1849.

Sparganium ramosum Huds. — Eaux stagnantes, les 2 rg. inf., aussi la mtg., p. ex., la Gruyère, les Enfers *Gour.*, répandu abondant d. n. l.

S. simplex Huds.—Mêmes lieux, plus disséminé.—P. ex., s. n. l., Winterthur, Schaffhouse, Bâle, Porrentruy (Bonfol), Ferrette, Béfort, Montbéliard, Besançon, Villersfarlay, Sellières, Bourg, Grenoble, Landeron, Nyon, Genève, etc. ; plus haut, vals de Travers, des Ponts, de Sainte-Croix, etc., puis les lacs des V. et du S. en se modifiant.

S. natans L. — Mêmes lieux, divers niveaux, assez rare d. l. c. a. — S. n. l., Schaffhouse *Laff.*, Bâle (Michelfeld), Landeron, Neuchâtel (Loquiat), Nyon (Bois-Bougis) *Gaud.*, Genollier *Ducr.*, Genève (Lossy, etc.) ; plus haut dans les lacs des A., p. ex., Chaîne de Chalanche.

121. AROÏDÉES.

Arum maculatum L. — Bois frais, les 2 rg. inf., plus disséminé dans la mtg., assez répandu abondant d. n. l.

Acorus Calamus L. — Eaux stagnantes, les rg. inf., surtout les plaines, aussi parfois la mtg., disséminé d. l. c. a. et d. l. J., surtout la VR., rare dans le BS.—S. n. l., Eglisau (Rafz), Bâle, Porrentruy (Bonfol), Saint-Hippolyte (Vaufrey) *Vern.*, Montbéliard (Alleine, Canal) *Contej.*, Béfort, Quingey *Garn.*, Landeron, Orbe, Lausanne, Nyon. Pont-de-Beauvoisin *Vill.*; plus haut, Monterrible (Vacherie-dessus), les Bois *Gour.*, Tramelan, Pontarlier.

Calla palustris L. — Cette espèce des marais, disséminée rare dans les contrées germaniques et rhénanes, puis çà et là dans les V., a été indiquée au Val-de-Joux par Schleicher : elle n'y a jamais été constatée.

122. ORCHIDÉES.

Orchis militaris L. —Pelouses sèches, les 5 rg. inf., surtout la mn., répandu dans toutes les zônes dysgéogènes par l'A., le K., les Csh., les Csv., les Cl. et t. l. J.—Roches dysg.—X.

O. *fusca* Jacq.—Même rôle, plus disséminé.—Schaffhouse *Laff.*, Eglisau (Irchel, Rafz) *Köll.*, Bâle (Muttenz) *Hay.*, Neuveville (Combettes, etc.) *Gib.*, Neuchâtel *Vet.*, Nyon (Bois-Bougis, etc.) *Gaud.*, collines vaudoises *Rap.*, Genève *Reut.*, Grenoble (Beauregard, Rachet, etc.).—Roches dysg.—X.

O. *Simia* L. — Même rôle, plus rare encore. — Schaffhouse *Laff.*, Bâle *Vet.*, collines du Léman *Rap.*, Nyon *Gaud. Monn.*, Genève *Reut.*, Salève *Rap.*, Fort-l'Ecluse (bergeries de Nods) *Bern.*, Belley (Parves) *id.*, Tour-du-Pin *id.*; ces trois premières espèces ne sont envisagées par plusieurs auteurs que comme des modifications du même type.—Roches dysg.—X.

O. *variegata* All.—Cette espèce, très-rare d. n. l., est signalée à—Schaffhouse *Laff. Dägl.*, Bâle *Vet.*, Salève *Vet.*, Grenoble (Beauregard) *Mut.*

O. *ustulata* L.—Pelouses sèches, les 4 rg., surtout la mn., dessinant les zônes dysgéogènes, peu ascendant dans les MR., dans le J. jusqu'aux sommités.—P. ex., Schaffhouse, Bâle, Porrentruy, Montbéliard, Besançon, Salins, Arbois, Ceyseriat, Tour-du-Pin, Grenoble, Neuveville, Neuchâtel, Nyon, Genève, Nantua, etc. ; plus haut, Chasseral, Creux-du-Van, Poupet, etc. — Roches dysg.—X.

O. *coriophora* L. — Prés humides, divers niveaux, assez rare d. n. l. — S. n. l., Bâle, Montbéliard, Neuchâtel, Boudry, Orbe, Payerne, Nyon, Genève, Seyssel (le Parc) *Bern.*, Tour-du-Pin *id.*, Champagne (Luirieux) *id..* Grenoble ; peu ascendant dans le J.; jusque dans la rg. mtg. des V.

O. *globosa* L. — Pelouses mtg. et alp., répandu dans toutes les A., les sommités des V., du S., de l'A. et de tout le J.— Depuis le Lægerberg jusqu'à la Chartreuse, p. ex., Passwang, Weissenstein, Chasseral, Sujet, Pouillerel, Tête-de-Rang, Tourne, Chasseron, Châteluz, Mont-d'Or, Larmont, Boujailles, Poupet, Montendre, Dôle, Reculet, Salève, Avocat, Grand-Colombier, Mont-du-Chat, Chartreuse (Sappey, Charmant-Som), etc.; çà et là plus bas, Porrentruy (Ermont, rare), les Bois (sur le Rang) *Goue.*, Pontarlier, Mouthier-la-Louc, Arinthod (Thoirette), Gimel (Longirod), Mont-d'Ain, Poisat, etc. ; espèce assez caractéristique de la rg. mtg. sup. et alp. dans tout le Jura.

O. Morio L.—Prés et pelouses, les 3 rg. inf., répandu abondant d. n. l., paraissant très-ubiquiste.

O. pallens L.—Cette espèce méridionale, disséminée dans les A., surtout occidentales, puis dans l'A., paraît nulle ou très-rare d. l. J. où elle n'a été signalée qu'à — Ornans *Chantr.*; s. n. l., Schaffhouse *Laff.*, Grenoble (Rachet, Beauregard)? *Mut.*

O. mascula L. — Prés et pelouses, les 4 rg., répandu abondant d. n. l.; un d s plus ubiquistes.

O. laxiflora Lam.—Prés humides argileux, rg. b., disséminé d. l. c. a., surtout la VR., nul sur de grandes étendues. — S. n. l., Schaffhouse, Bâle (Brüderholz, etc.), Salins (Clucy), Arbois (Vaucy, etc.), Landeron (Saint-Jean), Neuchâtel (Loquiat, etc.), Cudrefin (v. la Sauge), Payerne (Boulex-dessous), Yverdon (Yvonand), Orbe (marais), Nyon (Duilliers), Genève (Sionnet), Belley (Magnieux), Grenoble ; Lyon.

O. sambucina L. — Cette espèce mtg. un peu méridionale, disséminée dans les A., surtout occidentales, puis sur quelques points des V., ne se montre qu'en quelques endroits du Jura méridional.— Dôle (descente sur la Vasserode) *Reut.*, Poisat *Bern.*, Grand-Colombier (Grange du Cimetière, Retord) *id.*, Molard-du-Dom *id.*, Chartreuse (Chamchaude) ; A. de Maglan.

O. maculata L. — Bois humides, surtout argileux, les 3 rg. inf., surtout la plaine et les zônes eugéogènes, plus ascendant et plus habituel dans les MR. que dans le J. où il n'est souvent que disséminé.—Roches eug.—H.

O. latifolia L.—Prés humides, surtout argileux. les 3 rg. inf., surtout la plaine et les zônes eugéogènes, plus ascendant dans les MR. que dans le J. où il est souvent rare et nul sur de grandes étendues ; la forme *angustifolia* Wimm. *(incarnata* L.*)* que quelques auteurs séparent comme espèce, plus disséminée d. n. l., p. ex., Bâle (Michelfeld) *Hag.*, Saint-Blaise (Epagnier et Bied) *God.* - Roches eug.—H.

Anacamptis pyramidalis Rich. — Pelouses sèches, les 4 rg., surtout la mn., dessinant disséminé et assez distant toutes les zônes dysgéogènes par l'A., le K., les Cl., les Csv., les Csh. et surtout le J. — Depuis Regensperg jusqu'à Grenoble et jusqu'aux sommités, p. ex., collines et plateaux de Schaffhouse, Rheinfeld, Bâle, Porrentruy, Montbéliard, Besançon, Salins, Arbois, Ceyseriat, Grenoble, Neuveville, Neuchâtel, Nyon, Genève, Nantua, Belley, etc. ; plus haut, Schafmatt, Chasseral, Creux-du-Van, Dôle, etc.; contrastant sur la plupart de nos lisières ; point ascendant dans les MR.; aussi les stations les plus sèches de la plaine rhénane. — Roches dysg.—X

Gymnadenia conopsea R. Br.—Pelouses sèches, les 4 rg., surtout la mn., surtout les zônes dysgéogènes où il est répandu, plus disséminé, du reste, et moins ascendant dans les MR. que dans le J. où il s'élève jusqu'aux sommités ; une forme voisine à taille plus élevée, à floraison plus tardive mériterait peut-être d'en être séparée comme espèce : Bâle *Hag.*, Porrentruy *Nob.*—Roches dysg.—X.

G. odoratissima Rich.—Pelouses, rg. mn. et mtg., disséminé dans les A., surtout occidentales sur quelques points de l'A., des Csh. et des Csv., puis inégalement dans le Jura.—Hauenstein (Kallenfluh, Bölchenfluh), Passwang (Wasserfall), Weissenstein (Haasenmatt), Brückliberg, cluses de Moutier, Mont-d'Or? *Bab.*, Dôle, cluses de Nantua *Bern.*, Mont-d'Ain *id.*, Mont-du-Chat *id.*, Chartreuse (Sappey, etc.) ; plus bas, Schaffhouse *Laff.*, Eglisau (Irchel), Bâle, Porrentruy (Ermont, rare), Neuchâtel et Boudry (rare), Nyon (Calève, Trélex, etc.), Ambérieux (Château-Gaillard) *Bern.* — Roches dysg. — X.

G. albida Rich.— Pelouses alp., assez répandu dans les A., les V., le S et le J. — Schafmatt, Weissenstein (Haasenmatt), Chasseral, Tête-de-Rang, Chasseron, Châteluz, Taureau, Suchet, Mont-d'Or, Poupet, Boujailles, Dôle, Colombier, Reculet, Mont-d'Ain, Poisat, Chartreuse ; Alpes de Maglan ; probablement sur plusieurs autres sommités ; çà et là plus bas.

Himantoglossum hircinum Rich.—Pelouses sèches, les rg. inf., surtout la mn., dessinant disséminé les zônes dysgéogènes par l'A., le K., les Cl., les Csh., les Csv. et les lisières du J., rare ou nul du reste.—Schaffhouse, Eglisau (Glattfeld), Baden (Lægerberg), Bâle (fréquent), Porrentruy (rare), Béfort (rare), Montbéliard (rare), Besançon, Salins (Arsures, Aiglepierre), Arbois (Vadans), Lons-le-Saulnier (Panessières), Grenoble, Bienne, Neuveville, Neuchâtel (assez fréquent), Orbe, Morges, la Côte, Gex, Nyon, Genève.—Roches dysg.—X.

Cæloglossum viride Hartm.— Pelouses humides, les 5 rg. sup., surtout la mtg., plus rarement la plaine, disséminé ou assez répandu dans les zônes dysgéogènes par l'A., les Cl. et le J. jusqu'aux sommités, plus répandu dans les zônes eugéogènes cristallines par les V., le S. et les A. — P. ex., Bâle, Porrentruy, Besançon, Salins, Grenoble, Soleure, Nyon, Genève, etc.; Passwang, Monterrible, Chasseral, Franches-Montagnes, Larmont, Boujailles, Poupet, Chasseron, Creux-du-Van, Suchet, Noirmont, Dôle, Reculet, Rimondière, etc.

Platanthera bifolia Rich.— Pelouses, les 5 rg. sup., surtout la mtg., répandu abondant d. n. l.

P. chlorantha Cust. — Bois, divers niveaux, disséminé d. n. l. et jusqu'à présent peu observé. — Bâle (Arisdorf, etc.) *Hag.*, Bülach (Rorbas), *Heer.*, Delémont (bois de Frénois) *Fr.*, Neuveville *Gib.*, Chaux-de-Fonds *Nicol.*, Neuchâtel (bois de Serroue, etc.) *God.*, Salins *Bab.*, Genève (Salève, pied de la Dôle) *Reut.*

Nigritella angustifolia Rich. — Pelouses alp., répandu dans les A. et sur les sommités du J.—Weissenstein, Chasseral, Sujet, Tête-de-Rang, Tourne, Pouillerel, Creux-du-Van, Châteluz, Chasseron, Dent-de-Vaulion, Mont-d'Or, Suchet, Noirmont, Montendre, Dôle, Colombier, Reculet, Salève, Poisat, Grand-Colombier, Chartreuse; une des espèces les plus caractéristiques de la rg. alp. — La *N. suaveolens* Koch trouvée à la Dôle en 1822 par M. Monnard n'y a été revue depuis par aucun des observateurs qui ont visité fréquemment cette sommité, tels que MM. Reuter, Rapin, Garnier, Friche, Babey, et je n'ai pas été plus heureux : quelques auteurs l'envisagent comme une hybride de l'*angustifolia* et du *G. conopsea* ou *odoratissima*.

Ophrys muscifera Huds.— Pelouses sèches, les 5 rg. inf., surtout la mn., dessinant disséminé distant les zònes dysgéogènes par l'A., le K., les Cl., les Csh., les Csv., la plaine sèche rhénane et tout le J.—P. ex., Schaffhouse, Eglisau (Irchel), Rheinfeld, Bâle, Delémont, Porrentruy, Montbéliard, Béfort, Salins, Nantua, Grenoble, Bienne, Neuveville, Neuchâtel, Nyon, Genève, Belley, etc.; plus haut, Dietisberg, Weissenstein, Monterrible, Côtes-du-Doubs, Côtes-du-Dessoubre, Val-de-Travers, Mont-d'Or, etc. — Roches dysg.—X.

O. arachnites Reich. — Même rôle, mais plus répandu et plus abondant que le précédent et les suivants, un peu moins ascendant peut-être que le *muscifera.* — P. ex. Schaffhouse, Eglisau, Bâle, Porrentruy, Montbéliard, Besançon, Ornans, Salins, Ceyseriat, Nantua, Grenoble, Aarau, Soleure, Neuchâtel, Nyon, Genève, etc.—Roches dysg.—X.

O. apifera Huds. — Même rôle, plus rare.— Bülach, Eglisau, Rheinfeld, Bâle, Delémont, Porrentruy, Montbéliard, Besançon, Salins, Nantua, Ambérieux, Grenoble, Schinznach, Aarau, Soleure, Neuveville, plaine vaudoise, Nyon, Genève, Belley.—Roches dysg.—X.

O. aranifera Huds.— Même rôle.— Eglisau (Irchel), Bâle, Béfort, Montbéliard, Zurich, Landeron, Neuchâtel, Nyon, Genève, Salins, Belley, Grenoble.

O. pseudo-speculum DC.—Même rôle, rare d. n. l., surtout les Cl. et nos lisières occidentales.—Besançon *Gr.*, Ornans *id.*, Salins (Engoulirons) *Garn.*, Arbois (Gilly) *id.*

Chamœorchis alpina Rich.—Espèce alpine disséminée dans les A. et commençant s. n. l.—à la Chartreuse (Grand-Som).

Aceras anthropophora R. Br. — Pelouses sèches, les 2 rg. inf., surtout la mn., dessinant disséminé les zônes dysgéogènes par les Cl., les Csh., les Csv. et les lisières du J. — Schaffhouse, Bülach, Eglisau, Rheinfeld, Bâle, Besançon (fréquent), Arbois (Vadans), Grenoble, Aarau, Olten, Soleure, Bienne, Neuveville, Neuchâtel, plaine vaudoise, Genève, Fort-l'Ecluse ; rarement plus haut, Dietisberg, Creux-du-Van. — Roches dysg.—X.

Herminium monorchis R. Br. — Pelouses, les 4 rg., dessinant disséminé les zônes dysgéogènes par l'A., le K., les Cl., etc. et le J. jusqu'aux sommités. — P. ex., Eglisau, Bâle, Porrentruy, Salins, Grenoble, Aarau, Neuchâtel, Nyon, Genève, etc. ; Ferrière, Ponts, Locle, Pontarlier, Champagnole, etc. ; Wasserfall, Monterrible, Chasseral, côtes du Dessoubre, de la Loue, Creux-du-Van, Chartreuse, etc. ; beaucoup moins ascendant dans les MR.—Roches dysg.—X.

Epipogium Gmelini Rich. — Bois, rg. mtg., aussi plus bas, assez rare dans les A. occidentales, sur quelques points des V. et dans le Jura.— Jura bâlois (Ramstein) *Vet.*, bisontin *Vet.*, Sucheron? (Suchet?) *Mut.*, Chasseron *DC.*, cluses de la Birse (Vorburg) *Fr.*, Frénois (roches de Châtillon) *id.*, Ferrière *Ben.*, Ponts (v. la Chaux-du-Milieu) *id.*, Chartreuse *Bail.*

Cephalanthera pallens Rich. *(S. lancifolia* Roth*)*. — Pelouses, les 5 rg. inf., surtout la mn., dessinant les zônes dysgéogènes par l'A., les Cl., etc. et le J.—P. ex., Eglisau, Bâle, Porrentruy, Besançon, Salins, Arbois, Ceyseriat, Grenoble, Aarau, Neuchâtel, Nyon, Genève, etc.; plus haut, Monterrible, Creux-du-Van, Pontarlier, Grand-Colombier, Mont-du-Chat, etc. — Roches dysg.—X.

C. ensifolia Rich.—Bois, rg. mtg. et alp., aussi plus bas, disséminé dans toutes les zônes dysgéogènes, mais plus ascendant que le précédent dans les A., les MR. et le J. — P. ex., Jura bâlois, Monterrible, Lomont, Clôs-du-Doubs, Chasseral, Côtes-du-Doubs, Côtes-de-Noiraigue, Levier, Nozeroy, Pontarlier, Mont-du-Chat, etc.; plus bas, Genève, Grenoble ; dispersion mal connue.

C. rubra Rich.—Bois, les 5 rg. inf., surtout la mn., dessinant disséminé les zônes dysgéogènes par l'A., le K., les Cl., les Csv., les Csh. et le J., surtout central et inégalement du reste, plus rare dans les zônes eugéogènes et la rg. mtg. — P. ex., Schaffhouse, Eglisau, Bâle, Porrentruy, Delémont, Montbéliard, Nantua, Grenoble, Neuveville, Neuchâtel, Nyon, Salève. — Roches dysg.—X.

Epipactis latifolia All. — Bois, les 3 rg. inf., surtout les zônes dysgéogènes, plus disséminé du reste, plus ascendant dans le J. que dans les MR.

E. palustris Crtz. — Marais, divers niveaux, surtout la plaine, disséminé
d. t. l. c. a. et ascendant d. l. J. — S. n. l., Schaffhouse, Rheinfeld, Bâle,
Porrentruy (Bonfol à Courtavon), Montbéliard (Fèche, Allanjoie), Delémont,
Salins (bois Racine), Arbois (Vaucy), Belley, Grenoble, Bienne, Landeron,
Neuchâtel, plaine vaudoise, Genève, etc.; plus haut, Dietisberg, Moutier-
Grandval, Franches-Montagnes, Ponts, Pontarlier, Saint-Laurent (Morillon).
Champagnole.

Limodorum abortivum Swtz. — Bois, les rg. inf., surtout la mn., surtout
les zônes dysgéogènes par les Cl., le K. et le J. — Rheinfeld (Olsberg), Besançon (Brégille) *Chantr.*, Arbois (Gilly) *Garn.*, Grenoble (la Tronche) *Mut.*,
Neuveville (Plantées, Combettes, etc. *Gib.*, Diesse *Lam.*), Neuchâtel (Fontaine-André, Pertuis-du-Soc, etc.), Orbe (grotte de Montcharand), bois des
rives du Léman *Rap.*, Nyon (Pontfarbé, Eysins, etc.), Genève (bois des
Frères, etc.), Champagne (Luirieux, Béon) *Bern.*, Belley (collines de Musein)
id.—Roches dysg.—X.

Listera ovata R. Br.—Pelouses, les 4 rg., surtout la mtg., répandu abondant d. n. l.

L. cordata R. Br. — Bois humides, rg. mtg. sup. et alp., disséminé dans
les A., les V., le S. et plus rare dans le J.—Franches-Montagnes (Gruyère),
montagne de Moutier *Hag.*, Chasseral, Pontins, Creux-du-Van, Noirmont
(Mont-Arzière), Dôle, Alpes de Maglan (Voirons), Chartreuse. — Roches
eug.—H.

Neottia Nidus avis Rich. — Bois couverts, les 3 rg. inf., surtout la mtg.,
plus rarement la plaine, assez répandu d. t. l. c. a. et d. t. l. J.

Goodyera repens R. Br.— Bois couverts, les 3 rg. inf., assez rare d. l. c.
a., disséminé dans l'A. et dans le Jura. — Schaffhouse, Eglisau, Rheinfeld
(Olsberg), Delémont, Soleure, Neuchâtel, Boudry, Valangin, Orbe, Genève;
Passwang, Weissenstein, cluses de Moutier, Franches-Montagnes, Val-Saint-
Imier, Val-de-Ruz, Chasseral, Mont-d'Or, Salève, Chartreuse; probablement
peu observé et plus répandu dans le J.

Spiranthes autumnalis Rich. — Pelouses un peu argileuses, les 3 rg. inf.,
disséminé d. t. l. c. a. et d. l. J. — P. ex., Schaffhouse, Bâle, Delémont,
Porrentruy, Montbéliard, Besançon, Ornans, Salins, Arbois, Pont-de-Beauvoisin, Morestel, Aarau, Neuchâtel?, Orbe, Payerne, Lausanne, Genève.

S. æstivalis Rich.—Prés tourbeux, les 2 rg. inf., aussi la mtg., disséminé
d. t. l. c. a. et d. l. J.— S. n. l., Bâle, Béfort, Katzensee, Soleure, Lande-

ron, Neuchâtel, Yverdon, Orbe, Payerne, Moudon, Nyon, Genève, Belley
(lac Barterand), Morestel, Grenoble ; plus haut, Pontins, Salève.

Corallorrhiza innata R. Br. — Bois couverts, rg. mtg. sup. et alp., disséminé dans les A. et le J.—Ramstein, Passwang, Weissenstein, Delémont,
Franches-Montagnes, Chasseral *Lam.*, Pouillerel, Chaux-de-Fonds, Brévine,
Verrières, Bayards, Creux-du-Van, Morteau, Dent-de-Vaulion, Montendre et
probablement ailleurs ; rarement plus bas.

Sturmia Lœselii Rich. — Marais, rg. inf., rare d. l. c. a. — S. n. l., Ka-
tzenzee, Hallwyler-See, Winterthur, Soleure (Aeschi), Bâle (Friedlingen),
Genève (Lossy), Bresse lyonnaise, Grenoble (digues du Drac) *Crép.*

Cypripedium calceolus L. — Bois, les 3 rg. inf., disséminé d. t. l. c. a.,
surtout les zônes dysgéogènes par l'A., le K., les Cl., les Csv., les Csh. et
le J. — S. n. l., Constance, Eglisau (Rafz), Schaffhouse, Rheinfeld, Bâle,
Cerlier (Locraz), Neuchâtel (pied du Chaumont), Romainmôtier, plaine vaudoise, Nyon (Trélex), Grenoble (Pariset) ; plus haut, Wallenburg (Rehag),
Farnerberg (Ankenballen), Chasseral (Combe-Grède), Joux-du-Plane (Pertuis),
Creux-du-Van, Côte-de-Noiraigues, Val-de-Ruz, Salève, Chartreuse (Chamchaude) ; probablement extirpé de plusieurs points.

123. IRIDÉES.

Crocus vernus All. — Pelouses mtg. et alp., nul ou très-rare dans les V.,
le S., l'A., répandu souvent excessivement abondant dans les Alpes et dans
tout le J.—Du moins depuis le Farnerberg jusqu'au Salève et à la Chartreuse,
limité par les hautes chaînes, puis environ par celles de Graitery, Raimeux,
Birkmatt, Monterrible, Lomont, Côtes-du-Doubs, Côtes-du-Dessoubre, Boujailles, Hautes-Joux, Mâclus, Mont-d'Ain, etc.; p. ex., outre les chaines citées, Clôs-du-Doubs, Franches-Montagnes, Chasseral, Chasseron, Suchet,
Mont-d'Or, Dôle, Chalame, Reculet, Grand-Colombier, etc. ; hautes vallées
de Bellelay, Ponts, Chaux-de-Fonds, Pontarlier, Nozeroy, Mouthe, Champagnole, Val-Romey, etc.; çà et là plus disséminé jusqu'à Béfort, Porrentruy,
Montbéliard, Payerne, Moudon, Nantua, etc.; une des espèces les plus caractéristiques de notre rg. mtg. et souvent répandue avec profusion ; annonçant le retour du printemps comme le *Colchicum* l'arrivée de l'hiver.

Gladiolus Boucheanus Schlecht. *(palustris* Gaud. K.*)* — Espèce des prés
humides, disséminée sur quelques points d. c. a. en Alsace, aux environs
du lac de Constance, dans l'Albe et le Valais, nulle part s. n. l.

G. segetum Gawl. K.—Espèce des cultures méridionales, observée sur un point aux environs de — Genève (campagne Pictet, reposoir près le Chemin-des-Chèvres) par M. E. Boissier.

G. imbricatus L.—Cette plante, indiquée par Mutel dans les tourbières du J., a en effet été observée par M. Bernard aux environs de — Nantua (Mont-d'Ain, le Mont, Coillard).

G. communis L.—Espèce des champs de la France méridionale, s'avançant s. n. l. jusqu'à — Grenoble (Bastille, Bivier, etc.) *Mut. Gras;* observée aussi aux environs de Fernex (Burtigny à Thoiry) *J. B.* et de Nyon (jonction de la Promenthouse) *Monn.;* puis à Baume *Chantr.;* souvent cultivée et peut-être naturalisée.

Iris germanica L.—Cultivé, naturalisé et peut-être indigène ; murs, toits, rochers, disséminé d. n. l. — P. ex., ruines de Mönchenstein, Soyhières, Saint-Ursanne, Schlossberg (Neuveville), Château et Vaugrenans (Salins), Grenoble, etc.; sur les rochers p. ex., Passgartfluh (Bienne) *Fr.,* Crossevaux (Neuveville) *Gib.,* Vuache (sur Chaumont) *Reut.,* Baume-au-Soulier (Salins) *Bab.;* peut-être spontané sur l'un ou l'autre de ces derniers points?

I. Pseudo-Acorus L. — Rives, les 5 rg. inf., surtout la plaine, répandu abondant d. n. l.—P. ex , Schaffhouse, Bâle, Porrentruy, Montbéliard, Besançon, Salins, Bourg, Grenoble, Soleure, Neuchâtel, Genève, etc. ; plus haut, vals tertiaires de Delémont, Moutiers, Tavannes, Saint-Imier.

I. fœtidissima L. — Espèce des bois, disséminée en France et sur nos lisières occidentales, nulle, du reste, d. n. l. — Quingey *Gr.,* Salins (bois de Bovard, de Mouchard, de Poupet, etc.) *Bab.,,* Arbois *Garn.,* Belley (bois de Cezin) *Bern.;* abondant dans ces localités ; probablement le Dauphiné méridional.

I. sibirica L. — Prés humides, rg. b., disséminé rare d. l. c. a., surtout la VR.—S. n. l., Constance, Schaffhouse, Bâle (Michelfeld), Katzensee ; plus haut dans le J., Val-de-Joux (entre l'Abbaye et les Bioux) *vet et rec,* Lomont de Blamont (de Pierre-Fontaine vers Damvant *Vet.,* à constater).

I. graminea L. — Espèce signalée dans les V. et sur quelques points du Wurtemberg.

124. AMARYLLIDÉES.

Narcissus Pseudonarcissus L.—Les pelouses alp. paraissent la vraie station de cette espèce d. n. l.; — elle y est par milliers dans les chaînes de Morou,

Franches-Montagnes, Sonnenberg, Chasseral, Pouillerel, Joux-du-Plane, Tête-de-Rang, Noirmont, Dôle, Reculet, Poisat, Chartreuse et probablement dans beaucoup d'autres ; elle descend sur une foule de points dans la rg. mtg. et mn., comme Schaffhouse, Bâle, Delémont, Val-de-Tavannes, Val-de-Saint-Imier, Porrentruy, Montbéliard, Besançon, Salins, Brenod, Grenoble, etc., mais toujours disséminée et nulle part sociale sur de grandes étendues comme dans la rg. alp. ; en outre, elle se reproduit de culture aux environs des habitations. On la retrouve jouant le même rôle sur quelques sommités des V. et plus disséminée sur les Cl. ; elle paraît manquer dans le S., l'A. et les A., excepté au pied de ces dernières.

N. poeticus L. — Egalement à ce qu'il paraît originaire des pelouses mtg. et alp.; elle y est assez répandue dans les A. *Mrtz.* et dans le J. — Lomont (Roche-d'Or à Villars, etc., abondant), Creux-du-Van, Tourne, Châteluz, Montaubert, Franche-Montagne (les Bois, etc.), Valanvron, Val-de-Travers, Brévine, Pontarlier, Levier, Boujailles, plateaux de Salins et d'Arbois, Noirmont (Seiche des Embornaz), Dôle, Chamoise, Mont-d'Ain, Avocat, Poisat, Grand-Colombier, Brenod (combe Léchaux), Belley (Thur et Preymezel), Chartreuse (Sappey) et probablement ailleurs ; elle descend ensuite çà et là dans les vergers des rg. inf., mais souvent peut-être provenant de culture; beaucoup plus rare et souvent nulle, du reste, d. n. l.

N. incomparabilis Mill. — Cette espèce de Provence a été découverte par M. Bernard dans les—pâturages au haut de la Côte-de-Cerdon conduisant à Nantua, puis dans la chaine de Poisat (commune de ce nom) dominant le lac Sylant au sud ; aussi à Béfort (subspontanée?) dans les prés de Dovan et sur les buttes Gassner *Par.* 1848.

N. biflorus Curt. — Cette espèce, disséminée dans la France occidentale, n'est signalée d. n. l. qu'aux environs de — Nyon (Boiron) *Gaud.*, Genève (Driz à Troenex *Reut.*, Petit-Sacconnex et Sierne *Dav.*); peut-être provenant de culture *Mrtz.*, puis à Belley *Bern.*; Valais.

Leucoïum vernum L. — Prés, les 5 rg. inf., surtout la mn., disséminé d. l. l. c. a. et d. t. l. J. jusque dans les vallées intérieures, p. ex., Diesse, Locle, Côtes-du-Doubs, Pontarlier, Champagnole, Nantua, Cerdon, etc.

L. æstivum L.—Cette espèce des prés de la France et de l'Allemagne méridionales, se retrouvant aussi plus au nord, a été observée une seule fois d. n. l. par Mlle de Bréard près de Resnes dans les prairies de la Loue *Garn.* 1847.

Galanthus nivalis L. — Bois, les 5 rg. inf., disséminé ou assez rare d. l. c. a. et s. n. l.—Schaffhouse, Béfort, Delle, Montbéliard, Aarau (Kuttigen)

Br., Soleure, Neuveville (la Combe) *Gib.*, Payerne, Aubonne, Morges, Nyon (Tréjex) ; plus haut, Lægerberg, Stafelegg, cluses de la Birse (Vorburg), Côtes-du-Doubs (Mauron), Sujet (Lamboing à Orvins) *Lam.*, Val-de-Ruz (Dombresson), Chaux-de-Fonds (les Crêtêts) *Dep.* ; peut-être provenant de culture sur l'un ou l'autre de ces points : nulle, du reste, sur de grandes étendues.

125. ASPARAGÉES.

Asparagus officinalis L.—Prés et grèves des rivières, rg. b., disséminé d. n. l. — Rhin, Rhône, Thur, Aar, Birse, lacs de Bienne et Neuchâtel ; ainsi, Schaffhouse (Riedlingen) *Laff.*, Flaach, Bâle, Landeron, Saint-Jean, Epagnier, Colombier, Yverdon, Grandson, Genève (sous Aire, etc.), Lagnieux (îles du Rhône) *Bossy*; aussi cultivé, puis çà et là subspontané.

A. tenuifolius Lam.— Cette espèce des côteaux secs du midi de la France s'avance s. n. l. méridionales jusqu'à — Grenoble (Beauregard, Rachet, Pariset, etc.) *Mut.*

Streptopus amplexifolius DC. — Bois, rg. mtg. et alp., très-disséminé dans les A., les V., le S. et le J.—Franches-Montagnes (Chaux-d'Abel) *Vet.*, Chasseral (Combe-Biosse) *Vet.*, Côtes-du-Doubs (Valanvron) *Lesq.*, Pouillerel (les Abîmes) *Vet.*, Châteluz (Cornée, Prés-Rolliers) *Vet.*, Combe-de-Lavaux *Lesq.*; puis au dessus de Hauteville en Bugey *Bossy* et Chartreuse *Vill.*

Paris quadrifolia L. — Bois humides, les 5 rg. inf., répandu abondant d. n. l.

Convallaria verticillata L.—Bois, rg. mtg. et alp., plus rarement la mn., disséminé dans les V., le S., l'A., et les A., plus répandu d. l. J. — Depuis la Schafmatt jusqu'au Salève et à la Chartreuse, limité par les hautes chaines et par les sapins, p. ex., Passwang, Blauenberg, Monterrible, Sonnenberg, Boujailles, Poupet, Hautes-Joux, Mâchus, Rimondière, Grand-Colombier, Mont-du-Chat, etc.; une des espèces les plus caractéristiques de la rg. mtg. et de ses approches dans tout le J.

C. maïalis L.—Bois, les 5 rg. inf., surtout la mn., disséminé assez ubiquiste d. n. l. ; dans les mtg., p. ex., Franches-Montagnes (Saignelégier), Sainte-Croix (roches de Mouillefoison) avec *Alch. alp.*, *Mœhringia, Camp. pusilla, Valer. mont., Gent. camp., Card. deflor., Calamagr. mont.*, etc.

C. Polygonatum L.—Bois, les 5 rg. inf., surtout la mn., surtout les zônes dysgéogènes, assez répandu ou disséminé d. n. l.

C. multiflora L. — Même rôle, peut-être plus habituel et plus ascendant dans le J.

Mayanthemum bifolium DC. — Bois humides, les 3 rg. inf., surtout la mtg. et les zônes eugéogènes des MR., plus disséminé, du reste, et souvent nul sur de grandes étendues des plaines et des zônes dysgéogènes, inégalement réparti dans le J. et manquant par districts. — Schaffhouse, Rheinfeld (Olsberg), Bâle (Muttenz, Mœnchenstein), Montbéliard *Wetz.*, vals de Delémont, de Saint-Imier, des Ponts, Côtes-du-Doubs (sous les Bois), Pouillerel, Levier, Salins, Besançon, Nozeroy, Creux-du-Van, Chapelle-des-Bois, Rizoux, Noirmont, Montendre (sur Mont-la-Ville), Chartreuse, etc.

Ruscus aculeatus L. — Cette espèce sud-occidentale, disséminée en France et dans l'Allemagne transalpine, puis dans le Valais, la Savoie, le Dauphiné, se montre sur quelques points des Cl. et de la Côte-d'Or, enfin sur nos lisières méridionales suisses et franc-comtoises.—Genève (Fort-l'Ecluse), Belley (roches de Barque), Besançon (bois de Chailluz, commun), Salins (pied de Poupet, Aiglepierre, Mouchard, Bagney, la Chapelle, etc.), Arbois (pied des roches de Gilly), Cousance, Cuiseaux, Saint-Amour (assez répandu sur les collines de ces localités et parfois très-abondant), Grenoble; Lyon. — Roches dysg.?—X.?

126. DIOSCORÉES.

Tammus communis L.—Bois, les 2 rg. inf., surtout la mn., aussi la mtg., dessinant disséminé les zônes dysgéogènes, surtout occidentales par les Csh., les Csv., le K., les Cl. et le J., plus rare, du reste, et nul sur d'assez grandes étendues des districts orientaux. — P. ex., Schaffhouse, Bâle, Porrentruy, Montbéliard, Besançon, Salins, Arbois, Grenoble, l'Ile (Vaud), Nyon, Genève, etc.; plus haut, Monterrible, Côtes-de-Noiraigue, Côtes-du-Doubs, Creux-du-Van, etc.—Roches dysg.?—X.?

127. LILIACÉES.

Tulipa sylvestris L. — Lieux cultivés, rg. b., surtout vignoble, disséminé d. l. c. a., surtout occidentales, notamment les zônes calcaires du pied des V., les Cl. et la lisière du J. — Bâle, Béfort, Montbéliard, Besançon, Salins, Arbois, Poligny, Lons-le-Saulnier, Grenoble, Neuchâtel, Orbe, Baume, Morges, Nyon, Coppet, Genève; fleurissant rarement sur quelques-uns de ces points.

Fritillaria Meleagris L.—Prés humides, très-rare d. n. l. et, sauf un point du Wurtemberg (Gaildorf) *Lechler,* un du Hegau (Hohenstoffeln) *Stocken* et un du Bassin suisse (Villars-les-Moines près Morat) *Chav.,* presque uniquement dans le Jura et sur sa lisière. — Du lac Chaillexon jusqu'au Saut-du-Doubs (Brenets, Goudebaz) *Vet. et rec.,* la grande Ile entre le Saut et la Verrière de la Grand-Combe *Vet. et rec.,* Moron et les Essertilles *Vet.,* Biaufond *Saucy* 1848, Bief-d'Etoz (sur l'écluse, côté suisse) *Fr.* 1843, entre Pontarlier et Joux *Gr.,* à Mouthe?, au Locle (vis-à-vis des Billaudes) *God.,* à Nozeroy (vers le Moulin-du-Saut) *Bab.,* au Fort-l'Ecluse *Gaud.,* Nantua (Longfavre, la Tour, Sur-le-Mont) *Bern.,* Montréal (vers la Cluse) *id.,* Moestel (Vezeronce) *id.;* peut-être plus répandu.

Lilium bulbiferum L. — Cette espèce, disséminée dans les A., les montagnes de l'Allemagne centrale et du midi de la France, se trouve sur plusieurs points du J. — Lægerberg (plusieurs endroits) *Köll. Pury,* Neuveville (bois de Roches et Enges *Gib.,* Lignières au chemin de Neuchâtel *Lam.*), Landeron (sur Cressier) *Shttlw.,* Neuchâtel (grande roche sur le Loquiat et Choaillon) *id.,* Pertuis-du-Soc *Vet.,* Grenoble (Saint-Eynard, etc.); probablement extirpé de plusieurs autres points.

L. Martagon L.—Bois, les 3 rg. sup., disséminé dans les V., le S., l'A., le K., les Cl., les A. et plus répandu dans la majeure partie du J. — Depuis les chaînes argoviennes jusqu'au Salève et à la Chartreuse, habituel seulement dans la rg. mtg. où il manque même par districts, et nul sur de grandes étendues dans la mn., p. ex., Schafmatt, Weissenstein, Montoz, Raimeux, Graitery, Moron, Sonnenberg, Chasseral, Tête-de-Rang, Tourne, Creux-du-Van, Chasseron, Taureau, Laveron, Fraisse, Boujailles, Poupet, Suchet, Mont-d'Or, Dôle, Mont-d'Ain, Avocat, Rimondière, Grand-Colombier, Chartreuse (Grand-Som), etc.; plus bas, Schaffhouse, Eglisau (Irchel), Bâle, Montbéliard (Montbard), Besançon, Salins, Arbois, Cuiseaux, Cousance, Saint-Amour, Ceyseriat, Genève, Belley (le Thuy près Prémeyzel), etc.; nul par districts, p. ex., Porrentruy.

Suppl.—Le *L. candidum* L. cultivé, puis çà et là naturalisé, p. ex., à la Neuveville *Gib.,* peut-être indigène à Grenoble (rochers de Comboire près Seyssins) *Mut.*

Eythronium Dens-canis L. — Cette espèce méridionale des bois couverts, assez répandue dans le midi de la France, se trouve sur plusieurs points des environs de Genève et du J. bugésien.—Genève (bois de la Bâtie, des Frères, des Bernex, Nant de l'Anion, etc.) *Vet. et rec.,* Belley (Parves, le Thuy) *Bern..*

Grand-Colombier (Grange-du-Cimetière) *id.*, Mont-d'Ain *id.*, etc.; au dessus de Hauteville *Bossy;* aussi Arinthod (Thoirette-sous-le-Mont-Didier) *Capel. Bab.* et au Cul-des-Prés près la Chaux-de-Fonds où elle aurait été autrefois naturalisée par Gagnebin *Lesq.*

Asphodelus ramosus L. — Cette espèce des contrées méditerranéennes s'avance sur nos lisières méridionales jusqu'à Grenoble (Beauregard, Chamchaude, Rachet, etc.) *Mut.;* elle y est assez commune.

Anthericum Liliago L.—Lieux sylvatiques, les 5 rg. inf., surtout la mn., dessinant disséminé les zônes dysgéogènes par l'A., le K., les Cl., les Csh., les Csv. et le J., plus rare du reste.—S. n. l., Kaiserstuhl (Weyach), Schaffhouse, Liestal, Bâle, Montbéliard (Clémont) *Bern.*, Besançon, Salins, Arbois, Arinthod (Thoirette), Grenoble (Bastille), Bienne, Landeron, Neuveville, Neuchâtel, Payerne, Nyon, la Côte, Genève, etc. ; plus haut, Wasserfall, Mont-d'Ain, etc.—Roches dysg.—X.

A. ramosum L. — Côteaux secs, les 5 rg. inf., surtout la mn., dessinant assez répandu les zônes dysgéogènes par l'A., le K., les Cl., les Csv., les Csh. et tout le Jura jusqu'assez haut dans les glariers de la rg. mtg., mais plus rare par districts et surtout abondant sur les lisières sud-occidentales.

Czackia Liliastrum Andrz.—Rocailles alp., disséminé dans les A., surtout occidentales et rare dans le J.—Dôle, Reculet (Creux-d'Ardran) *Reut.*, Chartreuse (Sappey, etc.) ; Dauphiné, Valais, Alpes de Maglan.

Ornithogalum sulfureum Rœm. Schult.—Pelouses un peu argileuses, les 2 rg. inf., surtout la mn., disséminé dans les parties occidentales de la contrée, sur quelques points au pied des V.. puis notamment sur les Cl. et dans le J. —Bâle, Béfort, Montbéliard, Audincourt, Baume, Ornans, Besançon, Salins, Arbois, Champagnole, Lons-le-Saulnier, Morestel (Curtin), Grenoble (Rachet, etc.), Olten, Aarau, Vully, Orbe, Morges, Nyon (Trélex), Genève, Fort-l'Ecluse, Nantua (Mont-d'Ain), Belley ; Valais, Savoie?, Dauphiné.

O. umbellatum L. — Lieux cultivés, les rg. inf., assez répandu d. n. l., nul cependant par districts.—P. ex., Schaffhouse, Bâle, Porrentruy, Montbéliard, Besançon, Villersfarlay, Salins, Arbois, Tour-du-Pin, Grenoble, Aarau, Neuveville, Neuchâtel, Genève, etc.

O. nutans L.—Espèce exotique naturalisée çà et là dans les lieux cultivés. P. ex., Schaffhouse, Eglisau (Rafz), Bâle, Delémont, Aarau, Soleure, Nyon, Rolle, Grenoble, etc.

Gayea arvensis Schult. *(minima* Roth*)*. —Champs, les rg. inf., disséminé d. t. l. c. a., surtout la VR. et la L., plus rare dans le BS.—S. n. l., Schaffhouse, Bülach (Rorbas), Bâle, Porrentruy, Besançon, Poligny (Buvilly), Nyon, Genève; Valais.

G. lutea Schult. — Lieux sylvatiques, souvent mtg., disséminé d. l. c. a. et d. l. J.—Schaffhouse *Laff.*, Regensperg (Düllikon) *Köll.*, Bâle (fréquent) *Hag.*, Béfort *Par.*, Besançon (Chailluz) *Gr.*, Salins (Andelot) *Bab.*, Soleure *Fr.*, Neuchâtel (Pertuis-du-Soc) *Müll.*; plus haut, Pouillerel (Biaufond, Cul-des-Prés) *Lesq. Gouv.*, vals de Vauffelin, Tavannes et Saint-Imier *Fr.*, No-zeroy (Onglières) *Garn.*, la Dôle *Gaud.*, le Crêt-de-Chalame *Bern.*; Dau-phiné.

G. stenopetala Rchb. (y compris le *pratensis* R. S.)—Cette espèce, dissé-minée dans les MR. et en L., est signalée en Argovie par M. Schmidt.

Suppl. — Les *G. Liottardi, bohemica, italica* et *minima* Schult. vague-ment indiqués d. n. l. sur quelques points de nos extrêmes frontières.

Scilla bifolia L.—Bois, les 2 rg. inf., aussi la mtg. et jusque dans la rg. alp., surtout les parties un peu péliques des zônes dysgéogènes, assez ré-pandu ou disséminé d. n. l., peu ascendant dans les A. et le S., davantage dans les V. et le J.; dans la mtg., p. ex., Côtes-du-Doubs (Sous-les-Bois) *Gouv.*, Champagnole *Garn.*, dans la rg. alp., Chasseral (revers nord du si-gnal) *Lam.*

S. autumnalis L.—Signalée sur quelques points en Alsace et s. n. l. —à Grenoble (Beauregard, etc.).

Suppl.—La *S. amœna* L. cultivée, puis çà et là naturalisée : Schaffhouse, Bâle, Morges, Nyon.—La *S. italica* L. indiquée en Valais, sur l'un ou l'autre point du BS. et s. n. l., à Lauffenburg *Braun.*—La *S. verna* Huds. indiquée plus vaguement encore d. n. l.

Allium Victorialis L. — Rocailles alp., disséminé dans les A., les V., le S. et le J.—Brückliberg *Fr.*, Chasseral, Creux-du-Van, Dôle, Reculet *Bern.*, Chartreuse (Gr.-Chartreuse et sur Voreppe) ; probablement ailleurs et extirpé à cause des propriétés magiques ; A. de Maglan (Vergy).

A. ursinum L. — Bois couverts, les 3 rg. inf., aussi alp., assez répandu d. n. l.; alp. à la Haasenmatt, au Chasseral, etc.

A. fallax Don.—Rochers, divers niveaux, disséminé dans les A., l'A. et le Jura. — Lægerberg *Köll.*, Bâle (Istein), Tête-de-Rang (Crêt-du-Corbeau), Creux-du-Van , Ornans (Roche-du-Mont) *Vet.*, côtes de la Loue (Ouhans) *Bab.*, Mont-d'Or *id.*, Salins (Yvrey, By) *id.*, Arbois (Gilly, Châtelaine) *Garn.*, Champagnole (Cise à Loulle) *Cord.*, Foncine-le-Haut à Chapelle-des-Bois *Bab.*, Chaumont-français *Gr.*, Colombier *Bab.*, Reculet *Reut.*, Perte-du-Rhône *id.*, Nantua *Bern.*, Grand-Colombier (sommet) *Nob.*, Grenoble (Pa-riset) *Mut.*, Chartreuse (Chalais) *Gras;* Alpes de Maglan (Brezon) *Reut.* — Roches dysg.—X.

A. acutangulum Schrd. — Prés humides, rg. b., disséminé d. l. c. a.,
surtout orientales, la VR., le BS., plus rare dans la VS., nul en L.— S. n.
l., Constance, Schaffhouse?, Besançon (Sône) *Gr.*, la vallée de l'Ognon *Vet.*,
Zurich, Landeron, Yverdon, Genève; Lyon.

A. rotundum L.—Lieux cultivés, disséminé dans le W. et la VR.—S. n.
l., Bâle (Wyl *CB.*, digues vers Creuzach *Hag.*, Isteiner-Klotz *Lang.*), Béfort
et Montbéliard *Lach.*, Audincourt (Arbouan) *Nestl. Wetz. nec. rec.*, Genève
(Salève) *Charp.*, Grenoble *Mut.*

A. multiflorum DC.—Espèce de la France méridionale s'avançant s. n. l.
jusqu'à—Grenoble (vignes de la Tronche, etc.) *Mut.*

A. sphærocephalum L. — Coteaux secs, rg. inf., surtout vignoble, dessi-
nant disséminé ou assez répandu les zônes dysgéogènes par l'A., le K., les
Cl. et les lisières du J., plus rare et souvent nul du reste. — Schaffhouse,
Bâle, Delémont (Vorburg), Montbéliard, Besançon, Salins, Arbois, Poligny,
Ornans, Nantua, Belley, Grenoble, Bienne, Neuveville, Neuchâtel, Lasarraz,
Rolle (la Côte), Nyon, Genève.—Roches dysg.—X.

A. vineale L. — Coteaux secs, rg. inf., surtout vignoble, dessinant disséminé les zônes dysgéogènes par le K., les Cl., les Csv. et les lisières du J.,
plus rare et souvent nul du reste.—Schaffhouse, Bâle, Montbéliard, Baume,
Besançon, Salins, Arbois, Poligny, Belley, Grenoble, Brugg, Neuveville, Landeron, Nyon, Genève.—Roches dysg.?—X.?

A. Scorodoprasum L. K. (comprenant l'*arenarium* Auct.)— Cette espèce,
assez fréquente dans les vignes du pied des V., puis dans le Dauphiné, se
trouve s. n. l. — à Bülach *Köll.*, Eglisau (Rafz) *Graf.*, Bâle (Riehen, Saint-
Jacques, Muttenz) *Hag.*

A. oleraceum L. Godr. (comprenant le *carinatum* Auct. non L. comme
variété). — Coteaux secs, les 2 rg. inf., surtout la mn., dessinant disséminé
(sous l'une ou l'autre de ses formes) les zônes dysgéogènes, plus rare, du
reste, le plus souvent dans le Jura sous sa forme carénée. — Schaffhouse,
Eglisau (Rafz), Bâle, Béfort, Porrentruy, Delle, Besançon, Salins, Arbois,
Nantua, Grenoble, Neuveville, Neuchâtel, Nyon, Genève, Belley, etc. —
Roches dysg.?—X.?

A. paniculatum L.— Coteaux et bois secs, disséminé dans la France mé-
ridionale, en Dauphiné, Savoie et Valais, puis sur quelques points de nos
lisières chaudes du J.—Bienne (Boujean) *Fr.*, Neuveville (Combettes) *Gib.*,
Landeron (Cressier) *id.*, Neuchâtel (commun) *God.*, Lasarraz (Moiry) *Rap.*,
Romainmôtier (sous le Praz) *id.*, Genève (Jura au dessus de) *DC.*, Salins
(Poupet) *Bab.*, Grenoble *Mut.*

A. Schœnoprasum L.— Prés humides, divers niveaux, disséminé dans les A., sur les rives du lac de Constance, du Rhin, du Léman et dans la rg. mtg. du Jura ; ainsi — s. n. l., Constance, Schaffhouse, Lauffenburg, Bâle, Montbéliard (Mathay, Voujeaucourt à Pont-de-Roide) *Berd. Bern. Wetz.*, Rolle (Pointe-Saint-Sulpice), Nyon (Pointe-de-Promenthoud) ; plus haut, Saint-Laurent (Bellefontaine, Chapelle-des-Bois, Combe-des-Cives) *Garn. Bab.*, Val-de-Joux (Brassus) *Ler.*, la Dôle *Bab.*, la Dôle (source sur la pente nord) *Rap.*, Chartreuse (Bastille, etc.) ; Alpes de Maglan (Brezon, Vergy) *Reut.*; cultivé.

Suppl.— Les *A. sativum, Porrum, ascalonicum, Cepa, fistulosum* L. cultivés. Les *A. nigrum* L., *suaveolens* Jacq., *Ampeloprasum* L., *intermedium* DC. aperçus fugaces ou controversées sur quelques rares points de nos frontières extrèmes.

Hemerocallis fulva L. — Cultivé et naturalisé sur un assez grand nombre de points d. n. l.—S. n. l., Winterthur, Soleure (prés entre Zuchwyl et l'Aar) *Fr.*, Montbéliard (pentes escarpées du coteau de Jouvans où Bernard l'envisageait comme indigène, mais où J. B. ne le connaissait pas) ; *Wetz. Contej.*, Genève (haies à Frontenex et au bord de l'Aire) *Reut.;* Porrentruy (murs de la Campagne-Braichet) *Nob.*

H. flava L.—Cultivé et aussi, mais plus rarement, naturalisé.—S. n. l., Montbéliard (avec le précédent) *Vet. et rec.*

Endymion nutans Dum. *(Hyacinthus non scriptus* L.*)* — Cultivé et naturalisé sur quelques points d. n. l.—Winterthur *Stein.*, Doubs *Vet.*, Lorraine; spontané selon plusieurs.

Muscari racemosum Mill. — Lieux cultivés, rg. b., surtout vignoble, inégalement disséminé d. t. l. c. a. — S. n. l., Zurich, Schaffhouse, Eglisau, Rheinfeld, Bâle, Ferrette (Rœdersdorf), Delémont, Montbéliard, Besançon, Gy, Villersfarlay, Salins, Grenoble, Neuveville, Neuchâtel, Nyon, Genève, etc.

M. comosum Mill.—Même rôle.—Eglisau (Rafz), Bâle, Montbéliard *Vet.*, Besançon, Salins, Arbois, Villersfarlay, Arinthod (Thoirette), Neuchâtel, Boudry, Nyon, Genève ; plus haut, Champagnole.

M. botryoides Mill. — Même rôle, plus méridional, beaucoup plus rare.— S. n. l., Schaffhouse (Büttenhardt) *Laff.*, Montbéliard *J. B. nec rec.*, Besançon (Chaudanne et Brégille *Chantr.*, Chapelle-des-Buis *Guér.*, Trois-Châtels *Gr.)*, Soleure (vers Biberist) *Fr.*, Bienne *id.*, Neuveville (Pont-de-Vaux) *Gib.*, Boudry *Chap.*, Payerne *Chav.*, bassin du Léman (disséminé) *Vet. et rec.;* Valais, Dauphiné.

128. COLCHICACÉES.

Bulbocodium vernum L. — Cette espèce des A. méridionales se montrant rarement sur nos frontières en Valais et Dauphiné, n'est signalée d. n. l.— qu'au Mont-d'Or par Chantrans.

Colchicum autumnale L. — Prés, les 3 rg. inf., aussi alp., très-répandu d. n. l.

Veratrum album L. (y compris le *Lobelianum* Bl. Fing.) — Pelouses, rg. mtg. et alp., aussi parfois la mn., disséminé dans toutes les A., sur quelques points des V. et dans le J. — Depuis les chaînes soleuroises jusqu'au Salève et à la Chartreuse à-peu-près dans les limites de l'épicéa et de la grande gentiane; ainsi, Weissenstein, Moron, Montoz, Graitery, Chaive, Clôs-du-Doubs. Franches-Montagnes, Sonnenberg, Chasseral, Tête-de-Rang, côtes du Doubs, du Dessoubre, de la Loue, Boujailles, Poupet, Suchet, Taureau, Hautes-Joux, Montendre, Dôle, Reculet, Avocat, Grand-Colombier, Chartreuse (Grand-Som); plus bas, Eglisau (Rafz), Saint-Ursanne, Salins, Arbois, etc.; sa forme *Lobelianum* dominant dans les montagnes.

Tofieldia calyculata Wahl. — Prés argilo-sableux humides, les 4 rg., surtout la mtg. et au dessus, disséminé dans les A. et le J., puis dans la VR. et celle du Neckar. — Ainsi, s. n. l., Constance, Zurich, Schaffhouse, Bâle, Ferrette, Altkirch, Nyon, etc.; dans la rg. mn., Nods et Lignières, Val-de-Ruz, etc. ; dans la mtg. et l'alp., Wasserfall, Creux-du-Van, Ponts *Dep.*, Pouillerel *id.*, Chapelle-des-Bois *Garn.*, Rousses et Entre-Côtes *Bab.*, Dôle, Colombier, Reculet, Mont-du-Chat, Chartreuse; nul, du reste, sur de grandes étendues.

129. JUNCACÉES.

Juncus squarrosus L. — Lieux humides sableux, les 3 rg. inf., aussi alp., de disséminé à très-répandu dans les terrains clastiques et cristallins de la VR., des V., du S., très-rare dans les A. et comme nul, du reste, dans les zônes dysgéogènes. — S. n. l., uniquement à Béfort *Par.*; une des espèces les plus contrastantes entre les MR. et le J.—Roches eug. pm.—H.

J. conglomeratus L.—Lieux humides, argileux, les 3 rg. inf., surtout les plaines et les zônes eugéogènes, plus répandu dans les MR. que dans le J.

où il signale les affleurements péliques et manque souvent sur d'assez grandes étendues.—Roches eug. pl.—II.

J. effusus L. — Bois humides, les 3 rg. inf., répandu abondant d. n. l., plus habituel dans le J. que le précédent.

J. glaucus L.—Lieux humides, les 3 rg. inf., répandu abondant d. n. l., l'espèce la plus commune dans le J.

J. filiformis L.— Lieux humides sableux, rg. mtg. et alp., assez répandu dans les terrains cristallins eugéogènes des V., du S., des A., nul dans les zónes dysgéogènes et contrastant entre les MR. et le J.; commençant dans les A. cristallines trans-Isériennes.—Roches eug. pm.—II.

J. capitatus Weig.—Cette espèce des sols argilo-sableux de la VR., se retrouvant sur quelques points en L. et dans le Lyonnais, se montre çà et là sur nos lisières alsatiques.—Bâle (la Wiese) *Hag.,* Ferrette *Reckle,* Porrentruy (Bonfol, Vandelincourt, Courtavon) *Fr.*

J. obtusiflorus Ehrh. — Marais, divers niveaux, surtout les plaines, disséminé dans la VR. et la VS., plus rare dans le BS., paraissant rare dans le J. et y manquant sur d'assez grandes étendues ; la dispersion de cette espèce m'est mal connue.

J. sylvaticus Reich. *(acutiflorus* Ehrh.*)* — Bois humides, surtout argileux, les rg. inf., surtout les zónes eugéogènes, VR., VS., V., S., les A., beaucoup moins répandu dans l'A. et le J. où il paraît rare dans plusieurs districts. — S. n. l., Bâle, Ferrette, Delle, Porrentruy (Bonfol. etc.), Béfort, Besançon, Salins, Bourg, Grenoble, Soleure, Cerlier, Neuchâtel, Genève ? ; plus haut, Monterrible, Champagnole ; dispersion qui m'est mal connue; contrastant sur plusieurs lisières.— Roches eug. pl.— II.

J. lamprocarpus Ehrh. — Lieux humides, divers niveaux, assez répandu d. n. l., peut-être plus rare dans les districts occidentaux.

J. alpinus Vill. *(ustulatus* Hopp.*)* — Cette espèce des lieux humides des A. cristallines se retrouve sur les grèves de la plaine rhénane, sur quelques points de nos lisières et d. l. J.— Bâle *Hag.,* Delémont *Fr.,* Besançon *Gr.,* Gimel (Longirod) *Gaud.,* Coppet (Founex) *Monn.,* Genève (Veyrier, etc.) *Reut.,* Grenoble (Polygone, etc.) *Mut.* ; Pontarlier *Gr.,* les Ponts *Ser.,* Chapelle-des-Bois *Bab.,* Val-de-Joux (Sentier, Pont, Abbaye).

J. supinus Mœnch. (comprenant l'*uliginosus* Weig. et le *nigritellus* Don.) — Bruyères sableuses et tourbeuses, assez répandu dans toutes les zónes eugéogènes d. n. l., plaines et MR., rare cependant dans le BS., nul dans l'A. et le J.— S. n. l., Montbéliard *Berd.,* Villersfarlay (Cramans, Vaudrey, etc.) *Bab.*; contrastant entre le J. et les MR. — Roches dysg.—II.

J. compressus Jacq.—Lieux humides, les 4 rg., assez répandu d. n. l.

J. bufonius L. — Lieux argileux humides, les 3 rg. inf., répandu abondant d. n. l.

J. Tenageya Ehrh. — Espèce des lieux argilo-sableux humides, disséminé dans la VR., la VS., les V., le S., comme nulle dans le BS. et le J.—S. n. l., Bâle (Michelfeld, la Wiese) *Hag.*, Béfort *Par.*, Montbarrey (étangs de Biaulet près Tassenières *Garn.*, de Vaudrey et de Chavannes *Bab.*), Grenoble *Dav.*

Luzula albida L.—Bois argileux et sableux humides, les 4 rg., dessinant le plus souvent très-répandu les zônes eugéogènes par les VN., VR., VS., BS. et Pl., puis ascendant très-haut en se modifiant *(var. rubella)* dans les V.. le S., les A., beaucoup plus disséminé dans les zônes dysgéogènes, les Cl., l'A. et tout le J. où il est entièrement nul sur de vastes étendues ; contrastant sur la plupart de nos lisières et avec les MR.—P. ex., s. n. l., Schaff-house, Lauffenburg, Seckingen, Bâle, Porrentruy (Vandelincourt, etc.), Delle (Boncourt, Grandvillars, etc.), Béfort, Montbéliard, Quingey, Villersfarlay, Lons-le-Saulnier, Saint-Amour, les Abrets, Belley, Grenoble?, Aarau, Olten, Soleure, Neuveville, Cerlier, Neuchâtel, Payerne, Cossonay? ; paraissant sur la lisière méridionale vaudoise et française remplacé quelquefois par le sui-vant ; dans le J. sur les affleurements péliques keupériens, liassiques, oxfor-diens ou tertiaires comme dans les chaînes bâloises *Hag.*, les plateaux bi-sontins, p. ex., Chalezeules, la Vaize, etc., les bords de la grande falaise occidentale avec le *Sarothamnus*, les collines de la Haute-Saône, mais nul, du reste, sur les calcaires jurassiques proprement dits, de même que dans le Jura sud-occidental, le Dauphiné et la Savoie? ; une des espèces les plus ca-ractéristiques de nos sols eugéogènes.—Roches eug.—H.

L. nivea DC. — Cette espèce des collines et des bois de la France cen-trale et méridionale, assez répandue sur le versant sud des A., dans le Dau-phiné, le Valais, est disséminée sur nos lisières sud-occidentales où elle semble compléter la zône que l'espèce précédente forme autour du Jura.— S. n. l., l'Ile, Gimel (Bière, etc.), Rolle (Allamand, etc.), Nyon (Prangins, etc.), Ge-nève (bois de Bay, etc.) ; puis Terres-froides *Dav.*, Tour-du-Pin *Bern.*, Gre-noble (commun).—Roches eug.?—H.

L. campestris L.—Pelouses, les 3 rg. inf., surtout la mn., répandu abon-dant d. n. l.

L. multiflora Lej.—Bois argilo-sableux, les 3 rg. inf., surtout les plaines et les zônes eugéogènes, ascendant assez répandu dans les MR., plus dissé-miné dans les affleurements péliques et tourbeux du J., et nul sur de grandes étendues des sols dysgéogènes. — S. n l. alsatique, bressane, suisse, etc.;

plus haut, la Vaize, Ponts, Pontarlier, Champagnole, Ivory-sur-Salins, Moidons d'Arbois, de Poligny, etc., Coillard près Brenod, etc.—Roch. eug.—II.

L. sudetica DC.—Pelouses alp., assez répandu dans les A., les V., le S., plus disséminé dans le J.—Aiguillon, Dôle, Colombier, Reculet; puis, tourbières des Pontins et de la Chapelle-des-Bois selon M. Babey? Il semblerait que ces trois dernières espèces qui offrent des variations et peut-être des intermédiaires sont dérivées d'un même type dont la première serait la forme des stations sèches, la seconde celle des lieux humides, la troisième celle des altitudes alpestres.

L. spicata DC. — Pelouses alp., disséminé dans les A. et sur quelques sommités du Jura. —Dôle (Vuarne), Colombier, Reculet, Chartreuse (Charmant-Som) *Gras.*

L. flavescens Gaud.—Cette espèce des bois mtg. des A. occidentales a été observée sur quelques points du J. — Pouillerel (Planchettes) et Creux-du-Van *God.*, Sainte-Croix *Bl.*, Noirmont (Grande-Ennaz) *Gaud.*, Dôle (Lavatay) *Reut.*, Salève (Chalet-la-Tuile) *Gaud.*; Dauphiné;—fréquent dans les bois de sapin de tout le J. vaudois *Rap.* 1848.

L. pilosa Willd. — Bois, les 3 rg. inf., aussi alp., répandu abondant d. n. l.

L. Forsteri DC. — Cette espèce des collines sud-occidentales de nos contrées françaises, rare ou nulle dans les parties germaniques, se montre sur quelques points du pied oriental des V., dans la Côte-d'Or, le Dauphiné et le Jura. — Bâle (Mülheim) *Hay.*, Delémont *id.*, Landeron (Cressier) *God.*, Neuchâtel (Chânet, Serroue) *id.*, Payerne (la Râpe) *Rap.*, Sainte-Croix *Bl.*, Rolle (Allamand) *Rap.*, Nyon (Prangins) *Gaud.*, Genève (bois de Bay, du Vangeron) *Reut.*, Savoie?, lisières françaises?, Grenoble (Beauregard, etc.); plus haut, Creux-du-Van *Vet.*

L. maxima DC. — Bois, surtout argilo-sableux, les 3 rg. inf., disséminé d. t. l. c. a., s'élevant plus répandu dans les A., les V., le S., plus disséminé dans le J. et l'A., surtout la rg. mtg., et nul par districts — P. ex., Passwang, Chasseral, Tête-de-Rang, Creux-du-Van, Poupet, Aiguillon, Montendre, Dôle, Reculet, Salève; plus rare dans la rg. mn. comme Besançon, Arbois (Châtelaine), Saint-Amour, etc., et y révélant les affleurements péliques.—Roches eug.—II.

L. spadicea DC. — Cette espèce, assez répandue dans la rg. alp. des A. cristallines et des MR., paraît manquer dans le J.: elle recommence aux A. de Maglan (Vergy) *Reut.* et dans les mtg. trans-Isériennes; signalée au Creux-du-Van *Vet.*, mais à tort *God. Lesq.*

150. CYPÉRACÉES.

Cyperus flavescens L. — Lieux humides sableux et argileux, surtout les plaines et les zônes eugéogènes, aussi les mtg. et quelques points du J., mais nul sur de vastes étendues.—S. n. l., Schaffhouse, Bâle, Porrentruy (Bonfol), Montbéliard; Besançon, Villersfarlay, Salins, Arbois, Sellières, Bresse, Terres-froides (Eydoche, etc.), Tour-du-Pin, Grenoble, Lyon, Aarwangen, Anet, Neuchâtel, Rolle, Genève, Belley (Musein), etc.; plus haut, Chételaz *Chap.*, Marigny (près le lac) *Cord.*, Orgelet et Arinthod (Thoirette) *Bab.* — Roches eug. pm.—H.

C. fuscus L.—Même rôle et à-peu-près les mêmes lieux, aussi la rg. mtg., Lignières.—Roches eug. pm.—H.

C. Monti L.—Cette espèce méridionale, rare en France, puis dans l'Allemagne et la Suisse transalpine, est signalée—s. n. l. à Grenoble (iles du Drac) *Vet.*, Voreppe (Isère) *Dav.*

C. longus L.—Cette espèce des prés humides, disséminée dans la France sud-occidentale et les contrées transalpines, se trouve sur quelques points de nos lisières. — Lindau, Lausanne, Terres-froides (Bevenais près Lemps) *Dav.*

Schœnus nigricans L.—Tourbières, rg. b., très-disséminé d. n. l., surtout la VR., nul sur de grandes étendues.—S. n. l., Schaffhouse, Katzensee, Zofingue, Montbéliard *Vet.*, Cerlier, Saint-Blaise, Neuchâtel, Orbe, Morges, Genève, Besançon (Sône), Arbois (Vaucy), Grenoble.— Roches eug.—H.

S. ferrugineus L. — Tourbières, rg. b., aussi la mtg., disséminé dans les A., le BS. et le J., rare ou nul, du reste, d. n. l. — Schaffhouse *Luff.*, Delémont (Bellevie) *Fr.*, Bellelay *id.*, Aarberg (Seedorf) *Vet.*, Neuveville (Lignières) *God.*, Landeron (Cornaux) *Bern.*, Saint-Blaise *Vet.*, Orbe *Gaud.*, Rolle (Burtigny) *Ducr.*, Gimel (G. Saubraz) *id.*, Nyon (Divonne) *Gaud.*

Cladium Mariscus R. Br.—Marais, très-disséminé d. n. l., rg. b., surtout le BS. et la Bresse, point ascendant. — Schaffhouse *Luff.*, Aarau *Bronn.*, Sempach, Neuchâtel (Loquiat) *God.*, Grandson *Gaud.*, Orbe *Bl.*, Nyon (Coinsins, etc.) *Gaud.*, Genève (Troenex, etc.) *Reut.*, Arbois (Vaucy) *Garn.*, Poligny (Grozon) *id.*, Crémieux *Vill.*; Lyon.

Rhincospora alba Wahl.—Tourbières, divers niveaux, assez disséminé d. l. c. a., surtout les zônes eugéogènes, s'élevant dans les V., le S. et le J.— S. n. l., Schaffhouse, Béfort, Katzensee, Aarberg (Seedorf), Genève, Terres-froides (Lemps); plus haut, Lignières, Ponts, Brévine, Chaux-du-Milieu,

Pontarlier, Mouthe, Boujailles, Villeneuve, Bief-du-Fourg, Marigny, Sône, les Rousses, etc.

R. fusca Wahl. — Tourbières, rare sur quelques points d. c. a. et à peine s. n. l.—Bâle (Iles-du-Rhin) *Hay.*

Heleocharis palustris R. Br. — Marais, les 3 rg. inf., répandu abondant d. n. l.

H. uniglumis Link.—Marais, les 3 rg. inf., disséminé d. l. c. a. et d. l. J. — S. n. l., Schaffhouse, Bâle (Michelfeld), Rheinfeld (Olsberg), Delémont (Bellevie) *Nob.*, Besançon (Sône) *Gr.*, Soleure (vers Bettlach) *Fr.*, Landeron (Saint-Jean) *God.*, rives du Léman et Genève *Reut.*; plus haut, Champagnole *Bab.*

H. ovata R. Br.—Marais argileux, disséminé rare d. n. l.—S. n. l., Porrentruy (Bonfol) *Nob.*, Villersfarlay (bois Mouchard, étang Vaudrey) *Bab.*, Sellières (Lombard, Chaux) *Dum.*, Arbois (Grand-Abergement) *Garn.*, Grenoble *Mut.*; Lyon.

H. atropurpurea Koch.— *(Scirpus Lereschii* Shttlw.*)* — Cette espèce très-rare pour l'Europe centrale n'a été observée d. n. l. qu'aux bords du Léman près Lausanne (aux Pierrettes).

H. acicularis R. Br. — Marais argileux, rg. b., plus rarement les mtg., assez répandu d. n. l. — S. n. l., Schaffhouse, Bâle, Ferrette, Delle, Porrentruy (Bonfol, etc.), Béfort, Montbéliard, Besançon, Salins, Villersfarlay, Arbois, Sellières, Bourg, Terres-froides (Eydoche, etc.), Grenoble, Katzensee, Bienne, Neuchâtel, Genève, etc.; souvent commun dans les contrées stagnales de la Bresse et du Sundgau; plus haut, Chaux-de-Fonds (Crozettes) *Lesq.*

Scirpus cæspitosus L. — Tourbières, surtout la rg. mtg., répandu dans les V., le S., les A. et le J.—Ponts, Brévine, Chaux-du-Milieu, Vraconne, Noiraigue, Morteau, Pontarlier, Bief-du-Fourg, Mouthe, Boujailles, Villeneuve, Val-de-Joux, Rousses, Coillard, etc.

S. setaceus L. — Lieux humides sableux, surtout la rg. b., s'élevant dans les MR., rarement dans le J., disséminé dans toutes les zônes eugéogènes d. n. l.—S. n. l., Rheinfeld (Olsberg), Bâle (Hardt, Wiese, etc.), Delémont (Montchaibeux, bois de Raube), Porrentruy (Bonfol, etc.), Montbéliard (la Vaivre) *Bern.*, Béfort, Besançon (l'Ognon, Noironte), Villersfarlay (Bois-Mouchard, etc.), Sellières (Vaudrey, Chavannes, etc.), Arbois (Frétille, Abergement), Terres-froides (Eydoche, etc.), Cerlier (Jolimont), Saint-Blaise (St.-B., Montmirail), Nyon (Crans, Calève, etc.); Alpes cristallines trans-Isériennes.—Roches eug. pm.—H.

S. pauciflorus Light. *(Bœothryon* Ehrh.) — Cette espèce des marais tourbeux, disséminé à des niveaux très-différents d. l. c. a., depuis les plaines
jusqu'assez haut dans les A., se montre aussi — s. n. l., Schaffhouse *Laff.*,
Katzensee *Gaud.*, Bâle (Neudorf, Neuenburg) *Hag.*, Montbéliard *Berd.*, Arbois (Vaucy) *Garn.*, Neuchâtel (Auvernier, etc.) *God.*, Boudry (Colombier,
etc.) *id.*, Nyon (Crans, Duilliers, etc.) *Gaud.*, Genève (Salève) *Reut.*, Grenoble ; et plus haut, Pontarlier, Boujailles, Champagnole, Chapelle-des-Bois,
Rousses.

S. supinus L.—Espèce des rives sableuses, disséminée sur quelques points
éloignés d. c. a. et s. n. l. — uniquement aux bords du Léman, Nyon (Boiron), Versoix (Genthod), Bourgoing (lac de Monceaux) *Dav.*

S. lacustris L. — Eaux stagnantes, surtout la plaine, aussi les lacs mtg.,
assez répandu et abondant d. n. l. La forme *Tabernæmontani* Gm., çà et là
assez rare d. n. l., surtout la VR. — S. n. l., Bâle (Neudorf, etc.) *Hag.*,
Cerlier (Champion) *Gib.*, Genève (Gaillard, etc.) *Reut.*, Grenoble (Polygone)
Mut.

S. triqueter L.— Mêmes lieux, disséminé ou rare d. n. l.—S. n. l., Bâle
(Rhin), Lausanne (Léman), Aarau (Petite-Aar), Montbéliard (Voujeaucourt)
Vet., Seyssel (îles du Rhône) *Bern.*, Grenoble (Isère, etc.) ; plus haut, le
Locle *Dep.*

S. Rothii Hopp. — Mêmes lieux, disséminé sur quelques points d. n. l.,
p. ex., les îles du Rhin. — S. n. l., Landeron (marais de Saint-Jean à Cerlier) *God.* 1848.

S. Holoschœnus L.—Rives sableuses, rg. b., disséminé sur quelques points
d. c. a. et presque exclusivement dans le BS. occidental. — S. n. l., bords
du Léman (jonction de la Dulive, de l'Aubonne, de la Venoge, Genthod,
Versoix, etc.), Grenoble (Drac, Isère, etc.).

S. maritimus L.—Marais, disséminé d. t. l. c. a., surtout les plaines, plus
rare dans le BS. et ne s'élevant point d. l. J. — S. n. l., Bâle (îles du Rhin)
Hag., Bienne (jonction du canal) *Fr.*, Landeron (Saint-Jean) *Shttlw.*, Saint-
Blaise (Marin) *Par.*, Neuchâtel (Auvernier) *Chaill.*, Estavayer *Gay*, Yverdon
Gaud., Morges *id.*, l'Ile (Villars-Bozon) *Corn.*, Belley (Rochefort) *Bern.*, Ar-
bois (Grozon, Vaucy), Sellières (Chaux, Chavannes), Grenoble (Gières, etc.).

S. sylvaticus L. — Bois humides, les 3 rg. inf., surtout les plaines, assez
répandu ou disséminé d. n. l.

Suppl.—J'omets quelques espèces controversées ou douteuses.

Blysmus compressus Panz.—Marais, les 3 rg. inf., surtout les plaines, assez
répandu d. t. l. c. a. et aussi dans le Jura. —S. n. l., p. ex., Schaffhouse,

Bâle, Rheinfeld, Besançon, Salins, Arbois, Bienne, Neuchâtel, Genève, Grenoble, etc.; plus haut, Dietisberg, Monterrible, Val-de-Saint-Imier, Chasseral, Ponts, Pouillerel, Pontarlier, etc.; plus rare par districts.

Eriophorum alpinum L. — Tourbières, rg. mtg. et alp., disséminé dans les A. et le J. — Pontins, Echelette, Eplatures, Ponts, Pouillerel, Tête-de-Rang, Brévine, Verrières, Pontarlier, Mouthe, Chapelle-des-Bois, Rousses, Trélasse, Coillard ; plus bas, Katzensee.

E. vaginatum L. — Tourbières, divers niveaux, surtout la rg. mtg., assez répandu dans les A., les V., le S. et le J. — P. ex., Bellelay, Sonnenberg, Chaux-d'Abel, Echelette, Ponts, Brévine, Pontarlier, Bélieu, Boujailles, Chapelle-des-Bois, Andelot, Villeneuve, Rousses, Coillard, etc. ; plus bas, Constance (Wolmatingen), Katzensee, Rheinfeld (Olsberg), etc.

E. latifolium Hopp.—Prés humides, les 5 rg. inf. et les tourbières mtg., assez répandu abondant d. n. l.

E. angustifolium Roth.—Marais tourbeux, divers niveaux, disséminé d. t. l. c. a., les A., les V., le S. et le J.—S. n. l., Rheinfeld (Weyerfeld) *Hag.*, Delémont (Bellevie) *Nob.*, Béfort *Par.*, Salins (Clucy, etc.) *Garn.*, Terres-froides (Eydoche, etc.) *Dav.*, Katzensee *Gaud.*, Nyon (Duilliers) *id.*, Genève (Chancy à Collonge) *Reut.*, Grenoble ; plus haut, Ponts *God.*, Sagne *id.*, Pontarlier *Gr.*, Boujailles *Garn.*, Sainte-Croix *Rap.*, Salève (sur Crevin) *Reut.;* Chartreuse.

E. gracile Koch. *(triquetrum* Hopp.*)*—Marais, rare sur quelques points d. c. a.—S. n. l., Schaffhouse (auf der Enge) *Laff.*, Katzensee *Clairv.*, Dietisberg (vers Läufelfingen) *Hag.*, Wasserfall *Fr.*, Bâle (îles du Rhin à Neudorf) *Hag.*, Sellières (Tassenière) *Dum.*, Genève (Lossy) *Reut.*

Carex (Psyllophora) dioica Lois.—Marais tourbeux, divers niveaux, disséminé assez rare d. t. l. c. a. et aussi d. l. J., nul sur de grandes étendues. — S. n. l., Eglisau (Rafz, Irchel), Katzensee, Soleure (Lomiswyl), Payerne, Nyon (Trélex, Duilliers, etc.), Montbéliard (Vaudoncourt à Beaucourt, etc.) *Berd.;* plus haut, la Combe, Pleine-Seigne, Lignières et Nods, Sainte-Croix, Pontarlier, Bélieu, Trélasse, Levier (Boujailles), Salins (Clucy).

P. Davalliana Lois. — Prés humides, les 4 rg., surtout les plaines et les tourbières mtg., assez répandu abondant d. n. l., plus rare cependant par districts.

P. pulicaris Lois. — Prés humides tourbeux et sableux, divers niveaux, disséminé d. t. l. c. a., surtout la VR., plus rare dans le BS., plus ascendant dans les MR. que dans le J.—S. n. l., Eglisau (Rafz), Bâle, Ferrette (Courtavon), Porrentruy (Bonfol), Béfort, Montbéliard *Wetz.*, Salins (Bovard, etc.)

Katzensee ; plus haut, Brévine, Choaillon, Val-de-Ruz, Sône et la Vaize, Salins (Clucy), etc.; fréquent dans les tourbières du J. occidental *Garn.;* Alpes
de Chalanche.

P. pauciflora Lois. — Tourbières, rg. mtg., aussi parfois la plaine, disséminé dans les MR., les A. et le J.—Bellelay, Pleine-Seigne, Gruyère, Chaux-
d'Abel, Ponts, Eplatures, Pontarlier, Bélieu, Boujailles, Chapelle-des-Bois,
Val-de-Joux, Rousses, Trélasse.

Carex (Cyperoides) capitata Mœnch. *(C. cyperoides* L.)—Cette espèce rare
et fugace des lieux sableux inondés, très-rare d. n. l., a été signalée autrefois dans la Hardt près de Bâle *Lach.,* puis observée en 1839 par M. Friche
dans un étang desséché près Ferrette (entre Réchésy et le Puy) ; je possède
des exemplaires de cette localité ; aussi à Béfort (pré derrière la Caserne-
neuve) *Par.* 1848.

Carex (Vignea) chordorrhiza Ehrh.— Tourbières, rg. mtg., disséminé d.
l. J., nul ou très-rare, du reste, d. n. l. — Gruyère, Ponts, Brévine, Pontarlier, Vraconne, la Chaux, Mouthe, Bélieu et probablement ailleurs ; aussi
s. n. l. au Katzensee et au Huttensee.

V. disticha Huds. — Prés humides, surtout les rg. inf., assez répandu
d. t. l. c. a., peu ascendant? — P. ex., Katzensee, Bâle, Delémont, Porrentruy, Besançon, Salins, Grenoble, Bienne, Neuchâtel, Orbe, Nyon, Genève, etc.

V. vulpina L. — Prés humides, surtout les rg. inf., répandu abondant
d. n. l.

V. muricata L. — Bois, divers niveaux, répandu abondant d. n. l.; une
forme des lieux ombragés *(v. virens* Koch.) se montrant çà et là, p. ex.,
Porrentruy *Nob.,* Salins *Bab.;* la forme *divulsa* Good séparée comme espèce
par quelques auteurs, à Rheinfeld (Olsberg) *Hag.,* Salins *Bab.,* Genève *Reut.,*
Grenoble *Mut.*

V. teretiuscula Good. — Marais, divers niveaux, disséminé d. n. l., nul
par districts. — S. n. l., Schaffhouse, Rheinfeld (Weiherfeld), Porrentruy
(Bonfol) *Fr.,* Besançon (Sône), Cerlier (Champion) *Gib.,* Orbe, Nyon, Genève (Lossy) ; plus haut, Pleine-Seigne, Ponts, Pontarlier, Bélieu, Boujailles,
Chapelle-des-Bois, Rousses (vers Saint-Cergues), Trélasse et probablement
ailleurs confondu avec les suivants.

V. paniculata L.—Marais, divers niveaux, disséminé d. t. l. c. a. et d. t.
l. J. — S. n. l., Schaffhouse, Eglisau (Irchel), Katzensee, Rheinfeld, Bâle,
Delémont, Porrentruy (Bonfol), Besançon, Salins, Arbois, Bresse, Grenoble,
Bienne, Neuchâtel, Payerne, Nyon, Fernex (Saint-Genis), Genève ; plus haut,

Monterrible, Chasseral, Bellelay, vals de Saint-Imier, de Ruz et certainement ailleurs confondu avec le précédent.

V. paradoxa Willd. — Cette espèce est beaucoup plus rare que les deux précédentes d. n. l. et souvent en société avec elles. — Schaffhouse *Laff.*, Delémont (Etangs) *Fr.*, Porrentruy (Bonfol) *Nob.*, Besançon (Sône) *Gr.*, Salins (Clucy) *Bab.*, Grenoble, Katzensee, Greifensee, Neuchâtel (Loquiat) *God.*, Nyon (Divonne) *Reut.*

V. brizoides L. — Bois argileux et sableux, assez répandu et souvent très-abondant d. t. l. c. a., surtout les zônes eugéogènes, la VR., la VS., plus disséminé dans la Pl. et le BS. occidental, ascendant dans les MR. et parfois les A. cristallines, rare ou nul dans les zônes dysgéogènes, comme l'A. et le J. ; contrastant sur plusieurs lisières, notamment celles du Sundgau. — S. n. l., Laufenburg, Seckingen, Rheinfeld, Bâle, Ferrette, Porrentruy (Bonfol), Béfort, Montbéliard, Villersfarlay, Arbois, Sellières, Bourg, etc.; Olten, Soleure, Cerlier (Jolimont). — Roches eug. — H.

V. Schreberi Schrk. — Espèce des lieux sableux secs de la France et de l'Allemagne, disséminée dans la VR. et rare, du reste, d. n. l. — S. n. l., Schaffhouse *Laff.*, Montbéliard (le Parc, bois de la Chaux) *Vet.*, Salins (Raty) *Bab.*, Nantua (bords du lac et Mont-d'Ain) *Bern.*, Bâle (Muttenz, Crenzach, etc.) *Hag.*

V. leporina L. — Prés humides, les 4 rg., répandu d. t. l. J. et t. l. c. a. — P. ex., Bâle, Porrentruy, Soleure, Neuchâtel, Besançon, Salins, Bourg, Nyon, Genève, etc.; Passwang, Monterrible, Franches-Montagnes, Ponts, Brévine, Pontarlier, Boujailles, Val-de-Joux, etc.

V. stellulata Good. — Tourbières, divers niveaux, surtout la rg. mtg., disséminé d. t. l. c. a. et d. l. J. — S. n. l., Eglisau (Rafz), Seckingen, Bâle, Porrentruy (Bonfol), Delémont (Bellevie), Salins, Nyon, Genève, etc.; Bellelay, Chaux-d'Abel, Ponts, Brévine, Boujailles, Sône, etc.

V. remota L. — Bois humides, surtout les rg. inf., plus ascendant dans les MR. que dans le J., disséminé d. n. l., rare ou nul sur de grandes étendues du J. occidental. — S. n. l., Schaffhouse, Eglisau, Rheinfeld, Bâle, Delémont, Porrentruy, Besançon, Villersfarlay, Salins, Grenoble, Bienne, Cerlier (Bretièges), Neuchâtel, Nyon, Genève ; plus haut, Chaux-de-Fonds *Lesq.*, Champagnole *Garn.*

V. elongata L. — Prés marécageux, rg. b., très-disséminé d. l. c. a., peu ascendant dans le J. — S. n. l., Bâle (Michelfeld, Riehen, etc.), Porrentruy (Bonfol, etc.), Rheinfeld (Olsberg), Besançon, Arbois, Sellières, la Bresse ; Nyon (Belair, bois Bougis).

V. Heleonastes Ehrh. —Tourbières, très-rare d. n. l. et presque uniquement sur quelques points du J.—Brévine *God.*, Ponts et Bélieu *Gr.*, Sainte-Croix (Vraconne *Bl.*, la Chaux *Bab.).*

V. canescens L. — Tourbières, divers niveaux, surtout la rg. mtg., assez répandu d. n. l.—P. ex., Bellelay, Gruyère, Brévine, Chaux-d'Abel, Ponts, Pontarlier, Mouthe, Andelot, Val-de-Joux, Rousses, Trélasse, etc.

Carex (Caric. gen.) mucronata All.—Cette espèce des hauts pâturages des A. orientales a été signalée autrefois par Gagnebin au Bec-à-l'Oiseau et à la Joux-du-Plane; elle n'y a pas été revue depuis par les botanistes neuchâtelois; sa présence à cette altitude paraît fort douteuse.

C. stricta Good.—Marais, surtout argileux, les rg. inf., disséminé d. t. l. c. a., surtout les VR. et VS., peu ascendant.—S. n. l., p. ex., Schaffhouse, Bâle, Porrentruy (Bonfol), Béfort, Salins, Grenoble, Zurich, Soleure, lisière vaudoise, Genève, etc.

C. vulgaris Friese Koch *(cœspitosa* Auct.). — Marais, les 4 rg., répandu d. t. l. c. a. et dans les tourbières du J.

C. acuta L. — Marais, surtout argilo-sableux, les rg. inf., surtout la VR. et la VS., plus rare dans le BS.—S. n. l., Schaffhouse, Lauffenburg, Augst, Bâle, Porrentruy (Bonfol), Béfort, Besançon, Salins, Arbois, Grenoble, Soleure, Neuveville, Neuchâtel, Yverdon, Orbe, Lausanne; Rhin, Birse, Savoureuse, Aar, Thièle, Orbe, Doubs, Ognon, Drac, lacs de Bienne, Neuchâtel, Genève; zônes stagnales du Sundgau et de la Bresse; rarement plus haut, Val-de-Saint-Imier *Nob.*, Val-de-Travers *Vet.*

C. Buxbaumii Wahl.—Cette espèce rare qui se montre sur quelques points de la VR., n'est signalée s. n. l. — qu'aux environs d'Orbe (marais sous Valeyres) *Reyn.*

C. limosa L.—Tourbières, divers niveaux, surtout la rg. mtg., disséminé dans les A., les MR. et le J. — Gruyère, Chaux-d'Abel, Pouillerel, Ponts, Brévine, Pontarlier, Bélieu, Chapelle-des-Bois, Trélasse, etc.; plus bas, Katzensee.

C. pilulifera L.—Bois et Bruyères, surtout sableuses, les 3 rg. inf., surtout les zônes eugéogènes, s'élevant dans les MR., rarement dans le J. — S. n. l., Schaffhouse, Rheinfeld (Olsberg), Delle (Fèche, Féchotte, etc.) *Nob.*, Béfort, Montbéliard, Besançon (Vaize, Chalezeules, etc.), Salins, Arbois, Katzensee, Soleure *Fr.*, Neuveville *Gib.*, Payerne, Nyon; plus haut, dans le J. bâlois *Hag.*, neuchâtelois *God.*, occidental *Bab.*, p. ex., Brévine, Cornée, Vraconne, mais rare ou nul sur de vastes étendues et contrastant avec les V. et le S.—Roches eug.—H.

C. tomentosa L. — Bois argileux, les 2 rg. inf., disséminé d. t. l. c. a. et paraissant peu ascendant. — S. n. l., Schaffhouse, Rheinfeld (Olsberg), Bâle (Reinach, etc.), Delémont (v. Correndlin), Béfort, Montbéliard, Besançon (Chalezeules, etc.), Salins (Poussoles), Arbois (Vaucy), Neuchâtel (Colombier, etc.), Morges, Nyon (bois Bougis, etc.), Genève (fréquent), Grenoble ; plus haut, Bec-à-l'Ooiseau, Joux-du-Plane *d'Iver. nec rec.*

C. montana L.—Pelouses, les 5 rg. sup., surtout la mtg., dessinant assez répandu ou très-répandu les zônes dysgéogènes par l'A., le K., les Cl., les Csv., les Csh. et tout le J., beaucoup plus disséminé et souvent nul dans les V. et le S.; contrastant entre le J. et les MR.—Roches dysg.—X.

C. ericetorum Poll.—Lieux sableux secs, assez rare d. l. c. a., surtout les grès des MR. sur nos frontières boréales, comme nul dans le J. — S. n. l., Schaffhouse *Laff.*, Eglisau (Irchel) *Heer.*, Aarau *Mrtz.*, Grenoble (Sassenage) *Mut.*; la forme alp. *membranacea,* disséminée dans les Alpes.

C. præcox Jacq. — Pelouses sèches, les 5 rg. inf., répandu abondant d. n. l., très-ubiquiste quant aux altitudes et aux terrains ; des variétés dont l'une le *C. umbrosa* Host. non Hopp., çà et là dans les stations ombragées.

C. polyrrhiza Wallr. *(umbrosa* Hopp., *longifolia* Host.) — Bois humides argileux, très-disséminé d. n. l. — S. n. l., Schaffhouse *Laff.*, Kaiserstuhl (Weyach, etc.) *Heer.*, Rheinfeld (Frauenwald, etc.) *Hag.*, Bâle (Bruderholz, etc.) *id.*, Montbéliard (le Parc) *Bern.*, Besançon (Chaleuzes) *Gr.*, Salins (Bois-de-Roide, Clucy, etc.) *Garn. Bab.*, Arbois (Vaucy) *Garn.* ; plus haut, Tête-de-Rang *Shttlw.*, Creux-du-Van *God.*; peut-être quelque confusion pour l'une ou l'autre de ces localités avec la variété de l'espèce précédente.

C. humilis Leyss. *(clandestina* Good*).*—Coteaux arides, les rg. inf., surtout la mn., dessinant disséminé les zônes dysgéogènes par l'A., les Cl., le K., les Csv., les Csh. et les lisières du J.—Schaffhouse *Laff.*, Rheinfeld (île d'Augst), Bâle (Crenzach, etc.), Delémont (Chaive), Salins (Baud, Goaille, Pagnoz, etc.), Nantua (cluses et Mont-d'Ain) *Bern.*, Grenoble (Rachet, etc.); Soleure (pentes du Weissenstein), Bienne (Pavillon, côtes du lac), Neuveville (la Combe), Neuchâtel (lisière sup. des vignes, etc.), Nyon (bois de Prangins), Belley (collines de Muscin) et probablement ailleurs ; aussi dans l'intérieur du J., cluses de Moutier ; Valais, Dauphiné, Savoie. — Roches dysg. — X.

C. gynobasis Vill. — Bois et pelouses sèches, les rg. inf., surtout la mn., disséminé dans les parties occidentales de la contrée sur quelques points des Cl., puis dans la Côte-d'Or, le Valais, la Savoie, le Dauphiné et sur les lisières du J. — Bâle (Istein), Baume, Besançon, Salins, Arbois, Belley, Grenoble, Landeron (Cressier), Neuchâtel (Sablons, Plans), Genève (Veyrier), Fernex (Thoiry), Collonge; probablement plus répandu; plus haut, Pertuis-du-Soc *Vet.*, Creux-du-Van *Lesq.*—Roches dysg.—X.

C. digitata L.—Bois, surtout la rg. mn. et mtg. inf., dessinant assez répandu toutes les zônes dysgéogènes par l'A., le K., les Cl., etc. et tout le J., plus disséminé, du reste, et souvent en société du suivant, p. ex., Porrentruy, Besançon, Salins, Arbois, etc.—Roches dysg.—X.

C. ornithopoda L.—Bois et coteaux, les 4 rg., surtout la mtg. et les zônes dysgéogènes par l'A., le K., les Cl., etc. et tout le J. jusqu'aux sommités, p. ex., Lægerberg, Weissenstein, Monterrible, Chasseral, Creux-du-Van, Dôle, Reculet, etc.; moins ascendant et moins répandu dans les MR.—Roches dysg.—X.

C. alba Scop.—Coteaux secs, rg. mn. et mtg., disséminé dans les parties sud-occidentales de la contrée, Côte-d'Or, Valais, Savoie, Dauphiné, sur quelques points au pied des V. et du S., puis inégalement dans le J.—S. n. l., Schaffhouse, Rheinfeld (île d'Augst), Bâle (Muttenz, etc.), Lauffon, Delémont (Chaive), Porrentruy (Ermont, etc.), Soleure (Sainte-Vérène), Neuveville, Neuchâtel (Chaumont, Vauseyon, etc.), Nyon (Bonmont, etc.), Genève (sous Aire, etc.), Arbois *Bab.*, Nantua *Bern.*, Belley (Chazey, etc.) *id.*, Grenoble (Néron, etc.); plus haut, Hauenstein, Wasserfall, Moutier, Moron, Graitery, Chaumont, Champagnole, Dôle, Grand-Colombier, Mont-du-Chat, etc.; particulièrement groupé dans le Jura central bâlois et bernois où il est parfois excessivement abondant et gazonne des pentes mtg. considérables; plus disséminé et souvent nul dans les chaînes occidentales, mais probablement peu observé, et bien qu'inégalement disséminé, assez caractéristique de la végétation jurassique relativement aux contrées ambiantes.—Roches dysg.—X.

C. nitida Host.—Cette espèce, généralement rare d. n. l., ne se montre que dans les parties sud-occidentales.—Nyon (bords du lac, Promenthoud, etc.) *Bl.*, Genève (bords de la London, de l'Arve, du Rhône), Pont-d'Ain (grèves) *Nob.*; Valais, Savoie?

C. pilosa Scop.—Bois, rare d. n. l. et surtout s. n. l.—Schaffhouse (Glockenhaus), etc. *Laff.*, Eglisau (Rafz, Irchel) *Heg.*, Rheinfeld (Olsberg à Gibenach) *Hag.*, Bâle (Crenzacher-Horn) *Vet.*, Salins (Moidons de Valempoulières, Pont-d'Héry, Montrond) *Garn.*, Poligny *id.*, Arbois *Bab.*, Neuchâtel (Chaumont) *God.* 1848, Bière *Weissm.* 1848, Cossonay *Ducr.*, Genève (sous Onex, bois de la Joux) *Reut.*

C. panicea L.—Prés humides, les 4 rg., répandu abondant d. n. l.; une des espèces les plus ubiquistes.

C. glauca Scop. — Lieux un peu argileux , les 4 rg., très-répandu, très-abondant et très-flexible d. n. l. ; la plus commune de toutes nos espèces, décelant les moindres affleurements péliques.

C. maxima Scop. — Bois, divers niveaux, surtout la rg. mtg., surtout les zônes eugéogènes clastiques et cristallines des MR., plus disséminé, du reste, et dans le J. — P. ex., Rheinfeld, Bâle, Delémont, Porrentruy, Besançon, Villersfarlay, Grenoble, Aarau, Nyon, Genève, Nantua, etc.; plus haut, Lægerberg , Hauenstein , Blauenberg , Monterrible , Chasseral , Creux-du-Van, Boujailles, Hautes-Joux, Poupet, Salève, etc.; le plus souvent peu abondant dans ces localités.—Roches eug.?—H.?

C. strigosa Huds.—Bois, très-rare d. n. l., sur quelques points de nos lisières.—Schaffhouse *Gaud. non rec.,* Rheinfeld (Frauenwald, Weiherfeld, Sonnenberg) *Hag.*

C. brevicollis DC.—Cette plante fort rare n'a été jusqu'à présent observée d. n. l. qu'à la montagne de Parves près Belley par Auger où elle a été revue récemment (1847) par M. Bernard.

C. depauperata Good.— Cette espèce, disséminée en France, est signalée sur quelques points de nos lisières occidentales. — Montbéliard (Montbard) *Wetz.,* Audincourt (Arbouan) *id.;* Besançon (bois de Chaillux) *Guér.;* M. Grenier ne cite pas cette espèce dans son catalogue du Doubs ; les localités de Montbéliard que je puise dans le catalogue de Friche ne sont également pas confirmées dans celui de M. Contejean ; cependant cette plante a été rapportée des environs de Montbéliard par M. Friche et cultivée plusieurs années au Jardin de Porrentruy.

C. hordeistichos Vill. — Cette espèce des prés humides , disséminée en France, sur plusieurs points de la L. et du Dauphiné, ne se montre nulle part s. n. l., ni dans le J.

C. pallescens L.—Prés et bois humides, divers niveaux, surtout la rg. mtg., assez répandu d. n. l.

C. frigida All. — Pelouses rocailleuses alp. cristallines des V., du S., nul dans le J.; commençant dans les A. trans-Isériennes.—Roches eug.—H.

C. sempervirens Vill. *(ferruginea* Schk. non Scop.*)* — Pelouses alp., assez répandu dans les A. et dans le J.—Kallenfluh, Bölchenfluh, Raimeux, Graitery, cluses de la Birse , Weissenstein , Chasseral , Joux-du-Plane (Pertuis), Chasseron, Creux-du-Van, Mont-d'Or, Suchet, Montendre, Colombier, Reculet, Dôle, Salève, Grand-Colombier, Chartreuse.—Roches dysg.—X.

C. ferruginea Scop. *(Scopolii* Gaud.*)*—Pelouses alp., répandu dans les A. et sur quelques points du J. — Farnerberg (sur Günsberg) *Mrtz.,* Aiguillon

Nob., Dôle et Reculet *Reut.* ; Savoie, Alpes de Maglan (Brezon, Vergy), Dauphiné.

C. tenuis Host. *(brachystachys* Schrk.*)*—Rocailles mtg. et alp., disséminé dans les A. et dans le J. — Passwang (sommet, Neunbrunnen), Hauenstein (Bölchenfluh), Weissenstein, cluses de la Birse, Raimeux, Graitery, Tête-de-Rang, Creux-du-Van, Mont-d'Or, Chasseron (cluse de Vuittebœuf), Dôle (Saint-Cergue, Faucille), Colombier, Reculet, Mont-du-Chat, les Echelles ; Dauphiné ; aussi entre Baume et Besançon *Fr.*—Roches dysg.—X.

C. flava L.—Prés humides, les 4 rg., assez répandu d. n. l.

C. Œderi Ehrh. — Mêmes lieux, disséminé d. n. l., souvent en société du précédent. — P. ex., Schaffhouse, Bâle, Porrentruy, Besançon, Salins, Arbois, Neuchâtel, Nyon, Genève, etc. ; plus haut, Monterrible, Pontarlier, etc.

C. biformis Schltz. (comprenant l'*Hornschuchiana* Hpp. et sa var. monstrueuse le *fulva* Hpp.) — Prés humides, disséminé d. t. l. c. a., surtout la plaine rhénane et la Pl., ascendant dans les A. et aussi dans le J.—S. n. l., Eglisau (Irchel), Bâle, Delémont, Besançon (Sône), Neuchâtel, Orbe, Nyon, Payerne, Collonge, Genève, Salins (Clucy, Andelot), Arbois (Vaucy), puis assez répandu dans le Jura même? selon *Fr.;* la variété *fulva* sur quelques points, Delémont (Lœwenburg) *Fr.,* Neuchâtel (Choaillon) *God.,* Besançon (Sône) *Gr.,* Pontarlier *id.,* Chartreuse (Sappey) *Mut.*

C. distans L.—Prés humides, rg. b., inégalement disséminé d. t. l. c. a. —S. n. l., Schaffhouse, Bâle, Delémont, Béfort, Montbéliard (Vaivre) *Wetz.,* Besançon, Salins, Arbois, Grenoble, Landeron, Neuchâtel, Nyon, Genève, etc.; çà et là ascendant, Grande-Chartreuse.

C. sylvatica Huds. — Bois, les 3 rg. inf., très-répandu, très-abondant d. n. l., très-ubiquiste, mais moins ascendant dans les A. et les MR.?

C. pseudocyperus L.—Tourbières, rg. b., disséminé d. l. c. a., surtout la plaine rhénane. — S. n. l., Schaffhouse, Eglisau (Rafz), Rheinfeld, Bâle, Porrentruy (Bonfol), Baume *Vet.,* Montbéliard *Berd.,* Terres-froides (Saint-Didier), Grenoble (Gières, etc.), Katzensee, Aarberg, Morges ; plus haut, Creux-du-Van et Crêt-de-la-Sombaille *Vet. non rec.*

C. ampullacea Good. — Marais argileux et tourbeux, surtout la rg. b., aussi la mtg., disséminé d. t. l. c. a. et dans le J.— S. n. l., Schaffhouse, Katzensee, Rheinfeld, Bâle, Delémont, Porrentruy (Bonfol), Béfort, Montbéliard, Besançon, Salins, Arbois, Bourg, Grenoble, Payerne, Nyon, Genève, etc. ; plus haut, Bellelay, Fornet, J. neuchâtelois, vaudois, Rousses, Grande-Ennaz, etc.

C. vesicaria L.—Marais argileux, rg. b., disséminé d. t. l. c. a. et s. n. l. — P. ex., Schaffhouse, Bâle, Ferrette, Porrentruy (Bonfol), Béfort, Delle, Besançon, Salins, Arbois, Bourg, Neuchâtel, Nyon, Genève, Grenoble, etc.; paraît peu ascendant.

C. paludosa Goodn. — Prés humides, les 5 rg. inf., surtout les plaines, répandu d. n. l.

C. riparia Curt. — Marais et rives, surtout sableuses, les rg. inf., surtout les plaines, disséminé d. t. l. c. a. et peu ascendant.—S. n. l., Schaffhouse, Bâle, Porrentruy, Bonfol, Montbéliard, Béfort, Besançon, Salins, Arbois, Grenoble, Soleure, Bienne, Landeron, Nyon, Morges, Genève, etc.

C. filiformis L. — Espèce disséminée rare d. l. c. a. — S. n. l., Schaffhouse, Katzensee; dans le J., Ponts *God.*, Pontarlier et Bélieu *Gr.*, Val-de-Joux *Rap.*, Rousses et Trélasse *Reut.*

C. hirta L.—Prés humides, les 5 rg. inf., assez répandu d. n. l.

151. GRAMINÉES.

Zea.—Suppl.—Le *Z. maïs* L. cultivé dans la rg. b. de nos contrées occidentales. Il suit en général les niveaux du vignoble et monte cependant çà et là un peu plus haut, p. ex., sur quelques dépressions abritées des plateaux jurassiques français. Il est l'objet d'une culture importante dans toute la VS., la L., le Dauphiné, puis çà et là dans la VR. et plus rarement encore dans le BS. (canton de Vaud). Il est peu cultivé dans les autres parties de nos contrées.

Andropogon Ischœmum L.—Coteaux graveleux secs, les 2 rg. inf., surtout la mn., disséminé dans les zônes dysgéogènes ou sèches par le pied de l'A., le K., la plaine rhénane et les lisières du Jura, plus rare et souvent nul, du reste, plus ascendant dans le J. que dans les MR.—P. ex., s. n. l., Schaffhouse, Eglisau, Bâle, Porrentruy, Montbéliard, Besançon, Salins, Arbois, Grenoble, Bienne, Neuveville, plaine vaudoise, Genève, etc.; plus haut, rochers de Monterrible, Chasseron, etc.

Panicum sanguinale L.—Lieux cultivés sableux, rg. b., surtout vignoble, disséminé d. t. l. c. a., peu ascendant dans le J. — S. n. l., Schaffhouse, Bâle, Montbéliard, Besançon, Salins, Arbois, Villersfarlay, Lons-le-Saulnier, Arinthod (Thoirette), Grenoble, Aarau, Soleure, Bienne, Neuveville, Neuchâtel, Yverdon, Genève, etc.—Roches eug.—II.

P. ciliare Retz. — Champs sableux, assez rare d. n. l. — S. n. l., Schaffhouse *Laff.*, Bâle *Hag.*, Soleure *Mrtz.*, Aix-les-Bains *Mut.*

P. glabrum Gaud. —Mêmes lieux, très-disséminé d. n. l., surtout la VR. et la Pl.—S. n. l., Bâle *Hag.*, Nyon *Gaud.*, Payerne *Rap.*

P. Crus-galli L.—Lieux cultivés, surtout sableux, rg. b., surtout vignoble, peu ascendant, assez répandu d. t. l. c. a. — S. n. l., p. ex., Schaffhouse, Bâle, Besançon, Salins, Lons-le-Saulnier, Nyon, Genève, Grenoble, etc. — Roches eug.—H.

Suppl. — Le *P. miliaceum* L. cultivé dans les districts occidentaux, puis çà et là subspontané, p. ex., Salins, Arinthod (Thoirette).

Tragus racemosus Desf.—Cette espèce des lieux sableux des contrées méridionales s'avance s. n. l. jusqu'à—Grenoble (Bastille, etc.); elle aurait aussi été observée à Montbéliard (grèves de l'Alleine) *Bern. Wetz.*

Setaria verticillata Bauv. — Lieux sableux, les rg. inf., assez répandu d. t. l. c. a.—S. n. l., Rheinfeld, Bâle, Porrentruy, Besançon, Neuchâtel, Genève, Grenoble, etc.

S. viridis Bauv.—Lieux cultivés, surtout sableux, les 2 rg. inf., assez répandu d. n. l.

S. glauca Bauv.—Mêmes lieux, assez répandu d. n. l.

Suppl. — Le *S. italica* Bauv. cultivé, puis çà et là subspontané, p. ex., Salins.

Phalaris arundinacea L. — Rives, les 2 rg. inf., aussi la mtg., répandu abondant d. n. l. et assez ubiquiste; dans la mtg., p. ex., Franches-Montagnes, Locle, Brévine, Champagnole, Chaux-du-Dombief, etc.

Suppl.—Le *P. canariensis* L. cultivé et rarement subspontané.

Crypsis alopecuroides Schrad.—Espèce très-rare d. n. l. et signalée presque uniquement en L.

Alopecurus pratensis L.—Prés humides argilo-sableux, les 3 rg. inf., surtout les plaines et les zônes eugéogènes, Pl., VR., VN.. plus rare dans le BS. et la VS., s'élevant dans les V. et le S., rare dans l'A. et le Jura où il manque totalement sur de vastes étendues et contraste à cet égard avec les MR. — S. n. l., Schaffhouse, Bâle, Porrentruy, Béfort, Montbéliard, Besançon, Salins, Arbois, Soleure, Genève ; plus haut, vals de Tavannes, Chaux-de-Fonds, Brévine, Sainte-Croix, Pontarlier.—Roches eug.—H.

A. agrestis L. — Champs, surtout argilo-sableux, les 2 rg. inf., surtout vignobles, assez répandu d. t. l. c. a., mais moins ascendant dans le J. où il manque sur de grandes étendues. — S. n. l., p. ex., Schaffhouse, Bâle, Besançon, Salins, Arbois, Saint-Amour, Ceyseriat, Pont-d'Ain, Cerdon, Grenoble, Neuveville, Neuchâtel, Nyon, Genève, etc.; plus haut, Frick, Liestal, Porrentruy, Delémont, Val-de-Travers, etc.—Roches eug.?—H.?

A. paludosus Bauv. *(geniculatus* et *fulvus* Auct.)—Lieux humides sableux, les 2 rg. inf., surtout les plaines, assez répandu d. t. l. c. a., rarement ascendant d. l. J.—S. n. l., p. ex., Schaffhouse, Bâle, Ferrette, Porrentruy, Montbéliard, Besançon, Salins, Arbois, Bourg, Grenoble, Soleure, Cerlier, Nyon, Genève, etc.; plus haut, Chaux-d'Abel *Shttlw.*, Morteau *Gr.*; la forme *fulvus* la plus commune sur les lisières alsatiques.—Roches eug. pm.—II.

A. utriculatus Pers. — Prés humides, rg. b., très-disséminé d. l. c. a.— S. n. l., Besançon *Gr.*, Salins (Grangefcuillet, Chapelle, Saint-Joseph, etc.) *Bab. Garn.*, Arbois (Grozon, Villette, etc.) *id.*, Grenoble, Lyon.

Anthoxanthum odoratum L. — Prés, les 4 rg., dessinant très-répandu toutes les zónes eugéogènes, plus disséminé, du reste; beaucoup plus habituel dans les MR. que dans le J. et les autres zónes dysgéogènes; très-ubiquiste quant aux altitudes ; parfois assez rare sur les calcaires jurassiques, excessivement commun au contraire sur les sols péliques, p. ex., dans la Bresse où l'on a même attribué à l'odeur très-forte de sa seconde floraison des propriétés morbifiques.

Phleum pratense L. (y compris le *nodosum* L.)—Prés, les 3 rg. inf., surtout les plaines, très-répandu et très-abondant d. n. l. ; la forme *nodosum* dessinant surtout les zónes dysgéogènes.

P. Michelii All.—Rocailles alp., disséminé dans les A., surtout occidentales et dans le J. — Chasseral, Creux-du-Van, Suchet *Gr.*, Aiguillon *Nob.*, Chasseron, Dôle, Chartreuse (Chamchaude) *Gras* et probablement plus répandu.

P. Bœhmeri Wib. — Coteaux secs, les rg. inf., surtout la mn., dessinant disséminé la zóne des terrains dysgéogènes par l'A., le K., les Cl., les Csv., les Csh. et les lisières surtout occidentales du J. — S. n. l., Bâle, Montbéliard, Besançon, Salins, Ceyseriat, Pont-d'Ain, Grenoble, Neuveville, Neuchâtel, Payerne, Nyon, Rolle.—Roches dysg.—X.

P. asperum Vill. — Cette espèce des coteaux secs, disséminée en France et en Allemagne, est assez rare d. n. l.— S. n. l., Eglisau (Rafz, Rheinau), Schaffhouse *Laff. Pagn.*, Bâle (Michelfeld) *Hag.*, Morges *Rap.*, Nyon *Gaud.*, Genève *Reut.*, Grenoble ; Lyon.

P. alpinum L. — Pelouses alp., répandu dans les A. et sur les sommités du J. — Chasseral, Creux-du-Van, Dôle, Colombier, Reculet, Salève, Chartreuse (Chamchaude) et probablement ailleurs.

Chamagrostis minima Bork.— Cette espèce des lieux sableux, disséminée en France et en Allemagne, se montrant sur nos frontières extrêmes dans la VR. et le Bas-Dauphiné, a été indiquée dans le Doubs par Chantrans et en particulier à—Montbéliard (Champagne d'Arbouan) par Wetzel.

Cynodon Dactylon Pers. — Lieux sableux, rg. b., très-disséminé d. l. c. a., surtout la VR. — S. n. l., Bâle, Besançon, Neuchâtel, Payerne, Nyon, Fernex (Saint-Genix), Genève, Ariathod (Thoirette), Grenoble.

Leersia oryzoides Sw. — Rives argilo-sableuses, rg. b., mais ascendant dans les V., disséminé d. t. l. c. a. — S. n. l., Bâle, Ferrette, Porrentruy (Bonfol) *Fr.*, Montbéliard (Vaivre, Canal, etc.) *Contej.*, Besançon, Arbois, Soleure *Fr.*, Bienne *id.*, Neuchâtel?, Payerne, Coppet (Crans, etc.), Nyon (Divonne, etc.), Genève, Carouge, Tour-du-Pin *Bera.*, Grenoble.

Agrostis stolonifera L. (diverses formes). — Prés, bois, rives, surtout argilo-sableuses, surtout les rg. inf. et les zônes eugéogènes, plus disséminé et parfois assez rare sur les zônes les plus dysgéogènes.— Roches eug.— H.

A. vulgaris With. —Pelouses, bois, surtout argilo-sableux, les 5 rg. inf., excessivement répandu et social dans les zônes eugéogènes, plus disséminé et sensiblement moins abondant dans les dysgéogènes, ainsi beaucoup plus habituel aux MR. qu'au J. ; aussi les sommités en se modifiant (*A. pumila* Gaud.), p. ex., la Dôle.

A. alpina Scop. Koch *(rupestris* Willd*.).* – Pelouses rocailleuses alp., assez répandu dans les A. et sur quelques sommités du Jura. — Haasenmatt *Fr.*, Creux-du-Van *Shttlw.*, Colombier *Fr.*, Reculet (Creux-d'Ardran) *Reut.*, sous la forme *filiformis* Vill. que M. Reuter sépare comme espèce ; A. de Maglan (Méry).

A. canina L. —Prés humides argilo-sableux, les rg. inf., disséminé d. t. l. c. a., plus ascendant et plus habituel dans les MR., plus rare d. l. J. — S. n. l., Bâle, Béfort, Montbéliard, Salins, Arbois, Seillières, Besançon, Nyon, Grenoble ; plus haut, Gruyère, Eplatures, Pouillerel, Ponts, Brévine, Verrières, Sône, Sainte-Croix ; peu observé, mais réellement rare sur de grandes étendues.

Apera Spica-venti Bauv.—Champs, ascendant avec eux, répandu d. n. l.

A. interrupta Bauv. — Lieux sableux, très-disséminé d. n. l., nul sur de grandes étendues. — S. n. l., Besançon *Gr.*, Nyon *Gaud.*, Payerne *Rap.*, Genève *Reut.* ; Dauphiné méridional, Valais.

Calamagrostis lanceolata Roth (*A. Calamagrostis* L.). — Prés humides, rg. b., assez rare d. l. c. a. — S. n. l., Schaffhouse *Laff.*, Katzensee *Gaud.*, Soleure (bords de l'Engi) *Fr.*, Porrentruy (Vandelincourt) *id.*, Lausanne (bois de Sauvabelin) *Gay.*

C. littorea DC. (*A. Pseudophragmites* Hall. f.)—Rives sableuses, rg. b., disséminé d. t. l. c. a. — S. n. l., Eglisau (Irchel), Rheinfeld, Bâle (Birse, Mönchenstein), Lausanne, Genève, Grenoble (Isère, etc.) ; probablement ailleurs confondu avec le suivant dont il n'est peut-être qu'une modification selon Heg. et Döll.

C. Epigeios Roth. — Rives et bois argilo-sableux humides, les rg. inf., assez répandu d. t. l. c. a. — Rhin, Aar, Arve, Isère, Drac, etc., lacs de Bienne, Neuchâtel, Genève; s'élevant dans les MR. et plus rarement sur quelques points péliques du K. et du J., p. ex., Mont-d'Or *Vet.*, Bief-des-Rousses *Garn.*, mais généralement nul sur de vastes étendues. — Roches eug.—H.

C. Halleriana DC. — Cette espèce du nord de l'Allemagne, disséminée dans les A. et sur quelques points du BS., n'a été observée jusqu'à présent d. n. l. que sur deux points du Jura. — Ramstein et Wasserfall *Zeih. Hag. Döll.*, puis récemment (1848) à la Brévine par M. Godet.

C. montana Host.—Rocailles graveleuses, surtout la rg. mtg., très-disséminé dans les A., les V., l'A., nul dans le S., assez répandu dans presque tout le J. bâlois, bernois, neuchâtelois, vaudois, etc., et assez contrastant à cet égard avec les MR.—P. ex., Wasserfall, Moron, Montoz, Raimeux, Graitery, Tourne, Mont-d'Or, Aiguillon, Suchet, Chasseron, Creux-du-Van, Dôle, Montendre, Reculet, Salève, Mont-du-Chat, Chartreuse?, etc.; plus bas, Farnsburg, Dornach, Clos-du-Doubs, Cluses-de-la-Birse, Côtes-du-Doubs, Valangin, Saint-Laurent, Morey, Champagnole (Billaude), Salins (Veley), Orbe, Ile-Saint-Pierre, etc.—Roches dysg.—X.

C. sylvatica DC. — Mêmes lieux sur sol sableux, assez répandu dans les MR., rare au contraire dans l'A., les Cl., le K. et le J.—Schaffhouse *Laff.*, Chaumont (sur Hauterive, cluse de Vaux-Seyon) et Mont-de-Boudry *God.*; contrastant entre les MR. et le J.—Roches eug.—H.

C. stricta Sprgl. — Espèce des prés du nord de l'Allemagne, découverte par M. Troll sur un point du Wurtemberg.

Gastridium lendigerum Gaud. — Cette espèce des cultures de la France méridionale s'avance s. n. l. jusqu'à — Grenoble (Seyssins, etc.) et Genève (Sacconex, Bâtie, Penex); Lyon.

Milium effusum L.—Bois humides, surtout argileux, les 5 rg. inf., surtout les zônes eugéogènes, répandu ou disséminé partout d. n. l., plus dans les MR., moins dans le J.

Stipa pennata L. — Coteaux secs, rare d. l. c. a., sur quelques points de la plaine rhénane, des collines du pied des V. et de l'A., puis des lisières du Jura. — Bâle (Istein) *Hag.*, Besançon (Lomont) *Vet.*, Salins (Goaille, Arèle, Belin) *Bab. Garn.*, Genève (Vuache-sur-Chaumont) *Lomb.*, Belley (collines de Musein) *Bern.*, Grenoble (Bastille, etc.).— Roches dysg.—X.

S. capillata L. — Mêmes lieux, plus rare encore d. n. l., sur plusieurs points du K. et de la VR., sur nos frontières extrêmes, puis en Valais et Dauphiné méridional ; nulle part s. n. l.

S. juncea L. — Cette espèce de la France méridionale s'avance s. n. l. jusqu'à—Grenoble (Bastille) *Gras*.

Lasiagrostis Calamagrostis Link. *(Calam. argent. DC.)*—Coteaux graveleux secs, rg. mtg., aussi la mn., disséminé dans les A. occidentales et dans le Jura.— Passwang (Wasserfall, Vogelberg) *Hag.*, Weissenstein (Balmberg et pied sud) *Fr.*, cluses de la Birse (roches de Moutier) *id.*, Creux-du-Vau *Shttlv.*, Tourne (Cluzette, Noiraigue) *God.*, côtes du Doubs (Baume, Besançon) *Fr.*, de la Loue (sur Ornans) *Gr.*, Arbois (Roches-de-Gilly) *Bab.*, les Rousses *Garn.*, Salève *Reut.*, côtes de Nantua *Bern.*, de l'Albarine et Tenay *Nob.*, Grenoble (Bastille, etc.).—Roches dysg.—X.

Phragmites communis Trin. — Rives argilo-sableuses, rg. b., rarement ascendant, assez répandu d. t. l. c. a., çà et là dans la rg. mtg. du J., mais très-rare ou nul dans cette chaîne sur de vastes étendues. — Roches eug. — II.

Sesleria cærulea Ard. — Pelouses sèches, les 3 rg. sup., surtout la mtg., dessinant assez ou très-répandu les zônes dysgéogènes par l'A., les Cl., les Csv. et tout le J., rare ou nul, du reste, notamment dans les MR. et très-contrastant à cet égard.—Depuis le Rhanden et le Lægerberg jusqu'au Salève et à la Chartreuse, souvent très-abondant dans la rg. mn. et habituel sur toutes les sommités.—Roches dysg.—X.

Kœleria cristata Pers.—Prés secs, les 3 rg. inf., surtout la mn. et les zônes dysgéogènes, très-répandu ou disséminé d. n. l.

K. valesiaca Gaud. — Cette espèce des A. occidentales, Valais, Savoie et Dauphiné se trouve sur quelques points des lisières du J.—Neuchâtel (roches du Mail et du Crêt) *God.*, Landeron (Cressier) *Shttlv.*, Pont-d'Ain (grèves de l'Ain) *Nob.*; probablement ailleurs.

K. phleoides Pers.—Cette espèce de la France méridionale s'avance s. n. l. jusqu'à — Grenoble (Beauregard, etc.).

Aira cæspitosa L. — Bois humides, surtout argilo-sableux, les 4 rg., répandu dans les zônes eugéogènes, les plaines, les MR., plus disséminé, du reste, et souvent assez rare d. l. J. sur de grandes étendues ; une modification alp. sur quelques sommités ; Chasseral *Gib*.

A. flexuosa L. — Bois sableux ou argileux, les 4 rg., répandu ou disséminé dans toutes les zônes eugéogènes psammiques, VR., Pl., MR., les A. cristallines ou clastiques, plus rare dans le BS., rare ou nul dans l'A. et tout le

J., une des espèces les plus contrastantes. — S. n. l., bois de Schaffhouse, de l'Irchel, de la Hardt, de Béfort (Arsot), de Montbéliard (villages des bois), de la Forêt-de-Chaux, de Salins, Arbois, Lons-le-Saulnier, Saint-Amour, Ceyseriat, etc. et s'élevant avec le *Sarothamnus* dans les bois des bords du premier plateau jurassique au dessus de ces quatre dernières localités ; se retrouvant fort rare de loin en loin dans quelques chaînes du J. : Boujailles *Garn.*, Chasseron *Lesq.*, mais comme nul dans l'ensemble de nos mtg. — Roches eug. pp.—H.

A. praecox Bauv. — Lieux sableux, très-disséminé d. l. c. a., surtout la plaine rhénane, s'élevant dans la rg. mtg. des V., nul dans le J. — S. n. l., Béfort *Par.*, Montbéliard *Bern.*; Valais, Lyon.—Roches eug. pm.—H.

Corynephorus canescens Bauv. — Lieux sableux, disséminé ou rare d. l. c. a., s'élevant dans la rg. mtg. des V., nul dans le J. — S. n. l., Schaffhouse *Laff.*, Montbéliard *Vet.*, Genève *Vet.*; Dauphiné.—Roches eug. pm.- H.

Holcus lanatus L. — Prés, bois, les 4 rg., très-répandu, très-abondant, très-ubiquiste d. n. l.

H. mollis L. — Prés, bois argileux et sableux, les 3 rg. inf., surtout les plaines, dessinant assez ou très-répandu les zônes eugéogènes, s'élevant dans les MR., plus disséminé et souvent rare, du reste, dans les zônes les plus dysgéogènes du J. et de l'A., souvent contrastant sur ses lisières ou signalant les affleurements péliques des plateaux.—Roches eug.—H.

Arrhenaterum elatius MK.—Prés, les 3 rg. inf., répandu abondant d. n. l.; sa forme *bulbosum* çà et là, p. ex., Besançon, Neuchâtel, Genève.

Avena pubescens L. — Prés, les 3 rg. inf., aussi alp. en se modifiant, répandu abondant d. n. l.; la forme alp., p. ex., Dôle, Colombier, etc.

A. flavescens L.— Prés, les 3 rg. inf., aussi alp. en se modifiant, répandu abondant d. n. l.

A. pratensis L.—Pelouses arides, divers niveaux, disséminé d. n. l., dessinant les stations sèches de la plaine rhénane, des Cl., des lisières du J., s'élevant çà et là dans les pentes graveleuses des V., des A. et du J.—S. n. l., Bâle, Béfort, Besançon, Bienne, Cerlier (Bretièges), Neuchâtel, Nyon, Genève ; plus haut, sommités de l'Aiguillon *Nob.*, du Grand-Colombier *id.*, du Salève ; probablement plus répandu.

A. caryophyllea Wigg.—Lieux sableux, rg. b., disséminé d. l. c. a., surtout la VR., s'élevant dans les V., plus rare dans le BS. — S. n. l., Kaiserstuhl (Weyach), Bâle, Hirsingen, Cerlier (Jolimont), Boudry (les Prises), Payerne, Morges, Nyon, Genève, Besançon (Sône, etc.), Tour-du-Pin ; Lyon, la Serre, Dauphiné trans-Isérien.

A. sedinensis DC. *(A. montana* Vill. fid. Mut.)— Espèce alpine ? signalée à la Chartreuse (Sappey) par Mutel ; Auvergne. Je n'ai pas vu cette plante.

Suppl. — L'*A. sativa* L. habituellement cultivé jusque vers 1200 ᵐ dans les hautes vallées et presque la seule céréale depuis 900 ᵐ ; mêmes niveaux, à-peu-près , dans les V., le S. et l'A. — L'*A. orientalis* L. parfois cultivée seule, surtout dans les plaines, plus souvent mêlée à la précédente. — Les *A. nuda* et *strigosa,* çà et là ; l'*A. fatua* L. plus rarement encore, souvent subspontanée, p. ex.. Delémont, Montbéliard, Neuchâtel, Genève, etc.

Triodia decumbens Beauv. — Bois et pelouses argilo-sableuses , aussi tourbeuses, les 4 rg., dessinant disséminé ou assez répandu les zônes eugéogènes , ascendant et souvent habituel dans les MR., plus rare, du reste, et souvent nul dans les zônes dysgéogènes, l'A., les Cl. et le J. et souvent contrastant sur ses lisières.—S. n. l., p. ex., Eglisau, Rheinfeld, Bâle, Béfort, Montbéliard, Besançon, Forêt-de-Chaux , Salins, Arbois, Lons-le-Saulnier, Saint-Amour, Bourg, Grenoble, Landeron, Neuchâtel, Payerne, Nyon, Genève, etc.; plus haut, Passwang, Weissenstein, Lignières, Pouillerel, Brévine, Bief-du-Fourg.—Roches eug.—H.

Melica ciliata L.—Coteaux secs, les 5 rg. inf., surtout la mn., dessinant disséminé ou répandu les zônes dysgéogènes par l'A., le K., les Cl., les Csv., les Csh. et tout le J., surtout méridional ; plus rare du reste, p. ex., la plaine rhénane.—S. n. l., p. ex., Bâle, Delémont, Porrentruy, Montbéliard, Pont-de-Roide, Baume, Besançon, Salins, Arbois, Thoirette, Saint-Amour, Ceyseriat , Cerdon , Saint-Rambert , Grenoble , Bienne , Neuveville , Neuchâtel, Grandson, Orbe, Nyon, Genève, Bourget, Belley, etc.; les rochers des mtg., p. ex., Laegerberg, Passwang, Monterrible, Sonnenberg, cluses de la Birse, de la Suze, côtes du Doubs, du Dessoubre, de la Loue, de l'Ain, de l'Albarine, Mont-du-Chat, etc.—Roches dysg.—X.

M. uniflora Retz. — Bois, les 5 rg. inf., surtout la mn., dessinant disséminé les zônes dysgéogènes, plus rare ou nul, du reste, et peu ascendant dans les MR. où il manque sur de grandes étendues. — S. n. l., p. ex., Schaffhouse, Eglisau, Bâle, Porrentruy, Montbéliard, Besançon, Salins, Grenoble, Neuchâtel, Genève, etc.—Roches dysg.?—X.?

M. nutans L. — Bois, les 5 rg. inf., surtout la mn. et les zônes dysgéogènes, disséminé ou répandu d. t. l. e. a. et d. t. l. J.

Eragrostis pilosa Beauv.— Lieux sableux, rg. b., rare d. n. l., sur quelques points de la VR., de la Pl. et du BS. — S. n. l., Bâle, Béfort *Par.*, Rolle *Rap.*, Nyon, Genève, Grenoble ; Lyon.

E. poaeoides Beauv. *(Poa eragrostis* L.) — Même rôle, plus rare. — Lausanne, Genève, Grenoble ; Lyon.

E. megastachya Lam. *(Briza Eragrostis* L.*)* — Même rôle, plus rare encore : aperçu à Lausanne et Nyon *Gaud.*, Bourg (Pont-de-Vaux et Bagé) *Bossy*, Grenoble *Mut.*; ces trois dernières espèces annuelles et fugaces.

Briza media L.— Prés, les 4 rg., très-répandu, très-ubiquiste d. n. l.

Poa annua L. — Une des espèces les plus généralement répandues dans tous les terrains et à tous les niveaux; sa modification alp. *P. supina* Schrad., disséminée dans les A. cristallines et les V., souvent abondante dans le S., paraît manquer dans le J.

P. bulbosa L. — Lieux graveleux, les 5 rg. inf., disséminé d. t. l. c. a., surtout les zônes eugéogènes, plus répandu dans les MR. que dans le J. où il est rare par districts. — S. n. l., Schaffhouse, Kaiserstuhl, Bâle, Porrentruy, Montbéliard, Besançon, Salins, Grenoble, Soleure, Bienne, Neuchâtel, Payerne, Nyon, Genève, etc.—Roches eug. pm.?—H.?

P. alpina L. — Pelouses alp., disséminé dans les A., plus répandu dans tout le J. — Weissenstein, Brückliberg, Moron, Montoz, Chasseral, Pouillerel, Tête-de-Rang, Tourne, Chasseron, Creux-du-Van, Suchet, Aiguillon, Rizeux, Montendre, Noirmont, Dôle, Colombier, Reculet, Salève, Grand-Colombier, Mont-du-Chat, Chartreuse, etc.; aussi selon M. Döll, avec des modifications sur les points culminants des V. et du S.

P. cæsia Sm. *(aspera* Gaud.*)* — Cette espèce de la rg. alp. des A. et qui est nettement différente du *P. nemoralis cæsia* Gaud., se trouve au Creux-du-Van où elle a été signalée par M. Rapin, puis constatée récemment (1848) par M. Godet; elle croît par touffes dans les abruptes verticaux du Cirque d'où l'on a beaucoup de peine à l'obtenir.

P. nemoralis L.—Bois, rochers, à des niveaux très-différents et sous plusieurs formes, répandu abondant d. n. l.; habituel dans la rg. mtg. du Jura sous sa forme *montana*; sur les coteaux de la rg. mn. sous la forme *coarctata*; dans la rg. alp. des A. et des V. sous la forme *glauca*, etc. Cette espèce flexible pourrait fournir une belle étude des rapports entre les modifications d'un type et les conditions stationnelles.

P. fertilis Host. *(serotina* Gaud.*)* — Marais, divers niveaux, surtout les plaines, assez disséminé d. l. c. a., surtout la plaine rhénane. — S. n. l., Eglisau (Rafz), Bâle, Béfort, Morges, Payerne, Besançon, Grenoble; plus haut, Chaux-d'Abel *Shttlw.*

P. sudetica Haenck. — Cette espèce du nord de l'Allemagne, répandue abondante dans la rg. mtg. des V. et du S., puis disséminée sur quelques points des plaines ambiantes, est rare dans l'A. et le J. et fait à cet égard contraste avec les MR.; elle reparait dans les A. cristallines du Valais et du Dauphiné.—Dietisberg *Hag.*, Lomont *Vet.*, Vaux-Seyon et Creux-du-Van *God.*, Pontarlier *Gr.*, Poupet *Garn. Bab.*, Poisat *Bern.*—Roches eug.—H.

P. hybrida Gaud. — Rocailles , rg. mtg. et alp., très-disséminé dans les A. et dans le J. — Weissenstein (Röthifluh) *Gay et rec.*, Chasseral (sommet) *Gib.*, Creux-du-Van *Gaud.*, Chasseron (Chanelaz) *Lesq.*, Aiguillon (sommet) *Nob.*, Dôle ; Alpes de Maglan (Méry, Reposoir) *Reut.*

P. trivialis L.—Prés, les 3 rg. inf., répandu abondant d. n. l.

P. pratensis L.— Prés, les 4 rg. en se modifiant, répandu abondant d. n. l., sa modification *anceps*, répandue dans la rg. alp. des A., des V., du S.?, du J., p. ex., Reculet.

P. compressa L.—Champs et lieux sableux, les rg. inf., surtout la plaine, assez répandu d. n. l.

P. distichophylla Gaud.—Espèce alpine disséminée dans les A. et sur nos lisières extrêmes à la Chartreuse (Chamchaude) *Mut.*; A. de Maglan (Vergy, Brézon) *Reut.*

P. dura Scop.—Cette espèce, disséminée sur quelques points d. c. a., dans la VR. et la Pl., se montre—s. n. l. à Grenoble.

Glyceria spectabilis MK. *(Poa aquatica* L.) — Rives argilo-sableuses, rg. b., disséminé dans la VR. et la Pl., plus rare dans le BS.—S. n. l., Eglisau (Rafz), Stein, Bâle, Ferrette (étangs de Dirlingsdorf, etc.) *Nob.*, Besançon (Noironte) , lacs de Constance, Bienne, Morat, Neuchâtel ; Grenoble, Lyon, Bresse ?

G. fluitans R. B. — Marais, les 3 rg. inf., très-répandu , très-abondant d. n. l.

G. plicata Fries. — Cette espèce, très-voisine de la précédente et probablement confondue avec elle sur l'un ou l'autre point, a été reconnue à Besançon et à Pontarlier par M. Grenier en 1846.

G. aquatica Presl. — Marais argileux, divers niveaux, assez disséminé d. l. c. a. et aussi dans le J. —S. n. l., Schaffhouse *Laff.*, Bâle (Rhin, Michelfeld, etc.), Delémont (Bellevie, Lucelle) *Fr.*, Cerlier (Pont-de-Thièle, Feny) *Gib.*, Neuchâtel (Fleurier, Boudevilliers), Payerne, rives du Léman, Genève, Salins , Arbois (Saint-Cyr, Vadans) *Garn.*, Grenoble et probablement plus répandu.

G. distans Wahl. *(Poa salina* Poll.)—Cette espèce habite les terrains pénétrés de sel marin aux environs des salines de Lorraine et d'Allemagne, puis sur quelques autres points et s. n. l. aux environs des sources salées et des graduations — à Poligny (Tourmont), Arbois (Grozon), Lons-le-Saulnier (Montmorot) ; la constance avec laquelle cette plante accompagne ces sortes de stations est tout-à-fait remarquable.

Molinia cærulea Mœnch.—Prés et bois humides argilo-sableux, aussi tour-beux, les 3 rg. inf., surtout les plaines, plus ascendant dans les MR. que d. l. J. où il est rare sur d'assez grandes étendues ; dans la mtg., p. ex., vals de Moutier, de Travers, de Pontarlier, de Champagnole, etc.

M. serotina MK. — Cette plante de l'Allemagne transalpine et de la Pro-vence qui se retrouve en Valais, m'est signalée par M. Bernard aux collines de Muscin près Belley ; ce serait une de nos espèces les plus méridionales ; M. Laffon l'indique aussi à Schaffhouse (dans les prés humides??).

Dactylis glomerata L.—Prés, les 4 rg., très-répandu, très-abondant d. n. l., une des espèces les plus ubiquistes.

Cynosurus cristatus L.—Prés, les 3 rg. inf., répandu abondant d. n. l.

C. echinatus L.—Cette espèce de la France méridionale et de l'Allemagne transalpine s'avance s. n. l. jusqu'à—Grenoble ; Valais.

Festuca Lachenalii Sp. *(Tritic. Poa* DC., *Trit. Halleri* Viv. Gaud.*)*—Lieux sableux, disséminé dans la VR. et la Pl., s'élevant fréquemment dans les V. granitiques et sur quelques points du S., d'où s. n. l.—Bâle (champ de Wyl) *Hag.;* aussi à Arbois (Villette en remontant le ruisseau de Montigny) *Dum. fide Garn.;* probablement ailleurs dans la basse VS.; autrefois à la Ferrière? *Gagn.;* nul, du reste, d. n. l.

F. tenuiflora Schrad. *(Trit. Nardus* DC.*)*--Cette espèce des lieux sableux, très-disséminée d. n. l., en L., Valais et Dauphiné se trouve— s. n. l., au Salève (au bas du Pas-de-l'Echelle *Reut.)* et à Grenoble (Bastille) *Mut.;* au bord du lac Léman, à Genthod *Reut.*

F. rigida Kunth. *(P. rigida* DC.*)* — Coteaux secs, rg. b., très-disséminé dans les parties sud-occidentales de la contrée.—Nyon *Gaud.,* Morges *Rap.,* Genthod *Reut.,* Salève *id.,* Grenoble (fréquent) ; Valais.

F. ovina L. K.—Espèce très-flexible, disséminée ou répandue d. t. l. c. a. et d. t. l. J. sous quatre formes principales. — 1º Celle des pelouses sèches *(F. o. duriuscula* Koch.*)* sur toutes sortes de sols, principalement répandue dans les zônes dysgéogènes et d. t. l. J. et très-souvent sous sa modification *curvula ;*—2º celle des lieux apriques *(F. o. glauca* Koch) disséminée dans les zônes dysgéogènes par l'A., le K., les Cl., les Csh. les Csv., et le J.; cluses de la Birse, de la Sorne, de la Suze, du Seyon, de l'Albarine, etc., côtes du Doubs, de l'Ain, du Dessoubre, etc. ; rives apriques du Rhin, du Rhône, du Léman, etc.; pentes méridionales par le Lægerberg, Bienne, Neuchâtel, Sa-lève, etc. ; collines occidentales par Besançon, Salins, Belley, etc. ; et plus haut, Creux-du-Van, Dôle, Reculet, etc.; souvent en société avec la *Melica ciliata.*—3º celle des sols argilo-sableux *(F. o. vulgaris* Koch.*)* se montrant

principalement dans les zônes eugéogènes, beaucoup plus répandue dans les
MR. que d. l. J., et s. n. l. Eglisau (Rafz), Rheinfeld (Olsberg), Bâle (Rhin,
la Hardt), Béfort, Salins, Villersfarlay, les molasses de Berne, Vaud et Genève avec une modification mutique dans les marais de Katzensee, Cornaux,
Champion et les tourbières mtg., Verrières, Poupet, Andelot, Boujailles, etc.;
— 4° enfin, celle de la rg. alp. *(F. o. alpina* Koch, ou plutôt *F. nigrescens*
Lam. Gaud) fréquente sur la plupart des sommités, telles que Chasseral,
Creux-du-Van, Dôle, Reculet, Grand-Colombier, Chartreuse. — En outre,
plusieurs intermédiaires.

F. heterophylla Lam. — Bois argilo-sableux, les 3 rg. inf., surtout les
plaines et les zônes eugéogènes, ascendant dans la rg. mtg. des V. et du S.,
beaucoup plus rare d. l. J. — S. n. l., Zurich, Bâle, Delémont, Besançon,
Villersfarlay, Salins, Lons-le-Saulnier, Saint-Amour, Bourg, Terres-froides,
Neuchâtel, Genève, etc. ; souvent contrastant au passage des collines calcaires alsatiques et bressanes sur les lisières des terrains limoneux.—Roches
eug.—II.

F. rubra L. — Pelouses, les 4 rg., surtout les zônes eugéogènes, remarquablement plus répandu dans les MR. que dans le J. où il est parfois assez
rare.—Roches eug.—II.

F. pumila Vill.—Pelouses alp., assez répandu dans les A. et sur quelques
sommités du J.—Chasseral *Nob.*, Creux-du-Van, Chasseron, Suchet, Reculet,
Chartreuse *Mut.*

F. Scheuchzeri Gaud. — Pelouses alp., disséminé dans les A.; dans le J.
uniquement—au Reculet (creux d'Ardran *Reut.*, de Pransioz *Nob.*).

F. sylvatica Vill. — Bois, surtout les rg. sup. et les zônes eugéogènes,
beaucoup plus répandu dans les MR. que dans le J. et autres zônes dysgéogènes où il est souvent rare et même totalement nul par districts. — Roches
eug.—II.

F. gigantea Vill. *(Bromus gig.* L.) — Bois, les 2 rg. inf., aussi la mtg.,
répandu abondant d. n. l.; assez ubiquiste.

F. elatior L. *(pratensis* Huds.) — Prés humides, les 3 rg. inf., répandu
abondant d. n. l.; assez ubiquiste.

F. loliacea Huds.—Prés humides, rg. b., disséminé d. t. l. c. a.--S. n. l.,
Schaffhouse *Laff.*, Bülach (Rorbas) *Köll.*, Rheinfeld (Olsberg) *Müll.*, Porrentruy *Nob.*, Béfort *Par.*, Salins *Bab.*, Arbois *Garn.*, Saint-Blaise (Vavre)
Cur., Orbe *Ducr.*, Belley (Musein) *Bern.*; très-probablement limite extrême
dérivée du précédent.

F. arundinacea Schreb. — Rives sableuses, les rg. inf., surtout la plaine, disséminé d. t. l. c. a., s'élevant dans les vals du J.—Schaffouse, Bâle (Neuhaus, Birsig, etc.), Besançon (Doubs, Prés-de-Vaux, etc.), Salins (le Rousset, etc.), Grenoble (Isère, etc.), Landeron, Neuchâtel (Seyon, Reuse, etc.), Morges, Nyon (Promenthouse, etc.), Genève (Queue de l'Arve, etc.) ; plus haut, Dietisberg, Delémont (Birse), Valangin (Seyon), marais de Sône, Champagnole.—Roches eug.—II.

Vulpia Pseudo-myuros Rchb. — Lieux sableux, surtout les rg. b., disséminé d. t. l. c. a., surtout la VR., s'élevant dans les V. — S. n. l., Bâle (Rhin, Wiese, Birse), Béfort (Savoureuse), Besançon (Chamars), Montbarrey, Chaussin, le Déchaux, Bourg (fréquent) *Nob.*, Payerne, Nyon (Boiron, etc.), Genève (Vernier, etc.) ; Dauphiné.—Roches eug. pm.—II.

V. Myuros Gm.—Cette espèce des lieux sableux de la France méridionale et de l'Allemagne transalpine se trouve sur quelques points en L., en Dauphiné et dans le BS. occidental. — S. n. l., Genève (bords de l'Arve près Veyrier) *Reut.*; Grenoble (fréquent) ; Lyon.

V. Sciuroides Roth *(bromoïdes* Gaud.*).* — Mêmes lieux, disséminé d. t. l. c. a. — S. n. l., Rheinfeld (Rhin), Bâle (Hardt, Birsig), Béfort (Savoureuse) *Fr.*, Villersfarlay (étang de Vaudrey) *Bab.*, Genève (Bâtie, pas de l'Echelle).

Brachypodium sylvaticum Rœm. — Bois, les 3 rg. inf., surtout les zónes dysgéogènes, répandu ou disséminé d. n. l., plus habituel d. l. J. que dans les MR.

B. pinnatum Bauv. — Pelouses, les 3 rg. inf., surtout les zónes dysgéogènes, répandu ou disséminé d. n. l., plus habituel dans le J. que dans les MR.

Bromus secalinus L. Koch (comprenant les *secalinus* Schrad., *grossus* Gaud. et *velutinus* Schrad.).—Champs, ascendant avec eux, disséminé ou assez répandu d. n. l. sous ses diverses formes.

B. racemosus L.—Prés, les 2 rg. inf., surtout les plaines, disséminé d. t. l. c. a., plus rare dans tout le J. et y paraissant nul dans certains districts ; commun d. le J. selon *W.* Babey ?

B. mollis L.—Prés, les 3 rg. inf., très-répandu, très-abondant, très-ubiquiste d. n. l.

B. arvensis L. — Champs, les 2 rg. inf., surtout la plaine, disséminé d. n. l., plus rare d. l. J. et paraissant y manquer par districts.—P. ex., Schaffhouse, Eglisau, Bâle, Béfort, Montbéliard, Besançon, Salins. Grenoble, Rolle, Genève, etc.; rare ou nul à Neuchâtel, Porrentruy, etc.

B. asper L.—Bois, les 3 rg. inf., assez répandu, assez abondant d. n. l., assez ubiquiste.

B. squarrosus L. — Cette espèce de la France méridionale et de l'Allemagne transalpine est disséminée fugace dans nos contrées, surtout sud-occidentales. — Bâle (Crenzach, Wyl) *Hag.*, Besançon (Brégille) *Guér. Gr.*, Nyon *Gaud.*, Versoix (vers Genthod) *Reut.*, Genoble *Mut.*; Lyon.

B. erectus Huds. — Pelouses sèches, les 3 rg. inf., surtout la mn. et les zônes dysgéogènes, très-répandu ou assez répandu d. n. l.

B. inermis Leyss.—Pelouses sèches sableuses, les rg. inf., très-disséminé d. n. l. — S. n. l., Rheinfeld *Hag.*, Bâle (Rothaus) *id.*, Béfort *Par.*, Orbe *Reyn.*

B. sterilis Lieux graveleux, les rg. inf., surtout les zônes eugéogènes, peu ascendant dans le J.

B. tectorum L. — Coteaux graveleux, les rg. inf., surtout vignobles, surtout les zônes eugéogènes, généralement peu ascendant dans le J.—S. n. l., Schaffhouse, Eglisau (Rheinau), Kaiserstuhl (Weyacherfeld), Bâle, Béfort, Montbéliard, Besançon, Grenoble, Neuveville, Neuchâtel, Payerne, Nyon, Genève; rarement plus haut, p. ex., glariers du Balmberg, du Creux-du-Van, etc., mais rare ou nul sur de vastes étendues du J. et même de ses lisières.—Roches eug. pm.?—H.?

Gaudinia fragilis Bauv.—Cette espèce des provinces un peu méridionales de France est disséminée dans les parties sud-occidentales de la contrée sur les lisières chaudes du J. — Besançon, Salins (Arsures, etc.) *Bab.*, Arbois (Villette, Montigny) *Garn.*, Bourg *Nob.*, Saint-Amour *id.*, Ceyseriat *id.*, Pont-d'Ain *id.*, Grenoble, etc.; Payerne (Middes), Rolle, Nyon (Celigny, Coppet), Genève (Châtelaine, Petit-Sacconex).

Triticum repens L. — Bois, les 3 rg. inf., répandu abondant d. n. l.; la forme *glaucum*, çà et là sur quelques points sableux, p. ex., Schaffhouse, Bâle, Salins, Nyon.

T. caninum L.—Bois, les 3 rg. inf., disséminé inégalement d. n. l., plus rare par districts.

Suppl. — Le *T. vulgare* L., très-cultivé d. n. l., remplacé çà et là dans les contrées orientales par le *Spelta*. Il est encore assez répandu dans la rg. mn. du J., mais il diminue sensiblement vers 6 et 700 ^{m}, et au dessus il a besoin d'expositions favorables; il s'élève un peu moins haut dans les MR. Le *Spelta* s'élève un peu plus que le *vulgare*. Les *T. dicoccum* et *monococcum* sont cultivés çà et là jusqu'assez haut dans la rg. mtg. Les *turgidum, polonicum* et *durum* ne le sont que rarement.

Secale.—*Suppl.*—Le *S. cereale* L. généralement cultivé dans le J. jusque vers 900 m; une centaine de mètres moins haut dans les MR. et plus haut dans les A.

Hordeum murinum L. — Coteaux secs, surtout sableux, les 2 rg. inf., surtout la plaine et les zônes eugéogènes, peu ascendant dans le J.—S. n. l., Schaffhouse, Eglisau, Bâle, Besançon, Salins, Arbois, Lons-le-Saulnier, Aarau, Neuchâtel, Nyon, Genève, Grenoble, etc.

H. secalinum Shrb. *(nodosum?* L.)—Prés argilo-sableux, rg. b., très-disséminé d. l. c. a. — S. n. l., Bâle, Besançon, Salins, Lons-le-Saulnier, Arbois, Yverdon, Orbe, Morges, Genève.

Supp. — Les *H. vulgare* et *distichon*, surtout le second, communément cultivés et une centaine de mètres plus haut que le *Secale*; dans les A. jusque vers 1500 m et au dessus; l'*hexastichon* et le *zeocriton* sur quelques points.

Lolium perenne L. — Prés, les 4 rg. avec plusieurs modifications, très-répandu, très-abondant, très-ubiquiste d. n. l.

L. italicum A. Br.—Cette espèce cultivée existe aussi spontanée sur plusieurs points d. n. l., mais elle a été jusqu'à présent peu observée — Bâle *Hag.*, Saint-Blaise (de Marin à Préfargier) *God.* 1848, Genève *Reut.*; Lorraine *Godr.*, vallée du Rhin *Billot Döll.*

L. temulentum L. (comprenant l'*arvense* With. et le *speciosum* Stev.) — Champs, sous l'une ou l'autre de ses trois formes, disséminé d. n. l. et d. l. J. — P. ex., Schaffhouse, Eglisau, Bâle, Béfort, Porrentruy, Delémont, Besançon (les 3 formes), Salins (id.), Arbois, Neuchâtel, Nyon, Genève, Grenoble, etc.

Elymus europœus L.—Bois, rg. mtg. et alp., aussi parfois la mn., disséminé dans les A. et les V., sur les Cl., plus rare dans le S., assez répandu dans l'A. et dans tout le J. — Depuis le Lægerberg et le Rhanden jusqu'au Salève et à la Chartreuse et dans le sens transversal, des plateaux de Gempen à la Schafmatt, du Blauenberg au Weissenstein, du Monterrible et Lomont au Chasseral, des Côtes-du-Dessoubre au Creux-du-Van, de Boujailles au Montendre, de la Rimondière au Grand-Colombier et au Mont-du-Chat, etc.; plus bas, p. ex., Ferrette, Porrentruy, Béfort, Ornans, Salins, etc.

Ægilops ovata L. — Cette espèce de la France méridionale et de l'Allemagne transalpine s'avance s. n. l. jusqu'à—Grenoble (Voreppe) *Gras.*

Nardus stricta L. — Cette espèce des pelouses, bien que croissant à des niveaux très-différents, habite principalement les rg. mtg. et alp. ; elle est excessivement répandue dans les V. et le S., plus disséminé dans les zônes dysgéogènes comme l'A. et le J. où, quoique souvent abondante, elle n'est point habituelle comme dans les chaînes cristallines et clastiques des MR. et des A.—S. n. l., Bâle, Porrentruy (Bonfol), Besançon, Payerne, Nyon, Genève, etc.; dans les mtg., Passwang, Lomont, Chasseral, Tourne, Pouillerel, Aiguillon, Mont-d'Or, Boujailles, Reculet, Salève, Grand-Colombier, Chartreuse; souvent nulle sur de grandes étendues.

ENDOGÈNES CRYPTOGAMES.

132. CHARACÉES.

Chara.—*Suppl.*—J'omets ici l'énumération des espèces de cette famille, moins à cause des difficultés de détermination que faute de renseignements sûrs et suffisants sur leur distribution dans la contrée. Il en existe au moins une dizaine d'espèces disséminées surtout dans les eaux lentes ou stagnantes, sur les sols psammo-péliques des VR., VS., BS., etc.; plusieurs se font remarquer dans les marécages, tourbières et lacs du J. jusque dans le voisinage de la rg. alp. On en voit, p. ex., dans ceux de Moutier-Grandval, les combes marneuses du Monterrible, les marais de Diesse, les fondrières du Pouillerel, les lacs et tourbières de la Brévine, Nozeroy, Saint-Laurent, Chambly, Châlin, Joux, Rousses, etc. C'est très-souvent la *C. fœtida* A. Br. et les formes voisines. Souvent ils tapissent le fond des lacs comme cela a lieu à la Brévine pour le *C. aspera* A. Br. teste God.

133. ÉQUISÉTACÉES.

Equisetum arvense L.—Champs, surtout argileux, ascendant avec eux, répandu d. n. l.

E. eburneum Roth. — Bois humides argileux, les 5 rg. inf., disséminé d. t. l. c. a. et d. t. l. J. — P. ex., dans les mtg., dessinant les affleurements liasiques, oxfordiens, keupériens, etc., des Monterrible, Côtes-du-Doubs, Graitery, Côtes-du-Dessoubre, etc.

E. sylvaticum L. — Bois humides, rg. mtg., disséminé dans les A., les MR. et peut-être moins fréquent dans le J.; il est souvent rare sur d'assez grandes étendues. — P. ex., Franches-Montagnes, Creux-du-Van, Joux-du-

Plane, Ponts, Brévine, Chasseral, Mouthe, Levier, Boujailles, Châtelaine, Suchet, Dôle, Colombier, etc. ; plus bas, Schaffhouse, Ferrette (Courtavon), Béfort, Montbéliard, Aarau, etc.

E. palustre L.—Prés humides, les rg. inf., aussi la mtg., répandu abondant, le plus commun d. n. l.

E. limosum L. — Marais, les rg. inf., aussi parfois les mtg., disséminé dans toutes les contrées stagnales ambiantes. — Sundgau, lisière vosgienne, Bresse, Terres-froides où il est habituel ; çà et là les tourbières du J. bernois, neuchâtelois, vaudois et les laisses des lacs du J. occidental.

E. hyemale L. — Bois et rives argilo-sableuses, rg. b., disséminé d. t. l. c. a., mais souvent rare ou nul sur de grandes étendues. — Rhin à Schaffhouse, etc., lisière stagnale du Sundgau, lisière vosgienne, bords des lacs de Neuchâtel et Genève, Loue, Isère, etc.; plus haut, Mouthier-la-Loue, Nozeroy, Champagnole.

E. variegatum Schl. Koch *(multiflorum* Var.*)*. — Cette espèce, envisagée par M. Döll comme une forme de la précédente, est signalée dans la plaine rhénane, puis — s. n. l., Montbéliard (fossés de la Vaivre) *Bern.*, Thoirette (grèves de l'Ain) *Bab.*, Neuchâtel (bords du lac, Colombier, Epagnier) *God.*, Lausanne et Nyon (bords du lac), Genève (bords du Rhône sous Aire) *Reut.*, Grenoble (la Tronche, etc.) ; plus haut, Val-de-Travers (Buttes) *Lesq.*

E. palea eum Thom. exs. *(trachyodon* Br.*)*—Cette espèce, signalée dans la plaine rhénane se retrouve —dans les grèves du Léman *Rap. in litt.*

154. MARSILÉACÉES.

Marsilea quadrifolia L. — Eaux stagnantes, très-disséminé dans la VR., la Bresse méridionale, plus rare encore dans le BS. — S. n. l., Bâle, Porrentruy (Bonfol) *Nob.*, Sellières (marais de Chaux et étang de Chaumergy) *Bab.*, Morestel (les Avenières) *Gras Bern.*, Terres-froides *Dav.*, la Balme sous Pierre-Châtel *Bern.*; Lyon *Balb.* ; Valais.

Pilularia globulifera L. — Eaux stagnantes, très-disséminé dans la VR., la Pl., la Bresse *Gilib. Bossy*, et le Doubs *Chantr.* — S. n. l., Porrentruy (Bonfol) *Pagn.*, Montbéliard (l'Alleine, la Vaivre, Sauchaux) *Bern. Wetz.*

Salvinia natans L. — Eaux stagnantes, très-disséminé dans la VR., rare dans le Dauphiné *Mut.*, nul dans le BS., nulle part indiqué s. n. l.

Isoetes lacustris L. — Cette espèce, indiquée dans les étangs de la Bresse par Gilibert, est fréquente dans les lacs des V. et du S.

155. LYCOPODIACÉES.

Lycopodium Selago L.—Bois et bruyères, rg. mtg. sup. et alp., assez répandu dans les V., le S., les A., beaucoup plus rare dans le J. et assez contrastant avec les MR.—Chasseral *Vet.* et *Mort. fide Corn.,* Chasseron *Lesq. fide Corn.,* J. vaudois et Dôle *Bl. Rap.,* Reculet *Reut.,* Dôle et Chapelle-des-Bois *Garn. Bab.,* marais du lac des Rousses *Cord.;* Alpes de Maglan et A. cristallines du Dauphiné.—Roches eug.—II.

L. annotinum L. — Disséminé dans la rg. mtg. des V., du S., des A., plus rare dans le J. — Côtes-du-Doubs (Valanvron) *Vet.,* Châteluz (Cornée) *Vet.,* Creux-du-Van *Lesq.,* Levier (la Joux près de Vessoye) *Guèrl.,* la Dôle *Reut.;* Alpes de Maglan.—Roches eug.—II.

L. clavatum L.—Bois, bruyères, les rg. sup., répandu dans les V., le S., les A., beaucoup plus rare dans le J. et souvent nul sur de grandes étendues, plus fréquent dans la région des tourbières.—Çà et là s. n. l., Schaffhouse, Béfort, Montbéliard, Neuchâtel, Cerlier, Genève; contrastant entre le J. et les MR.—Roches eug.—II.

L. Selaginoides L. *(Selaginella spinulosa* A. Br.*)* — Pelouses, rg. mtg. et alp., répandu dans plusieurs districts des A. et dans une grande partie du Jura souvent en excessive abondance, nul dans les V., très-rare dans le S., contrastant entre les MR. et le J. — P. ex., Passwang?, Moron, Montoz, Chasseral, Tête-de-Rang, Chasseron, Suchet, Aiguillon, Mont-d'Or, Creux-du-Van, Dôle, Colombier, Reculet, Chartreuse; jusque çà et là dans la zône des tourbières.—Roches dysg.?—X.?

L. inundatum L.—Marais tourbeux, divers niveaux, disséminé d. l. c. a., assez rare dans les A., plus répandu dans les MR., assez rare dans le J. — Châteluz (Cornée) *Vet.,* Ponts *Cur.,* Pontarlier *Bab.,* Bonlieu *Cord.,* Chapelle-des-Bois *Bab.,* tourbières du J. neuchâtelois *Lesq.* et de Coillard près Brenod *Bern.;* reparaît dans les Alpes cristallines du Dauphiné; plus bas, Terres-froides (Eydoche, etc.) *Dav.*

L. alpinum L.—Pelouses alp., disséminé dans les A., sur quelques sommités des V. et du S., point signalé dans le J.; Alpes de Maglan, Dauphiné cristallin.

L. helveticum L. — Assez répandu dans les A.; dans les V.? *Koch;* Dauphiné cristallin.

L. Chamæcyparissus A. Br. *(complanatum* Var. non L.*)* — Pelouses alp., assez répandu dans les V. et le S., point cité dans le J. — Roches eug. pm.

137. FOUGÈRES.

Botrychium Lunaria Swrtz.—Pelouses, surtout les rg. sup., aussi les inf., assez répandu d. n. l. par les A., les V., le S. et le J.—P. ex., Passwang, Moron, Monterrible, Chasseral, Sujet, Creux-du-Van, Chasseron, Mont-d'Or, Suchet, Montendre, Colombier, Reculet, Salève, Grand-Colombier, etc.; sur les collines de Schaffhouse, Porrentruy, Montbéliard, Salins, Poligny, Orbe, Genève, etc. ; sa modification *rutaceum* Willd. non Sw. sur quelques points des V.

B. rutæfolium A. Br. — Cette espèce des pelouses alp., disséminée en Allemagne, se trouve d. n. l. sur quelques points des V.

Ophioglossum vulgatum L.—Bois humides, les 3 rg. inf., disséminé surtout dans les zônes eugéogènes des plaines, mais nul sur de grandes étendues.—S. n. l., p. ex., Béfort, Porrentruy, Montbéliard, Besançon, Salins, Arbois, Nantua, Grenoble, Neuchâtel, Payerne, Genève, Belley, etc. ; plus haut, Franches-Montagnes, Valanvron, Crozettes, Verrières, Bayards, Lomont, etc.

Osmunda regalis L. — Bois humides sableux , divers niveaux, très-disséminé dans la VR. (sables de Haguenau), la L. (grès verts de l'Argonne), les V. (grès, granites), le S., la Bresse *Vet.* et les Terres-froides *Vill.*—S. n. l., Neuchâtel *Chaill. n. rec.,* Lons-le-Saulnier (bois entre Bletterans et Courlaon) *Garn.* 1848, Pont-de-Beauvoisin (marais d'Avenières et de Saint-Marcelin) *Gras.*—Roches eug. pm.—H.

Grammitis Ceterach Sw. — Cette espèce des coteaux secs de la France et de l'Europe méridionale est disséminée dans les expositions chaudes et souvent vignoble des zônes dysgéogènes par le K., les Csv. et les lisières occidentales du J. — Saint-Hippolyte (Vaufrey) *Vern.* 1847 , Besançon (rochers d'Arcier) *Chantr.,* Salins *Garn. Bab.,* Arbois *Dum. Garn.,* Saint-Amour, Ceyseriat, Cerdon et Saint-Rambert *Nob.,* Nantua *Bern.,* Belley (Parves) *id.,* Grenoble ; puis Landeron (Cressier) *Coul.,* Boudry (Gorgier à Saint-Aubin) *God.,* Nyon *Gaud.,* Fort-l'Ecluse *Reut.,* Genève *id.*—Roches dysg.—X.

Polypodium vulgare L. — Rochers ombragés, les 3 rg. inf., disséminé d. t. l. c. a., plus répandu dans les A. et les MR., beaucoup moins et souvent rare dans le J.

P. Phegopteris L. — Bois humides, divers niveaux , surtout les rg. sup., répandu dans les MR., çà et là dans les plaines, très-disséminé dans le J.—Franches-Montagnes, plateaux du Russey, Levier, Boujailles, la Joux, Chartreuse, Alpes de Maglan : paraissant nul sur d'assez grandes étendues dans le J.— Roches eug.— II.

P. alpestre Hopp. *(rhæticum L.)*— Rochers, rg. alp., assez répandu dans les V. et le S., plus disséminé dans les A., rare dans le J. — Dôle (Faucille et Grand-Châlet *Reut.*, entonnoirs du pied du Vuarne *Rap.* 1848), Chartreuse *Mut.* ; Alpes de Maglan (Brezon, Vergy, Méry) *Reut.* — Roches eug. — II.

P. Dryopteris L. — Bois, divers niveaux, surtout les rg. sup., disséminé d. t. l. c. a., surtout répandu dans les V., le S., les A. cristallines, beaucoup plus disséminé dans le J. où il a été souvent confondu avec le suivant. —Moron, Chasseral, Creux-du-Van, Chasseron, Dôle ; peut-être plus répandu. —Roches eug.?—II.?

P. robertianum Hoffm. *(calcareum Sm.)*—Bois et rochers couverts, divers niveaux, disséminé par les zônes dysgéogènes, l'A., le K., les Cl., les Csv., les Csh. et le J., beaucoup plus rare, du reste, et notamment dans les MR. — Monterrible, Chasseral, Creux-du-Van, Chasseron, Châteluz, cluses de la Birse, du Seyon, de la Reuse, de Nantua, etc. ; environs de Béfort, Montbéliard, Salins, Arbois, Grenoble ; J. bernois, neuchâtelois, vaudois, genevois, etc.; probablement habituel dans tout le J. et contrastant avec les MR. —Roches dysg.—X.

Aspidium Lonchitis Sw. — Rochers, rg. mtg. et alp., disséminé dans les A., les V., le S., l'A., peut-être un peu plus répandu dans le J. — Wasserfall, Chasseral, Creux-du-Van, Chasseron, Rizoux, Dôle, Colombier, Reculet, Salève ; plus bas, Ornans, Salins ; probablement plus répandu.

A. aculeatum Döll. — Bois, rg. mtg. et alp., aussi plus bas, répandu dans les V., le S., plusieurs districts des A. et tout le J.; espèce flexible et variable selon les stations.

Polystichum Thelypteris Roth.—Bois humides argilo-sableux, rg. b., disséminé dans les plaines, peu ascendant, VR., Pl., BS., VS. — S. n. l., Schaffhouse *Laff.*, Ferrette (Rechésy à Le Puy) *Fr.*, Béfort (Arsot) *Vern.*, Montbéliard (village des Bois) *Contej.*, Terres-froides (Eydoche) *Dav.*, Pont-de-Beauvoisin (les Avenières) *Gras*, Morestel (Vezeronce) *Bern.*, Katzensee *Wahl.*, Neuchâtel (Loquiat) *God.*, Boudry *id.*, Payerne *Rap.*, Lausanne *Bl.*, Nyon (Divonne) *Reut.*, Genève (Roellebot, Troinex, etc.) *id.*, Belley (Cressieu et Prémeyzel) *Bern.*—Roches eug.—II.

P. Oreopteris DC.—Bois, rg. mtg., aussi plus bas, disséminé dans les A., surtout cristallines, répandu et souvent abondant dans les V. et le S., rare dans le J. et probablement les autres zônes dysgéogènes.—Châteluz (Cornée)

Vet., Dôle (Lavatay) *Reut.*; Alpes de Maglan ; indiqué vaguement dans le J. vaudois, genevois et sarde ; s. n. l., Schaffhouse *Laff.*, Béfort (Arsot) *Vern.*, Terres-froides (Eydoche) *Dav.*—Roches eug.—H.

P. Filix mas Roth. — Bois, les 4 rg., répandu abondant d. n. l., moins cependant sur les zônes dysgéogènes, assez ubiquiste.

P. cristatum Roth. *(Callipteris* Var.*)*—Marais, divers niveaux, assez rare d. n. l., quelques points de la VR. (p. ex., Haguenau), de la Côte-d'Or granitique *Lorey* et dans le Jura *Chantr. Duby, Mut.?*

P. spinulosum DC. *(vulgare* et *dilatatum).*—Bois, les 5 rg. sup., répandu dans les A., les V., le S. et probablement tout le J.—Jura alsatique, bernois, neuchâtelois, vaudois, salinois, genevois, etc., fréquent ; Monterrible, Chasseral, Joux-du-Plâne, Châteluz, Boujailles, Poupet, Dôle, Salève ; Alpes de Maglan, Dauphiné.

P. rigidum DC.—Rochers alp., disséminé dans les A., sur quelques points des MR. *Döll.* et du J.—Reculet (Creux-d'Ardran) et montagne d'Allemogne (Crêt-de-la-Neige?) *Reut.*, Chartreuse *Mut.*, Alpes de Maglan (Brezon).

Cystopteris fragilis Bernh.—Rochers ombragés, les 4 rg. en se modifiant, répandu abondant d. n. l.; espèce flexible et l'une des plus ubiquistes.

C. regia Presl.—Cette espèce, envisagée par quelques auteurs comme une forme de la précédente, est disséminée dans la rg. alp. des A. et sur quelques sommités du Jura sous sa variété *alpina* K. (*Aspid. alpin.* Willd.). — Dôle *Reut.*, Reculet *id.*; Alpes de Maglan (Vergy) ; Dauphiné.

C. montana Link. — Rochers, rg. mtg. et alp., disséminé dans les A. et le J., paraissant nul dans les MR. — Weissenstein (Haasenmatt) *Fr.*, Côtes-du-Doubs *Lesq.*, Creux-du-Van *Cur.*, Dôle (Faucille) *Bab.*, Reculet (mtg. d'Allemogne, Crêt-de-la-Neige?) *Reut. Bab.*, Chartreuse *Mut.*; A. de Maglan (Brezon) ; peut-être plus répandu dans le J.

Asplenium Filix fœmina Bernh.—Bois humides, les 4 rg. en se modifiant, surtout les plaines eugéogènes, répandu abondant, flexible, variable et assez ubiquiste d. n. l.

A. Halleri R. B. (*P. fontanum* L.) — Rochers, les 5 rg. sup., disséminé dans les parties occidentales de la contrée sur les lisières du J.—Béfort (Citadelle *Vet.*, Justice *Vern.* 1848), Blamont *J. B.*, Salins (Goaille, Nans) *Garn. Bab.*, Arbois (Châtelaine) *Garn.*, Côtes-de-Cerdon (montée Saint-Alban) *Nob.*, Côtes-de-Saint-Rambert (Tenay) *id.*, Grenoble (commun) ; Weissenstein *Fr.*, Neuchâtel (Ermitage *God.*, Pertuis-du-Soc *Corn.*), Jura vaudois *Bl.*, Collonge *Reut.*, Genève *id.*; Alpes de Maglan (Bonneville) *Nob.*; Savoie, A. occidentales ; Côte-d'Or, Lyon ; probablement assez répandu dans tout le J. méridional.—Roches dysg.—X.

A. Trichomanes L.—Rochers, les 5 rg. inf., très-répandu, très-abondant d. n. l., plus rare cependant et souvent nul dans les rg. sup. du J. où il est remplacé par le suivant ; très-ubiquiste, du reste.

A. viride Huds.—Rochers ombragés, rg. mtg. et alp., disséminé dans les A., sur quelques points seulement des V. et du S., répandu et souvent abondant dans une grande partie du Jura et probablement dans toute la chaîne ; aussi la rg. mtg. de l'A. ; très-contrastant entre le J. et les MR.—Monterrible, Raimeux, Moron, Montoz, Franches-Montagnes, cluses de la Birse, côtes du Dessoubre, Lomont, Tourne, Creux-du-Van, Châteluz, Poupet, Boujailles, Suchet, Mont-d'Or, Montendre, Dôle, Colombier, Reculet, côtes de Nantua, Grand-Colombier, Chartreuse. — Roches dysg.— X.

A. germanicum Weiss.—Rochers, rg. mtg., disséminé dans les V., le S., les A. cristallines, nul ou très-rare dans le Jura où il a été autrefois indiqué par Haller ; contrastant entre les MR. et les zônes dysgéogènes. — Roches eug.—II.

A. Ruta muraria L. — Rochers, les 4 rg., très-répandu, très-abondant, très-ubiquiste d. n. l.

A. Adianthum nigrum L. — Rochers ombragés, divers niveaux, disséminé dans les V., le S. et sur les lisières du J. ; rare dans les A. — Bienne *Fr.*, Landeron (bois du Curé près Cressier) *Shttlw.*, Neuchâtel (blocs du pied du Chaumont) *Coul. Lesq.*, Boudry derrière le moulin entre Bevaix et Chez-le-Bart) *Coul. Bür.*, Yverdon (Tour-Saint-Martin au dessus d'Yvonand) *Rap.*, Lausanne (bois de Crêt, de Rovéreaz et aux Clochettes) *Bl. Rap.*, Rolle (bois d'Allaman) *Rap.*, Salève *id.*, Besançon (bois de Novillars) *Chantr.*; Salins (Château, Poupet, etc.) *Bab.*, Grenoble ; Lyon.

A. septentrionale Sw.—Rochers, rg. mtg. et alp., aussi plus bas, répandu abondant dans les V. et le S. cristallins et clastiques, plus disséminé dans les A. primitives et arénacées, nul d. l. J. et sur les zônes dysgéogènes de la contrée ; reparaissant dans le Dauphiné trans-Isérien, le Lyonnais, la Côte-d'Or sur les roches anciennes ; se retrouvant disséminé sur les blocs erratiques au pied du Jura ; une des espèces les plus contrastantes. — Neuchâtel (blocs des bois de l'Hôpital *Coul.*, de Corcelles *Chap.*, de Mairesse et Bôle *d'Ivern.*, de Bevaix *Barrl. fide Corn.*), Rolle (la Pierre-à-Roland de Burtigny) *Rap.*, Genève (blocs du Salève et de Monetier) *Reut.* — Roches eug. pm.—II.

Scolopendrium officinarum L.—Lieux ombragés, les 4 rg., des puis de la plaine jusqu'aux gorges alp., disséminé d. t. l. c. a., très-rare dans le S., assez répandu dans les V., plus encore dans le J.

Blechnum Spicant Roth. — Bois rocheux frais, rg. mtg. et alp., répandu dans les V., le S., les A., disséminé d. l. J. et souvent rare sur de grandes soudues. — Raimeux, Pouilleret, Valanvron, Châteluz, Chasseron, côtes du Dessoubre, Boujailles, Fresse, Noirmont, Dôle ; A. de Maglan et cristallines du Dauphiné. — Roches eug. pm. — II.

Pteris aquilina L. — Bruyères, les 4 rg., surtout les sols eugéogènes, les bois humides des plaines, les pelouses tourbeuses des mtg., souvent social et excessivement abondant, très-répandu ou disséminé d. n. l. — Roches surtout eug. — II.

Adianthum Capillus veneris L. — Cette espèce de la France méridionale et de l'Allemagne transalpine se montre d. n. l. sur quelques rares points du pied alsatique des V., des Cl. et des lisières sud-occidentales du J. — Boudry (Grotte-aux-Filles près Saint-Aubin) *Vet. et rec.*, l'Huis (Glandieu) *Bern.*, Grenoble (grottes de l'Ermitage, etc.) *Mut.*

Allosurus crispus Bernh. — Rochers, rg. mtg. et alp., disséminé dans les V., le S. et les A. cristallines, Gothard, Montanvert, Chalanche, etc.; nul d. l. J. — Roches eug. — II.

Struthiopteris germanica Willd. — Espèce disséminée dans une grande partie de l'Allemagne et se montrant à peine d. n. l. sur l'un ou l'autre point de la VR., puis naturalisée dans les Vosges.

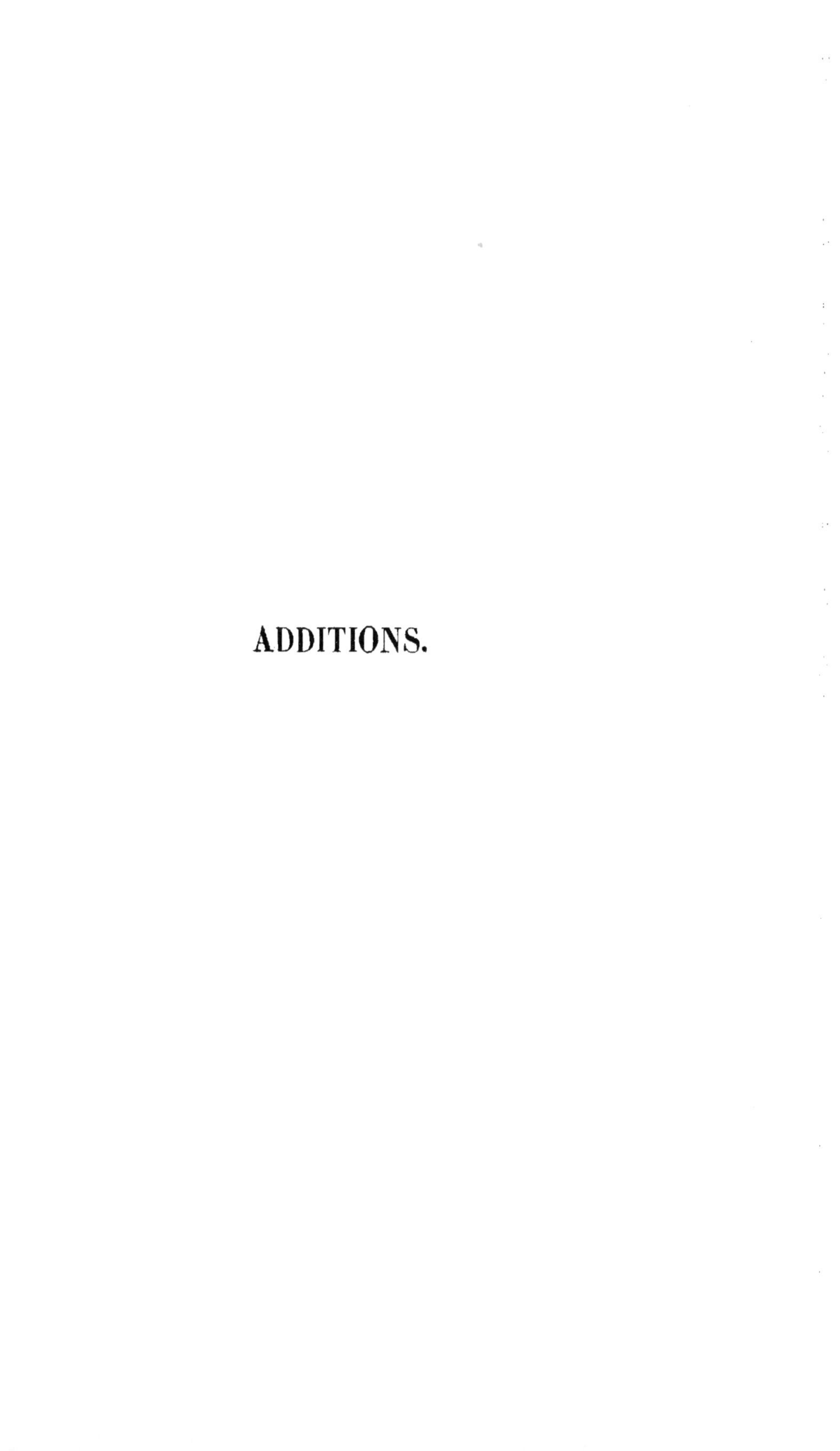

ADDITIONS.

CHAPITRE VINGT-QUATRIÈME.

ADDITIONS AUX TROIS PREMIÈRES PARTIES ; DERNIERS DÉVELOPPEMENTS
ET DERNIÈRES RÉSERVES.

Additions à l'Introduction.

Sources consultées. Ainsi que je l'avais prévu dans le coup-d'œil historique
sur les observateurs qui ont contribué à la connaissance de la flore jurassique, j'ai oublié plusieurs noms qui doivent y figurer bien qu'à des titres
inégaux. Aux anciens observateurs je dois ajouter Cherler, Capellani, Leclerc,
Petit-Pierre qui ont fourni des données sur diverses parties du Jura. Puis
Berdot, Bernard, Scharfenstein et Flamand, tous créateurs d'herbiers et de
catalogues des plantes des environs de Montbéliard dépouillés et revus récemment par M. Contejean dans une Enumération qu'il a bien voulu me
communiquer. Je dois signaler aussi les notes manuscrites de M. E. Cornaz
sur les environs de l'Ile (Vaud) et la chaine du Montendre ; elles renferment
des indications de M. F. Cornaz, Barrelet et Vionnet. MM. P. Morthier, Jean-
jaquet, Andrea, Weissmann, Bischoff et Saulcy ont fourni dans ces dernières
années diverses données de détail consignées dans les communications inédites que je dois à MM. Godet, Gibollet, Lamon, Rapin, Garnier et Gouvernon. J'avais également oublié à tort M. Brossard à qui je dois la connaissance
de plusieurs localités des environs de Bourg ; M. Verlot, habile explorateur
de la flore dauphinoise, entre les mains duquel le Jardin de Grenoble a re-
pris une vie scientifique nouvelle ; M. Clément qui a fourni des renseignements sur la même contrée à la nouvelle flore de France ; M. David qui a
fait connaître les Terres-froides ; MM. Baulu, Jullien et Bailly qui ont signalé
un certain nombre d'espèces de ces districts méridionaux de notre champ
d'étude. Enfin, pendant l'impression de cet ouvrage, a paru le Catalogue
complet des plantes schaffhousoises par M. Laffon qui nous a été fort utile
pour cette extrême frontière jurassique. Je dois aussi ajouter ici que la plupart des localités de l'Ain, puisées dans la statistique de Bossy et indiquées
sous ce nom, sont probablement de M. Auger.

Relativement à la question de phytostatique j'ai dû également consulter à mesure leur apparition plusieurs publications nouvelles dont quelques-unes renferment d'importantes données. Telles sont en particulier celles de MM. A. Decandolle, de Fischer, Grisebach sur les limites des espèces, puis celles de MM. Durocher, Desmoulins, Tommasini, Schnitzlein et Frickinger, Wagner de Schottenstein et Chevandier sur l'influence des roches. — Aux ouvrages signalés comme sources consultées, il faut donc ajouter les suivants :

C. Contejean, Catalogue des plantes des environs de Montbéliard. *Ms.*

E. Cornaz, Liste des plantes observées aux environs de l'Ile et au Montendre. *Ms.*

J. Schnell, Renseignements sur la flore des environs de Berthoud. *Ms.*

Laffon, Flora des Kanton Schaffhausen, dans les Verhandl. d. Schw. Naturf. Gesellsch. 1847.

Grenier et Godron, Flore de la France, 1er vol. 1848.

Lecoq et Lamotte, Catalogue des plantes du plateau central de la France, Paris 1847.

A. Decandolle, Sur les causes qui limitent les espèces végétales, etc.; Annal. de Sc. Nat. 1847.

e. Fischer-Oostere, Ueber Vegetations-Zonen und Temperatur-Verhältnisse in den Alpen; dans les Mittheil. d. Naturf. Gesellsch. v. Bern 1847.

Löhr, Versuch einer Zusammenstell. über d. Einfl. d. geognost. Bodens-Beschaffenh. auf das Vorkommen der Pflanzen; dans les Archiv. de Pharm. 1848.

Le même, Notes manuscrites sur la dispersion de certaines espèces dans la contrée de Coblence, etc. 1848 *Ms.*

Durocher, Observations sur les rapports qui existent entre la nature minérale des divers terrains et leurs productions végétales. Bullet. soc. géol. de France, 1849.

Godron, De l'espèce et des races : Nancy 1848.

Ch. Desmoulins, Second et troisième mémoires relatifs aux causes qui paraissent influer particulièrement sur la croissance de certains végétaux, etc. — Annal. soc. linn. de Bordeaux, tome XV, Juin et Septembre 1848.

Stotter und von Heufler, Geognostisch-botanische Bemerkungen auf einer Reise durch OEtzthal, etc., avec carte, dans la Neue Zeitschrif des Ferdinandeums, vol. VI, Inspruck 1840.

W. B. und R. E. Roggers, Ueber Zersetsung und Auflösung von Mineralien und Felsarten durch reines und kohlensaures Wasser. *Sillim.* Journ. 1848. Recens. dans le *Leonhards und Bronn*, Neues Jahrbuch 1848 (1).

Bulletin de la soc. géol. de France, 2e série, tome IV page 575 et V page 850 ; diverses opinions et faits cités par MM. Boubée, Bernard et Thurmann.

Boubée, De la géologie dans ses rapports avec l'agriculture et l'économie politique.

A. Grisebach, Ueber die Vegetations-Linien des Norwestlichen Deutschlands, dans les Göttinger-Studien 1847.

Haeghens, Martins et Bérigny, Annuaire météorologique de la France pour 1849.

Tommasini, Ueber den Einflus des Bodens auf die Vertheilung der Gewächse im Gebiete der geolog. Karte Istriens. — Notice dans l'ouvrage de M. *de Morlot*. Geolog. Verhältn. Istriens. Wien. 1848.

Schnitzlein und Frickhinger, Die Vegetations-Verhältnisse der Jura und Keuper formation in den Flus-gebieten der Wörnitz und Altmühl. Nördlingen 1848.

Grenier, Herborisation dans l'Oisans : Disc. de récept. à l'Acad. de Besançon, 1849.

Thurmann, Rapport à la Soc. jurass. d'émulat. sur 50 années d'observations météorolog. faites à Delémont par le Dr. Helg, Porrentruy 1849. *ms.*

____

(1) Je ne connais ce mémoire des géologues américains que par la recension allemande du Jahrbuch de MM. Leonhard et Bronn.

M. *Wagner*, Reise nach dem Ararat und dem Hochlande Armenien. Stuttgart 1848.

Schott de Schottenstein. Des modifications apportées par la nature du sol dans les effets de la
gelée sur les forêts. Mémoire lu au congrès d'Ulm 1843 et rapporté par M. Block dans les
Annal. forest. 1846.

A. Mathieu. Réfutation de la théorie des assolements en sylviculture. Annal. 1846.

E. Chevandier, Recherches sur l'influence de l'irrigation sur la végétation des forêts ; Annal.
forest. 1844.

—   Recherches sur la composition des différents bois, etc. Annal. forest. 1846.

—   Recherches sur les propriétés mécaniques des bois. Annal. forest. 1846.

—   Considérat. général. sur la culture des forêts en France. Annal. 1847.

G. Bischof. Die Wärmelehre des Inneren unsers Erdkörpers. Leipsig 1837.

Link. Die Urwelt. Berlin 1821.

de Humboldt, Cosmos. Stuttgardt et Paris.

Addition au Chapitre II.

Courbes thermométriques des sources de Bâle et de Porrentruy. § 9. Nous
avons donné dans le chapitre II divers renseignements sur la température
des sources, et comparé en particulier celles de Porrentruy sur sol dysgéogène à celles de Bâle sur terrain eugéogène. Nous avons vu que ces dernières, à altitude inférieure et climat plus chaud, offrent cependant une
moyenne annuelle plus basse que les premières. Nous voulons rendre plus
saisissable cette comparaison par les courbes thermométriques : c'est ce que
nous faisons dans la Pl. V. La figure 1 y représente les variations mensuelles
de trois sources de Porrentruy durant trois années. Elle est construite au
moyen des données suivantes. On lira aisément dans ces courbes les divers
résultats que nous avons annoncés tome I, page 55.

	Beuchire.			Bonnefontaine.			Pâquis.		
	1846	47	48	46	47	48	46	47	48
J.	7,95	7,70	7,90 R.	7,50	7,50	7,50 R.	8,00	8,00	8,20 R.
F.	7,95	7,70	8,00	7,50	7,50	7,75	7,90	7,90	7,50
M.	8,22	7,90	8,00	7,60	7,80	7,63	8,00	8,00	7,63
A.	8,12	7,80	8,00	7.70	7,70	7,90	8,25	7,90	7,70
Mi.	8,25	8,20	8,20	7,75	8,00	7,80	8,50	8,50	8,20
Jn.	8,17	8,40	8,50	8,00	8,00	8,00	8,75	8,60	8,50
Jl.	8,57	8,50	8,50	8,10	8,00	8,00	9,00	9,00	8,80
At.	8,70	8,50	8,50	8,55	8,00	8,10	9,55	9,00	9,20
S.	8,80	8,60	8,50	8,25	8,10	8,50	9,50	9,20	9,20
O.	8,88	8,50	8,50	8,15	8,00	8,00	9,50	9,10	9,00
N.	8,55	8,50	8,10	8,10	8,00	7,90	8,90	9,10	8,60
D.	8,00	8,00	8,00	7,70	7,80	7,70	8,50	8,20	8,50
Moyennes	8,51	8,18	8,49	7,88	7,87	7,89	8,65	8,54	8,40
		mn. 8,25 R.			mn. 7,88 R.			mn. 8,55 R.	

Moyenne des trois sources pour les trois années : 8,21 R. = 10,26 C.

La figure 2 représente deux courbes, l'une construite sur la moyenne des trois sources ci-dessus, l'autre sur celle des sept sources de Bâle d'après les données ci-après. Leurs allures relatives donneront une idée claire des rapports de température que nous avons déjà indiqués tome I, page 56.

	Porrentruy.	Bâle.
Janvier	7,77 R.	7,05 R.
Février	7,74	6,66
Mars	7,86	6,66
Avril	7,89	6,94
Mai	8,15	7,26
Juin	8,50	7,46
Juillet	8,45	7,74
Août	8,65	8,00
Septembre	8,94	8,80
Octobre	8,57	8,62
Novembre	8,59	8,05
Décembre	8,00	7,81
Moyenne	8,22 R.	7,56 R.

Il convient d'ajouter ici quelques réserves à ce que nous avons dit des sources dans le second chapitre § 9. Nous n'avons en réalité entendu y présenter que des faits. La question de la température des sources est des plus complexes comme l'a fait voir M. Bischof dans son beau travail sur le vaste sujet de la température interne du globe. De la moyenne annuelle plus élevée de certaines sources nous avons peut-être eu tort de conclure à la moyenne plus élevée de leurs terrains (tome I, page 57). Bien des raisons militent pour et contre cette opinion que nous ne prétendons pas discuter. *Ce qui nous importe surtout ici c'est le fait de cette différence de température plus haute sur les terrains dysgéogènes, plus basse sur les eugéogènes,* car ce fait exerce en tous cas une influence particulière sur les phénomènes d'arrosement de la couche végétale. Il resterait également à rechercher jusqu'à quel point les propriétés physiques, le mode et la quantité de perméabilité, puis la conductibilité de roches et leur capacité d'échauffement sont les causes de ce fait, s'il est en lui-même de nature hydro-météorique, ou s'il faut y faire une part à l'origine thermale comme le pense M. Bischoff pour les sources du Teutoburgerwald. Malgré les raisons nombreuses que l'on a apportées en faveur de cette dernière manière de voir, j'y trouve cependant bien des difficultés dans notre champ d'étude. Ainsi, si la température des sources dans les zônes dysgéogènes (Jura, Albe, Collines-Lorraines, etc.) est

plus constante, à moindre amplitude et plus élevée que dans les zônes eugéogènes (vallées, Vosges, Schwarzwald, etc.), il faut avouer qu'il serait sin-
gulier que la prédominance de l'action thermale se dessinât si exactement
selon des zônes géologiques, quand nous voyons, au contraire, les eaux ther-
males (proprement dites) traverser en tous sens et sans aucun ordre appréciable les terrains de l'âge et de la constitution les plus différents. Sans donc
vouloir repousser le caractère thermal de certaines sources dont la température moyenne est supérieure à celle de l'air, nous pensons qu'il ne saurait
être la cause des contrastes que nous avons signalés entre les sources des
roches eugéogènes et dysgéogènes, cause qui devrait dès lors être essentiellement hydro-météorique et dépendante des propriétés physiques des roches
traversées.—L'observation d'un grand nombre de sources avancerait plus ces
sortes de questions que les efforts spéculatifs les plus savants. Quand on pense
combien ces observations sont à la fois aisées à recueillir et dignes d'intérêt,
on s'étonne de voir quelles ont été si négligées, et ce même jusque dans des
villes où se trouvent des observatoires.

Additions au Chapitre III.

Données sur le climat des trois régions inférieures du Jura central § 12.
Nous voudrions placer ici relativement au climat des trois régions d'altitude
que nous avons admises pour le Jura, quelques caractères météorologiques
positifs. Nous n'avons de données suffisantes que pour la coupe du Jura central passant par Bâle, Delémont et les Franches-Montagnes. Nous examine-
rons d'abord ce qui concerne les températures pour nous former une idée de
leur marche comparée à ces trois altitudes ; ensuite nous nous occuperons
du rôle relatif des pluies et des neiges.

Les chiffres thermométriques de Bâle nous ont été communiqués par
M. Mérian et sont la moyenne de vingt années d'observations (1829 à 1848)
dont nous avons le tableau sous les yeux. Nous n'avons pas besoin d'ajouter
qu'ils méritent la plus entière confiance et ont toute la valeur d'un document
classique. Les chiffres, relatifs aux nombres de jours de pluie et de neige,
sont dépouillés des dix années du même observateur, insérées dans les Mémoires de la société helvétique.

Les chiffres thermométriques comme aussi ceux relatifs aux pluies et
neiges à la Ferrière (village du Jura bernois aux Franches-Montagnes, situé
vers 1050 m d'altitude) sont le résultat de trois années d'anciennes observations de Gagnebin (1756, 57 et 58) insérées dans les vol. III et IV des *Acta*

helvetica. Elles ont été faites, quant aux températures, avec le thermomètre de Ducrest dont nous avons indiqué ailleurs le rapport (tome I, page 40) avec les instruments actuels. Gagnebin observait deux fois par jour, le *matin* et le *soir* sans qu'il m'ait été possible de découvrir exactement à quelle heure. Cependant, d'après les chiffres donnés par Gagnebin et en outre les habitudes de l'époque, j'ai tout lieu de croire que les observations dites du matin avaient lieu de 7 à 10 et celles dites du soir de 4 à 7 heures. De sorte que les résultats généraux sont très-probablement supérieurs à la vérité et qu'il est en tous cas à-peu-près impossible qu'ils y soient inférieurs : on peut les envisager comme un maximum. Je tiens, du reste, de M. Mérian qui a encore pu vérifier les anciens thermomètres selon Ducrest fabriqués à Bâle par Bavier et dont se servaient d'Annone et Gagnebin (qui étaient en relation intime avec Ducrest lui-même), que ces instruments étaient très-bons et avaient encore leur zéro bien placé. Les résultats empruntés à Gagnebin peuvent donc être seulement envisagés comme une approximation : mais elle est certainement suffisante comme donnée purement comparative.

Les données relatives à Delémont sont puisées dans les tables d'observations du docteur Helg de cette ville, table dont je dois la communication à son parent M. le professeur Bonanomi. Elles comprennent trente années, de 1802 à 1832, donnant le thermomètre, le baromètre et l'état du ciel. Le premier était observé à 8, 12 et 6 heures et nous en avons corrigé les résultats trop élevés d'après une moyenne entre les tables horaires de Göttinge et Padoue selon la méthode conseillée par M. Martins (1). Nous ne pouvons pas donner ici ces résultats comme document météorologique entouré de toutes les garanties qu'on exige maintenant, mais ils sont certainement très-voisins de la vérité et tout-à-fait satisfaisants au point de vue géographico-botanique. Les chiffres thermométriques sont déduits de dix années d'observations seulement (1806-1815) et ceux qui regardent les pluies et les neiges de 25 années (1806-1830) (2).

---

(1) Voici les chiffres retranchés de chaque moyenne mensuelle. Ils sont en degrés Réaumur :

J.	F.	M.	A.	Mi.	Jn.	Jt.	At.	S.	O.	N.	D.
0,26	1,28	0,70	0,95	1,51	1,50	1,77	1,49	1,01	0,57	0,59	0,26

(2) Les observations de M. le docteur Helg font l'objet d'une notice spéciale et détaillée dont plusieurs parties ont déjà été communiquées à la Soc. jurass. d'émulation et qui sera sous peu livrée à l'impression. — Je reçois trop tard pour en vérifier le zéro (Juillet 1849) l'instrument qui a servi au docteur Helg pour ses observations. C'est un thermomètre à esprit de vin de fabrication commune. En le comparant à mes thermomètres contrôlés sur ceux de MM. Trechsel et Mérian, je lui trouve une marche irrégulière. Vers 12 R. les deux instruments sont d'accord :

Bâle sur le Rhin, au milieu d'une plaine de terrains tertiaires et modernes, à peu de distance des premiers reliefs jurassiques et hercyniens, représente assez bien la région basse au pied du Jura central. Delémont, à 7 lieues de Bâle environ, est situé dans un bassin tertiaire tout-à-fait dans l'intérieur du Jura, vers 450^m d'altitude. Les chaînes qui ceignent la vallée de toutes parts atteignent 900 à 1500^m et contribuent probablement à en abaisser la température, tandis que son exposition au pied sud des rochers de la Chaive tend à l'élever. La Ferrière, à une dixaine de lieues de Delémont, est située vers le milieu de la région montagneuse dans une contrée de forêts, de pâturages et de tourbières à végétation boréale. La comparaison de ces trois localités est très-propre à mettre en évidence les caractères climatologiques de nos trois régions dans le Jura central.

Marche des températures en degrés Réaumur.

	J.	F.	M.	A.	Mi.	Jn.	Jt.	At.	S.	O.	N.	D.	Année [1].
Bâle	—0,9	1,2	4,0	7,4	11,5	15,9	15,1	14.7	11,8	8,0	4,0	0,7	7,6 (9,50 C.)
Delémont	—2,6	0,6	2,5	5,5	10,5	11,4	12,2	12,5	10,7	7,7	3,8	0,5	6,2 (7,75 C.)
La Ferrière	0,0	1,0	2,5	5,9	6,9	10,5	10,7	10,0	7,8	4,8	3,2	1,5	5.75 (7,18 C.)

	Hiver.	Printemps.	Eté.	Automne.
Bâle	0,55	7,56	14,56	7,93
Delémont	— 0,57	6,05	12,03	7,40
Ferrière	0,78	6,51	10,42	5,28

à partir de 15 R. l'ancien thermomètre marque un demi degré trop haut et, au contraire, de 7 à 9 un peu plus d'un demi degré trop bas. Il est, d'après cela, bien difficile de prévoir quel genre d'erreur offrent les résultats. Il ne faut donc envisager ceux-ci que comme une approximation imagée de ce qui se passe au commencement de notre région moyenne, et non comme un document rigoureux. C'est, du reste, le cas où se trouvent en réalité une foule de chiffres météorologiques provenant d'anciennes observations, et dont on fait néanmoins et faute de mieux, usage en climatologie comparée.

[1] Ce chiffre de la moyenne annuelle de Bâle est supérieur de 0,4 C. à celui que nous avons adopté, tome I, page 56, et inférieur de 0,3 C. à celui que donnent les tables de M. Martins. Cette différence n'apporte pas de changement important dans les combinaisons de chiffres du chapitre II. — Le chiffre de la Ferrière diffère aussi notablement de celui donné également, tome I, page 58, et qui provenait de deux années seulement, vu l'ignorance où nous étions alors sur l'existence de la troisième. La combinaison directe des moyennes annuelles données par Gagnebin lui-même me donne 6,62 C. et celle des moyennes mensuelles 7,18 C. comme ci-dessus; j'ai fait d'inutiles efforts pour découvrir les causes de cette différence et y apporter une rectification; c'est pour cela que je m'en tiens au chiffre fourni par les moyennes mensuelles.

Dans ce tableau on voit en général les moyennes décroître avec l'augmentation en altitude de Bâle à Delémont et la Ferrière. Les mois d'hiver, notamment ceux de la Ferrière, font cependant exception à cet égard; d'où l'on est amené à conclure que l'abaissement moyen de la température aux niveaux supérieurs dépend plutôt de l'abaissement général des saisons chaudes que de l'abaissement particulier des saisons froides. Cela est certainement exact. Néanmoins la supériorité des chiffres d'hiver et d'automne à la Ferrière relativement à ceux de Bâle n'est probablement ici qu'un cas particulier tenant aux années ou aux heures d'observation. Si, au moyen des tables de d'Annone, on calcule les températures correspondantes à Bâle pendant les mêmes années (1756, 7 et 8) qui ont fourni celles de la Ferrière, on trouve que la moyenne de Janvier a été supérieure à Bâle de 1,48 R.; cependant on trouve aussi que celle de Décembre a été peu différente. De même le chiffre de Delémont pour Janvier est probablement un cas particulier des dix années qui l'ont fourni, car la décade suivante (1816 à 25) donne pour moyenne —0,65 R. Ainsi, dans les courbes de la Pl. VI, la dépression des températures hybernales pour la Ferrière n'est pas suffisamment accusée et celle de Delémont l'est probablement trop. Malgré ces irrégularités, ces courbes représentent assez bien le caractère climatologique principal de nos trois régions, consistant dans l'abaissement (avec l'augmentation des niveaux) des températures sur toute l'année et plutôt sur les fortes chaleurs que sur les grands froids.

Marche des pluies et des neiges par saisons météorologiques dans les trois régions.

Nombre de jours de chute (¹) de pluie.

	Hiver.	Printemps.	Eté.	Automne.	Année.
Bâle	22,5	56,2	45,6	54,7	157,0
Delémont	21,9	51,6	41,6	54,4	129,5
La Ferrière	6,6	16,9	57.2	25,6	84,5

Nombre de jours de chute de neige.

	Hiver.	Printemps.	Eté.	Automne.	Année.
Bâle	14,9	5,0	0,0	2,6	22,5
Delémont	19,9	9,2	0,1	4,9	54,1
La Ferrière	27,5	20,6	0,5	9,2	57,6

Nombre de jours de pluie et neige.

	Hiver.	Printemps.	Eté.	Automne.	Année.
Bâle	57,4	41,2	45,6	57,5	159,5
Delémont	41,8	40,8	41,7	59,5	165,6
La Ferrière	54,1	57,5	57,5	52,8	141,9

(¹) Les pluies mêlées de neige sont partout comptées pour neiges.

On lira aisément dans ces chiffres les résultats suivants :

1° A mesure qu'on s'élève dans le Jura, depuis sa lisière aux plateaux de la région montagneuse, le nombre des jours de pluie va en diminuant, celui des jours de neige en augmentant.

2° Le nombre total des jours de chute (pluie ou neige) paraît à-peu-près le même dans les trois régions, de façon que dans les saisons froides les neiges des altitudes supérieures donnent des pluies dans les inférieures. Cependant le nombre total des jours de pluie paraît proportionnellement moindre dans la région montagneuse. Comme cette conclusion pourrait tenir au petit nombre d'années qui ont fourni les moyennes de la Ferrière, nous avons recherché au moyen des tables de d'Annone et pour les trois mêmes années 1756, 57 et 58 ce qui s'est passé à Bâle. Nous avons trouvé en moyenne pour cette dernière ville 147,6 jours de pluie et neige, c'est-à-dire près de six jours de plus qu'à la Ferrière. En outre, en comparant mois par mois Bâle à la Ferrière, on trouve que durant les mois froids, la somme des jours de pluie et neige donne pour ces deux endroits des chiffres plus voisins de l'égalité que durant l'été, par exemple on a eu :

Janvier	1756 à la Ferrière	16 j. neige	+	0 j. pluie	=	16 jours.
	Bâle	4 —	+	15 —	=	17
Février	— la Ferrière	6 —	+	2 —	=	8
	Bâle	0 —	+	7 —	=	7
Juin	— la Ferrière	0 —	+	12 —	=	12
	Bâle	0 —	+	13 —	=	13
Juillet	— la Ferrière	0 —	+	14 —	=	14
	Bâle	0 —	+	16 —	=	16

C'est-à-dire que les jours de chute à la Ferrière donne habituellement des jours de chute à Bâle, mais que dans cette dernière localité, et en été surtout, il y a un surcroît de pluies d'une autre provenance et qui ne paraît pas représenté dans la région montagneuse.

La marche inverse des pluies et neiges dans nos trois régions est certainement un de leurs traits climatologiques essentiels. On en saisira bien l'ensemble dans la Pl. VII où nous l'avons figurée graphiquement.

Ajoutons quelques remarques supplémentaires.

A Bâle, les premières neiges se montrent le plus souvent vers la mi-Novembre, à Delémont vers la fin d'Octobre, à la Franche-Montagne vers le commencement de ce dernier mois, elles cessent à Bâle vers la mi-Avril, à Delémont vers la fin d'Avril, à la Ferrière vers la mi-Mai. Il neige assez souvent à la Ferrière en Juin et Septembre, à Delémont très-rarement (trois fois environ sur 25 ans), plus rarement encore à Bâle. Il neige assez fréquemment à Chasseral dans la région alpestre, 500 ^{m} plus haut que les plateaux supérieurs, en Juillet et Août. Le moindre nombre de jours de neige à Delémont sur 25 années a été de vingt et cela une seule fois.

La plupart des vallées intérieures du Jura moyen et central sont sujettes à de fréquents brouillards du matin auxquels succèdent fort souvent de belles journées. Delémont a en moyenne annuelle sur 25 ans, 150 jours de brouillards du matin. Les mois où il y en a le plus sont Septembre et Octobre, le moins Avril et Mai.

Les dernières gelées tardives ont lieu dans les parties inférieures de cette région moyenne dans le courant de Mai. L'abaissement périodique maïal s'y fait sentir du 9 au 17. Ainsi, à Delémont, l'observation des températures de 8 heures du matin m'a fourni en moyenne sur 25 années les résultats suivants :

$$
\begin{array}{llll}
\text{du} & 6 \text{ au } 10 \text{ Mai, moyenne} & 7.57 \text{ R.} \\
\text{du} & 9 \text{ au } 17 \quad — & — & 7,19 \\
\text{du} & 18 \text{ au } 22 \quad — & — & 8,65 \\
\end{array}
$$

On sait que cet abaissement a lieu un peu plus tôt au nord de nos latitudes et un peu plus tard au sud, par exemple, vers Bourg et Lyon, du 16 au 19 [1].

D'ici à quelques années les nombreuses observations relatives aux phénomènes périodiques institués en Suisse, observations dont M. Hofmeister a donné un bel exemple pour Lenzburg [2], suppléeront d'une manière heureuse à la rareté des données météorologiques proprement dites. Elles dessineront sans aucun doute avec clarté les régions d'altitude. Le tableau suivant de quelques-uns de ces phénomènes notés sur divers points de nos montagnes et de leurs lisières dans la coupe de Béfort à la Franche-montagne pendant la moitié de 1849, pourra donner une idée, bien qu'imparfaite, du genre de résultats auxquels on peut s'attendre. Disons d'abord un mot des localités où les observations ont été recueillies.

Les Bois (district bernois des Franches-montagnes, à 1045 mètres) sont situés sur un plateau élevé, ondulé, découvert, excepté au sud, par la chaîne

[1] Consulter Fournet. Note sur le froid périodique de Mai. Annal. Soc. de Lyon 1847.

[2] Untersuch. ueb. d. Witterungs-Verhältn. v. Lenzburg., Mém. Soc. helv. t. X.

du Sonnenberg. C'est une des localités les plus froides de la contrée : elle offre un type parfait du milieu de notre région montagneuse habitable, avec forêts d'épicéas, vastes pâturages à gentianes, tourbières à bouleaux nains, arbres fruitiers nuls, céréales très-réduites. La terre y a été gelée durant quatre mois de l'hiver 1848-49, à environ un décimètre et demi de profondeur. Observateur M. Gouvernon.

Renan (district bernois de Courtelary) à l'extrémité supérieure du Val-Saint-Imier, étroitement encaissé par des chaînes qui atteignent 1200 à 1400^m. Une des localités les plus froides de ce vallon ; son altitude déduite approximativement de celle de Saint-Imier (824) peut être évaluée à 900^m environ. Tous les caractères de la région montagneuse. Observateur M. Schleppi.

Péry (même district) au val de ce nom, profondément encaissé, adossé au Montoz vis-à-vis la Cluse de Reuchenette ; altitude approximative 700^m: végétation de la région montagneuse inférieure : climat beaucoup plus doux qu'à Renan. Observateur, M. Voiblet, instituteur.

Court (district de Moutiers) à l'entrée du val de Court et Tavannes au débouché des Cluses de la Birse ; altitude approchée déduite de Tavannes et Moutier, 700^m ; végétation de la région montagneuse inférieure ; climat sensiblement plus froid qu'à Moutiers : la vallée est assez étroite et dominée à ce point. Observateur M. le pasteur Grosjean.

Moutiers, à 544^m, dans une étroite vallée où dominent les caractères de la région moyenne modifiés par les chaînes élevées qui l'encaissent de toutes parts ; climat sensiblement plus froid qu'à Delémont. M. Amiet, instituteur.

Delémont, dans une large vallée un peu adossé au pied sud de la Chaive ; région moyenne avec tous ses caractères sauf les buis ; encaissement de chaînes variant de 1000 à 1500^m ; altitude 444^m et un peu moins. Observateurs M. Quiquerez à Bellerive dans la Cluse de la Birse à vingt minutes de la ville, et M. Bonanomi dans le ban même de la ville ; les chiffres portés sont la moyenne des deux observations très-peu différentes.

Porrentruy situé à 450^m dans une des érosions de la région des plateaux et collines au nord du Monterrible ; encore des sapins et quelques stations de buis à leur contact ; les chiffres portés sont une moyenne pour les environs de cette ville et proviennent d'observations faites à Porrentruy par M. Amuat, Bressaucourt par M. Jolissaint, Lugnez par M. Voillat, agriculteur.

Béfort, au pied des derniers plateaux jurassiques et des premiers reliefs vosgiens, vers 550^m ; passage à la région basse ; climat beaucoup plus froid que celui de Bâle le meilleur de la contrée, et qu'à mon grand regret je n'ai pu faire figurer ici faute d'observations. Observateur M. Parisot.

Montbéliard vers 320 ᵐ dans une érosion des derniers plateaux ; sapins nuls, vignobles à l'exposition sud ; quelques stations de buis. Observateur M. Contejean.

Si maintenant on jette un coup d'œil sur le tableau ci-après des observations faites dans ces diverses localités qui représentent assez bien le versant nord du Jura central, on y reconnait les conséquences suivantes.

1° En envisageant dans deux localités les mêmes phénomènes périodiques, par exemple, les floraisons de diverses espèces, on voit qu'elles ne sont pas espacées par des retards égaux, et qu'il y a à cet égard des différences considérables variant de zéro à plus de 30 jours.

2° En prenant pour terme de comparaison général ce qui s'est passé dans une seule localité, par exemple comme nous l'avons fait ici, la plus retardée (les Bois), on peut y rapporter toutes les autres en recherchant de combien de jours en moyenne chacune d'elles est plus avancée, d'où résulte une série de chiffres portés dans la dernière colonne à droite. Ainsi Renan est, en moyenne, avancée sur les Bois de 15 jours, Péry de 17 jours etc.

3° On voit dès lors qu'en général la végétation est d'autant plus retardée qu'on s'élève davantage dans la verticale. Cependant il est aisé de voir aussi que cela n'a pas lieu d'une manière sensiblement proportionnelle aux altitudes, et que les circonstances d'exposition jouent un rôle modificatif principal dans ces généralités.

4° Toutefois, en partant de cette base qu'entre les Bois et Montbéliard offrant une différence de niveau de 730 il y a 31 jours de retard, on arrive à ce résultat que 100ᵐ d'ascension retardent la végétation de 4,25 jours (¹). Nous avons trouvé Tom. I p. 51, par une marche d'observation plus générale 5,50 et M. Heer a trouvé 4,22 dans les Alpes de Glaris. — Quoi qu'il en soit en partant de cette base de 4.25 jours qui est probablement un peu faible, et prenant pour unité ce qui se passe à zéro d'altitude, il vient les résultats théoriques suivants :

(¹) Nous recevons, en corrigeant l'épreuve de cette feuille, une rectification de M. Gouvernon qui porte au 9 juin le chiffre des fenaisons aux Bois. Cette modification élèverait d'un demi jour environ les chiffres de retard de la dernière colonne ce qui donnerait 4 j. 30 à-peu-près de retard par 100 m.

Région basse.	{	0	mètres	0.00	jours de retard·
Région moyenne.	{	400	—	17.00	—
Rég. mtg. inférieure.	{	700	—	29.75	—
Rég. mtg. supérieure.	{	1000	—	42.50	—
Région alpestre.	{	1500	—	55.25	—
	{	1600	--	68.00	—

Il ne faut pas oublier que le tableau ci-joint ne comprend que la moitié d'une année et offre plus d'une chance d'erreur ou de cas particuliers. On y remarquera aussi qu'en s'y bornant à la considération des phénomènes purement végétaux, on aurait des résultats sensiblement plus proportionnels et plus homogènes. Il ne s'agit donc ici que d'un échantillon simplifié de ce genre d'observations. Nous nous proposons d'en faire plus tard, et après plusieurs années l'objet d'un travail spécial si les collaborations se soutiennent. Nous avons supprimé plusieurs observations trop incomplètes, et quelques autres nous sont parvenues trop tard.

	m.	Dernière neige.	Dernière gelée.	Tussilago farfara fl.	Daphne mezereum fl.	Viola odorata fl.	Primula elatior fl.	Cerasus dulcis fl.	Fagus sylvatica (verdoiement)	Premier cri du coucou.	Retour des hirondelles.	Pyrus malus fl.	Pyrus communis fl.	Secale cercale fl.	Triticum vulgare fl.	Commencement des fenaisons.	Moyenne du nombre de jours d'avance sur les Bois.
LES BOIS	1050.	28 A.	13 Mi.	26 A.	27 Mr.	1 Mi.	29 A.	28 Mi.	24 Mi.	29 A.	26 A.	31 Mi.	30 Mi.	22 Jn.	»	2 Jt.	0
RENAN	900.	2 Mi.	12 Mi.	12 A.	30 Mr.	3 A.	3 A	»	»	6 A.	7 Mi.	26 Mi.	26 Mi.	»	30 Jn.	2 Jt.	15
PÉRY ET COURT	700.	21 A.	29 A.	28 F.	»	»	4 A.	10 Mi.	9 Mi.	26 A.	9 A.	25 Mi.	19 Mi.	5 Jn.	20 Jn.	20 Jn.	17
MOUTIERS	550.	18 A.	19 A.	»	»	23 Mr.	23 Mr.	9 Mi.	7 Mi.	»	»	14 Mi.	13 Mi.	2 Jn.	16 Jn.	19 Jn.	21
DELÉMONT	450.	25 A.	25 A.	5 Mr.	1 Mr.	10 Mr.	5 Mr.	20 A.	8 Mi.	11 A.	15 A.	11 Mi.	12 Mi.	1 Jn.	11 Mi.	1 Jn.	27
PORRENTRUY	450.	25 A.	25 A.	19 Mr.	1 Mr.	23 Mr.	28 Mr.	3 Mi.	7 Mi.	9 A.	11 A.	15 Mi.	10 Mi.	7 Jn.	25 Mi.	1 Jn.	25
BÉFORT	550.	18 A.	20 A.	25 Jv.	18 F.	6 Mr.	24 Mr.	20 A.	6 Mi.	17 A.	29 Mr.	4 Mi.	7 Mi.	30 Mi.	7 Jn.	4 Jn.	29
MONTBÉLIARD	520.	22 A.	26 A.	8 F.	15 F.	20 F.	11 Mr.	24 A.	10 Mi.	12 A.	15 A.	8 Mi.	5 Mi.	26 Mi.	10 Jn.	4 Jn.	31

Addition au Chapitre VII.

Climat du maïs § 36. Nous avons donné la culture du maïs comme l'un des traits caractéristiques de notre région basse au pied du Jura, quoiqu'elle ne s'y montre développée que sur les lisières françaises et sardes. Bien que sur la lisière suisse elle soit peu en usage, soit par suite d'essais mal dirigés, soit à cause du peu d'estime populaire dont jouissent ses produits, il n'en paraît pas moins probable qu'elle y réussirait moyennant quelques précautions. En effet, l'on doit à M. Hartmann de Soleure (¹) une démonstration à la fois théorique et pratique de la légitimité de cette assertion pour ce qui concerne le climat des environs de cette ville, l'un des moins favorables, du reste, des lisières soujurassiques dont il s'agit. En procédant conformément à la théorie de M. Boussingault, il a fait voir par des observations thermométriques, que la somme de chaleur entre un jour convenablement choisi pour les semailles et celui de la récolte (époques qui toutes deux échappent aux gelées tardives ou précoces les plus intenses) atteint 200° R. environ, somme jugée nécessaire et suffisante en Alsace pour le développement et la maturation convenable de certaines variétés de maïs. Nous aimons à consigner ici cette expérience justificative de l'un des traits climatologiques de notre région basse.

Addition au Chapitre IX.

Développement relatif à la classification des roches cristallines § 55 (page 230). Nous avons peut-être eu tort de ne pas traiter plus en détail des caractères de désagrégation propres aux diverses espèces de roches. Nous aurions dû surtout insister davantage sur la prédominance respective des propriétés psammogènes ou pélogènes des roches anciennes. La présence du quartz cristallin et séparable en graviers ou sables dans la désagrégation est essentiellement ce qui rend plus ou moins psammogènes ces sortes de roches, tandis que son absence détermine les caractères opposés. La prédominance du feldspath, de l'amphibole et de quelques autres minéraux, jointe à l'absence du quartz produit au contraire souvent des masses dysgéogènes oligopéliques ou pélogènes. La présence du mica en l'absence du quartz donne lieu à une manière d'être intermédiaire plus voisine cependant de celle des roches granitoides ou clastiques que de celle des roches compactes ou argi-

(¹) Bernische Blätter für Landwirthschaft. 1849, n° 8.

leuses. Ainsi, autour des granites qui, parmi les roches anciennes, peuvent servir de type psammogène, il faut grouper les pegmatites, protogynes, syénites, quarzites, leptynites, mica-schistes, hyalomyctes, etc. Des porphyres non quartzifères, type de la désagrégation oligopélique, on peut rapprocher les mélaphyres, eurites, diorites, aphanites, amphibolites, trapps, phthanites, ophytes, variolites, puis, comme plus pélogènes, les argilophyres, mimophyres, serpentines, chlorites, stéatites, kaolins, etc. Entre ces deux groupes, mais plus voisin du premier que du second, se placent les gneiss et les schistes qui offrent des limites de variation très-étendues. — Les granitoides jouent un rôle géologique plus important que les porphyroides ; les gneissiques et les schisteuses occupent des étendues plus vastes encore. Il importe surtout de mieux distinguer que nous ne l'avons fait l'influence phytostatique des gneiss de celle des granites ; car bien que participant toujours notablement de la végétation psammique, ces derniers en repoussent cependant certaines espèces. C'est ainsi que dans le Schwarzwald ils réduisent souvent la dispersion du *Betula* et du *Sarothamnus* en faisant coastraste à cet égard avec les Vosges granitiques. C'est ainsi que dans les Alpes de l'Oisans (¹) ils sont sur de grandes étendues assez dysgéogènes pour contribuer à une grande stérilité, en acceptant cependant çà et là des plantes que n'admettent pas en général les calcaires ; tels sont les *Alnus viridis, Sedum saxatile, Hieracium albidum, Filago arvensis, Astrantia minor, Arbutus uva ursi, Alsine rubra, Lycopodium alpinum,* etc.

Addition au Chapitre X.

De la végétation du Rhanden § 55. Nous avons dit en parlant de l'Albe (page 237) que la végétation du Rhanden porte le caractère de celle de la chaine wurtembergeoise et n'en est que la désinence méridionale. Le catalogue des plantes du canton de Schaffhouse qui a paru durant l'impression de cet ouvrage nous permet de donner à notre assertion une plus ample certitude. Si, au moyen de l'énumération en question, l'on établit la flore du Rhanden et qu'on la compare aux groupes de l'Albe (p. 236), on trouve que la montagne schaffhousoise, pour une altitude de 900^m et sur une surface de peu d'étendue, compte d'abord toutes les caractéristiques de la région moyenne, excepté la *Melica ciliata* et y compris les *Coronilla montana, Cytisus nigricans* et *Staphylea pinnata* ; ensuite, sur les 12 montagneuses,

---

(¹) Grenier, Herborisation dans le Dauphiné, dans le Disc. de réception à l'Acad. de Besançon 1849.

on voit présentes les *Trollius, Lonicera, Bellidiastrum, Card. defl., Pren. purp., Spiræa aruncus* et *Crepis alpestris* (¹) ; les *Betula* et *Arnica* y manquent faute des affleurements psammogènes sur ce point. A cet ensemble d'espèces qui (vu la faible altitude) satisfait suffisamment à nos groupes caractéristiques, il faut ajouter une grande partie de la flore jurassique chaude par les *Aronia, Cotoneaster, Aster amellus, Trifolium rubens, T. alpestre, Lactuca perennis, Lithospermum purpureo-cœruleum, Teucrium montanum, Carex alba* etc., et de celle de la région montagneuse inférieure comme *Gentiana lutea, Libanotis montana, Laserpitium latifolium, Centaurea montana, Convallaria verticillata, Sessleria cœrulea, Elymus europœus, Cirsium erisithales, Hieracium amplexicaule, Asplenium viride,* etc. Ainsi la végétation du Rhanden satisfait bien à nos groupes de l'Albe et se lie en outre à celle du Jura par plusieurs espèces qui cessent bientôt après en s'avançant vers le nord.— Remarquons aussi que la plupart des espèces signalées plus haut et auxquelles on pourrait en ajouter plusieurs autres, telles que *Dictamnus, Lonicera caprifolium,* etc. forment un groupe notablement chaud pour la contrée. Il accuse l'exposition méridionale des pentes dysgéogènes protégées contre le nord et découvertes au contraire du côté sud par la cessation du relief jurassique. Cette station exceptionnelle se lie du reste à celle de la plaine rhénane zuricoise dont nous avons parlé (page 209), et probablement au Hegau qui malheureusement nous est si peu connu.

Addition au Chapitre XVI.

Rapports entre les moyennes atmosphériques annuelles et les roches soujacentes § 75 *ter.* Nous nous sommes demandés si les chiffres des températures annuelles de l'air n'offriraient pas des relations saisissables avec la nature physique des roches soujacentes, de même que cela a lieu pour ceux des sources, et nous avons cherché à les démêler dans notre champ d'étude. Voici comment nous avons procédé.

La moyenne annuelle d'un lieu est compliquée des effets de sa hauteur absolue, de sa latitude, de son exposition et d'autres circonstance parmi lesquelles peut se trouver l'influence des terrains. Dans l'état où l'on obtient

(¹) Cette espèce a été oubliée dans le Catalogue de M. Laffon (qui la signale du reste dans l'énumération qu'il fait ailleurs des plantes remarquables du canton de Schaffhouse; l'*Helleborus fœtidus* a également été omis et il en est de même du *Phleum ¦asperum,* indiqué autrefois par M. Laffon et qui m'a en effet été rapporté des champs du Rhanden par M. Pagnard.

ces moyennes, on ne peut rien y voir qu'une fonction complexe de ces diverses causes climatologiques. Si l'on pouvait en éliminer la portion d'effet due aux niveaux, le chiffre restant serait une expression plus approchée de l'action des latitudes ; et si l'on pouvait en séparer encore cette dernière influence, le résultat mettrait plus particulièrement en évidence l'action des autres causes locales d'inégalité, parmi lesquelles les différences du sol joueraient peut-être un rôle appréciable.

Cela posé, si l'on envisage les moyennes annuelles que nous avons données Tome I, page 57 et qu'on les réduise à l'altitude zéro dans l'hypothèse de 1° C. de diminution pour 200 mètres d'ascension, on obtient comme nous l'avons déjà vu les chiffres portés à la dernière colonne à droite. Si, ensuite, prenant en considération (à un cinquième de degré près) les latitudes des divers lieux, et partant de cette loi approximative que Schübler a reconnue pour l'Allemagne, savoir qu'un degré d'augmentation en latitude nord diminue la moyenne annuelle de 0,65 C., l'on ramène toutes les températures de la troisième colonne à un même parallèle qui sera ici le 47 ^{me}, on trouve les chiffres ci-après, qui sont dès lors la moyenne annuelle du lieu, dépouillée des effets de l'altitude et ne renfermant plus que ceux des autres facteurs locaux, notamment l'action présumée des terrains.

De ces deux opérations il résulte une série de chiffres thermométriques correspondant à une série de localités. Formons-en deux groupes. Plaçons dans le premier tous les lieux qui reposent sur les sols modernes, quaternaires ou tertiaires plus eugéogènes, en y joignant le petit nombre de ceux qui appartiennent à des grès anciens (Épinal), à des terrains keupériens (Stuttgardt, Tubingen, Salins) et à des roches granitoïdes (Lyon, Saint-Gothard, Saint-Bernard). Formons le second avec les endroits qui s'élèvent sur des calcaires secondaires (soit en totalité, soit tout-à-fait à leur contact et sous leur influence prédominante), la plupart étant jurassiques, quelques-uns néocomiens et conchyliens, et deux seulement (Aoste, Saint-Jean-de-Maurienne) appartenant à d'autres roches dysgéogènes. Nous obtenons le tableau suivant :

Terrains eugéogènes prédominants.		Terrains dysgéogènes prédominants.	
A.		B.	
Augsbourg	— 11,56	Schaffhouse	— 12,06
Carlsruhe	15,56	Metz	12,67
Strasbourg	11,61	Nancy	11,87
Mulhouse	10,67	Verdun	12,75
Bâle	11,10	Besançon	12,17
Zurich	11,56	Aarau	12,14

Berne	10,01	Soleure	11,78
Genève	11,20	Neuchâtel	11,16
Lenzburg	10,28	Dijon	13,07
Lausanne	11,21	Lons-le-Saulnier	11,48
Mâcon	11,59	Chambéry	12,04
Bourg	11,72	Grenoble	12,87
Turin	11,74	Genkingen	11,65
Milan	12,58	Locle	12,27
Paris	12,25	La Ferrière	11,87
Lyon (roch. cristall.)	12,75	Pontarlier	12,62
Saint-Gothard (granites)	9,45	Porrentruy	11,07
Saint-Bernard (roch. crist.)	10,54	Saint-Rambert	11,88
Epinal (grès big.)	11,89	Aoste	13,29
Stuttgardt (keupér.)	11,57	Saint-Jean-de-Maurienne	11,51
Tubingen (id.)	11,17	Mont-Cenis	13,06
Salins (id.)	11,41	Moyenne	12.15
Moyenne	11.59		

La moyenne des températures des 22 premières localités situées sur sols
eugéogènes est de 11,59, tandis que celle des 21 lieux sur roches dysgéogènes s'élève à 12,15, résultat plus fort 0,76, c'est-à-dire plus d'un demi
degré. Ce fait est-il dû aux différences de terrain?

Les circonstances locales qui peuvent avoir le plus d'influence sur la température moyenne après celles que nous avons éliminées sont évidemment
l'exposition, le degré d'encaissement, la situation relativement aux Alpes, le
voisinage de grandes masses ou de grands cours d'eau.

L'exposition et l'encaissement au milieu des reliefs secondaires plus habituellement notables que dans les terrains tertiaires sont-ils la cause de l'élé-
vation du chiffre des localités à sol dysgéogène? Non, car 1º dans la colonne
B, les localités qui devraient à cet égard jouer un rôle principal comme les
villes de Aarau, Soleure, Neuchâtel situées au pied sud des grandes parois
jurassiques donnent en moyenne 11,69, tandis que Pontarlier, Porrentruy,
Ferrière, Locle dans des conditions presque opposées donnent 11,99 ; 2º la
colonne A renferme un bon nombre de localités encaissées et très-bien exposées au sud. Si donc l'exposition et l'encaissement sont pour quelque chose
dans la supériorité de certains chiffres partiels, il ne sont pas la cause de la
supériorité de la colonne B.

La situation relativement aux Alpes est-elle pour quelque chose dans cette
différence? Il ne paraît pas, car il y a de part et d'autre à-peu-près le même
nombre de localités qui n'ont point l'obstacle des Alpes à leur midi, et,
parmi les dysgéogènes, il y a même plus de lieux raprochés de ces montagnes. Bien donc que cette position soit un facteur important, on ne voit

nullement qu'il soit la cause du résultat que nous examinons. Est-ce peut-être la proximité de grandes eaux. Cela semble fort douteux. Car nous ne voyons pas que dans la colonne A les localités placées sur le Rhin ou le Rhône offrent une moyenne plus basse que celle des endroits comme Epinal, Stuttgardt, Tubingen, Salins qui s'élèvent sur des rivières médiocres. De même, dans la colonne B, les villes du Rhin, de l'Aar, du lac de Neuchâtel ne présentent point des chiffres sensiblement inférieurs. Toutefois, ce que nous disons ici des grands cours d'eau ne doit probablement pas être étendu à l'état hydrologique général des localités. Bien qu'au milieu de la bigarrure qu'elles présentent on ne saisisse pas de rapport clair avec le rôle des pluies, par exemple, il n'en est pas moins probable qu'à cet égard il y a, en moyenne, supériorité du côté des terrains eugéogènes, ce qui loin d'être défavorable à l'influence des roches dans la question militerait en sa faveur.

La différence entre nos deux colonnes tiendrait-elle au mode de calcul et à l'imperfection, bien évidente du reste, du système d'approximation sur lequel il repose? Nous ne verrions pas trop comment! Car d'abord les erreurs y sont proportionnelles ; et si même les coefficiens de réduction au lieu d'être égaux aux limites extrêmes de notre champ d'étude devaient y être différents, il y aurait dans la composition fort bigarrée des deux colonnes très-probablement compensation.

Les localités qui abaissent une des colonnes relativement à l'autre appartiendraient-elles en majeure partie à quelque région soit plus orientale, soit plus occidentale, soit plus méridionale etc. Il est aisé de voir qu'il n'en est rien non plus, et que la plupart des faits de détail ont lieu également dans le sens de la supériorité des chiffres partiels chez les terrains dysgéogènes. En effet, quittons Paris eugéogène où règne 12,25 pour passer sur la zône dysgéogène Verdun-Metz, nous y trouvons 12,70 chiffre supérieur ; redescendons de là sur la vallée du Rhin (eugéogène) Strasbourg et Carlsruhe nous donnent 12,48 chiffre inférieur. Quittons Augsbourg (eugéogène) marqué 11,51 et passons sur les terrains secondaires de l'Albe en y comprenant même le keupérien du Neckar, nous nous élevons à 11,45, moyenne de Genkingen, Tubingen et Stuttgardt. Partons de Bâle et Mulhouse (eugéogènes) notés 10,88 pour traverser le Jura dysgéogène, Pontarlier, Porrentruy, Locle et Ferrière nous y donnent 11,99 ; descendons sur la lisière jurassique au contact des molasses, Neuchâtel, Soleure, Aarau nous abaissent à 11,69 ; enfin arrivons sur les molasses de Zurich, Berne, Lausanne nous tombons rapidement à 10,94.

On le voit : la supériorité de la colonne B sur la colonne A ne paraît point être quelque chose d'accidentel, mais au contraire se rapporter à une cause

essentielle dépendante de la nature eugéogène ou dysgéogène des terrains.
Nous avions déjà trouvé la température des sources plus élevée dans le même
sens (voir T. I. page 57 et suiv.). Nous devons donc ajouter aux conséquences de ce livre résumées dans le chapitre XXI la suivante, savoir : *que
les températures atmosphériques, de même que celles des sources paraissent plus
basses en moyenne annuelle sur sol eugéogène que sur dysgéogène.*

Ce résultat serait fort digne d'attention et nous le recommandons à la con-
statation des météorologistes. Il devrait être poursuivi dans les températures
d'été et d'hiver, puis lié à l'étude des courbes isothermes, isanthésiques etc.
Car si ce que nous ne faisons que présumer ici est plus tard reconnu fondé,
il est clair qu'une isotherme en passant d'un terrain plus dysgéogène sur un
district plus eugéogène ou réciproquement, pourra subir une inflexion dépendante des terrains.

Additions au Chapitre XVII.

§ 87. *De l'espèce et de ses limites.* Le chapitre XVII de cet ouvrage était
imprimé, lorsque j'ai eu connaissance de l'excellent mémoire de M. Godron sur l'*Espèce*. Les conclusions de l'auteur sont les suivantes : « Dans
la période géologique actuelle, l'espèce est fixe, et les attributs qui la distingue sont : 1° la succession d'individus semblables par voie de généra-
tion ; 2° la permanence des caractères importants ; 3° la suffisance de ces
caractères pour distinguer les espèces les unes des autres ; 4° l'absence
d'êtres intermédiaires permanents qui réunissent et confondent les espèces
les unes avec les autres. » — C'est à des botanistes descripteurs consom-
més comme l'est M. Godron, bien plus qu'à des botanistes géographes qu'il
appartient de juger ces sortes de questions. Aussi éprouvons-nous le besoin
de faire voir que nos propres conclusions, malgré quelques dissidences
apparentes, sont en réalité entièrement d'accord avec celles de cet éminent
observateur. — Nous admettons comme lui que l'*espèce* n'est point une
convention scientifique mais qu'elle est circonscrite par la nature même.
Nous devons seulement insister sur ce point que l'*espèce des naturalistes n'est
pas toujours l'espèce de la nature;* qu'entre deux espèces naturelles nous ne
connaissons pas d'intermédiaires, mais que ces intermédiaires existent parfois entre des formes envisagées comme espèces consécutives, formes qui ne
sont que des modifications d'une même espèce naturelle par les facteurs ex-

térieurs. Ainsi nous pensons, par exemple, que les *Helleborus fœtidus* et *viridis* sont deux espèces naturelles, et que, s'il a existé un jour des intermédiaires entre ces deux formes, rien n'annonce qu'il en existe encore. Nous pensons de même que les *Brachypodium pinnatum* et *sylvaticum* sont encore deux espèces naturelles, et nous n'avons point vu avec Hegetschweiler d'intermédiaire entre ces deux formes, bien qu'elles nous paraissent moins distantes que celles du premier exemple, et bien que ces intermédiaires nous semblent en quelque sorte plus possibles. Mais nous pensons que les *Chrysanthemum leucanthemum* et *montanum*, *Scabiosa columbaria* et *lucida*, *Polygala vulgaris* et *comosa*, bien que constituant des espèces pour beaucoup de botanistes, ne sont point des espèces naturelles, mais des modifications extrêmes et plus ou moins distantes d'un même type ou espèce naturelle, modifications liées encore maintenant par des intermédiaires observables. — Ainsi, pour nous, l'espèce ou le plan spécifique existe, mais il est encore variable dans certaines limites qui, pour certains cas, admettent des modifications extrêmes sensiblement distantes. En outre il y a des espèces que nous considérons comme distinctes, qui sont presqu'aussi voisines que les modifications extrêmes ci-dessus, et ont pu appartenir une fois à un plan spécifique commun. Enfin il y a des espèces qui offrent beaucoup moins d'affinité, et telles que nous ne concevons plus le passage de l'une à l'autre par des modifications semblables à celles que les facteurs extérieurs produisent encore. Donc enfin l'espèce naturelle existe, mais pour nos observations, *la série des espèces est formée de termes qui ne sont ni d'égale valeur ni également espacés.*

Additions au Chapitre XVIII.

§ *Suite de la revue des observateurs.* Nous avons dit au § 120 que M. Link est un des premiers observateurs qui ait étayé d'énumérations convenables l'opinion de l'influence des roches soujacentes sur la végétation. Plus tard cet éminent philosophe botaniste a résumé (dans son Monde primitif, ouvrage tout rempli d'ingénieux aperçus) son opinion à ce sujet, à peu près en ce sens : « les différences de végétation dues au sol constituent comme des îles au milieu de la mer générale du humus qui recouvre toutes les surfaces peu inclinées; de façon que son influence (sur les grands faits de dispersion que l'auteur passe en revue) est peu considérable. » Cette assertion paraît juste en ce sens qu'elle met particulièrement en évidence le rôle très-caractéristique des plantes les plus saxicoles (y compris les arénicoles et pélicoles), mais elle méconnait évidemment beaucoup trop l'importance du rôle des détritus dans la composition des terres végétales en général, comme on a pu amplement s'en convaincre dans tout ce livre. Nous relevons cette assertion parce qu'elle se trouve dans un ouvrage très-répandu et justement estimé.

Parmi les causes de dispersion, M. Link qui attachait beaucoup d'importance à la migration de proche en proche, insistait également sur la possibilité des faits d'origine géologique. C'est-à-dire, que comme l'a fait récemment M. Forbes avec plus de détail et sur une plus grande échelle, il supposait que la présence de certaines espèces sur des points plus ou moins éloignés peut dater d'une époque où ces points étaient liés par une continuité de terres fermes détruites plus tard, et il appliquait, par exemple, cette hypothèse à certaines plantes scandinaves du nord de l'Allemagne. Nous n'ignorons pas que ce système a été combattu d'une manière peut-être victorieuse tant au point de vue géologique qu'au point de vue botanique; mais nous pensons que s'il a été reconnu inapplicable à l'interprétation de certains faits, on ne doit peut-être pas y renoncer pour certains autres. Tel est celui des blocs erratiques dont nous avons déjà dit un mot (Tom. I p. 425) et sur lequel nous aimons à revenir. Lorsqu'on voit au pied du Jura ces blocs de granite, de protogyne etc. recouverts, exceptionnellement à tout le sol sur lequel ils reposent, des mêmes mousses et des mêmes lichens qu'on retrouve à leurs stations de départ dans les Alpes du Grimsel ou du Mont-Blanc, quelque partisan que l'on soit de l'influence des roches soujacentes, on n'en est pas moins involontairement entraîné à penser que ces cryptogames ont été amenées là avec les blocs eux-mêmes. Car en repoussant cette hypothèse on est forcé d'admettre que les migrations atmosphériques qui ont plané sur le bassin Suisse des Alpes au Jura ont dû rencontrer singulièrement juste les points épars relativement imperceptibles que forment les blocs, pour y établir leurs siège, et ce sans trouver ailleurs sur les collines suisses interposées et formées cependant de roches clastiques et psammiques (molasses, nagelfluhs), un point pour s'arrêter ! Nous ne prétendons point trancher ici en faveur de l'affirmative, mais nous recommandons la question à l'attention des botanistes.

§ Nous avons fort à tort, dans la revue des auteurs qui ont fourni des faits relatifs à notre sujet, omis un observateur éminent qui a non-seulement rendu des services à toutes les parties des sciences, mais a un des premiers éveillé l'attention sur les rapports phytostatiques qui nous occupent : cet observateur est M. de Caumont. Dans sa topographie géognostique du Calvados que nous n'avons plus sous les yeux (et dont nous avons malheureusement égaré les extraits ce qui est cause de notre oubli) il expose différentes considérations importantes que nous regrettons de ne pouvoir reproduire, mais qui tendent à établir l'indépendance des espèces à l'égard des terrains, les contrastes entre la végétation des calcaires et celle des autres roches soujacentes, etc. Bornons-nous après cette mention incomplète à puiser dans le troisième mémoire de M. Desmoulins où elle est reproduite, une seule citation : « c'est que l'influence de la nature minéralogique du sol n'est pas toujours détruite pas le terrain meuble qui le recouvre, ce dernier se trouvant presque toujours en grande partie formé aux dépens des roches inférieures. » Nous avons ailleurs déjà rendu le lecteur attentif à ce point (Tom. I. p. 96) qu'il est souvent important de ne pas perdre de vue.

§. M. Desmoulins président de la société Linnéenne de Bordeaux, a dans dans le courant de 1848 publié un second mémoire sur les causes de la dispersion. Il s'y attache particulièrement à provoquer la formation de catalogues régionnaires où les conditions stationnelles des plantes et notamment les roches soujacentes seraient consignées avec un détail convenable; il donne un exemple des tableaux qui en résulteraient. Rien ne serait en effet plus propre à avancer l'étude qui nous occupe que l'exécution de cet intéressant projet scientifique. Il est à désirer qu'il reçoive une plus grande publicité. Il serait toutefois important d'ajouter au tableau à remplir quelques colonnes destinées à recevoir l'indication des principaux caractères physiques du sol (tels que puissance, division, perméabilité, hygroscopicité etc.) puis le degré de dispersion.

§. MM. Stotter et de Heufler ont donné la notice à la fois géologique et botanique d'une excursion faite en suivant le val d'Oetz en Tyrol, longue et étroite vallée qui descend des Hautes-Alpes en se dirigeant vers le nord et sillonnant successivement des massifs de mica-schistes, schistes amphiboliques, amphibolites et eclogites. Bien qu'ils ne signalent qu'un petit nombre de plantes les plus dignes d'attention eu égard à la flore tyrolienne, on croit cependant y reconnaître la trace de l'influence des roches soujacentes. Ainsi les trois dernières roches citées sont généralement moins psammogènes et plus compactes que les mica-schistes. Or, tandis que c'est principalement dans la région des roches amphiboliques à teintes plus sombres que se montrent les espèces méridionales ou jurassiques comme *Alsine laricifolia*, *Thalictrum fœ-*

tidum, Galium lucidum, Allium fallax, Rosa rubrifolia, Juniperus sabina, c'est sur les mica-schistes surtout que nous retrouvons la végétation vogéso-hercynienne des *Calluna vulgaris, Hieracium albidum, Sedum saxatile, Leontodon pyrenaicum, Herniaria, Montia, Azalea, Allosurus, Lecidea, Luzula spadicea, Alnus viridis* etc. Ces contrastes, il est vrai, paraissent peu tranchés et il fort difficile de conclure quelque chose d'un simple voyage dans lequel l'observation n'a pas été spécialement dirigée sur ce point. Cependant il nous parait probable qu'une étude plus attentive du val d'Oetz conduirait à les reconnaître plus clairement.

§ La contrée qui s'étend à l'ouest du Rhin dans le polygone formé par Cologne, Trèves, Saarbruck, Mayence et Coblence et qui comprend la vallée de ce fleuve, celles de la Moselle, de la Nahe, puis le Hundsrück et l'Eifel, est formée de terrains très-variés : les phyllades et les grauwackes y jouent le rôle principal accidentés par des mélaphyres, des grès-rouges, des terrains houillers, des roches volcaniques (ponces, tufs, laves désagrégées, laves compactes, trachytes, basaltes) et enfin, vers Cologne, des calcaires tertiaires et des terrains récents. Désirant savoir si ces diverses roches soujacentes offrent quelques faits de dispersion végétale saillants, je m'adressai à M. Löhr, auteur de la flore de Coblence, à qui cette contrée est bien connue. A côté de chacune des plantes d'une liste de 50 espèces prises moitié parmi nos hygrophiles, moitié parmi nos xérophiles les plus caractéristiques, ce savant eut l'obligeance de placer l'indication des roches soujacentes sur lesquelles elle se montre dans la contrée, ou qu'elle parait préférer. Voici dès lors ce qui résulte du dépouillement attentif de ces renseignements. — En général, dans cette région, on remarquerait peu de contrastes de dispersion dépendants des terrains. C'est à peine s'il existe quelques espèces exclusivement adhérentes, et les préférences même pour tel ou tel sol seraient peu tranchées ou difficiles à démêler. — Ainsi sur cinquante des plantes contrastantes de notre champ d'étude la moitié hygrophiles et la moitié xérophiles, vingt-deux seraient généralement répandues sur toutes sortes de sols. Sur ces 22, il y a 17 hygrophiles la plupart très-caractéristiques telles que *Sarothamnus, Orobus tuberosus, Aira flexuosa, Luzula albida, Vignea brizoïdes, Hieracium boreale, Prunus padus* etc., et 5 xérophiles dont deux ou trois médiocrement caractéristiques, savoir : *Mercurialis perennis, Cirsium acaule, Verbascum lychinilis* etc., ce qui annonce une contrée à sol généralement profond meuble et frais reposant sur roches eugéogènes mais accidentée çà et là de points plus dysgéogènes. — Toujours parmi ces 50 espèces, une vingtaine paraissent se plaire sur sol calcaire, mais non exclusivement. De ces 20, 15 seulement sont des xérophiles comme *Helleborus, Cynanchum, Asarum, Orchis, Ophrys, Cephalanthera, Stipa, Trifolium rubens*, etc. et 7 des hygrophiles propres surtout aux sols pélo-psammiques comme *Genista germanica, Stachys germanica, Eryngium, Triodia* etc. — Une quinzaine aiment les porphyres, dont 11 xérophiles comme *Helleborus, Asarum, Stipa, Orchis, Cephalanthera, Sessleria, Mahaleb, Orobus vernus* etc., et 4 hygrophiles.—Une dixaine paraissent se plaire sur les phyllades dont 6 xérophiles : *Helleborus, Cynanchum, Aronia, Mahaleb, Buxus, Bupleurum falcatum* etc. et 4 hygrophiles, *Hypericum pulchrum, Galeopsis ochroleuca, Stachis germanica, Genista germanica*. — Cinq sont très-particulièrement propres aux sols sableux : *Scleranthus perennis, Luzula albida, Jasione montana, Aira flexuosa, Filago minima*. Enfin on trouve sur les diverses roches volcaniques la presque totalité des espèces; quelques-unes comme *Sessleria, Anacamptis pyramidalis, Ophrys arachnites* paraissent affectionner les basaltes. — Il résulte de tout cela qu'au milieu d'une contrée à roches eugéogènes prédominantes et où les hygrophiles trouvent presque partout des stations convenables, on voit quelques hygrophiles psammiques rechercher plus particulièrement les divisions sableuses, puis un bon nombre de xérophiles stationner plus habituellement sur les calcaires, les basaltes et surtout les porphyres.—Ce résultat n'offre rien que de fort naturel. Les calcaires dont il s'agit sont des roches tertiaires désagrégables; la plupart des phyllades, mélaphyres, grauwackes, roches houillères et volcaniques de ces contrées sont dans le même cas; cependant parmi ces roches les porphyres, basaltes et calcaires sont encore les plus dysgéogènes. On voit donc ici comme partout ailleurs l'indifférence des faits de dispersion relativement à la composition chimique et leur rapport avec les propriétés physiques. Du reste le résultat obtenu n'est que l'expression imparfaite et certainement *minimum* des contrastes qui peuvent exister, car M. Löhr dans ses notes a plutôt pris en considération la *présence* des espèces que leur degré de dispersion. Il est donc probable qu'un examen plus attentif dessinerait plus nettement les contrastes que nos données n'accusent que vaguement.

§ M. Grisebach dans son mémoire relativement aux lignes de végétation dans le nord-ouest de l'Allemagne, établit les contrastes qu'y offre le tapis végétal sur deux gradins géologiques de constitution opposée. Ainsi la contrée qui est circonscrite à l'ouest par le Veser et la Verra, à l'est par l'Elbe et la Saale, au sud par les hauteurs du Thuringerwald, se divise en deux terrasses : l'inférieure qui comprend le bas pays depuis les côtes jusqu'à la rencontre des premiers reliefs au sud de Hanovre, Brünswick etc. et varie au dessous de 150 ^m, puis la supérieure formée par le massif des plateaux accidentés qui entourent le Harz, le Thuringerwald etc., variant de 150 à 400 ^m. La première est presque exclusivement formée de terrains récents plus ou moins clastiques, psammogènes, hygroscopiques. La seconde (que M. Grisebach subdivise, mais dont nous n'envisagerons ici que l'ensemble en en excluant le massif des roches anciennes du Harz) appartient principalement aux terrains conchylien, keupérien, liassique, jurassique et crétacé, dans lesquels les calcaires plus ou moins compactes prédominent en alternant avec des masses argileuses ou marneuses assez développées. Ces deux terrasses sont reliées par une zone de terrains limoneux modernes sur laquelle se dessine le passage des deux végétations mais que M. Grisebach comprend dans la supérieure. — La terrasse inférieure est occupée par des forêts de pin, des landes avec bruyères et genêts et tout une flore dont il suffit de citer les genres, *Isnardia, Myriophyllum, Helosciadium, Villarsia, Utricularia, Littorella, Potamogeton, etc., Calluna, Erica, Ledum, Myrica, Ornithopus, Osmunda regalis etc., Scheuchzeria, Carex, Saxifraga hirculus etc.*, pour en faire comprendre le caractère aquatique, sableux, tourbeux et froid. La terrasse supérieure fait contraste par la disparition des plantes précédentes et l'apparition d'une flore spéciale. Sur 80 plantes environ citées comme caractéristiques de ses collines et plateaux, il suffira des suivantes, toutes les autres espèces appartenant entièrement à la même catégorie de stations. *Sorbus aria, Hieracium præaltum, Campanula glomerata, Gentiana cruciata, G. ciliata, Salvia pratensis, Hippocrepis comosa, Prunella grandiflora, Daphne mezereum, Leucoium vernum, Carex ornithopoda, Ophrys muscifera, Cephalanthera rubra, Lithospermum purpureo-cæruleum etc.; Trifolium rubens, Cornus mas, Orchis fusca, Anacamptis pyramidalis, Carex humilis, Ceterach officinarum, Cotoneaster vulgaris etc.; Actæa spicata, Lunaria rediviva, Laserpitium latifolium, Convallaria verticillata, Lilium Martagon, Sesleria cærulea, Elymus europæus, Asplenium viride, Polypodium robertianum etc.; Crepis præmorsa, Stachys germanica, Physalys alkekengi, Adonis vernalis, etc.; Fumaria Vaillantii, Nigella arvensis, Medicago minima, Alsine segetalis, Falcaria Rivini, Caucalis daucoides, Polycnemum arvense etc.* On y verra au premier coup-d'œil les plantes communes des collines jurassiques, quelques-unes de celles de leurs stations sèches et chaudes, quelques espèces sous montagneuses, enfin quelques-unes des cultures sur sol argileux ou marneux qui dans nos climats aiment de bonnes expositions. C'est-à-dire que, dans l'ensemble, la terrasse supérieure contraste avec l'inférieure à peu près comme les plateaux jurassiques avec les plaines ambiantes, sauf en ce qui concerne la présence d'un certain nombre d'espèces des sols péliques dont la présence est due soit à la zone limoneuse dont nous avons parlé, soit aux grands affleurements argileux du keupérien. — Du reste, si de cette seconde terrasse on s'élève sur les roches schisteuses, les grauwackes et les granites du Harz, on y retrouve une partie de la flore vogéso-hercynienne. — M. Grisebach sans se prononcer explicitement sur l'action physique ou chimique des roches soujacentes, leur attribue essentiellement les contrastes que présentent ces deux terrasses, sans préjudice toutefois, en ce qui concerne certains faits de détail, à d'autres causes explicatives parmi lesquelles il fait figurer en première ligne la dispersion fortuite ou primitive.

§ M. Tommasini a donné dans la description géologique de l'Istrie de M. de Morlot, une notice relative à la dispersion des espèces dans cette contrée sur les calcaires et les schistes du *tassello* appartenant tous deux au terrain crétacé. Voici un résumé fidèle de ce qu'il dit de ces deux groupes géologiques et des contrastes de végétation qu'ils présentent. — D'un côté l'on a des calcaires blancs, purs, nullement argileux, très-résistants à la décomposition, laissant passer les eaux par de nombreuses solutions. De l'autre on a des schistes gris, très-argileux, éminemment feuilletés, sableux, quarzifères, très-pauvres en calcaire, aisément désagrégeables et très-absorbants. Tous deux sont entièrement découverts de toute formation postérieure. Ces deux terrains produisent comme roches soujacentes un contraste de végétation si évident, qu'il se trouve exactement représenté par la carte géologique du pays. Le fond schisteux paraît notablement plus froid que le calcaire ; quoique à une altitude inférieure et en partie plus méridional, sa végétation porte un caractère plus boréal et l'on pourrait évaluer cette différence à près de 2° R ; la flore schisteuse est en outre plus commune, plus monotone, *plus pauvre en espèces*, plus abondante en graminées et cypéracées, à arborescence plus ample ; mais elle est *plus riche en individus* et à pelouses plus denses que celle des calcaires qui ne fournissent point de détritus au sol, tandis que les schistes y contribuent puissamment en le rendant plus mélangé et plus puissant bien que moins pur en humus etc. — Aucun des nombreux observateurs que nous avons cités ne fournit des données explicatives aussi remarquablement semblables aux nôtres. Nous y ferons remarquer surtout le caractère plus social, plus luxuriant, plus boréal de la végétation schisteuse signalé par M. Tommasini d'une manière si conforme à tout ce que nous avons avancé : nous ne différons avec cet observateur que par la plus grande diversité qu'il attribue à la flore calcaire. Rien n'empêche que cela ne soit exact pour le district dont il s'agit si, comme il le paraît, les schistes y sont très-envahis par les espèces sociales. Si cependant M. Tommasini voulait prendre en considération la série totale des espèces sans en éliminer (comme il l'a fait) les annuelles et les bisannuelles qui préfèrent les sols divisés, il peut se faire qu'il verrait l'équilibre se rétablir.—Parmi cent plantes signalées comme adhérentes ou préférentes, une quarantaine seulement sont de nos climats : elles jouent ici le même rôle à peu près que dans nos contrées. Ainsi, dans 25 calcaréophiles, nous trouvons *Globularia cordifolia*, *Æthionema saxatile*, *Crocus vernus*, *Helianthemum œlandicum*, *Acer monspessulanum*, *Aronia*, *Mahaleb*, *Coronilla montana*, *Rosa pimpinellifolia*, *Allium sphærocephalum*, *Mœhringia muscosa*, *Anthyllis montana*, *Laserpitium siler*, *Coronilla vaginalis*, etc. Parmi une quinzaine de schistophiles nous citerons *Calluna vulgaris*, *Hieracium auricula*, *Tormentilla erecta*, *Orobus tuberosus*, *Hieracium sabaudum*, *Globularia vulgaris*, *Muscari racemosum*, etc., dont quelques-unes font présumer que certaines indifférentes de nos climats ont déjà besoin ici de sols plus froids pour contrebalancer la température. Enfin, parmi les indifférentes, nous voyons des espèces comme *Dianthus sylvestris*, *Trifolium rubens*, *Hippocrepis comosa*, *Helianthemum fumana*, *Pistacia terebinthus*, *Rhus cotinus*, *Coronilla emerus*, etc., dont plusieurs indiquent qu'à cette latitude quelques-unes de nos xérophiles s'accommodent déjà de terrains plus eugéogènes. On voit du reste que la flore des schistes est plutôt pélopsammique que purement sableuse.

§. Peu de districts ont été aussi complètement étudiés jusqu'à ce jour sous le rapport phytostatique que celui des environs de Nördlingen en Bavière dont MM. Schnitzlein et Frickhinger ont publié récemment la description (1848). Un carré d'une dixaine de milles situé sur la continuation de l'Albe de Souabe et à son pied, s'étend sur le jurassique, le liassique et le keupérien accidenté dans la plaine par quelques vallées d'alluvion et sur le plateau par quelques petits affleurements volcaniques ou granitiques : le tout entre 500 et 700 ^m au plus de hauteur absolue. Les terrains récents, le keuper avec ses argiles et ses grès, les subdivisions clastiques du lias et du Jura brun, les granites très-désagrégés, enfin les tufs et trass volcaniques offrent de nombreux sous-sols péliques, psammiques et mixtes, tandis que les différentes subdivisions calcaires ou marno-compactes du lias, de l'oolite, de l'oxfordien et du corallien présentent tous les degrés de l'état dysgéogène oligopélique. De là à peu près les mêmes contrastes de végétation que nous avons vus tant de fois.

Après le climat, MM. Schnitzlein et Frickhinger admettent comme facteur capital de dispersion l'influence des roches soujacentes. Ils la combattent géologiquement, mais l'admettent minéralogiquement dans sa plus grande extension. Ils assignent aux propriétés physiques une influence considérable et propre parfois à contrebalancer l'influence chimique, mais ils envisagent très-particulièrement cette dernière comme cause principale des oppositions que présente le tapis végétal. Ils divisent ainsi les espèces non indifférentes en plusieurs classes.

1. Plantes qui ne croissent que sur le calcaire ou sur des sols où il est très-prédominant (*Kalkzeiger*).

2. Plantes croissant sur des sols qui renferment toujours l'élément calcaire, sans qu'il y prédomine essentiellement (*Kalkdeuter*).

3. Plantes ne croissant que sur des roches siliceuses (habituellement le sable quarzeux) avec diverses proportions de potasse, soude, chaux, magnésie, oxide de fer, alumine, acide phosphorique etc. (*Kieselzeiger*).

4. Plantes ne croissant que sur des roches dans lesquelles la silice ne manque jamais, bien qu'elle puisse ne pas être l'élément principal (*Kieseldeuter*).

5. Classe *accessoire* renfermant les plantes qui indiquent l'argile (*Thondeutend*), c'est-à-dire simplement la constitution limoneuse (*lehmige Beschaffenheit*).

6. Plantes végétant particulièrement dans les humus.

Nous sommes entièrement d'accord avec les auteurs de l'excellente monographie dont nous nous occupons ici sur l'action capitale des roches soujacentes et les faits qu'ils y rapportent, mais nous sommes dissidents sur la question de l'influence chimique. Qu'on nous permette donc relativement à ce point quelques observations qui du reste laissent entièrement intact le résultat principal de l'influence phytostatique des terrains.

Faisons d'abord remarquer que la division donnée ci-dessus n'est pas nettement chimique. Ainsi que les auteurs ont dû le signaler, la silice y joue habituellement son rôle à l'état de *sable* quarzeux, et l'alumine y figure surtout pour représenter la constitution *limoneuse*. On voit percer derrière cette classification l'impossibilité d'échapper à certains modes d'agrégation, et se dessiner les propriétés psammiques, péliques et dysgéogènes des roches.

Remarquons en second lieu que dans le district de Nördlingen, pour pouvoir tirer de légitimes conclusions sur l'influence chimique abstraite des propriétés physiques des roches, il manque comme nous l'avons prévu Tome I, p. 55 et 96, un terme de comparaison nécessaire. On y a des roches *siliceu-*

ses sableuses, des roches *calcaires compactes non sableuses* et des roches *limoneuses alumineuses;* de façon qu'ici l'hypothèse chimique s'adapte entièrement,
vu l'absence de faits contradictoires, faits qui apparaîtraient infailliblement
si l'on avait un des termes manquants à la comparaison, savoir *des roches
siliceuses compactes et non sableuses,* ou bien *des roches silicéo-alumineuses
compactes non limoneuses,* ou bien *des roches calcaires non compactes et sableuses.* Les roches volcaniques qui pourraient présenter le second de ces
termes si elles offraient des basaltes compactes, ne sont ici que des tufs et
des trass très-pélogènes : les porphyres, qui jouent quelquefois le même
rôle, y existent à peine. Rien ne représente le premier de ces termes. Le troisième y existe, mais peu développé, et a forcé cependant les auteurs à le
signaler comme une exception : ce sont les calcaires dolomitiques sableux de
quelques points du plateau où, grâce à la constitution psammique, se retrouvent des plantes soi-disant silicéophiles comme la *Herniaria*, ce qui fait
admettre à MM. Schnitzlein et Frickhinger qu'ici les propriétés physiques
l'emportent sur la composition chimique ([1]). A part cela rien ne devait aver-
tir ces Messieurs de l'erreur dans laquelle (selon nous) tombait leur sagacité.
Si le district étudié avait offert au contraire des dolomies sableuses plus lar-
gement développées, ou des basaltes compactes quelque peu étendus, n'est-il
pas clair que les premiers auraient accepté les *Kieseldeuter* et les seconds les
Kalkdeuter : il suffira pour s'en convaincre de relire ce que nous avons dit
ailleurs du Kaiserstuhl, des grès compactes de Fontainebleau, des roches
euritiques des Vosges etc.

Ajoutons encore ici un argument que nous n'avons pas encore fait valoir :
c'est qu'en marchant du nord vers le sud, les roches pélogènes (le plus
souvent *Kiesel* et *Thondeutend*) acceptent de plus en plus la flore des roches
dysgéogènes (le plus souvent *Kaldeutend*) des latitudes froides, tandis que
l'inverse a lieu du sud vers le nord. De façon que l'*Helleborus fœtidus* qui est
Kalkdeutend en Franconie, perd cette propriété dans le midi de la France
pour y devenir, soit ubiquiste, soit, peut-être selon le district étudié, *Kiesel*
ou *Thondeutend* là où les calcaires seraient déjà trop arides pour sa végétation.

Du reste les faits de détail se présenteraient en foule pour renverser la
théorie des adhérentes calcaires ou siliceuses. Si la *Lunaria rediviva* est une

---

([1]) Si la végétation d'une plante réclame le concours de telle ou telle substance chimique, et
que celle-ci vienne à manquer, de quelle manière des propriétés physiques pourraient-elles y
suppléer ?

calcaréophile, pourquoi s'accommode-t-elle des roches porphyriques et même des granites des Vosges? Pourquoi, dans la même supposition, l'*Euphorbia amygdaloïdes*, après y avoir évité les grès et les granites, se fixe-t-elle dans les vallées euritiques? Si les *Sarothamnus*, *Aira flexuosa* etc., sont silicéophiles, pourquoi s'élèvent-elles sur les plateaux oolitiques désagrégés du Jura occidental pour s'arrêter ensuite à la rencontre du corallien compacte? Pourquoi, dans la même hypothèse, le *Rumex acetosella* abonde-t-il sur les aires à charbon presque sans humus, et les *Herniaria* dans les sables dolomitiques? Si le *Tussilago farfara* veut de l'alumine, pourquoi se développe-t-il aussi bien sur les marnes les plus calcaires que sur les argiles les plus pures ou même sur les grèves humides formées de sable quartzeux?

On répond à cela que chaque fois l'analyse du sol a justifié les prévisions relativement à la présence de l'élément chimique. Mais l'application de l'analyse aux innombrables cas à éclairer serait, selon l'expression même de MM. Schnitzlein et Frickhinger, un travail gigantesque, et nous pensons qu'en réalité il n'existe à cet égard qu'un petit nombre d'expériences positives. On ajoute que du reste il n'est pas une roche ignée qui ne renferme quelques traces de calcaire, et pas un calcaire sédimentaire qui ne contienne quelques traces de silice et d'alumine. Cela est vrai en général quoiqu'il y ait certainement plusieurs exceptions. Mais si pour justifier la préférence des calcaréophiles ou des silicéophiles, il suffit de quelques atômes de calcaire ou de silice, on peut demander où il faudra s'arrêter, car il est évident que l'on aura dès-lors une interprétation toujours commode, et toujours favorable, analogue à la providence facile de certains historiens qui tantôt éprouve le juste, tantôt punit le méchant. C'est précisément au contraire cette présence dans la plupart des roches et des sols d'un beaucoup plus grand nombre de substances que leur nom ne le fait souvent supposer, qui doit nous faire redoubler de précautions quant il s'agit d'influence chimique. Car, par exemple, si c'est également le carbonate de chaux qui fait adhérer le *Thalictrum montanum* aux calcaires jurassiques de l'Albe, aux basaltes du Kaiserstuhl, aux grès lustrés de Fontainebleau, aux roches tertiaires de la Limagne, aux dolérites du Puy-de-Crouel, aux grès vosgiens d'Epinal, aux syénites du Ballon-St-Maurice etc., il faut avouer que ses appétences *calcaréo-vores* sont satisfaites avec des doses tellement différentes, qu'il est raisonnablement impossible d'y croire.

Ici donc, comme ailleurs, nous ne saurions voir que des faits d'influence physique, identiques à tous ceux que nous avons signalés et caractérisés à peu de choses près par les mêmes espèces sur lesquelles nous allons maintenant jeter un coup-d'œil.

1. Adhérentes calcaires (Kalkzeiger). Parmi une vingtaine de plantes de cette catégorie, toutes jurassiques, et la plupart de stations sèches, nous donnerons pour exemples *Helleborus fœtidus, Cotoneaster vulgaris, Saxifraga aizoon, Veronica prostrata, Teucrium montanum, Euphorbia amygdaloides*, etc.

2. Préférentes calcaires (Kalkdeuter). Parmi 90 plantes presque toutes jurassiques, nous voyons régner nos espèces habituelles des collines sèches dysgéogènes, comme *Mahaleb, Aria, Aster amellus, Conyza, Carlina acaulis, Gentiana cruciata, Prunella grandiflora, Ophrys arachnites, Sesleria*, etc., et un grand nombre de nos espèces communes, presque ubiquistes, qui, à cette latitude, sont déjà plus exigeantes à l'égard de la siccité des sols, telles que *Helianthemum vulgare, Arabis hirsuta, Hippocrepis comosa, Sedum album, Galeopsis ladanum, Mercurialis perennis*, etc.

L'ensemble de ces deux premiers groupes est formé des xérophiles du district, et des plus méridionales du climat. Les familles inférieures (voir Tom. I, p. 298) donnent environ 27 sur 100. Les plantes non vivaces y sont très-peu nombreuses.

3. Adhérentes siliceuses (Kieselzeiger). Une trentaine de plantes citées nous offrent presque exclusivement la flore psammique vosgienne non jurassique, caractérisée par les *Sarothamnus, Myosurus, Radiola, Scleranthus, Jasione, Arnoseris, Calluna, Corynephorus, Vaccinium, Filago minima, Aira flexuosa, Avena caryophyllea*, etc.

4. Préférentes siliceuses (Kieseldeuter). Une soixantaine d'espèces offrent en très grande majorité le même caractère : ce sont des *Drosera, Gypsophila, Sagina, Peplis, Montia, Corrigiola, Herniaria, Thrincia, Centunculus, Littorella, Cyperus, Chamagrostis, Triodia, Molinia, Vulpia, Equisetum, Lycopodium, Dianthus deltoides, D. prolifer, Hypericum humifusum, Hieracium rigidum, Juncus squarrosus, Holcus mollis*, etc.

L'ensemble des groupes 3 et 4 est évidemment formé des hygrophiles de la contrée, la plupart psammo ou pélo-psammophiles : il renferme aussi les espèces les moins méridionales. Les familles inférieures y donnent environ 50 espèces sur 100. Les espèces non vivaces y sont sensiblement plus nombreuses.

5. Indiquant l'argile (Thondeutend). Une trentaine d'espèces offrent en majeure partie des plantes hygrophiles de nos sols péliques ou pélopsammiques, par exemple, *Myagrum perfoliatum, Lathyrus tuberosus, Potentilla argentea, Tussilago farfara, Scorzonera humilis, Linaria elatine, Stachys palustris, Alopecurus agrestis, Phragmites*, etc.

Les plantes indifférentes sont un mélange de nos ubiquistes avec quelques hygrophiles extra-jurassiques telles que *Betula*, *Holosteum*, *Onopordon*, *Arnica montana*, *Luzula albida*, etc., ce qui prouve que les calcaires secondaires du district sont souvent assez désagrégeables, soit par suite des variétés saccharoïdes coralliennes, soit à cause des points dolomitiques, etc. On voit aussi la *Digitalis purpurea* près de Pappenheim, probablement au contact de quelque modification analogue.

En résumé, les groupes 1 et 2 correspondent à nos xérophiles des terrains dysgéogènes, les groupes 3, 4, 5 à nos hygrophiles sur sols eugéogènes, plus psammiques pour les deux premiers, plus péliques pour le dernier. Ils présentent les caractères principaux que nous avons reconnus partout.

Nous devons en terminant cet article faire encore remarquer combien, indépendamment de toute théorie, les faits exposés dans le travail de MM. Frickhinger et Schnitzlein sont démonstratifs de l'action des terrains, et faire toute réserve pour la part de l'action chimique sortant de la considération spéciale des faits généraux de dispersion. Nous espérons du reste que les auteurs de la belle description phytostatique du district de Nördlingen nous pardonneront d'avoir, à leur occasion, combattu, avec une insistance plus particulière la théorie de l'influence chimique. Plus un livre est appelé à prendre une place importante dans la science par les garanties qu'il présente, et plus il est licite d'en controverser la partie spéculative. Pour avoir été un moment ici les adversaires de MM. Schnizlein et Frickhinger, nous n'en pensons pas moins avec un critique éminent, M. de Schechtendal, que la société de Regensburg, en dérogeant quelque peu à son programme pour couronner un travail si utile et si noblement inspiré, aurait rencontré une approbation générale.

§. La science forestière s'est enrichie dans ces dernières années d'un certain nombre d'observations et d'expériences qui touchent à notre sujet et tendent à faire prendre en considération les propriétés des roches soujacentes en sylviculture.

L'interprétation des faits d'alternance par l'épuisement des sucs propres à l'espèce et les théories d'assolement sylvicole présentées de nouveau ont de nouveau été vigoureusement réfutées dans diverses publications comme par exemple celle de M. Mathieu (1).

M. de Schottenstein a fait voir que la nature du sol apporte des modifications dans le plus ou moins d'intensité d'effet des gelées sur les forêts. Aux

____

(1) Voir les titres des Mémoires de MM. A. Matthieu, de Schottenstein et E. Chevandier, p. 281.

environs de Francfort, divers quartiers de forêts sont situés les uns de hêtres sur calcaire et basaltes, les autres de chênes et pins prédominants sur des sols sabloneux. L'expérience prouve que les premiers souffrent beaucoup moins de la gelée que les seconds. M. de Schottenstein explique cette différence comme suit : « Le terrain sableux léger s'échauffe plus vîte et à un plus haut degré ; mais il laisse évaporer son humidité avec la même promptitude ce qui absorbe beaucoup de calorique : de sorte que, après une journée chaude, lorsque, à la suite de pluies d'orage, l'atmosphère se refroidit subitement, le sable perd tout d'un coup sa chaleur et devient par la rapidité de l'évaporation très-disposé à recevoir l'action du froid. Le terrain calcaire ou basaltique plus compacte ne s'échauffe pas si vite mais retient sa chaleur bien plus longtemps ; en conséquence il résiste à l'influence d'une gelée qui se fait sentir sur le sol graveleux ou sabloneux. » L'observateur que nous citons ajoute que ce refroidissement et ces gelées sur sol sableux sont très-fréquents, tandis que sur terrains calcaires et basaltiques ils ne causent que rarement quelques dégâts. — Soit qu'on admette l'interprétation ci-dessus, soit que l'on en propose une autre, ce contraste n'en est pas moins fort digne d'attention. Nous y voyons d'abord le rapprochement des terrains basaltiques et calcaires dans la même propriété opposés aux terrains sableux, c'est-à-dire, d'un côté des roches dysgéogènes, de l'autre des psammogènes. Nous retrouvons à l'égard de ces dernières une cause probable de l'absence ou de l'éloignement de certaines espèces délicates pour le climat, c'est-à-dire, précisément un des éléments du contraste que nous avons signalé entre la végétation plus méridionale des roches dysgéogènes et la plus froide ou plus boréale des eugéogènes.

M. E. Chevandier dans une série de mémoires d'un haut intérêt, relatif à diverses questions forestières, a souvent touché de très-près au sujet qui nous occupe. Les expériences nombreuses qui ont servi de base à ses appréciations ont eu lieu principalement dans les forêts du versant occidental des Vosges sur grès vosgien, grès bigarré, terrain keupérien et calcaires conchyliens fournissant respectivement des sols psammique plus secs, pélo-psammique plus humide, pélique et pélopsammique mélangés, très-frais, souvent humides, oligopélique et pélique plus ou moins dysgéogène mais peu caractérisé. Il est fort à regretter qu'il manque dans cette série de roches d'un terme nettement dysgéogène à la façon des calcaires jurassiques ; on en aurait certainement vu jaillir des contrastes plus saisissables encore que ceux auxquels arrive M. Chevandier. Bien que les résultats obtenus par cet habile observateur dans un intérêt essentiellement sylvicole soient souvent compli-

qués de chiffres étrangers à notre sujet et qu'il faudrait en dégager, on y ap-
perçoit cependant encore très-clairement le rôle notable des roches soujacentes. Voici les principaux : — 1° La végétation est d'autant plus active que
l'arrosement est plus considérable, moyennant qu'il n'y ait pas stagnation des
eaux. Ainsi, dans une forêt de sapins sur grès vosgien, l'étude d'une vingtaine d'arbres a fait voir qu'en terrain très-sec l'accroissement moyen annuel
étant de 4 kilogrammes, il est en terrain fangeux de 5, en terrain arrosé
accidentellement par les eaux pluviales de 7, enfin en terrain irrigué habituellement de 12. — 2° L'accroissement des taillis varie avec la nature géologique du sol; il est d'autant plus faible que le terrain est plus perméable ou
se dessèche plus rapidement. La croissance des futaies se montre dans un
rapport moins saisissable avec les terrains, parce qu'elles les couvrent de leur
ombre et contribuent à maintenir la fraîcheur sur les plus perméables. —
3° La composition élémentaire des bois peut être considérée comme constante quels que soient les terrains (carbone, hydrogène, oxygène, azote), sauf
les cendres sur la quantité desquelles la nature géologique du sol ne mon-
trerait pas un grand effet. — 4° Le rendement du bois est plus fort sur terrain argileux comme les marnes irisées que sur terrain psammique comme
le grès vosgien. Ainsi la production des futaies étant 1, celle des taillis peut
être représentée sur marnes irisées par 0,72, sur grès bigarré par 0,66 sur
terrain conchylien par 0,64, sur grès vosgien par 0,46. — 5° Les bois venus
dans un terrain sec présentent un coefficient d'élasticité plus élevé que ceux
des terrains fangeux, ceux des grès vosgiens supérieur à ceux des grès bigarrés etc. — 6° L'administration forestière du Grand-Duché de Baden a publié
des rapports sur les forêts badoises dont le mode d'étude a servi de base à
plusieurs des recherches de M. Chevandier. Il a été ainsi amené à reconnaître
que les forêts du Schwarzwald et des Vosges fournissent des chiffres très-voisins et sont dans des conditions de végétation très-semblables. — Tous ces
résultats accusent l'action capitale du sol sur les conditions de fertilité et de
production ; à ce dernier égard les sols convenablement pélopsammiques du
keupérien seraient en première ligne, tandis que les sols soit psammiques du
grès vosgien soit un peu dysgéogènes du conchylien, souvent arides bien que
par des causes différentes, seraient fort inférieurs. Du reste, nous savons que
ces indications de fertilité ou de stérilité, bien que révélant l'importance de
l'état des roches soujacentes, ne sont que dans un rapport indirect avec les
faits de dispersion dont nous nous occupons.

§ L'importance des propriétés physiques des sols et de leur mode de désagrégation en particulier a été très-souvent remarquée par les voyageurs, bien

qu'ils ne s'en soient la plupart occupés que comme d'un fait tout naturel et non controversable. Il y aurait dans leurs livres une vaste moisson de faits de ce genre à recueillir et à rapprocher. Les voyages publiés depuis quelques années par des naturalistes renferment la plupart des tentatives pour mettre en rapport la végétation avec la constitution géologique.

M. Wagner dans son voyage au Mont-Ararat et en Arménie a consigné des observations qui rentrent tout-à-fait dans notre sujet et que nous donnerons ici comme exemple emprunté à une contrée extra-européenne.

«L'Ararat et l'Allaghes sont formés des mêmes roches volcaniques. Le premier offre des laves résistant à la décomposition et pauvres en sources. Le second est formé de terrasses trachytiques et basaltiques presque partout désagrégées. De là d'un côté la pauvreté végétale, la nudité de l'Ararat, de l'autre au contraire la luxuriante végétation de l'Allaghes ».....

« De Trébisonde jusque dans les montagnes de Perse et du Caucase jusqu'à l'Ararat, s'étend fréquemment une formation de calcaire tufacé recouvrant des trachytes et des dolérites. Sur ces calcaires qui se désagrègent aisément, partout où les combinaisons de chaleur et d'arrosement le permettent, on voit exactement la même végétation que sur le sol volcanique siliceux etc. » M. Wagner conclut naturellement de ces faits que le mode de désagrégation des roches soujacentes et non leur constitution géologique, minéralogique ou chimique, est la cause des contrastes de dispersion. Il conclut aussi que ces propriétés physiques n'exercent point d'influence sur le caractère propre (Eigenthümlichkeit) de la flore, ce que nous admettrons aisément avec lui s'il entend par là les grandes circonscriptions ethnologiques primitives des plans d'organisation végétales, mais ce que tout ce livre réfute suffisamment, s'il s'agit de certains groupes d'espèces dans une même province végétale.

M. Wagner (¹) signale encore au point de vue de l'influence de la désagrégation des roches un fait qui nous était inconnu et nous paraît fort démonstratif. C'est que dans le district volcanique des environs de Naples les laves compactes de l'Ischia datant de 1302 sont demeurées nues et sans plantes, tandis que les sols volcaniques mais détritiques du Monte-Nuovo plus récents de 236 ans, puis les laves désagrégables du Vésuve (comme aussi celles de l'Etna) du siècle passé, sont déjà recouvertes de végétation.

(¹) Nous puisons ces citations dans la récension de l'ouvrage de ce botaniste, donnée par la *Botanische Zeitung* (mai 1849); peut-être ces dernières remarques sont-elles de la rédaction du journal, c'est-à-dire de M. Schlechtendal ou de M. de Mohl, ce qui en corroberait encore puissamment l'autorité.

Enfin la récension où nous puisons cet extrait combat l'opinion de M. Lie-big, *que sur un sol calcaire pauvre en potasse on ne saurait rencontrer de plantes luxuriantes.* Elle oppose à cette assertion les pâturages des Alpes calcaires non moins riches que ceux des Alpes feldspathiques partout où la perméabilité en grand n'empêche pas un arrosement convenable. L'éminent chimiste nommé plus haut a aussi d'après des considérations théoriques, avancé, *que le sapin et le pin doivent trouver sur les terrains granitiques et sableux une quantité suffisante de bases alcalines, tandis que cette quantité se-rait insuffisante pour le chêne qui n'y réussirait pas,* ce qui est totalement contraire à une foule de faits. C'est ainsi que les montagnes granitiques des bords du Danube sont couvertes de forêts de chêne ; que le chêne souvent mêlé au sapin dans les bois feuillus prédominants, se montre sur les grès keupériens de Franconie, bigarrés du Weser et jusque sur les sables purs de Souabe; etc. — On est vraiment surpris de voir à quel point les chimistes ont souvent peu tenu compte de faits fort simples qu'ils auraient pu apercevoir de leur fenêtre. Ce n'est pas seulement en géographie botanique qu'il faut se défier des conclusions de laboratoire, et l'avenir leur réserve encore plus d'un démenti. Un coup d'œil attentif sur les jeux d'affinités que révèlent les masses minérales fait naître bien des réflexions propres à ébranler notre foi dans des théories élevées réellement en dehors de l'observation de ces sortes de phénomènes. N'en serait-il pas de même dans les sciences physiques de certaines formules les plus luxueuses que vraies toutes mathématiques qu'elles paraissent, construites qu'elles sont sur des bases d'argile. On peut abuser de tout, même de l'abstraction et de la généralisation. L'expérience et l'obser-vation du positif et du tangible seront éternellement la modeste mais véritable voie de la vérité dans les études qui touchent au domaine de la nature. Il est plus d'une théorie de cabinet qui sera rectifiée par une donnée palpable orgueilleusement négligée ou par le dicton méprisé de l'almanach populaire; le jardinier de Potsdam humiliera plus d'une fois encore de ses *saints de glace*, la philosophie des Grands-Fréderics de la science.

Additions au Chapitre XXI relatif aux conclusions générales.

§ *Limites climatologiques des espèces.* Nous avons dans la partie climatolo-gique de cet ouvrage rapproché la dispersion générale des températures moyennes annuelles, et conclu que ces températures bien qu'étant une ex-pression incomplète du climat en sont cependant un élément assez prépondérant pour être en rapport constant et sensible avec les principaux faits de phytostatique tels que le cantonnement des groupes d'espèces les plus australes, les plus boréales, les plus alpines. Si l'on jette de nouveau un coup-d'œil sur notre croquis Pl. II et sur ce que nous en avons dit T. I, page 52, on se convaincra de la légitimité de l'assertion ci-dessus. Nous avons insisté du reste sur cette réserve, que les rapports entre le climat et la végétation ne sont généralement comparables que toutes choses à peu près égales quant aux propriétés physiques des roches soujacentes.

Ce qui est vrai pour des groupes d'espèces dont les conditions climatologiques individuelles peuvent sur une certaine surface se compenser en une sorte de moyenne, est toutefois loin d'être exact pour des espèces envisagées isolément; on sait que leurs limites altitudinales et latitudinales ne correspondent ni aux moyennes annuelles, ni même aux moyennes æstivales. On a donc dans ces derniers temps recherché plus rigoureusement le concours des conditions de température qui déterminent la présence et l'absence des espèces, par exemple, leur cessation vers le nord ou dans la verticale. On est arrivé à cet égard à des résultats remarquables sur lesquels nos devons jeter un coup-d'œil pour les combiner avec ceux que nous avons nous-même obtenus relativement à l'influence des terrains sur ce même fait de présence ou d'absence d'espèces déterminées.

D'une part M. Boussingault a fait voir que *chaque plante* cultivée dans chaque pays où elle parcourt son cycle producteur *perçoit une égale quantité de chaleur thermométrique déterminée par le nombre de jours de culture multiplié par leur température moyenne.* D'un autre côté M. Martins a établi ce fait capital que *chaque espèce ne végéte qu'au dessus d'un minimum de température déterminé;* de façon que toutes les fluctuations inférieures à ce chiffre sont de nulle valeur pour elle. Enfin, combinant ce double point de vue, M. A. Decandolle a démontré, en s'entourant de données numériques positives et pour une quarantaine de plantes, cette loi remarquable : *que chaque espèce ayant sa limite polaire dans l'Europe centrale ou boréale s'avance aussi loin qu'elle trouve une certaine somme fixe de chaleur calculée entre le jour où commence et le jour où finit une certaine température moyenne.* Qu'ainsi, par exemple, l'*Alysson calycinum* végéte partout, où entre le jour de l'année où la température moyenne atteint 7° C et celui où elle cesse de l'atteindre, il y a 2500° C. de chaleur moyenne émise. M. A. Decandolle admet toutefois différentes causes d'exception à cette règle parmi lesquelles le degré de sécheresse ou d'humidité nécessaire à certaines espèces indépendamment des conditions purement thermométriques.

Il me parait que le concours complet des causes qui déterminent les limites de dispersion ne saurait se traduire d'une manière aussi simple. Je me le représente comme une expression complexe de plusieurs facteurs; l'un des plus importants, le thermométrique serait très-probablement régi par la loi ci-dessus (¹), mais il en resterait plusieurs autres à apprécier parmi lesquels figure en première ligne l'action des terrains, action qui l'emporterait en prépondérance dans certains cas.

Supposons, en effet, une zone de terrains homogènes qui s'étende sans interruption, par exemple, de la latitude des Pyrénées à celle des Shettland, et où tout soit égal du reste quant aux facteurs climatologiques autres que les données thermométriques; nous admettons que dans cette zone l'échelonnement graduel des limites boréales des espèces se déterminerait au moyen de la loi en question. D'après ce que nous savons des propriétés des terrains, si cette zone était formée de roches soujacentes eugéogènes, on verrait chaque espèce s'avancer vers le nord jusqu'à une certaine limite; si la zone était dysgéogène on verrait les mêmes espèces rester en deçà de cette limite; dans les deux cas il y aurait inégalité de limite pour la même espèce, mais proportionalité dans l'échelonnement graduel; ainsi même dans l'hypothèse la plus favorable d'une zone entièrement homogène, il n'y aurait en réalité rien d'exclusivement climatologique dans la limite. Mais si la zone supposée était hétérogène quant à ses terrains, par exemple, par moitié eugéogène au sud et dysgéogène au nord, il arriverait que les hygrophiles venues du sud, en atteignant la partie dysgéogène péricliteraient ou disparaîtraient, avant que les conditions thermométriques suffisantes fussent épuisées. De façon que d'une part ces conditions ne joueraient qu'un rôle secondaire, et que d'autre part, si du fait géographique on voulait revenir au chiffre thermométrique on tirerait des conclusions fausses.

Nous pensons donc que la limite des espèces est régie par une combinaison d'éléments plus complexe qu'on ne l'a supposée, et qu'il doit entrer dans son expression plusieurs facteurs, savoir le chiffre thermométrique de la loi ci-dessus, ensuite l'action des roches soujacentes, et enfin d'autres données climatologiques encore qui restent à apprécier; en un mot le chiffre thermométrique bien que facteur important ne saurait, envisagé à lui seul, déterminer les limites en question.

(¹) L'exposition générale des continens ou des détails de leurs reliefs, puis la latitude avec les conséquences qui résultent de ces deux circonstances relativement à la quantité de calorique solaire direct perçu dans chaque lieu, sont encore des facteurs biologiques importans négligés en réalité par les chiffres thermométriques.

Cette manière de voir ne diffère en réalité de celle de M. A. Decandolle qu'en ce que nous attachons au facteur sécheresse ou humidité une importance plus grande qu'il ne lui en suppose, et que nous dérivons une partie de ce facteur de la nature physique des terrains (¹). Ainsi cet observateur a bien remarqué qu'un grand nombre d'espèces prennent leur limite un peu au nord d'Edimbourg, par conséquent vers le pied des Grampians, et qu'à partir de là, la flore change de caractère pour prendre celui des Shettland et de la Laponie. Mais si l'on jette un coup-d'œil sur une carte géologique, on voit qu'en effet précisément avec les Grampians commence une zone principale des terrains eugéogènes qui occupe presque tout le nord de l'Ecosse avec des roches analogues à celles des Shettland et de la Laponie ; ce qui fait qu'un grand nombre des espèces xérophiles des terrains dysgéogènes secondaires et de transition qui s'étendent dans la contrée d'Edimbourg à Glascow, doivent diminuer ou disparaître vers le pied des Grampians. On peut appliquer des remarques toutes semblables au massif cristallin de Bretagne également cité par M. Decandolle, et où domine la flore hygrophile sans qu'on puisse nullement l'attribuer au climat maritime, puisque, au contraire et dans des circonstances pareilles, on voit régner sur les côtes la flore xérophile, moyennant que celles-ci soient formées de terrains dysgéogènes, comme par exemple, aux environs du Hàvre, au cap la Hève etc.

On doit également à M. de Fischer-Ooster une théorie que nous croyons nouvelle sur la détermination des zones d'égale condition climatologique quant à la végétation. Pour cet observateur, la somme des moyennes diurnes de tous les jours de l'année où la température a été supérieure à zéro (somme qu'il appelle *chaleur absolue*) est, dans chaque lieu donné, représentative de la portion de chaleur thermométrique qui a seule agi sur la végétation, c'est-à-dire, à ce point de vue, la seule chaleur du lieu à prendre en considération. M. de Fischer part de là pour établir les régions d'égale chaleur absolue, la limite des neiges, la décroissance dans la verticale, et cela au moyen de formules fort élégantes. Il arrive aussi à cette loi remarquable que les *sommes de chaleur absolue de deux couches d'air sont entr'elles comme les carrés de leurs distances à la couche atmosphérique où la chaleur absolue est zéro.* Malheureusement, pour essayer l'application de cette théorie à une contrée quelque peu étendue, il faudrait d'une part, les données météorologiques les plus complètes, d'autre part des calculs fort longs, et enfin des altitudes

____

(¹) Nous apprenons en ce moment de M. Decandolle lui-même (in litt. 1849) qu'il est entièrement disposé à envisager la question au même point de vue que nous.

aussi considérables que les Alpes pour mettre convenablement en relief certains résultats. M. de Fischer en prenant pour base les observations du Gothard a appliqué sa théorie aux Alpes bernoises, et, bien qu'à ses yeux les régions d'égale altitude ne puissent être en général des zones d'égale chaleur absolue (et partant, d'égale végétation) ce qui nous parait aussi parfaitement vrai, il est cependant conduit à présenter comme approximation pratique la division suivante.

Sa région *colline* s'étend à peu près du pied des Alpes jusque vers 900 ^{m} (notre région moyenne et 200 ^{m} de notre montagneuse); la moyenne annuelle y varie de 8 à 6 C, et la chaleur absolue de 3600 à 2400 C.

Sa région *montagneuse inférieure* s'étend de 900 à 1300 ^{m} (notre région montagneuse, surtout supérieure), avec une moy. ann. de 6 à 3,50 et une chal. abs. de 2400 à 1800.

Sa région *montagneuse supérieure* varie de 1300 à 1800 (notre région alpestre), avec une moy. ann. de 3,50 à 0,50, puis 1800 à 1200 de chal. absolue.

On voit que, dans cette division, la décroissance est toujours plus rapide que dans le Jura. Le chiffre moyen obtenu pour les altitudes des régions ci-dessus (c'est-à-dire au dessous de 2000 ^{m}) est d'environ 150 ^{m} par degré C; mais il s'élève jusqu'à 206^m dans les altitudes supérieures. On voit aussi que comme dans le Jura, il se fait vers 1300^m des changements notables dans la végétation.

Du reste, le résultat essentiel du mémoire de M. de Fischer est que, plus on s'élève dans les montagnes, plus les zones d'égale végétation deviennent larges; c'est-à-dire qu'à des altitudes faibles (p. ex. vers 500 ^{m}) une ascension de 200 ^{m} produit une diminution plus forte de chaleur absolue qu'à des altitudes supérieures (p. ex. vers 2000 ^{m}).

Dans une communication particulière que je dois à l'obligeance de M. de Fischer cet observateur ajoute qu'à ses yeux la diversité de la végétation des sommités dans les Alpes est le résultat de la diversité des conditions stationnelles, y compris surtout l'action physique des roches soujacentes, bien plutôt que l'effet de la diversité des températures. De là, des contrastes tels que celui qu'on observe entre la végétation du Stockhorn calcaire (¹) et celle du Niesen formé de grès particuliers. Tel est encore celui qu'on remarque

---

(¹) Voir ce que nous en avons dit T. I, page 246 et suivantes : on pourrait ajouter aux plantes jurassiques du Stockhorn plusieurs espèces observées récemment : de ce nombre sont, par ex., *Phleum Michelii*, *Daphne alpina*, *Trinia vulgaris*, etc.

entre les grès nummulitiques du Güggisgrat (sommet du Beatenberg) et les calcaires à nummulites du Rothorn (sommet des Ralligstöcke) atteignant à-peu-près la même hauteur, et séparés par l'étroite vallée du Justithal; les *Azalea, Vaccinium, Arctostaphylos alpina, Primula villosa* abondent sur le premier et manquent sur le second où, en revanche, on remarque des espèces jouant le rôle opposé, telles que la *Primula auricula*, plante jurassique. M. de Fischer a remarqué enfin que plusieurs espèces envisagées dans les Alpes comme propres au sol primitif (*Urgebirge*, granites, etc.) se retrouvent sur les calcaires lorsque ceux-ci prennent la constitution schisteuse. Ces divers faits viennent évidemment à l'appui de tout ce que nous avons avancé.

Nous devrions aussi parler dans cet article relatif aux limites végétales climatologiques, des résultats obtenus par M. Grisebach. Malheureusement l'existence du travail spécial (¹) de cet éminent géographe botaniste né nous est connu que depuis quelques jours et uniquement par ce qui en est rappelé sommairement dans la publication du même savant, dont nous nous sommes déjà occupés plus haut (page 504). Nous savons seulement que M. Grisebach a fait voir qu'en Europe, *entre les 46ᵐᵉ et 60ᵐᵉ degrés environ, la chaleur moyenne du temps de végétation règne comme facteur climatologique principal de la dispersion*. Dans le travail mentionné, sur les lignes de végétation dans le nord de l'Allemagne, M. Grisebach s'est occupé plus en détail, dans le cadre des contrées de l'Elbe et du Weser jusques et y compris les reliefs d'où sortent ces rivières, des diverses limites qu'atteignent les espèces. Sur 1500 phanérogames que nourrit cette région, elle en voit cesser 250 environ, soit méridionales vers le nord, soit boréales vers le sud, etc. Ces lignes de cessation y sont étudiées et mises en rapport avec les faits climatologiques, et aussi, comme nous l'avons vu, avec les faits géologiques. M. Grisebach arrive aux résultats suivants : 1° Les lignes de cessation des espèces méridionales vers le nord correspondent à la diminution de chaleur solaire; 2° celles des boréales vers le sud à l'augmentation des jours; 3° celles des sud-occidentales vers le nord-est à l'augmentation des froids d'hiver; enfin 4° celles des nord-orientales (peu nombreuses) vers le sud-ouest, à l'augmentation du temps de végétation. Ces deux dernières limites ne seraient pas parallèles aux méridiens mais réglées par les courbes des côtes de la mer d'Allemagne. Comme nous l'avons dit, M. Grisebach fait en outre une part assez large à l'action des facteurs géologiques, sans toutefois les accepter (si nous avons bien compris l'auteur) comme un élément notable de perturbation aux lois climatologiques

(¹) *Ueber den Einfluss des Klime's auf die Begrenzung der natürlichen Floren*, dans la *Linnaea* Bd.-12.

posées plus haut. Nous différerions donc encore ici avec M. Grisebach sur ce dernier point ; et tout en admettant comme légitimes les lois climatologiques posées, nous ajouterions, de même que précédemment, la réserve de *toutes choses suffisamment égales quant aux terrains*. Ainsi nous concevons que dans les vastes plaines du nord de l'Allemagne à-peu-près partout géologiquement uniformes, la loi reçoive son application. Mais arrivé aux terrasses de roches très-diverses formées par les Ardennes, le Westerwald, le Teutohurgewald, le Weser-Gebirge, le Harz, etc., l'action des terrains doit devenir assez prépondérante pour que des faits de limite d'espèce ne puissent plus être attribués exclusivement aux causes climatologiques. Par exemple, la *Clematis vitalba* qui, dans le district du nord de l'Allemagne délimité plus haut cesse avec le 55ᵐᵉ degré et se montre pour la dernière fois aux environs d'Osnabruck, Minden, Neudorf et Brunswick sur les terrains plus ou moins dysgéogènes des premières terrasses calcaires, s'étendrait très-probablement davantage vers le nord, si ces terrasses, au lieu de faire subitement place à des plaines eugéogènes, se soutenaient encore pendant quelques degrés. Et, en effet, cette même espèce en Angleterre, grâce peut-être à la grande zône jurassique qui s'étend depuis Portland-Race jusqu'aux côtes les plus boréales du Yorkshire, atteint jusqu'au delà du 55ᵐᵉ de latitude.

Mentionnons maintenant deux des lois principales auxquelles arrive relativement à la dispersion, un météorologiste éminent M. Quetelet, par ses observations sur le climat de la Belgique. Nous les puisons dans l'Annuaire météorologique de France pour 1849. M. Quetelet estime : 1° que les progrès de la végétation sont proportionnels à la somme des températures, ou plutôt à la somme des carrés des températures comptées au dessus du degré de congélation à partir de l'instant du réveil des plantes après le sommeil hivernal ; 2° qu'une latitude plus septentrionale d'un degré produit à peu près le même retard qu'une altitude plus grande de 500 mètres, c'est-à-dire un retard qui dans nos climats s'élève à 4 jours environ.

Enfin terminons ce sujet par quelques opinions de M. Martins que nous empruntons également à l'Annuaire cité. « Tout démontre que la vie et la propagation d'un végétal sont liés à deux éléments, la *constitution physique du sol qui le porte* et celle de l'air qu'il respire. La présence des plantes annuelles dépend principalement des chaleurs de l'été ; celle des arbres et de certains végétaux herbacés est liée à la température des hivers sans rigueurs ; beaucoup de plantes obéissent à des influences de température purement mensuelles, et dépendent très-probablement même de certaines décades de printemps, d'été et d'automne, etc. »

Comme on le voit par tout cet article, les faits de dispersion ont été le plus souvent exclusivement recherchés dans les causes climatologiques, et, à cet égard, bien que les opinions soient diversement formulées, la question marche rapidement à une solution définitive. *Mais quelle que soit la formule ou la loi générale de dispersion dont l'avenir réserve la connaissance à la science, elle sera évidemment très complexe, et devra d'une manière ou d'une autre tenir compte des propriétés des roches soujacentes.*

§ *Coup-d'œil sur les terrains géologiques dans l'Europe centrale et leur rôle phytostatique probable.* Après avoir parcouru cette série de documents isolés que nous avons tous vu fournir des faits analogues, nous pouvons essayer de les relier entr'eux et de présumer les caractères que les principaux terrains géologiques de France, d'Allemagne et d'Angleterre offriront aux observateurs qui traiteront la question sur une plus grande échelle. Parcourons-en d'abord la série.

1. Les terrains modernes et quaternaires sont en général désagrégeables et montrent probablement partout une flore eugéogène pélique ou pélo-psammique. C'est le cas pour les grandes plaines du nord de l'Allemagne et des Pays-bas, la vallée du Rhin, les Bouches-du-Rhône, une partie de la vallée Garonne, des côtes de Gascogne et de Nantes, des plaines du Wash dans le Lincolnshire, etc., puis, plus en petit dans la plupart des vallées et sur une foule de plateaux.

2. Les terrains tertiaires sont encore dans le même cas mais d'une manière moins constante. Ils offrent une grande diversité d'assises marneuses, argileuses, sableuses, calcaires plus ou moins solidement agrégées mais beaucoup moins que cela n'a lieu dans les terrains secondaires. En général donc, ce sont des roches essentiellement eugéogènes, absorbantes, donnant lieu à des sols profonds et d'autant plus frais qu'ils occupent le plus souvent des dépressions. Les bassins de Londres, de Paris, de Bordeaux, de l'Allier, du Rhône, de la Saône, de Suisse, de Bavière, etc., offriront donc le caractère commun de la prédominance des hygrophiles de leurs climats respectifs. Cependant il arrivera souvent que les subdivisions compactes de ces terrains qui ordinairement se dessinent en reliefs plus arrêtés, par exemple, certains calcaires nymphéens, molasses, nagelfluhs, grès, etc., offriront des zônes assez notablement dysgéogènes pour constituer de bonnes stations aux xérophiles de la région. Ces zônes fourniront des contrastes plus frappants si étant calcaires elles repoussent les psammophiles, moins si étant clastiques elles admettent en même temps les arénicoles à côté des xérophiles comme à Fontainebleau. La flore

tertiaire se reliera d'une part à celle des terrains plus récents, de l'autre à celle des roches crétacées souvent encore peu agrégées. Au contraire, partout où elle viendra au contact des terrains jurassiques, porphyriques ou basaltiques compactes, les oppositions végétales se feront remarquer. Les contrastes avec les terrains cristallins très-psammogènes auront lieu en sens contraire.

5. Les terrains secondaires commencent par les massifs crétacés formés de calcaires peu agrégés (craie, tufau, gault, etc.), de grès verts et de calcaires plus compactes à caractère parfois dysgéogène (néocomien). Leur flore ne peut qu'être mitoyenne entre celle des calcaires jurassiques et celle des roches tertiaires qu'ils relient souvent entr'eux. Les sols profonds de la craie admettront dans certaines proportions des hygrophiles repoussées en partie par leur perméabilité en grand qui favorisera au contraire la présence de certains xérophiles. Les grès avec leur désagrégation sableuse admettront des arénicoles nulles ou plus rares sur la craie, avec une plus grande prépondérance d'hygrophiles. Les calcaires néocomiens, selon leur degré de compacité, feront passer à la flore jurassique qu'ils montreront parfois complétement. Plusieurs de ces roches crétacées devenant de plus en plus compactes en s'avançant vers le sud finiront, à la latitude des Alpes, par jouer un rôle entièrement dysgéogène.

Les terrains jurassiques qui viennent ensuite se divisent en supérieurs, moyens et inférieurs. Tous offrent des chances notables à la flore xérophile, mais dans des proportions diverses. — Les supérieurs (portlandien et corallien) qui ne jouent qu'un rôle minime en Angleterre et se montrent par lambeaux au nord des reliefs germaniques acquièrent un développement croissant dans la grande zône centrale française, puis dans le Jura et l'Albe; dans ces dernières contrées ils constituent des roches essentiellement dysgéogènes à flore xérophile très-caractérisée, tandis que dans les premières ils sont plus désagrégeables. — Les terrains jurassiques moyens (oxfordiens, kellowiens, etc.), voient dominer très-inégalement tantôt les roches marneuses pélogènes, tantôt les marno-compactes à végétation plus sèche mais jamais arénicole. — Les inférieurs qui constituent la majeure partie des grandes zônes anglaise et française sont plus désagrégeables que les supérieurs, souvent assez pour accepter quelques éléments de la flore hygrophile, mais en majeure partie dysgéogènes et ne recevant que rarement la végétation psammique, sauf dans quelques subdivisions plus particulièrement développées en Angleterre (marly sandstone, etc.). Ainsi, généralement, les zônes jurassiques sont notablement dysgéogènes, davantage au sud et moins au nord, mais probablement contrastantes dans toute l'Europe centrale. — Le terrain liassique qui n'occupe partout que des ceintures peu larges autour du jurassique, est plus pélogène que lui, et offre sur ses calcaires une flore xérophile moins nette; il présente aussi çà et là des grès à végétation plus psammique.

Le terrain triassique se compose du keupérien (y compris le red marle etc.), du conchylien et des grès bigarrés. — La première de ces subdivisions qui occupe d'assez grandes étendues en Angleterre, Lorraine, Wurtemberg, Bavière, Saxe, Hanovre est un mélange d'assises argileuses, marneuses, marno-sableuses (surtout en Angleterre) avec des alternances dolomitiques plus ou moins compactes. Elle constitue une station généralement pélogène, mais çà et là psammogène, où domineront probablement les hygrophiles péliques avec un petit nombre d'exceptions xérophiles. — Le conchylien est un calcaire moins compacte que le jurassique, assez pélogène, fournissant des zônes médiocrement dysgéogènes, mais contrastant avec la flore keupérienne par la prédominance des xérophiles, et avec celle du grès bigarré par l'absence des arénicoles; il est surtout développé en Wurtemberg, Saxe et Lorraine. — Le grès bigarré (y compris le grès vosgien) est un terrain tout-à-fait clastique et propre à la flore hygrophile psammique : il joue un rôle capital dans les Vosges, le Schwarzwald, le Spessart et le groupe de reliefs qui entourent le Thuringerwald, puis en Angleterre où il se lie au keupérien sans l'intermédiaire du conchylien. Ces derniers terrains sont séparés des roches plutoniques par les zechstein, grès rouge, terrain-houiller, milstone-grit, vieux-grès-rouge, calcaire de transition, puis enfin grauwackes et phyllades. Parmi ces terrains qui jouent un rôle principal dans le nord de l'Angleterre, et dont plusieurs sont peu développés sur le continent, on voit divers grès et calcaires qui offriront des contrastes phytostatiques analogues à ceux des terrains secondaires. Celui des grauwackes et phyllades est le plus développé et forme le sol d'une grande partie du pays de Galles, de la Bretagne, les Ardennes, l'Eifel, le Westerwald, le Taunus, le Hundsruck, le Harz, etc., et reparaît sur plusieurs points des Vosges; rien de plus diversifié que ses roches, depuis les grès les plus parfaitement compactes jusqu'à la désagrégation sableuse. Leur flore sera probablement très-variée, admettant à la fois dans certaines proportions les pélophiles et les arénophiles, puis les xérophiles dans un grand nombre de cas. Cependant elle contrastera avec celle des calcaires purs par la présence de certaines espèces sableuses.

4. On peut faire deux classes principales dans les roches plutoniques proprement dites : celles dans lesquelles le quarz et la mica jouent un rôle prédominant, comme les granites, syénites, micaschistes, porphyres quartzifères

etc.; puis celles où cela n'a pas lieu à ce degré comme les roches feldspathiques, amphiboliques, talqueuses, serpentineuses, etc. Les premières sont
plus psammogènes et moins compactes, les secondes offrent les caractères
opposés; elles correspondront donc respectivement à une flore plus psammique, plus hygrophile et à une végétation plus xérophile. Les roches de la
première classe occupent de grandes étendues dans le sud-ouest de l'Angleterre, le nord-ouest et le centre de la France, les Pyrennées, les Alpes, les
chaines du Rhin et toutes les montagnes du centre de l'Allemagne; celles de
la seconde sont plus subordonnées, souvent associées aux premières dans
les mêmes massifs orographiques où elles donneront lieu à des contrastes de
petite échelle.

5. Enfin les roches volcaniques, trachytes, dolérites, basaltes, phonolites,
domites, ponces, tufs divers offrent les constitutions les plus variées, depuis
la désagrégation pélo-psammique et surtout pélo-graveleuse jusqu'à l'état
compact parfaitement dysgéogène. La flore psammique pure y est ordinairement peu développée; les hygrophiles péliques peuvent y jouer le rôle principal, mais de distance en distance leurs roches compactes à teintes sombres
ramèneront au milieu de cet ensemble tout ce que la flore xérophile des calcaires offre de plus contrastant.

Cela posé, si nous jetons un coup-d'œil sur la carte géologique de l'Europe centrale suffisamment connue pour diriger des considérations de ce
genre, nous la voyons semée et sillonnée en tous sens de groupes et de zônes
plus ou moins étendus des différents terrains que nous venons de signaler.

En Angleterre, au sud-est, s'étend dans le bassin de Londres une contrée tertiaire séparée du nord et de l'ouest par une large zône oblique de
terrains crétacés, jurassiques et liassiques contrastant probablement avec le
premier par la diminution des hygrophiles et la prédominance des xérophiles. Derrière elle une autre zône irrégulière de terrains triassiques fera
reparaitre une flore plus pélique, tandis que le grand district de grauwackes,
phyllades et vieux grès rouge du pays de Galles et des Cheviot servira probablement de stations à une végétation plus arénicole, et qu'au sud-ouest
dans le Cornouailles, la combinaison du dernier de ces terrains et des roches
granitoïdes alimentera une flore analogue. Ainsi en marchant dans la coupe
de Londres à Montgommery on verra se succéder : la zône plus hygrophile
du tertiaire, plus xérophile du jurassique, plus pélophile du triassique, plus
psammophile des vieux grès rouges, etc. Toutes ces généralités seront interrompues çà et là par des affleurements restreints et de constitution exceptionnelle sur une échelle moindre. C'est ainsi, par exemple, qu'on verra se

dessiner avec des caractères contrastants la rencontre des grès verts, les groupes dioritiques ou amphiboliques du pays de Galles, les calcaires carbonifères de Northumberland et du Devonshire, etc. Enfin toutes ces masses végétales, régies à certains égards par les roches soujacentes, le seront sous d'autres rapports et en même temps par les lois climatologiques qui produiront des combinaisons déterminées plus ou moins semblables à celles que présentent les contrées voisines. Ainsi, la similitude simultanée des facteurs climat et sol rapprochera la flore du bassin de Londres de celle des plaines de ce côté du détroit, celle du Cornouailles de celle de la Bretagne, celle de la zône oolitique anglaise de celle des zônes jurassiques françaises ou germaniques les plus analogues en climat, celle des monts Gallois et des Cheviot de celle des altitudes compensatrices du Harz, des Ardennes, de la Bretagne, celle du nord de l'Écosse en général de celle du continent scandinave, celle des îles et districts volcaniques du nord de l'Irlande de celle des Feröe et de l'Islande etc. Peut-être dans ces diverses régions phytostatiques retrouvera-t-on plusieurs parties du cadre déjà présumé par M. Link, puis proposé par M. Forbes d'après des bases géogéniques que nous n'entendons point repousser ici d'une manière absolue, très-portés comme nous l'avons dit ailleurs à les admettre dans certaines limites relativement à la végétation cryptogame des blocs erratiques du pied du Jura, et y voyant d'autant moins de difficultés, qu'en acceptant des faits de provenance géogénique, rien n'empêche que l'influence phytostatique des roches soujacentes y ait eu sa part originaire.

En France, sur un grand rayon autour de Paris, s'étend de même un vaste bassin tertiaire où, sauf des affleurements exceptionnels, règnent les hygrophyles. Il est limité de plusieurs côtés par une zône de terrains secondaires au passage de laquelle, après les alternances de la craie et des grès verts, la végétation jurassique xérophile doit se dessiner plus ou moins clairement. A l'ouest de cette zône dysgéogène, on passe en Bretagne sur un grand rayon de terrains cristallins. de grauwackes et de schistes où prédomine la flore hygrophyle souvent psammique ; à l'est, après les collines et la plaine lorraine, on arrive aux Vosges par une coupe que nous avons examinée en partie ; au sud on atteint les grands massifs de roches anciennes et volcaniques d'Auvergne où l'on verra dominer la flore hygrophile souvent psammique accidentée çà et là sur les roches volcaniques les plus dysgéogènes par la végétation xérophile qui se dessinera mieux encore dans les *causses* cévenniques. — Dans le midi de la France où la plupart des xérophiles du nord s'accommodent déjà de stations plus eugéogènes et sont remplacées par d'autres

qui jouent un rôle analogue, on voit s'étendre les deux grands bassins tertiaires de la Garonne et du Rhône encadrés de lisières de terrains très-variés
où les calcaires secondaires tant des versants du plateau central que des
Pyrénées, des Alpes et des Apennins, feront contraste avec les roches tertiaires, modernes et granitoides. — Ainsi, un observateur qui marcherait de
Paris à Strasbourg verra se succéder : les flores tertiaire plus hygrophile,
plus psammique de l'Argonne, plus xérophile de la zône jurassique, plus
pélique de la plaine lorraine, plus arénicole des grès vosgiens, plus hygrophiles des lehm d'Alsace, etc. Celui qui cheminerait de Paris vers Rennes ou
Nantes, reconnaitra la zône hygrophile tertiaire, la flore plus psammophile de
la bande des grès verts derrière le Mans, la végétation plus xérophile des
roches oolitiques d'Angers à Alençon, enfin la flore plus psammophile du
Bocage ou contrées analogues. L'observateur qui ferait la coupe de Paris à
Clermont ou Aurillac rencontrera les flores hygrophile du tertiaire, plus
psammophile des grès verts au nord de Bourges, plus xérophile du jurassique aux environs de cette ville, plus hygrophile et plus psammique des reliefs cristallins du plateau central, enfin une flore analogue plus pélophile sur
les volcants éteints, mais accidentée souvent de riches stations xérophiles
sur celles de leurs roches qui offrent un caractère nettement compacte.

Dans les Pays-Bas et en Allemagne, de Bruxelles à Kœnigsberg sur deux à
cinq degrés de latitude s'étend une vaste zône de terrains récents caractérisés par la flore hygrophile peut-être la plus tranchée de toute l'Europe. Au
pied des Alpes, de Genève à Vienne, se développe une vallée molassique
à caractères analogues mais moins accusés. Cette première grande plaine
du nord est limitée au sud par une série irrégulière de reliefs souvent
formés de terrains secondaires et parfois aussi de roches anciennes à la
rencontre desquels aura lieu l'apparition des xérophiles du climat. De même,
au nord de la vallée molassique sous-alpine s'étendent les reliefs du Jura et
de l'Albe faisant avec elle des oppositions végétales qui nous sont connues
et qui n'ont probablement pas lieu de la même manière avec les roches cristallines du Bœhmerwald. Du reste la multiplicité des lambeaux de terrains
divers dont l'Allemagne est couverte donnera lieu sur une foule de points à
des contrastes de plus petite échelle. — L'observateur qui marchera de Mu-
nich vers le Vogelsgebirge verra se succéder les flores molassique hygrophile
jurassique xérophile, triassique mixte surtout pélophile, puis conchylienne
plus xérophile dans les plateaux de Vurtzbourg, psammophile dans le Spessart,
mixte enfin dans les massifs volcaniques du Vogelsgebirge, avec des appari-
tions xérophiles très-marquées sur ses roches dysgéogènes. De Nancy à Ulm

on aurait : flore plus xérophile sur les collines lorraines et l'Albe, plus hygrophile dans les plaines lorraines, les vallées du Rhin et du Neckar, plus psammophile dans les Vosges et le Schwarzwald, plus xérophile sur les volcans du Kaiserstuhl, etc.

Bien que nous ne donnions tout ce qui précède que comme des prévisions (¹), nous avons cependant la confiance que l'avenir les justifiera entièrement, du moins quant au point de vue général. Ces généralités seront presque partout reconnaissables au moyen des espèces phanérogames que nous avons envisagées, mais on comprend que leur emploi ne saurait s'étendre plus loin. Cependant il est encore facile d'établir, que sur le globe entier le rôle des terrains est un des facteurs principaux de la dispersion, c'est-à-dire qu'il contribue puissamment aux grands traits physionomiques du tapis végétal.

§ *Coup-d'œil sur le rôle des terrains géologiques à la surface du globe relativement à la physionomie botanique.* L'action de la nature des sols sur les grands faits de géographie végétale est tellement évidente qu'elle a été partout admise en quelque sorte sans examen, et prise implicitement en considération avec les autres données naturelles comme facteur ethnographique. Cependant on ne s'est point attaché à l'envisager isolément et à en mesurer tout le poids dans la production des faits zoostatiques et phytostatiques qui bigarrent la surface du globe en en modifiant ou brusquant même les harmonies latitudinales. Essayons quelques mots à ce sujet.

Soient à conditions climatologiques égales, les quatre natures suivantes de sol ou de roches soujacentes. 1º La première formée de roches dysgéogènes soit en strates continus, soit en graviers gros et peu divisés, non hygroscopiques et très-perméables en grand. 2º La seconde formée de roches psammiques puissantes, très-divisées, très-meubles, hygroscopiques en petit, peu perméables en grand. 3º La troisième formée d'un mélange de sables fins et de substances argileuses, mélange hygroscopique, médiocrement perméable en grand, puissant. 4º La quatrième formée de roches essentiellement et exclusivement argileuses, tenaces, point divisées, hygroscopiques, imperméables en grand.

Ces quatre sols qui ne sont autre chose que nos types dysgéogènes, psammiques, pélo-psammiques et péliques existent réellement dans la nature

(¹) Cet article a été écrit il y a plusieurs années ; nous l'avions supprimé comme entaché d'une divination théorique un peu présomptueuse. Mais nos prévisions dans ces derniers temps se sont réalisées sur tant de points, que nous nous sommes décidés à le rétablir dans ces additions avec leurs caractères les plus extrêmes, bien que les intermédiaires soient plus habituels. Qualifions-les respectivement de rocailleux, sableux, argilo-sableux et argileux.

Toutes conditions climatologiques indépendantes du sol et toutes conditions topographiques, c'est-à-dire de relief, étant supposées égales, on arrive aux résultats suivants. — Un district rocailleux se couvrira à peine d'une flore rare ; il formera des champs rocheux *des glariers*, *des garrigues*, des déserts sans eau, incultes, inhabitables, et sur une grande échelle des *saharas*. — Le district absolument sableux pourra se conduire de différentes manières. Si les vents ne permettent point la fixation de ses sables, il demeurera impropre à toute végétation et formera des *kritter*, des *crans*, des *arènes*, des *plages*, des *grèves* stériles et, sur une plus grande échelle, des *dunes*, des *medanos*[1], des *sahels* envahissants. Une série de districts de ce genre combinée à une série de districts rocailleux donnera lieu à de grands déserts à la fois stériles par la double cause de la fixité dysgéogène et de la mobilité psammique. De là, les plus vastes déserts de l'Afrique, de l'Arabie, du Gobi, etc. Mais si le district psammique vient à être fixé par une cause quelconque généralement ou localement de manière à profiter de ses aptitudes hygroscopiques, on y verra se développer une végétation le plus souvent ample et riche, soit étendue, soit *oasique* sous laquelle l'élément possible du désert sera plus ou moins déguisé. En comparant la végétation rare, rabougrie, étalée, rude et armée que foule la caravane dans ses traversées, à la végétation luxuriante, feuillue, élancée dont elle s'abrite dans ses haltes, on retrouvera les xérophiles et les hygrophiles avec leurs contrastes. Et il faut bien remarquer que c'est sur les *sahels* et non sur les *saharas* que se fixent les oasis. Ces derniers, soit que purement compactes ils se refusent à toute formation de sol, soit que les résultats de leur désagrégation viennent à être sans cesse balayés par les vents qui les accumulent en *sahels*, présentent en définitive le même état de choses que s'ils étaient dysgéogènes. — Le troisième district argilo-sableux, se couvrira partout d'une végétation plus ou moins facile : il deviendra souvent la station de toutes sortes de cultures et le centre de l'activité humaine, partout où les conditions climatologiques seront favorables. De là, avec une foule de nuances, la plupart des grandes plaines et vallées tertiaires, quaternaires et modernes, les riches deltas, les polders assainis ; mais de là aussi selon les proportions psammiques, argileuses, aquatiques et les diverses circonstances de relief, les vastes contrées de *landes*, de *savannes*, de *steppes* avec ou sans ar-

---

[1] Voyez Tschudi. Peru. Reiseskizzen. tom. 1. p. 556.

bres, de *marsch*, de *gœst*, de *llanos*, de *campos*, de *prairies*, de *pampas*, etc., plus ou moins prospères, mais offrant toutes plus ou moins le caractère hygrophile. — Enfin le quatrième district, argileux dont le type parfait existe à peine et qui passe au précédent par des inmixtions sableuses habituelles, donnera essentiellement lieu à des contrées inondables, lacustres stagnales, marécageuses, tourbeuses, laguniques à végétation aquatique.

Entre ces quatre districts à caractères extrêmes viennent se placer une foule d'intermédiaires auxquels appartiennent les pays de collines, plateaux et montagnes participant plus ou moins des caractères des uns ou des autres, offrant dès lors les termes moyens de la végétation hygrophile ou xérophile et entraînant avec eux toutes sortes de résultats phytostatiques et zoostatiques.

Ces différentes modifications géologiques du sol exercent donc évidemment une influence capitale sur les grands faits de dispersion en tout genre. Nous avons vu ailleurs leur action très-probable sur la température des sources et celle de l'air, action climatologique comprise implicitement dans ce qui précède mais qui en révèle également toute l'importance. Ainsi le rôle des terrains en climatologie générale agit suffisamment pour modifier certaines lois de distribution purement météorologiques. On ne trouvera peut-être point en eux les grandes bases de régions botaniques déterminées soit par les climats soit par les groupements primitifs fortuits : mais, dans chacune de ces régions, les lois de détail de la dispersion ne sauraient échapper au facteur des roches soujacentes dont il faudra nécessairement tenir compte. En suivant dans un même méridien entre l'équateur et le cercle polaire la marche de certaines familles, la prépondérance de certains groupes, il y aura nécessairement à prendre en considération la nature des terrains qui constituent les continents traversés; car, p. ex., les chiffres fournis par le continent scandinave qui est cristallin ne sauraient être les mêmes que si ce continent eût été calcaire. En recherchant les limites boréales d'une espèce en Europe on devra voir si elles ne correspondent pas peut-être à la cessation de certaines roches plutôt qu'à la combinaison de certains facteurs météorologiques, ou du moins faire entrer cette réserve dans la loi. En suivant les inflexions des isothermes ou autres courbes thermométriques, on devra tenir compte des causes climatologiques inhérentes aux contrées géologiques traversées [1]. Qui doutera que si au nord de Varsovie on pouvait voir surgir

---

[1] M. de Humboldt a lui-même assigné comme cause d'inflexion la *rareté des marais et l'absence des forêts sur sol sec*, faits naturels étroitement liés aux propriétés du sol géologique. Voyez Cosmos, Édit. franç., tome I, p. 581.

une chaîne de collines calcaires ou basaltiques, elle n'offrit une station à des espèces méridionales qui n'atteignent pas cette latitude sur les sols eugéogènes actuels. Lorsqu'on voit sur les bords de la mer Rouge à côté des déserts de Beled-el-Kahli, ou dans le Fezzan et le Soudan au contact de ceux du Sahara, le simple passage du sol tertiaire rocailleux et sableux aux sols cristallins anciens à désagrégation argilo-sableuse, suffire pour déterminer une végétation souvent luxuriante, on est amené à penser que si quelque cataclysme eût recouvert le Sahara d'une couche pélo-psammique à la manière du læss d'Allemagne, du régur des Indes, du tassello de l'Istrie ou du tschornoïzem de Hongrie, nous verrions peut-être cette terre désolée offrir des contrées fertiles?

Sans doute, nous ne prétendons pas méconnaître l'action des grandes causes de stérilité ou de fertilité essentiellement atmosphériques comme, par exemple, celles qui déterminent les zones pluviales. Mais il est évident que dans une contrée et toutes choses égales quant à ces causes, les différences de sol peuvent encore produire des différences végétales et climatologiques notables d'un district à un autre, et même sur de grandes étendues. Au milieu des contrées les plus favorisées, nous voyons certaines surfaces de roches dysgéogènes demeurées nues de tout dépôt postérieur se refuser à la végétation, tandis qu'au centre des contrées les plus stériles par suite des causes atmosphériques proprement dites, nous trouvons des groupes oasiques en rapport avec des stations eugéogènes. M. Fournet dans ses belles *recherches sur les zones sans pluies* a savamment établi plusieurs conséquences capitales qui mettent les grands faits de sécheresse et de stérilité tropicales en rapport essentiel avec deux grandes divisions pluviales atmosphériques, l'une soumise aux moussons, l'autre aux alisés. Mais il admet comme cause modifiante les propriétés des *sols naturellement maigres puis l'absence des sources et des rivières*. Ces propriétés ne sont autre chose que la non absorption en petit et la perméabilité en grand des roches dysgéogènes, puis la mobilité des roches psammiques. Il insiste sur la sécheresse absolue de la zône sans pluie des alisées, comme cause principale de stérilité; mais cette cause très-prépondérante sans doute doit être puissamment secondée par la nature des terrains, puisque dans le Sahara même il se trouve quelques oasis sur des points où la configuration et les propriétés du sol concentrent cependant quelque humidité. Cette absence des pluies n'est pas non plus en général la seule cause de l'absence de la végétation puisque d'autres déserts comme ceux de l'intérieur de la Perse, visités par les pluies et les neiges en sont totalement dépourvus.

Si ce qui précède devait paraître superflu comme connu depuis longtemps nous ferions remarquer qu'il n'en est en réalité pas ainsi, puisque, tout en admettant tacitement en géographie l'influence des roches sur la végétation, on néglige encore souvent de la faire entrer dans l'explication de certains faits, ou du moins de lui réserver une part proportionnée à son importance.

§ *Dernières réserves relativement à l'influence chimique des roches soujacentes.* Me trouvant à Paris en avril 1847, j'ai présenté brièvement à la société géologique de France, dans sa séance de ce mois, quelques-unes des vues exposées dans cet ouvrage. Ayant oublié de les rédiger pour le Bulletin, on dut se borner à y rapporter quelques conclusions parmi lesquelles se trouve l'énoncé suivant, savoir : *que la composition chimique du sol est sans influence sur la végétation.* Cette rédaction fautive que je ne saurais du reste imputer qu'à ma propre négligence, a été à très juste titre combattue par M. Desmoulins dans son troisième mémoire (¹). En effet elle me fait en réalité dire tout autre chose que ce que je soutiens. *Je ne prétends nullement que la composition chimique des sols soit sans influence sur la végétation, c'est-à-dire, sur les phénomènes physiologiques qui la constituent ou même sur la présence ou l'absence d'espèces déterminées sur certains sols, mais je pense que la composition chimique des roches soujacentes n'est point la cause des grands contrastes de dispersion dépendants du sol, ces contrastes devant être attribués aux propriétés physiques de ces roches.* Après cette rectification il devient superflu de relever en ce qui me concerne l'argumentation de M. Desmoulins puisqu'elle repose sur un malentendu.

Toutefois je dois dire un mot du mémoire de ce savant. Il s'attache à y réunir des faits en faveur de l'influence chimique ou minéralogique des sols ou des roches soujacentes en général, tant sur la végétation que sur la dispersion. Mais je regrette que la question y soit posée d'une manière aussi complexe, et j'aimerais à la voir divisée. Car, je le répète, *s'il s'agit de la possibilité de l'action chimique sur la végétation envisagée physiologiquement ou même sur la présence d'un certain nombre d'espèces peu considérable, nous nous rangeons à son avis pour le cas des sels solubles et peut-être même aussi pour d'autres substances résultant de la décomposition de minéraux envisagés comme très peu solubles* (²). *Mais s'il s'agit des grands faits de dispersion por-*

(¹) Voyez le titre page 280.

(²) Durant l'impression de cet ouvrage, il a paru dans les journaux américains un mémoire fort important de MM. Roggers sur la solubilité des minéraux et des roches dans l'eau pure ou *tant sur le tapis végétal*, (faits que la plupart des botanistes ont eu en vue jusqu'à ce jour dans les controverses spéciales sur la matière qui nous occupe), *nous sommes d'un sentiment contraire, et tout cet ouvrage fait voir pourquoi.* Nous avons déjà dit ailleurs notre opinion quant à l'exclusivisme de quelques espèces citées par M. Desmoulins (T. I, p. 595). Ajoutons que M. Bernard en réponse à M. Boubée a fait voir que le *Teucrium pyrenaicum* cité comme exclusivement calcaréophile par ce géologue se retrouve sur les ophytes de Palassou, tandis que le *Sedum sphæricum* qu'il envisage comme habitant exclusif des granites, prospère sur les calcaires d'Annouillasse.

Du reste il y a trop souvent du malentendu dans ces controverses où des opinions assez divergentes en apparence sont plus conciliables qu'on ne le pense. Quand bien même les propriétés physiques des roches soujacentes sont un des facteurs principaux de la dispersion naturelle, les propriétés chimiques peuvent n'en avoir pas moins une certaine part aux phénomènes de la végétation en ce qui concerne le degré de développement ou de fertilité que recherche les sciences culturales. Ce dernier point de vue a été bien développé par M. Boubée d'une manière à la fois agronomique et plus géognostique qu'on ne l'a fait jusqu'à ce jour, mais en réalité et implicitement, tout en faisant à l'action des propriétés physiques des sols une part plus large qu'à celle de leur composition chimique.

Si l'on était tenté d'envisager les réserves que nous reproduisons ici comme venant après coup, nous prierions le lecteur de jeter un coup d'œil sur les pages 4, 350 et 450 du premier volume de cet ouvrage où elles sont posées en toutes lettres.

Enfin et quoi qu'il en soit, si le présent travail venait d'une manière ou

chargée d'acide carbonique (*). Une série d'essais parallèles pratiqués par deux procédés différents sur un bon nombre de minéraux tels que feldspath, mica, amphibole, talc, silex, lignite, etc., etc., et de roches comme gneiss, laves, schistes, dolomies, etc., a établi pour la plupart de ces substances une solubilité beaucoup plus grande et plus rapide qu'on ne l'admettait jusqu'à ce jour. Ainsi, par exemple, des feldspath, des serpentines, des amphiboles, des chlorites porphyrisés ont, après une semaine de séjour dans l'eau pure, perdu 0.4 à 0.4 de leur masse par voie de solution en abandonnant de la chaux, de la magnésie, de la potasse, de de l'oxide de fer, de l'alumine, de la silice, etc., les trois premiers sous forme de carbonates, etc. Ces résultats que nous croyons encore peu connus nous paraissent particulièrement dignes d'attention dans la question de l'influence des roches soujacentes. De même que nous voyons certaines espèces évidemment liées à la présence de minéraux éminemment solubles, il pourrait se faire que d'autres fussent placés sous la dépendance des substances résultant de la décomposition de roches envisagées jusqu'à présent comme très-peu ou point solubles. Nous pensons toutefois que ce ne sera jamais que des exceptions eu égard aux grands faits de dispersion.

(*) Voyez le titre de ce mémoire page 280.

d'une autre à manquer son but quant à la légitimité de notre négation relativement à l'influence chimique des roches soujacentes sur la dispersion, *il aura du moins réuni de nombreuses et irrécusables preuves de l'action capitale de ces roches dans les faits de phytostatique* ([1]).

§ *Coup d'œil sur l'avenir possible des cartes phytostatiques.* Depuis le moment où l'on a commencé à saisir les rapports des faits de dispersion avec les pays, les latitudes, les niveaux, les données climatologiques de toute espèce et enfin les terrains, on a éprouvé le besoin d'en simplifier l'expression et de les imager par des moyens graphiques.

Les modifications végétales produites par l'altitude ont des premières frappé les observateurs. Les résultats obtenus à cet égard ont été figurés par des échelles de limites inférieures ou supérieures des espèces, comme l'ont fait MM. Ramond, de Buch, de Humboldt, Wahlenberg, Martins, etc. Les géographes ont bientôt dans leurs atlas adopté ces sortes de représentations qui à cette heure sont déjà d'enseignement élémentaire. Ils les ont appliquées tantôt à des dessins perspectifs de montagnes, tantôt à des cartes coloriées par teintes d'altitude. Ils ont parfois même théorisé d'une manière un peu trop précoce les données encore imparfaites de la botanique elle-même.

Les grands faits de dispersion végétale ethnologique, c'est-à-dire, se rapportant à la prédominance de certains plans d'organisation par contrées, ont aussi été représentés géographiquement par le moyen de teintes ainsi que M. Schouw en a donné un exemple dans sa carte des royaumes botaniques. Le même moyen a été employé pour représenter la dispersion de certaines familles, de certaines espèces, cultures, essences forestières, etc., par exemple, dans ce même atlas de M. Schouw, dans la carte forestière de M. Gand, etc.

D'autres, comme Decandolle l'a fait pour la France, ont divisé un champ d'étude en provinces végétales diversement coloriées et exprimant soit uniquement des faits de dispersion, soit des rapports climatologiques principaux. D'autres encore ont porté sur les divers points les mieux connus de la

[1] Une communication due à l'obligeance de M. Desmoulins et que nous recevons le jour même où l'on va imprimer cette feuille, nous permet l'addition suivante. Ce savant pense « qu'inventaire des faits terminé, le nombre de cas favorables à l'influence physique l'emportera de beaucoup sur ceux qui militent pour l'action chimique ; mais qu'il restera une minorité de ces derniers qui résisteront au crible. » On a vu par la lecture de la page précédente, que cette opinion est à très peu près la nôtre. Il est probable qu'un jour les recherches de la nature de celles de MM. Roggers jetteront un grand jour sur cette partie de la question.

carte d'une contrée plus ou moins étendue l'expression numérique des rapports des familles prépondérantes comme on le voit dans l'atlas de M. Berghaus.

D'un autre côté les météorologistes en utilisant les données existantes ont établi des divisions en provinces ou zônes climatologiques, comme l'ont fait Schübler pour l'Allemagne, M. Schouw pour l'Italie, M. Martins pour la France. Les limites de ces circonscriptions ont été figurées sur des cartes, expliquées dans des textes et parfois rapprochées des principaux traits de la flore du pays ou même de la série des espèces, mais point graphiquement. Les mouvements thermométriques, hyétologiques, etc., ont aussi été représentés à part par des courbes fort utiles dont M. Lalanne a donné d'élégants et nombreux exemples.

Enfin la géologie est venue rapprocher de ces différentes catégories de faits ses données relatives aux terrains. Plusieurs flores ont été accompagnées de cartes les unes purement géologiques comme cela se voit dans les ouvrages de MM. Schübler, Moritzi, de Lambertye, Schnitzlein, les autres également géognostiques mais accompagnées de numéros indiquant la station d'un certain nombre de plantes ainsi que l'a fait M. Unger. Dans l'un et l'autre cas la mise en rapport des terrains avec les espèces a été à-peu-près exclusivement réservée à un texte.

Ces nombreux efforts tentés pour représenter les faces diverses de la dispersion végétale témoignent hautement du besoin qu'ont éprouvé les observateurs d'imager les résultats de ce genre. Ils ne portent guère que sur l'emploi particulier de l'un ou l'autre des facteurs de la dispersion, et personne n'est encore parvenu à les combiner dans une expression synoptique. Est-il possible de le faire, ou du moins jusqu'à quel point? Nous voudrions jeter un coup d'œil sur cette question.

Reconnaissons d'abord qu'à quelque degré de perfection que parvienne la science, il paraît certain qu'il ne sera jamais possible de *condenser* l'expression du tapis végétal d'une contrée en une formule équivalente à l'énumération de ses plantes, formule qui pourrait occuper une place restreinte dans une représentation imagée. Jamais donc une carte phytostatique ne tiendra lieu d'une flore. Ainsi, à côté d'elle le détail des espèces sera toujours nécessaire du moins dans certaines limites.

Mais parmi les végétaux d'une province convenablement circonscrite, il existe des groupes de plantes habituellement associées et tels que la présence signalée d'une ou plusieurs d'entr'elles entraine généralement la présence d'un grand nombre d'autres aisées à prévoir, si pas espèce par espèce avec une entière certitude, du moins, en moyenne, et quant à la physionomie du groupe. Ainsi, dans le département de la Moselle, le *Sarothamnus* entraîne le *Betula*, tandis que l'*Helleborus fœtidus* entraîne le *Cynanchum*. Ainsi encore, dans le département du Jura, l'*Orobus tuberosus* signale l'*Hieracium boreale*, et le *Buxus* le *Cytisus laburnum*; ainsi enfin, dans le département de l'Ain, l'*Euphorbia Gerardiana* annonce la *Centaurea calcitrapa*, et le *Pistacia terebinthus* le *Lonicera caprifolium*.

Il y a donc réellement dans chaque province végétale des plantes particulièrement propres à donner une idée plus ou moins approchée de la végétation dont elles font partie, ou qui sont à cet égard *caractéristiques*. De façon que si nous avions un district divisé en deux teintes, que sur l'une d'elle nous portassions le signe conventionnel *S. (Sarothamnus)*, et sur l'autre *B. (Buxus)*, nous pourrions par cela seul nous former une idée du tapis végétal qu'offre chacune d'elles. Il est évident que sauf réserve de moyens accessoires, cette notation ne laisserait pas d'être utile et donnerait à la carte du district en question une vie particulière.

Maintenant il est clair en outre que dans deux districts contigus, le fonds de la végétation commune peut en général être envisagé comme identique. Si l'on a, de plus, divisé les plantes non indifférentes de l'un en groupes particuliers renfermant respectivement les caractéristiques de sol, d'altitude, etc., et qu'on les ait énumérées une première fois, il suffira pour donner une idée assez complète de la flore de l'autre, de signaler les *plantes différentielles* qu'il présente sans répéter la liste des espèces qu'ils ont en commun. Et si l'on a une série de districts groupés autour d'un district central, après avoir pris ce dernier comme terme de comparaison, il sera aisé de donner assez brièvement et d'une manière sensiblement exacte au point de vue de la dispersion, un aperçu du tapis végétal des districts ambiants et par conséquent de l'ensemble du tout.

Cela posé et pour raisonner sur un exemple, envisageons le *climat séquanien* tel que l'a délimité M. Martins dans le nord de la France. Partageons-le en deux masses, l'une formant le *district parisien*, l'autre le *district breton*.

Prenons une carte du district parisien à une échelle convenable et où les principaux mouvements topographiques soient suffisamment accusés. Circonscrivons-y par des courbes horizontales des zônes d'altitude déterminées. Marquons-y sur le tout, de trois barrages ou pointillages convenus, les terrains dysgéogènes, eugéogènes péliques, eugéogènes psammiques. Etablissons dans un angle de la carte les caractères climatologiques moyens du district. Plaçons dans l'angle opposé les chiffres de prépondérance des familles principales. Portons sur les diverses zônes les lettres conventionnelles qui représentent les caractéristiques des groupes de xérophiles, d'hygrophiles psammiques et d'hygrophiles péliques de chaque région d'altitude, et donnons-en l'interprétation dans un troisième angle du cadre. Enfin, accompagnons le tout d'un texte renfermant l'énumération complète des espèces divisées en leurs groupes et notées chacune de leur quantité de dispersion. — Nous aurons ainsi une carte et quelques pages dont l'ensemble fournira : 1° un état des espèces et de leur rôle dans le tapis végétal ; 2° une idée générale du caractère ethnologique de la flore ; 3° de ses rapports avec les faits climatologiques ; 4° enfin de la dispersion relativement aux terrains. La confection d'une carte de ce genre offrirait certainement peu de difficultés dans un district bien connu sous le triple rapport botanique, topographique et météorologique. On pourrait aussi l'accompagner de courbes climatologiques, de profils géologiques et d'échelles d'altitude.

Prenons maintenant la carte du district breton et procédons-y de la même manière pour arriver à la représentation des données analogues. Accompagnons-la également d'un texte renfermant l'énumération de ses groupes abrégée par sa mise en rapport avec l'énumération de ceux du district parisien en ce qu'ils ont de commun, et mettant au contraire en évidence ce qu'ils ont de *différentiel*. Nous aurons ainsi une seconde carte essentiellement comparable à la première et présentant à tous égards avec elle un parallélisme clair et facile.

Après avoir subdivisé les autres climats de la France en districts analogues aux deux précédentes, représentons chacun d'eux par des cartes et des textes semblables s'agençant et s'expliquant les uns par les autres de proche en proche. Nous aurons un atlas français renfermant les districts que j'appellerai parisien, breton, auvergnat, toulousain, bordelais, pyrénéen, méditerranéen, dauphinois, jurassique, etc.

Supposons qu'il ait été procédé de même et sur les mêmes bases pour les districts de l'Angleterre, de l'Allemagne, etc. Nous aurons bientôt un atlas *parcellaire* européen.

Nous ne nous arrêterons pas à faire voir comment on grouperait ces parcelles selon des circonscriptions soit naturelles, soit politiques en cartes de masses française, allemande, européenne, etc. Cela se conçoit aisément moyennant l'abandon de certains détails et la fusion en un caractère moyen de deux ou plusieurs caractères partiels. On comprend enfin comment en procédant dans le même esprit on arriverait à ce qui concerne les autres continents.

Le résultat final serait un *atlas phytostatique* accompagné d'un texte peu étendu et renfermant à des degrés divers la représentation imagée des faits principaux de dispersion mis en rapport avec les groupéments ethnologiques, les grands traits climatologiques, les grandes zônes géologiques.

Voilà un projet bien gigantesque et qui peut paraître un rêve. Certes il offre plus d'une difficulté, et la science ne possède pas encore partout les données nécessaires à la possibilité de son exécution. Cependant il ne serait pas inabordable surtout quant aux détails parcellaires sur un assez grand nombre de points de l'Angleterre, de la France, de l'Allemagne, de la Suisse, de l'Italie, des pays scandinaves, de la Russie. Si à l'avenir chaque flore locale était accompagnée d'un croquis établi sur les bases que nous proposons, on aurait dans un petit nombre d'années tous les éléments nécessaires. Sous cette forme ou sous une autre, des cartes de ce genre seront, nous en avons la conviction, réalisées un jour : elles feront de la phytostatique une science positive, féconde en résultats soit utiles soit spéculatifs, et serviront de cadre aux considérations rurales et sylvicoles auxquelles s'élèvera l'administration des états. De même que tout gouvernement éclairé possède maintenant sa carte topographique et géologique, de même il fera plus tard dresser par ses soins le cadastre géographico-botanique du pays par départements, arrondissements et districts pour y saisir d'un coup-d'œil toute une face importante des données de la prospérité publique. Les prix proposés par plusieurs sociétés savantes relativement à la mise en rapport de la végétation avec les facteurs géologiques, ou climatologiques, sont la preuve du mouvement des esprits éclairés vers la réalisation des cartes phytostatiques.

Rien ne manquerait à l'exécution de ce projet, si, aux cartes proprement dites, étaient jointes quelques vues, qui résumassent la physionomie de la contrée. M. de Humbold, dans un amirable chapitre de son Cosmos, a bien développé l'importance du *paysage* comme moyen d'enseignement et d'impression naturhistorique. Il fait voir comment ce réalisme poétique des aspects de la nature, apanage de la culture intellectuelle moderne, ce sentiment du vrai dans les représentations imagées, fort éloigné du pittoresque de convention, peut être utilisé au profit de l'esthétique scientifique. Heureusement une grande supériorité d'art n'est pas même indispensable à leur expression, et de simples croquis peuvent y satisfaire jusqu'à un cartain point. Les ouvrages de géologie commencent depuis quelques années à en fournir des exemples : les *aspects orographiques* non-seulement complètent le texte, les cartes, les coupes, mais viennent les relier dans une physionomie d'ensemble et leur donner la vie géogénique(¹). Il semble au premier abord que lorsqu'il ne s'agit pas de grands contrastes de contrées lointaines, le paysage ne saurait rendre le même genre de services en géographie botanique, mais il n'en est réellement pas ainsi. Quel botaniste habitué aux herborisations n'a pas remarqué qu'au seul aspect de telle grève sableuse, de tel coteau, de tel pâturage, de tel rocher, il a une sorte de pressentiment de la florule qui l'y attend? La vue d'une plaine, d'une colline, d'une montagne, d'un rivage éveille infailliblement chez lui l'instinct des harmonies qui dominent les données de détail. Une reproduction fidèle de la nature, sans remplissage de cabinet, porte de même le cachet phytostatique des lieux.

Sans quitter les parties de l'Europe (²) sur lesquelles a principalement roulé notre étude, il n'est aucune d'elles qui ne fournirait quelque sujet à une galerie caractéristique. La vaste et brumeuse plaine nord-allemande avec ses bruyères, ses bouleaux nains et ses saussaies; les prairies marécageuses, les *altwasser* de la région rhénane alsatique avec leurs tamarins et leur argousiers; les contrées stagnales du Sundgau et de la Dombe avec leurs mille nappes réfléchissantes encaissées de bois d'aunes à fougères luxuriantes; la plaine normande et ses vergers à cidre; les landes bordelaises, les marais vandéens et leurs ajoncs, les coteaux crayeux de Champagne avec leurs ceps; les ondulations ravinées du Bocage breton avec ses châtaigneraies; la verte colline molassique suisse et ses épicéas; les brunes côtes de Bourgogne et de Franche-Comté avec leurs buis et leurs aubours dominant les vignobles de leurs pentes et les maïs à leur pied; la *causse* brûlée des Cévennes avec ses oliviers et ses térébinthes; les cônes du Hegau surgissant brusquement de la plaine, les reliefs noirâtres du Kaiserstuhl, les colonnades basaltiques du Rhin; les cratères ruinés des *puys* d'Auvergne; la blanche muraille de l'Albe de Souabe avec ses cytises et ses staphyliers; les massifs hercyniens avec leurs versants d'épaisses et noires forêts, leurs cimes arrondies, leurs gorges sombres; les *ballons* vosgiens avec leurs genêts, leurs arniques, leurs *chaumes;* les chaines jurassiques coupées de cirques, de cluses, de crêts anguleux avec leurs plateaux à *seignes* boréales, leurs *patures* à gentianes; les masses chenues et neigeuses des Alpes encaissant les glaciers de leurs escarpemens tapissés d'aunes verts, de pins trainants et de rosages; le *désert*

(¹) C'est ainsi que dans le beau travail de M. Gressly sur le Jura soleurois (Mém. Soc. helvét. tom. 5), de simples vues des chaines jurassiques, traitées en croquis et coloriées géologiquement, donnent une idée plus juste de leur orographie, que ne le feraient de longues descriptions.

(²) Pour l'Europe en général, les grandes divisions établies par M. Schouw dans son *Europa* pourraient servir de cadre.

alpestre savoisien et dauphinois, avec ses aspects désolés ; les *brèches*, les *ports*, les *cylindres* pyrénéens, les arêtes de l'Apennin avec leurs cistes ; les plages riantes du Léman et de la mer de Souabe, avec leurs forêts de scirpes et de roseaux , ou les précipices historiques du lac de Tell ; les galets, les dunes, les falaises, les caps, les marais salans de toutes les côtes avec leurs soudes, leurs salicornes, leurs pins maritimes. Toutes ces images qui restent si fidèlement gravées dans la mémoire du botaniste, pourraient être les sujets d'autant d'esquisses sans difficultés comme sans prétentions, et néanmoins pleines de vitalité naturhistorique. Il ne serait aucune d'elles qui ne révélât les circonstances du sol, de climat, de végétation générale, ne fût propre à servir comme d'une sorte de cadre aux détails purement scientifiques, et ne laissât une impression harmonieuse analogue à celle de la nature même. Les rapports entre les formes orographiques, la constitution minérale du sol et la dispersion végétale sont si étroits, que l'aspect des premiers se lie involontairement dans notre esprit à toutes sortes de conclusions implicites. Les traits d'un paysage en apparence les plus éloignés de l'idée botanique, révèlent presque toujours quelque fait qui s'y rattache. Ici, c'est la pierre brute du chalet alpestre qui accuse l'absence de la végétation arborescente ; là, la chaumière en pisé ou la maison en briques qui nous rappelle les sols tertiaires et leurs conséquences ; ailleurs, la toiture en bardeaux chargés de blocs, en dalles calcaires, en ardoises, nous transporte respectivement dans la région des vents violents, sur sol secondaire, sur terrain de transition ; ailleurs, enfin, les toits plats ou en terrasse nous apprennent la rareté ou l'absence des neiges, tandis que les toitures à fortes pentes nous indiquent leur permanence et leur poids. Il n'est pas jusqu'à certains traits du costume, s'il est fidèle, qui ne nous mettent en rapport avec quelque circonstance du climat.

«Partout, dit M. de Humbold, où dans une vaste plaine la végétation des espèces sociales recouvre le sol avec uniformité..... l[e grand aspec]t de la nature saisit notre âme et nous révèle comme par une myst[érie]use inspiration l'existence des lois qui règlent les forces de l'Univers [.» ... T]el le charme et la haute valeur de ces représentations simples mai[s fidèl]es que nous aimerions à voir accompagner les ouvrages de botanique. El[les] tempéreraient une aridité de forme indispensable à la vérité scientifique. Toutes les ressources du style descriptif ne sauraient d'ailleurs les remplacer.

Sans doute pour atteindre entièrement ce but de *géographie physionomique* comme l'appelle M. Fröbel (¹), l'intelligence et l'habileté des meilleurs pein-

---

(¹) Entwurf eines Systemes der Geograph. Wissenschaften, dans les Mittheilung. Page 54.

tres ne serait pas trop. Malheureusement il ne sera jamais donné qu'à un petit nombre d'ouvrages d'être accompagnés de vues exécutées avec toutes les ressources du burin et du pinceau. Mais répétons-le, en dehors de ces productions privilégiées, on peut certainement avoir recours avec succès à de plus modestes dessins moyennant qu'ils soient frappés au coin de la vérité locale. Il ne faut à cet effet que le crayon facile de quelques-uns de ces jeunes artistes qui jettent journellement à la foule tant d'*illustrations* élégantes mais sans but arrêté. Combien ne pourraient-ils pas aisément doter la science de séries de paysage remplis de ce sentiment intime du réalisme poétique qui procure de si pures jouissances à l'homme cultivé.

<h3 style="text-align:center">*Additions au Chapitre XXIII.*</h3>

§ *Hautes côtes et plateaux du Doubs et du Dessoubre.* Nous recevons de M. Contejean (Juin et Juillet 1849) le résultat de ses dernières herborisations dans le district du Doubs comprenant le Lomont de Pont-de-Roide et Saint-Hippolyte, les plateaux du Russey, les Côtes-du-Doubs jusqu'au Saut, celles de la Barbêche et du Dessoubre jusqu'à Consolation. Cette intéressante et pittoresque partie des chaînes du Jura avait été jusqu'à ce jour peu visitée, et les anciens botanistes de Montbéliard ne la connaissaient nullement. M. Contejean a joint à ses propres observations quelques données qui lui ont été fournies par MM. Mainig et Fétel, de Consolation, et par M. Carteron, fils, de la Grand-Combe-des-Bois. Nous avons déjà consigné dans notre Enumération les généralités de cette florule, mais il sera utile de les compléter et de les préciser ici : ce sera un dernier exemple à l'appui des groupes jurassiques que nous avons donnés comme caractéristiques. Rappelons que les altitudes de ce district ne dépassent pas 1000 à 1100^m : il est entièrement situé dans nos régions moyenne et montagneuse. Les rochers y abondent et les plateaux y offrent de nombreuses tourbières.

Région moyenne. Toutes les plantes caractéristiques de notre région moyenne (T. I, p. 172) sont communes ou fréquentes aux niveaux convenables de ce district montagneux en s'étendant par les plateaux jusqu'à Mandeure et Valentigney où l'on retrouve les buis : je ne vois d'exception que le *Carex alba.* La plupart s'élèvent encore dans la région montagneuse telles que le *Daphne laureola* qui s'en approche volontiers, et qui se voit par

exemple au Lomont de Roche-d'Or, de Bretonvillers, à la chaîne du Clôs, etc.
Parmi les autres espèces de cette altitude à caractère plus particulièrement
jurassique, il faut citer les : *Thalictrum montanum* (Crêt-des-Roches) ;
Saponaria ocymoides, très répandu dans toutes les côtes du Doubs jusqu'à
Mathay et au château de la Roche, dans toutes celles du Dessoubre, de la
Barbèche, etc. ; *Coronilla montana,* qui se trouve au Lomont (Crêt-des-Ro-
ches) ; *Hypericum montanum,* Côtes-du-Dessoubre, etc. ; *Rosa pimpinelli-
folia* mêmes lieux ; *Cotoneaster vulgaris,* même lieu ; *Centhranthus angus-
tifolius* de l'entrée des côtes du Dessoubre ; *Lactuca perennis* des côtes du
Dessoubre (crêts de Fleurey et de Châtillon) ; *Daphne alpina* du Crêt-des-
Roches ; *Sesleria cærulea,* commun ; *Ceterach officinarum,* à Vaufrey, etc.

Région montagneuse. Toutes nos caractéristiques (T. I, p. 173) de ce niveau, communes ou assez fréquentes. Nous y ajouterons comme renseigne-
ment les espèces suivantes : *Thalictrum aquilegifolium, Aconitum napellus,
Arabis arenosa* (Côtes-du-Dessoubre), *Kernera saxatiles,* *Helianthemum
grandiflorum* (crêts des Roches, de Plainbois-du-Miroir), *Dianthus cæsius*
(Lomont, Col-des-Roches, etc.), *Genista pilosa* (Côtes-du-Doubs à la Grand-
Combe, Fournet, etc., Mandeure), *Coronilla vaginalis* (crêt de Châtillon,
de Plainbois-du-Miroir), *Sorbus intermedia, Ribes petræum* (Le Barboux),
Astrantia major (toutes les Côtes-du-Doubs du Saut à Bremoncourt), *Liba-
notis montana* (Côtes-du-Dessoubre, crêt de Plainbois-du-Miroir, etc.),
Athamanta cretensis, Laserpitium latifolium (Lomont, Dessoubre, Mi-
roir, etc.), *L. siler* (Dessoubre au Mont-de-Laval, Doubs sous la Grand-
Combe, etc.), *Valeriana montana* (Lomont au Crêt-de-Roche-d'Or), *Adenostyles alpina* (Russey, Saut, Consolation, Grand-Combe, Bonnétage, etc.),
Carduus personnata (Lomont, Miroir, Côtes-du-Doubs et du Dessoubre,
très fréquent et jusque près de Mandeure), *Hieracium glaucum* (Lomont au
Crêt-des-Roches), *H. villosum* (mêmes lieux), *H. Jacquini* (fréquent), *Gentiana verna, Cynoglosum montanum* (Lomont au château de la Roche, Côtes-du-Doubs à la Grand-Combe), *Scrophularia Hoppii* (Dessoubre au Pont
de la Voyesse, Doubs à Blancheroche), *Erinus alpinus* (Lomont au Crêt-des-
Roches), *Androsace lactea* (au Col-des-Roches), *Primula auricula* (Crêt du
château de Châtillon *Contej.*), *Narcissus poeticus, Convallaria verticillata,
Veratrum album, Nardus stricta* (çà et là, Lomont du Vernois au Fol), *Polypodium dryopteris* (Russey), *Blechnum spicant* (Russey), *Corallorhiza
innata* (bois tourbeux du Russey, etc.), *Galium rotundifolium* (Maiche,
Fauverger, Mémont, Charquemont, etc.), *Circæa alpina* (Mémont, etc.,
commun), *Gentiana campestris* (Mémont, *Lonicera cærulea* (Mémont),
Chrysosplenium oppositifolium (Bief-d'Etoz).

Représentants de la région alpestre. Deux seulement se montrent, rares dans ce district : le *Saxifraga rotundifolia* au Saut-du-Doubs et à la Grand-Combe-des-Bois, et l'*Alchenilla alpina* sur les crêts de la source du Dessoubre.

Flore des tourbières montagneuses. Elles portent tout-à-fait le caractère de toutes celles que nous avons signalées. Nous y consignerons les espèces suivantes : *Drosera rotundifolia* (Bélieu et Narbief), *Sanguisorba officinalis*, *Cineraria spathulæfolia* (Bélieu et Narbief), les 4 *Vaccinium*, *Betula alba*, *Betula pubescens* (Bélieu, Narbief, Russey, Guinots, Mémont), *Pinus mughus uliginosa* (idem), *Eriophorum alpinum* (Bélieu et Narbief), *Carex pauciflora* (Russey et Narbief), *Pinguicula vulgaris* (commun), *Polypodium phegopteris* (Russey, Mémont, etc.), *Cirsium rivulare*, *Andromeda polifolia* (commun), *Menyanthes trifoliata*, *Thysselinum palustre* (Bélieu, Narbief), *Swertia perennis* (idem), *Saxifraga hirculus* (Narbief, abondant), *Viola palustris* (Mémont).

Ajoutons à ce qui précède les indications suivantes de plantes à remarquer : *Anemone hepatica* (Lomont de Vermondans), *Hesperis matronalis* (haies de la Grand-Combe et de Noël-Cerneux), *Polemonium cœruleum* (Trévillers et Fuans, *Fétel*), *Cyclamen europæum* (Côtes du Saut-du-Doubs *Berthet fide Renaud-Comte*).

§ *Environs de Bâle.* Nous trouvons dans les derniers Rapports de la Société naturhistorique de Bâle (¹) pour 1844-46, quelques données sur la flore bâloise dont nous extrayons les suivantes.

Salvia verticillata L. — Bâle (le pont de Mönchenstein *Labr.*, Grand-Huningue *Münch.*)

Cuscuta suaveolens Scr. (*hassiaca* Pfeiff.) — Habsheim *Muhl.*, Genève *Reuter*; sur *Gal. verum* et *Medic. sativa*, exotique introduite par les cultures.

Myosotis cœspitosa Schltz. — Bâle (Friedlingen) *Bernl.*

Ammi majus L. — Bâle (Saint-Louis) *Münch.*

Linaria striata Dc. — Bâle (v. la Lottergasse) *Labr.*; introduite par le chemin de fer.

Farsetia incana RB. — Huningue *Münch.*

Barbarea præcox RB. — Bâle (environs des faubourgs et Mönchenstein) *Bernl.*

Trifolium elegans Savi. — Bâle (Gaigenach) *Labr.*

<hr>

(¹) Nachtrag zur Flora basileensi, dans les Berichte über die Verhandl. der naturf. Gesellsch. v. Basel. 44-46.

Tragopogon orientalis L.—Cette espèce rare d. n. l., signalée en Alsace, a été observée à Bâle (près de la Wiese) par M. Fr. Bernouilli. 1846.

Gnaphalium luteo-album L. — Bâle (la Hardt) *Labr.*, 1846.

Les espèces suivantes paraissent avoir définitivement disparu des environs de Bâle : *Iris sibirica, Corynephorus canescens, Isnardia palustris, Trapa natans, Thysselinum palustre, Allium ampeloprasum, Thalictrum galioides, Tozzia alpina, Lindernia pyxidaria, Sisymbrium polyceratium, Lathyrus heterophyllus, L. palustris, Vicia pisiformis, V. lathyroides, Trifolium badium, Lactuca saligna, Thrincia hirta, Carpesium cernuum, Littorella lacustris, Lepidium ruderale, Stellaria glauca, Spergula pentandra,* etc. La plupart sont des espèces palustres ou arénophiles chassées par le dessèchement et la consolidation des sols. Il est probable que les chemins de fer ramèneront une autre catégorie d'espèces.

TABLE DES MATIÈRES

DU SECOND VOLUME.

Exogènes dichlamydées corolliflores.

Exogènes monochlamydées.

Endogènes phanérogames.

Endogènes cryptogames.

ADDITIONS.

Chapitre vingt-quatrième. Additions aux trois premières parties; derniers développements et dernières réserves.

TABLES

DES FAMILLES ET DES GENRES DE L'ÉNUMÉRATION.

TABLE DES MATIÈRES.

t. ii.

TABLE

DES AUTEURS ET OBSERVATEURS CITÉS OU MENTIONNÉS [1].

N

Nägeli a 13,127,130,332,358
Necker-de-Saussure a 8
Neilreich a 549,598—b 15
Nestler a 6
Nicollet a 8

O

Orbigny (d') a 501,529
Ordinaire a 8
Osterwald a 11,14,59

P

Pagnard a 9,13,178
Parisot a 8,9.13—b 289
Parot a 578
Paroz P.
Passacquay a 70,74
Paulian a 8
Payen a 547
Pennant a 58
Perret b 15
Petit-Pierre b 279
Peschier a 549
Pflieger a 8
Pinot a 502
Plieninger a 14
Pollini a 78
Pouilley a 58,59
Preiswerck a 8
Puiseux a 9
Pury-Châtelain a 8
Puvis a 14,70,74
Pyot a 14,70,74

Q

Quételet b 522
Quiquerez b 289

R

Rabelais a 594
Rabenhorst a 418
Raeckle a 8

Ragut a 59
Ramond a 86,571—b 555
Rapin (D.) a 8,9,12—b 10 279
Rapin (R.) a 8
Rapin (A.) a 8
Reichenbach a 12,550
Renaud-Comte a 60
Reuter a 8,12,151—b 8,10
Reynier a 7,8,571
Rigaud a 8
Ringier a 15
Risler b 15
Rœper a 8,14,150,151,152 549,581
Roger a 8
Roggers (WB et RE) b 280 555
Roth a 8—b 8
Rozet a 242
Ruffey a 8
Russegger b 540

S

Salis a 14
Sauley b 15,279
Saussure (de) a 47,571,579
Saussure (T. de) a 54
Sauter (A.) a 244,549
Sauter (D.) a 244,549
Sauvanaud a 13,40,97,549 416
Schærer a 418
Scharfenstein b 279
Schauenburg a 8
Scheuchzer (J.-J.) a 6,7
Scheuchzer (J.) a 6,7
Schimper a 418
Schlechtendal (de) a 549 592—b 512,515
Schleicher a 7
Schleppi a 60—b 289
Schlæpfer a 15
Schmidt a 8—S.
Schnell a 207—b 280
Schnitzlein b 280,307,555

Schottenstein (de) b 280 281,512
Schouw a 12,15,17,58,47,63 86,90,350,554,572—b 555 540
Schrader a 549
Schrenk S.
Schübler a 6,12,14,15,59,45 52,151,255,254—b 296,555
Schultz a 7,254,589—b 10
Seringe a 7
Shuttleworth a 9,15
Sigfried P.
Simon-Dumont a 8
Soyer-Villemet a 6
Spenner a 6,12,13,14,78,200 254,298,549,554
Sprengel a 549
Steiger a 250
Stein a 244,549
Stotter b 280,502
Strohmeyer a 571
Studer a 250
Süsskind a 8
Suter a 6,12

T

Tabernæmontanus a 6
Tavernier a 66
Terrier a 9
Thévenin a 70,74
Thiolière a 16,198,408
Thomas (A.) a 78
Thomas (E.) a 78
Thomson a 12,15,549,578
Tomassini b 280,506
Toscan a 415
Tournefort a 571
Tragus a 6
Trechsel a 54
Treviranus a 571
Tschudi b 550

U

Unger a 12,13,14,17,64,78 244,544,549,566,597

SUPPLÉMENT.

§ *Plantes d'Argovie de M. E. Zschokke.*—§ *Cybele britannica de M. Watson.* — § *Peuplement par migration géologique.* — § *M. Hruschauer, plantes adhérentes.* —§ *M. Schrenk, montagnes de Soongarie.*

§ *Plantes d'Argovie.* Malgré nos efforts pour ne négliger aucune notice relative à quelque partie de la flore jurassique, un catalogue important nous avait échappé : c'est celui des espèces des environs d'Aarau publié en 1847 par M. E. Zschokke (1). Nous ne l'avons, à notre grand regret, connu que trop tard pour en tirer parti dans le corps de cet ouvrage. Nous allons suppléer ici à cette lacune : on verra toutefois que ces nouvelles données n'apportent aucun changement aux généralités de dispersion que nous avons établies, et qu'elles viennent, au contraire, les confirmer à tous égards.

Aarau est situé dans notre région basse au pied des chaînes du Jura oriental, entouré de collines qui appartiennent à la région moyenne. Les chaînes argoviennes varient de 800 à 1000^m et ne dépassent pas 1100^m ; elles restent, par conséquent, dans la moitié inférieure de notre région montagneuse. La première est la plus haute et celle où les terrains jurassiques supérieurs sont notablement dysgéogènes, bien que moins que plus à l'ouest. Derrière celle-ci s'étend une contrée de reliefs et plateaux généralement moins élevés et appartenant aux terrains oolitique, liassique, keupérien et conchylien, tous moins dysgéogènes que ceux de la première chaîne. Autour d'Aarau les roches secondaires sont sur plusieurs points recouvertes par des dépôts tertiaires molassiques plus ou moins étendus. Voyons rapidement si la végétation est dessinée par ces différents terrains et ces diverses altitudes conformément à tout ce que nous avons reconnu ailleurs.

Les bords de l'Aar et de ses affluents avec leurs plages sableuses offrent la même végétation psammique que les environs d'Aarberg, Soleure, etc. L'état plus ou moins psammogène des sols molassiques se révèle dans les cultures

(1) Verzeichniss der in der Umgegend von Aarau wildwachsenden Pflanzen Aarau 1847.

par la présence d'un certain nombre d'espèces, comme *Lathyrus tuberosus*, *L. aphaca*, *L. nissolia*, *Scandix pecten*, *Lycopsis arvensis*, *Linaria elatine*, *Ajuga chamæpytis*, *Alsine tenuifolia*, *Gypsophila muralis*, etc., généralement étrangères aux calcaires du Jura. Dans les bois, comme, par exemple, ceux du Hungerberg, ces caractères sont plus tranchés encore et contrastent certainement avec la plupart des versants et collines jurassiques dysgéogènes. C'est là surtout qu'on remarque *Abies excelsa*, *Betula alba*, *Calluna vulgaris*, *Vaccinium myrtillus*, *Luzula albida*, *L. multiflora*, *Vignea brizoides*, *Carex ericetorum*, *Lysimachia nemorum*, *Maianthemum bifolium*, *Hypericum humifusum*, *Lotus uliginosus*, *Orobus tuberosus*, *Senecio sylvaticus*, *Hieracium sylvaticum*, etc. On reconnaîtra dans cette fiorule tout ce que nous avons dit des molasses au chapitre VIII.

Les collines et versants portlandiens et coralliens de la région moyenne offrent, au contraire, en même temps que la disparition de la plupart des espèces ci-dessus, la présence de la majeure partie de nos jurassiques caractéristiques, données tome I, p. 172. On y remarquera seulement, par suite de l'état un peu moins dysgéogène des roches et de la situation plus orientale et plus froide, une diminution sensible dans la densité de dispersion d'espèces, comme *Helleborus fœtidus*, *Prunella grandiflora*, *Myosotis sylvatica*, *Coronilla emerus*, etc.; quelques-unes de nos xérophiles habituelles du Jura central ont déjà disparu, telles que *Bupleurum falcatum*, *Calamintha officinalis*, *Prunella alba*, *Helianthemum vulgare*, *Melica ciliata*, etc., et, à plus forte raison, tout le groupe plus occidental des *Acer opulifolium*, *Prunus Mahaleb*, etc.; cependant les *Buxus*, *Aronia*, *Cotoneaster*, *Daphne laureola*, etc., maintiennent çà et là le cachet jurassique général contrastant avec celui des sols tertiaires et récents comme sur toutes les autres lisières du Jura. Quelques espèces, *Coronilla montana*, *Buphthalmum salicifolium*, *Vicia sylvatica*, etc., révèlent les approches de la flore germanique.

Si l'on s'élève dans la région montagneuse, on y trouvera notre groupe de caractéristiques (tome I, page 175), excepté les *Gentiana*, *Trollius*, *Crocus*, *Campanula*, *Geranium* et *Lunaria*, plus beaucoup d'autres espèces montagneuses du groupe C 2 (t. I, p. 158), comme *Primula auricula*, *Calamintha alpina*, *Globularia cordifolia*, *Salix grandifolia*, *Libanotis montana*, *Hieracium amplexicaule*, etc., mais la plupart plus disséminées que dans le Jura central.

Enfin, ainsi qu'on doit s'y attendre, la végétation alpestre y est nulle et rappelée seulement par trois plantes, l'*Heracleum alpinum* et l'*Orchis globosa* qui se montrent chacune sur un seul point, puis par le *Bupler. ranunculoides*.

Ces détails sont sans exception entièrement confirmatifs de toutes les généralités que nous avons développées relativement aux terrains et aux altitudes dans Jura et ses lisières.

Voici maintenant une liste supplémentaire des espèces qu'il aurait été utile de consigner en leur lieu dans notre Enumération. Quelques localités sont dues à MM. Bertschinger, Fr. Zimmermann, Schmid et Wiedlisbach.

Thalictrum montanum (Wiesenfluh, Ranzfluh).—Ranunculus divaricatus R. lingua.—Nigella arvensis.

Papaver argemone (Suhr).—Erysimum cheiranthoides (Erlisbach, Liestal). Viola mirabilis (Aarau, rare) Bertschinger.

Gypsophila muralis.—G. repens (Aar).—Dianthus sylvestris (Benkenberg). — Silene noctiflora. — Stellaria uliginosa (Benken). — Linum tenuifolium (Bas-Hauenstein).

Hypericum montanum (Gislifluh). — Geranium rotundifolium. — G. pyrenaicum.—Oxalis stricta (Aarau).— Staphylea pinnata (Bälenweg, seulement naturalisé).

Medicago falcata.—Coronilla vaginalis (Geissfluh, Ranzfluh).—C. montana (Schafmatt, Homberg, etc.). — Vicia sylvatica (Stafelegg, Benken, Wasserfluh).—V. lutea (Seon).—V. angustifolia (Lostorf, Küttigen, etc.).—Lathyrus aphaca.—L. nissolia.—L. tuberosus.

Spiræa filipendula (Hard vers Egg) Zimm. — Rubus saxatilis (Geissfluh, Schafmatt, etc.).—Potentilla argentea (vers Obergösgen).—P. cinerea (Stein près Baden). — Rosa pomifera (Wasserfluh, etc.). — Cotoneaster vulgaris (Geissfluh, Wasserfluh, Rist, Ranzfluh, etc.).—Aronia rotundifolia. — Sorbus torminalis (Hungerberg).

Crassula rubens (Niederlenz, Schmid nec. rec., vignes de Prattelen près Liestal Zschk).—Sedum dasyphyllum (rochers de Lostorf, Schafmatt, vieille route du Bas-Hauenstein).—Saxifraga aizoon.—S. aizoides (île de l'Aar).—S. granulata (Gebisdorf) Heg.

Buplevrum ranunculoides (Rothenfluh, Haut-Hauenstein). — Hydrocotyle vulgaris (Benken, lac de Hallwyl).—Libanotis montana (Bas-Hauenstein).—Athamanta cretensis (Ranzfluh, Gislifluh). — Peucedanum Chabræi.—Heracleum alpinum (Wasserfluh).—Caucalis daucoides.—Scandix pecten.

Valeriana montana (Ranzfluh, Kœnigstein).—V. tripteris (Königstein).—Centranthus angustifolius (pentes du Wasserfluh Heg. fide Zschk.). — Valerianella auricula.—Scabiosa longifolia L. Koch.? (Wasserfluh, Rombach).

Adenostyles alpina (Ranzfluh, Gislifluh, etc.). — Petasites albus (Stafelegg, Ackerberg).— Bellidiastrum Michelii (Stafelegg, Gislifluh). —Buphthalmum salicifolium (Schafmatt). — Inula Vaillantii (Gösgen). — Aster amellus. —Anthemis cotula.—Matricaria chamomilla.—Chrysanthemum corymbosum (Stafelegg, Gislifluh). — Senecio paludosus (Aabach). — Cirsium bulbosum (Küttigen, Egg, etc.). — C. rivulare (iles de l'Aar). — Serratula tinctoria (Benken).—Barkhausia fœtida.—Crepis præmorsa (Benken, Schafmatt, etc.). —Hieracium Jacquini (Ranzfluh, etc.).—H. amplexicaule (Gislifluh, etc.).

Asperula arvensis.—Galium tricorne.— G. uliginosum (Rohrerschach). Lonicera alpigena (Stafelegg, Gislifluh, Ranzfluh, etc.).

Jasione montana.—Campanula pesicifolia.—C. cervicaria (Benken, Homberg).—Andromeda polifolia (Rohrdorf).

Lithospermum purpureo-cæruleum.—Lycopsis arvensis.—Anchusa officinalis (Benken, in den Bündten).—Myosotis hispida.—Physalis alkekengi.

Gratiola officinalis.— Linaria elatine.—L. alpina (iles de l'Aar).—Veronica Buxbaumii (Aarau, Scon).—V. triphyllos.—Melampyrum cristatum (Lostorf, Hungerberg).

Salvia glutinosa (Lostorf, Benken, etc.).—S. verticillata (Triengen).—Calamintha alpina (Gislifluh, Ranzfluh). —Galeopsis ochroleuca (Starrkirch près Olten).—Stachys alpina.—Ajuga genevensis (Küttigen, Benken).

Primula auricula (Geissfluh, Ranzfluh, Nieder-Hauenstein). — Globularia vulgaris (Gislifluh, etc.).—G. cordifolia (Ranzfluh).

Amaranthus retroflexus. — Chenopodium murale. — C. ficifolium (Küttigen). — C. hybridum. — Blitum virgatum. — Rumex hydrolapathum (Rohrerschach, etc.). — R. pratensis M. K. (près de Biberstein). — R. scutatus (Wasserfluh, etc.). — Polygonum dumetorum (Möhlin, Benken, Stein près Baden).—P. mite.

Thesium alpinum (Geissfluh, Rothenfluh). — T. intermedium (auf dem Benken).— Buxus sempervirens (Gislifluh, Rothenfluh). — Euphorbia verrucosa.—E. falcata (Küttigen, Stüsslingen).—E. palustris (Aar sous Wöschnau). Parietaria erecta (Erlisbach).

Salix grandifolia (Gislifluh). — S. pentandra (Geissfluh, etc.).— S. nigricans (Aar près Suhr).—S. viminalis (Aar près Erlisbach).—Alnus viridis (sur le Waltersburg près Aarau).—Pinus sylvestris (quelques sommités).

Sagittaria sagittæfolia (im Wydlergumpen). — Zanichellia palustris (Suhrenbach).—Typha minima (Aar sous Wöschnau, etc.).—Sparganium simplex (Rohrdorf).

Orchis globosa (Geissfluh).—O. ustulata.—O. laxiflora (Erlisbach).—Anacamptis pyramidalis (Benken). — Gymnadenia odoratissima (Gislifluh, etc.). —Himantoglossum hircinum (Baden, Brugg).—Platanthera chlorantha (Benken).—Ophrys myodes.—O. aranifera.—O. arachnites.— O. apifera.—Aceras anthropophora (Schafmatt, Egg, Ackerberg, etc.). — Epipactis palustris (Erlisbach, Telli).— Goodiera repens (Wasserfluh).— Spiranthes autumnalis (Benken).—Cypripedium calceolus (Ruederthal).

Galanthus nivalis (Hard, Niederlenz près Lenzburg). — Asparagus officinalis (Aar vers Erlisbach). — Convallaria verticillata (Schafmatt, Geissfluh). Maianthemum bifolium (Hungerberg, etc.).—Tulipa sylvestris.—Lilium martagon (Gislifluh, etc.). — Anthericum ramosum. — A. liliago (Ranzfluh). — Gagea lutea (Buchs).—Allium fallax (Stein près Baden).— A. sphærocephalum.—Muscari racemosum.—Tofieldia calyculata (Benken).

Cyperus flavescens (Telli, Rohrerschach, etc.).—C. fuscus (Rohrerschach). —Rhincospora alba (Rohrdorf). — Scirpus ferrugineus (lacs d'Hallwyl et de Mauen). — Schœnus nigricans (mêmes lieux). — Cladium mariscus (mêmes lieux).—Heleocharis acicularis (Aar, Wöschnau).— Eriophorum alpinum (lac de Hallwyl).—E. angustifolium (Hard, etc.).—Carex brizoides (Hungerberg, etc.).—C. remota (ibidem).— C. ericetorum (ibidem).—C. alba (Geissfluh). C. biformis (Benken, Wöschnau).

Leersia oryzoides (Sarmenstorf).— Læsiagrostis calamagrostis (rochers de Lostorf et du Bas-Hauenstein).—Melica uniflora.—Glyceria aquatica (Telli). Festuca arundinacea (Aar).—F. loliacea.

§ *Revue des observateurs. Cybele britannica de M. Watson.* Nous avons eu plusieurs fois l'occasion de citer les observations de M. Watson : mais le dernier et beau travail (1) de ce géographe botaniste sur la dispersion des plantes dans la Grande-Bretagne nous était encore inconnu. Nous regrettons de n'avoir pu le consulter en temps plus opportun, bien que dans le tableau de faits nombreux qu'il présente, les roches soujacentes n'aient généralement point été prises en considération. L'auteur, dans cet important ouvrage, énumère les espèces anglaises en les accompagnant de tous les renseignements relatifs à la dispersion, moins les terrains géologiques. Le mode d'indication adopté, tout en donnant des idées fort justes quant au rôle de chaque espèce relativement à l'ensemble de l'île anglo-écossaise, n'est, malheureusement pour notre point de vue particulier, pas propre à établir leur mise en rapport avec les roches soujacentes dans chaque district donné. La présence d'une plante dans un nombre déterminé de provinces et de comtés ne nous apprend rien sur sa *densité* dans telle région, chaîne ou zône traversée

____

(1) Cybele britannica, London 1847. Nous n'avons encore sous les yeux que le premier volume de cet ouvrage.

par certains affleurements. Ce mode d'énumération contribue même à donner à la distribution des espèces relativement aux terrains un aspect d'indifférence ou une apparence d'ubiquité qui n'est pas sans inconvénients. Il est donc fort difficile d'y apercevoir la prédominence relative de xérophiles ou hygrophiles du climat selon des zônes déterminées. On peut cependant, en général, se convaincre que les hygrophiles psammiques trouvent dans la majeure partie de l'Angleterre des stations convenables ou suffisantes, et que, relativement aux latitudes et à ce qui se passe à leur égard en Scandinavie, les xérophiles sont peu répandues et ne rencontrent pas souvent des affleurements dysgéogènes nettement caractérisés sur de grandes étendues. C'est, du reste, ce qu'il est aisé de reconnaître dans les collections géologiques de roches anglaises, et ce que nous avons déjà fait remarquer (tome II, p. 524) relativement aux calcaires jurassiques.

Nous trouvons dans l'introduction de la Cybele et à propos des zônes d'altitude, plusieurs florules résultant d'excursions sur deux sommités de la chaîne des Grampians qui, si les cartes géologiques ne nous induisent en erreur, sont formés de masses cristallines et schisteuses atteignant à peine 1400 ^{m}. Essayons de comparer leur végétation à celle du Jura et des montagnes du Rhin. Réunissons dans cette comparaison le *Ben-muich-dhu* et le *Ben-na-bourd* visités par M. Watson et dont il donne une centaine des espèces les plus caractéristiques.

Sur ce nombre, une douzaine seulement doivent d'abord être éliminées comme boréales ou étrangères à notre champ d'étude; p. ex. : *Myrica gale, Narthecium ossifragum, Genista anglica, Erica cinerea, E. tetralix, Rubus chamæmorus, Cochlearia grœnlandica*, etc.; plusieurs d'entre elles sont des arénicoles du continent et jouent ici un rôle important dans le tapis végétal.

Une quarantaine sont des plantes communes se trouvant sur toutes sortes de terrains; p. ex.: *Pinus sylvestris, Populus tremula, Juniperus communis, Ranunculus acris, Polygala vulgaris, Campanula rotundifolia, Orchis maculata, Agrostis vulgaris, Lotus corniculatus, Succisa pratensis, Oxalis acetosella, Tussilago farfara, Cirsium palustre, Juncus effusus, Hypochæris radicata, Trifolium repens, Vicia sepium, Rubus idæus, Galium verum, Veronica chamædrys, Carex panicea, C. flava, Anemone nemorosa, Prunella vulgaris, Solidago virga aurea, Linum catharticum, Fragaria vesca, Pteris aquilina, Rumex acetosella, Caltha, Eriophorum, Luzula campestris, Melampyrum pratense, Potentilla tormentilla, Euphrasia officinalis, Rhinanthus crista-galli*, etc.; on y voit cependant plus de plantes des lieux frais que d'espèces des endroits secs.

Une douzaine sont des plantes palustres et tourbeuses également communes ; *Vaccinium*, *Viola palustris*, *Drosera*, *Tofieldia*, *Carex*, *Scirpus*, *Pinguicula*, etc.

Une dixaine sont des espèces assez communes, mais qui portent plus sensiblement le caractère hygrophile psammique : *Stellaria holostea*, *Luzula multiflora*, *L. maxima*, *Avena caryophyllea*, *Calluna*, *Anthoxanthum*, *Molinia*, *Pedicularis sylvatica*. etc.

Une vingtaine sont des hygrophiles psammiques bien caractérisées : *Betula*, *Sarothamnus*, *Digitalis purpurea*, *Orobus tuberosus*, *Juncus squarrosus*, *J. supinus*, *Hypericum pulchrum*, *Galium saxatile*, *Aira flexuosa*, *Carex pilulifera*, *Saxifraga stellaris*, *Hieracium alpinum*, *Gnaphalium supinum*; puis, *Empetrum*, *Azalea*, *Sibbaldia*, *Juncus trifidus*, *Salix herbacea*, *Silene acaulis*, etc.

Enfin quelques-unes seulement sont des espèces montagneuses ou alpestres plus ubiquistes : *Alchemilla alpina*, *Trollius*, *Geranium sylvaticum*, *Arctostaphylos officinalis*, *Habenaria albida*, *Luzula spicata*.

Dans toute cette flore le caractère hygrophile et le plus souvent psammophile est des plus prononcés. Sauf quelques espèces boréales, c'est entièrement une florule granitique ou gneissique vogéso-hercynienne ou helvétique. Si l'on reprend nos groupes caractéristiques des Vosges et du Schwarzwald (T. I, p. 227 et 255), on verra que sur 60 plantes, près du tiers se trouvent aux Grampians, et qu'excepté trois, *Alchemilla*, *Trollius*, *Geranium*, toutes celles de ces groupes qui se trouvent dans le Jura manquent dans les montagnes écossaises. Si, au contraire, on jette un coup-d'œil sur les groupes jurassiques analogues des régions moyenne, montagneuse et alpestre (T. I, p. 172), on verra que sur 72 plantes, trois seulement sont communes aux Grampians et au Jura.

La présence de ces espèces vosgiennes et l'absence de ces espèces jurassiques dans les chaînes calédoniennes est-il uniquement le résultat des causes climatologiques proprement dites? La nature des roches soujacentes y est-elle totalement étrangère? Nous ne le pensons pas. Sans doute, il est un grand nombre de xérophiles jurassiques qui atteignent leurs limites boréales avant la latitude des Grampians et ne sauraient surtout s'élever dans leurs zônes montagneuses. Mais lorsqu'on voit le continent scandinave offrir à des latitudes égales ou même supérieures et sur ses calcaires de transition, la flore toute jurassique que M. Lindblom y a signalée (T. I, p. 582), on est fondé à penser qu'ici encore il faut faire une part à l'action des roches soujacentes.

Les mêmes causes qui dans l'Europe centrale font contraster à d'assez grandes distances le Bocage et le Plateau langrais, les Causses de Languedoc

et le Chârolais, le Pilate et le Kaiserstuhl, l'Albe et le Harz, de la même manière que cela se passe au contact des Vosges et du Jura, doivent naturellement produire, dans le nord, des oppositions analogues, par exemple, entre
les flores calcaires d'OEland, de Gothland, de Dofrefield, et celles des sols
cristallins de Norwège, des Grampians, des Shettland, etc. En résumé, ici
comme ailleurs, nous croyons nécessaire d'introduire dans l'explication des
faits de dispersion l'élément des roches soujacentes.

§ *Du peuplement présumé de certains districts ou de certaines îles par voie
de migration dans les temps géologiques.* Ainsi que nous l'avons déjà fait remarquer en plusieurs endroits de ce livre, on s'est souvent occupé de rechercher dans les caractères de la flore de certaines contrées des preuves de son
établissement par voie de migration partie d'un centre présumé, soit dans
les temps géologiques où régnait une continuité de terres fermes détruites
depuis, soit dans les temps actuels par l'intermédiaire des agens météoriques.
MM. Forbes et Watson ont apporté relativement aux Iles britanniques des
preuves à l'appui de la première hypothèse, et M. Martins a controversé la
seconde avec une grande puissance de faits et une parfaite sagesse d'argumentation, quant aux îles Shettland et Féröe. L'opinion de ces observateurs a
été combattue au point de vue géologique et botanique par d'autres savants,
parmi lesquels il faut citer MM. de Schlechtendal, Grisebach et d'Archiac.

J'ai déjà fait remarquer ailleurs et à propos des blocs erratiques, que je
n'entends point repousser la possibilité de ces migrations dans certains cas
et dans certaines limites. Mais je voudrais appeler ici l'attention sur un point
qui a été négligé dans le débat.

Il va sans dire d'abord qu'on a le droit de se demander pourquoi, à l'é-
poque de la naissance des organisations végétales, elles ne se seraient pas
aussi bien développées sur une île comme l'Angleterre que sur le continent
européen ; pourquoi le même concours d'éléments biotiques n'aurait pas déterminé des produits pareils sur un point comme sur un autre. On ne voit
aucune raison de supposer que cela n'ait pas eu lieu, et rien ne nous apprend que les combinaisons viables des causes élémentaires à nous inconnues aient dû manquer dans un district donné. Nous pensons donc que
chaque contrée a eu sa flore aborigène et que ces flores ont dû être plus ou
moins semblables selon le degré de parité des données créatrices, la multiplicité des produits divers étant probablement en rapport avec l'étendue des
surfaces. Rien n'empêche toutefois que plus tard les flores de deux contrées
voisines n'aient pu exercer quelque influence l'une sur l'autre dans certaines
limites et sans altérer profondément et respectivement leurs caractères pri-

mitifs; ce raisonnement n'a rien de nouveau, mais il était nécessaire à ce qui va suivre.

Remarquons aussi que la paléontologie nous apprend que jusqu'aux temps quaternaires, peut-être exclusivement, les flores qui se sont succédées dans une contrée donnée étaient autres que la flore actuelle. Ainsi, p. ex., en nous reportant à l'époque oolitique où la Bretagne, les Vosges, etc., formaient des iles dans la mer jurassique, ces iles étaient couvertes d'une végétation différente de ce que nous voyons maintenant. Il en est de même après l'émersion des terrains secondaires et durant l'époque tertiaire. On ne peut donc pas supposer que les différences entre les flores actuelles des reliefs cristallins, des zônes secondaires, des bassins tertiaires, datent d'époques géologiques diverses et successives. Tout prouve, au contraire, que l'ensemble des végétaux de notre période historique a paru simultanément et se rapporte à une seule évolution de la vie terrestre, comme nous le voyons, du reste, pour tous les plans successifs d'organisation dans l'histoire géogénique du globe. L'époque actuelle a pu être traversée de perturbations plus ou moins importantes; mais tout annonce qu'elles n'ont pas renouvelé la flore, bien qu'elles aient pu modifier des faits de dispersion particuliers. Dans ces limites, l'hypothèse des migrations nous parait admissible et fondée même sur certains faits.

Cela posé venons maintenant à la remarque qui est le but de cet article. —De ce qu'un district déterminé offre une flore semblable à celle d'un autre et différente de celle d'un troisième, on ne saurait, à notre sens, conclure que le premier a été peuplé par une migration partie du second. Non-seulement ce qui précède milite puissamment contre cette hypothèse, mais nous voulons y ajouter ici l'influence capitale des roches soujacentes qui s'est, du reste, certainement exercée quoique l'on admette d'ailleurs. Supposons, en effet, pour expliquer notre pensée, que l'Europe centrale soit une mer dont le niveau s'élève à 500 m au-dessus de l'océan actuel. Une partie de ses reliefs deviendraient des iles, p. ex., les Alpes, le Jura, l'Albe, les Vosges, le Harz, les Grampians, etc. Supposons ensuite qu'examen fait de la flore de ces iles on vienne à en conclure, par exemple, d'une part, l'identité de végétation dans l'ile des Vosges et celle du Schwarzwald, puis l'identité dans l'ile de l'Albe et l'ile du Jura, enfin la dissemblance de la végétation des premières avec celle des dernières. En appliquant les raisonnements usités en pareil cas, on trouverait que l'ile de l'Albe a été peuplée par l'ile jurassique et que l'ile hercynienne a dû l'être par l'ile vosgienne, et ainsi de suite. Or, pour quiconque a connaissance des faits exposés dans cet ouvrage, il est clair que cette explication n'est pas soutenable, puisque les contrastes entre les flores de ces divers reliefs sont dus aux roches soujacentes ; puisqu'au milieu d'une de ces montagnes envisagée séparément, la végétation varie de caractère avec les terrains tout comme entre deux systêmes complets ; puisqu'enfin la migration hypothétique entre deux de ces îles supposées, réunies en ce moment par des terres fermes, est si peu importante, notamment pour les espèces différentielles, que celles de l'une s'arrètent brusquement à la rencontre de l'autre, à la ligne de séparation des terrains qui les repoussent respectivement !

En résumé, nous pensons que dans cette controverse il est indispensable de prendre d'abord en considération la nature des roches des contrées comparées, et le peuplement autochthone probable en rapport avec elles, sauf à établir ensuite et en seconde ligne les altérations que la flore, et non le corps tout entier de la végétation, a pu éprouver par la voie des transports de proche en proche.

De cette façon s'expliquent une foule de faits soit généraux soit de détail, dont autrement la solution entraînerait hypothèse sur hypothèse. Il ne sera pas plus surprenant de voir la végétation des Grampians et du Pilat porter le même caractère vosgien, ou bien l'île de Gothland et le Ventoux offrir les traits d'une flore jurassique, qu'il ne l'est de voir contraster eux-mêmes le Jura dysgéogène et les montagnes psammogènes du Rhin. La présence isolée de la *Draba aizoides,* plante xérophile sur les calcaires carbonifères dysgéogènes de Pennard-Castle ou du Cap-Worms dans le Glamorgan ; celle du *Cotoneaster vulgaris* sur les falaises porphyriques ou euritiques du Caernarvon seront naturelles et n'offriront rien de plus extraordinaire que l'apparition de l'*Iberis saxatilis* ou du *Rhamnus pumilus* sur quelques points du Jura septentrional. Mais répétons-le, tout ce qui précède, sans préjudice à certaines modifications secondaires de la flore par voie de migration, modifications qui se passent encore en ce moment sous nos yeux, sans préjudice même à certains transports géologiques.

§ *Analyse chimique de plantes mise en rapport avec la composition des roches soujacentes.* Nous trouvons dans la dernière revue de M. Grisebach (1846, Berlin 1849) un extrait d'un travail de M. Hruschauer qui a paru dans les annales de M. Liebig, vol. 59. Les analyses des cendres d'un certain nombre d'espèces conduisent M. Hruschauer à cette conclusion : « que la présence de certaines plantes adhérentes *(bodenstete)* sur divers terrains géologiques n'est qu'une anomalie apparente, puisque les parties constituantes essentielles fournies par l'étude de leurs cendres se retrouvent dans les roches soujacentes respectives, p. ex., le calcaire dans le basalte. Ainsi l'*Erica herbacea*, adhérente calcaréophile, croît près de Grätz sur des gneiss fortement micacés dans lesquels l'analyse révèle la présence de la chaux. C'est dans ce sens que se vérifie le caractère des adhérentes calcaires, c'est-à-dire des plantes qui renferment beaucoup de chaux, dans les *Festuca glauca, Sesleria cœrulea, Sorbus aria, Aronia.*» — Suit une analyse de l'*Erica herbacea* qui, sur gneiss, fournit 24 de chaux et 8 de silice, puis sur calcaire 25,50 de chaux et 7 de silice. M. Griesebach conclut avec M. Hruschauer que l'adhérence de certaines espèces dérive de la composition chimique des roches soujacentes et non de la formation géologique, opinion qu'il avait déjà défendue auparavant dans son voyage en Roumélie. — Nous n'avons sous les yeux ni le travail de M. Hruschauer, ni le dernier ouvrage cité de M. Griesebach ; mais, en s'en rapportant à l'extrait ci-dessus, voici les réflexions qui se présentent.

D'abord le débat sur l'influence des sols relativement aux espèces dites adhérentes ne roule plus entre la *formation géologique* et la composition chimique des roches soujacentes, mais bien évidemment entre cette composition et leurs propriétés physiques. Ensuite, la notion phytostatique et originaire d'adhérence ne porte nullement sur la quantité de telle ou telle substance fournie par l'analyse, mais seulement sur la présence de la plante exclusivement au contact de cette substance jouant le rôle de roche soujacente. Cela posé, si l'on est conduit à reconnaître que la plupart des stations sur la plupart des roches renferment les différents principes fournis par l'analyse des cendres ; si les gneiss, les basaltes, les porphyres, etc., fournissent assez de chaux pour accommoder les mêmes plantes qui croissent sur les calcaires proprement dits, et si ceux-ci renferment assez de silice pour accommoder les espèces silicéophiles ; il est clair dès lors que l'adhérence au point de vue chimique est quelque chose de sujet à des exceptions tellement nombreuses qu'elles risquent d'emporter toute règle, de façon que quand même elle serait démontrée, elle ne correspond en réalité plus aux faits de dispersion qui eux sont soumis à des règles très-constantes, puisqu'ils se reproduisent avec le retour de certaines roches pourvues de certaines propriétés, comme, par exemple, les basaltes suffisamment compactes qui offrent toujours les plantes calcaréophiles, et les sables granitiques suffisamment divisés, les silicéophiles etc. Comment se fait-il, du reste, que ces roches basaltiques, porphyriques, etc., si c'est grâce à ce qu'elles renferment de chaux qu'elles acceptent les calcaréophiles, ne les acceptent précisément que lorsqu'elles sont à l'état compacte dysgéogène, c'est-à-dire le moins solubles par les agents hydro-météoriques, tandis qu'elles cessent de les accepter lorsqu'elles sont à un état de désagrégation et de décomposition plus favorable à la solution des principes qu'elles renferment? Comment se fait-il, au contraire, qu'un grès quarzeux suffisamment compacte se couvre de la même végétation calcaréophile qu'un calcaire, tandis que désagrégé il accepte les silicéophiles? Nous renvoyons, du reste, à tous les faits que nous avons déjà consignés et à tous les raisonnements que nous avons déjà faits à ce sujet.

§ *M. Schrenk*, *montagnes de Soongarie*. Comme nous l'avons déjà dit ailleurs, les nombreux voyages botaniques entrepris dans ces dernières années fournissent la plupart des essais plus ou moins explicites de mise en rapport des terrains avec la végétation. Un dépouillement général de ces sortes de faits offrirait un haut intérêt. Nous avons emprunté un exemple extra-européen au voyage en Arménie de M. Wagner. Nous ne saurions résister au désir d'en consigner ici encore un qui nous est fourni par les observations de M. Schrenk ([1]). Dans la partie méridionale de la province russe de Soongarie s'élèvent deux chaînes de montagnes, celle de l'Alatau et celle du Tarbagatai. Le premier est formé de schistes argileux soulevés par le granite; le second est porphyrique. Or, tandis que de noires forêts de divers sapins avec sorbiers, bouleaux, peupliers, saules, genevriers, *Prunus padus*, etc., alternant avec une luxuriante végétation d'arbrisseaux, interrompues de frais gazons, sillonnées en tous sens de ruisseaux limpides, recouvrent les flancs arrondis de l'Alatau, des pelouses accidentées de roches nues et sans végétation forestière signalent seules les flancs abruptes du Tarbagatai. Qui ne reconnaît à ces traits le même contraste des roches cristallines et des porphyriques, des eugéogènes psammiques et des dysgéogènes que nous avons tant de fois signalés!

Dans le même Rapport de M. Grisebach, d'où nous avons extrait ce qui précède, nous trouvons l'annonce de publications que nous regrettons de n'avoir pu consulter jusqu'à présent. Telles sont, en particulier, celles de MM. Fallou et Machaska qui se rattachent directement à la question qui nous occupe ([2]). Nous en remettons l'examen à un second supplément que nous nous proposons de publier.

[1] Nous le prenons également dans les fragments qu'en donne le Rapport de M. Grisebach pour 1846. Il est extrait des Beiträge zur Kentniss des russischen Reichs, tom. 7, de MM. de Baer et Helmersen.

[2] Fallou, Einfluss der Gebirgsformationen auf die Vegetation im Erzgebirge; dans les Acta Jablonowskischen Gesellschaft, Bd. 9, Leipsig 1845.

Machaska, Conspectus geognostico-botanicus circuli Boleslawiensis in Bohemiâ; Viadob. 1845.

FIN.

ERRATA.

FAUTES QU'IL IMPORTE DE CORRIGER AVANT LA LECTURE.

TOME. I.

Pages 7, lignes 18 : Boissy — lisez Bossy ; même faute p. 14, l. 4.

15, 28 et 36 : M. Guttnick — l. M. Guthnick ; même correction p. 457.

22, 29 : envisagée — l. envisagées.

26, 26 : que les espèces — l. que des espèces.

33, 15 : Pistaccia — l. Pistacia ; même correction p. 90 et 262.

33, Le chiffre 8.17 dans la 4ᵐᵉ colonne de chiffres à droite doit être souligné.

55, 25 : à la fin de la phrase terminée par le mot *au-dessus*, ajoutez : excepté pour la Beuchire en 1846.

58, l. avant-dernière : 250 à 700 — l. 550 à 700.

66, Supprimez ce qui est dit des sources de Berne comme étant un maximum.

69, Supprimez ce qui est dit des observations de M. Demerson.

94, 5 de la note : *en-dys-géogène* — l. *eu-dys-géogène*.

108, 16 et 22 : insolution — l. insolation.

137, 5 : « *Teucrium scorodonia?* » à supprimer et reporter dans le groupe A.

143, 25 : Lupinus albus — l. Lupinus angustifolius.

154, 12 : « *Viola grandiflora* » est à supprimer.

154, 14 : « probablement introduit par Wetzel » est à supprimer.

159, 16 : joint à ce volume — l. joint au second volume.

165, 51 : calcaires bleus — l. calcaires blancs.

188, 11 : *Cepharia* — l. *Cephalaria*.

195, 34 : qui termine ce volume — l. qui forme le second volume.

201, 11 : *Chlora Menaanthes* — l. *Chlora, Menyanthes*.

207, 25 : *Maganthemum* — l. *Maianthemum*.

209, 9 : du Kaiserstuhl — l. de Kaiserluhl.

211, 16 : *Scutellaria* — l. *scutellata*.

211, 16 : *Scutellata* — l. *Scutellaria*.

239, 17 : *Allium paniculatum* — l. *Allium sphærocephalum*.

240, 6 : Voglsberg — l. Vogtsburg.

331, 1 : *nec cas* — l. *nec cas*.

343, 9 : *uliginosa austriaca* — l. *uliginosa, austriaca*.

356, 36 : s'élèvent — l. s'élevant.

368, 18 : roches — l. rochers.

410, Dans la note 1 : Leclerc-Thonin — l. Leclerc-Thonin.

418, 15 : Billiet — Billiet.

445, 13 : pytostatique — l. phytostatique.

TOME II.

90, 1 : ONAGRAVIÉES — l. ONAGRARIÉES.

192, 27 : *P. edeandra* — l. *P. decandra*.

288, 21 : du 16 au 10 — l. du 16 au 20.

302, 5 : l'indépendance des espèces — l. la dépendance.

Le lecteur corrigera aisément quelques autres fautes moins importantes et quelques négligences de rédaction.

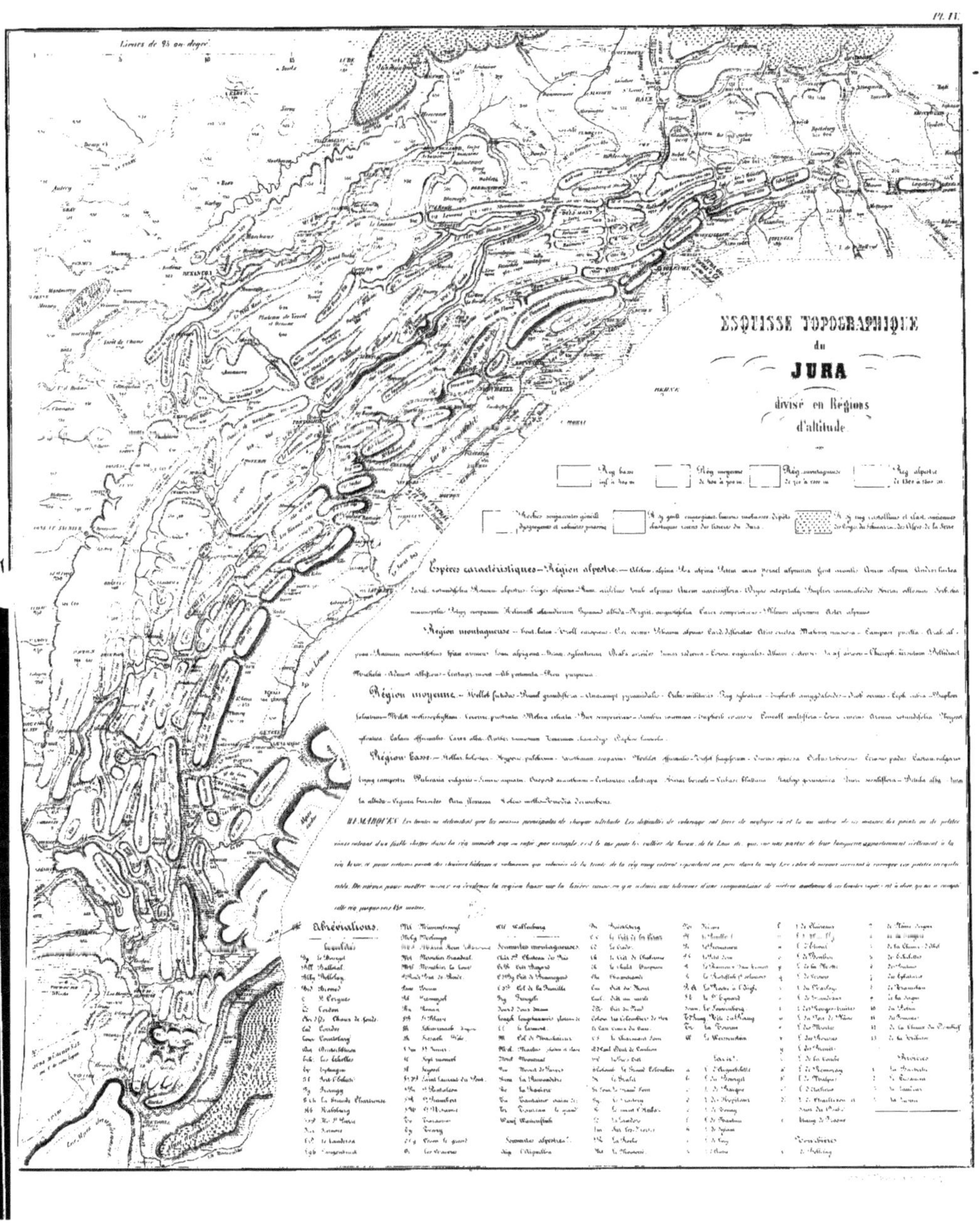
ESQUISSE TOPOGRAPHIQUE
du
JURA
divisé en Régions
d'altitude
Abréviations.

Marche comparée de la température des trois sources jurassiques, la Bonne Fontaine, la Beuchire et le Pâquis, près Porrentruy (430m), observée mois
par mois durant les années 1846, 1847, et 1848.

Pl. V.

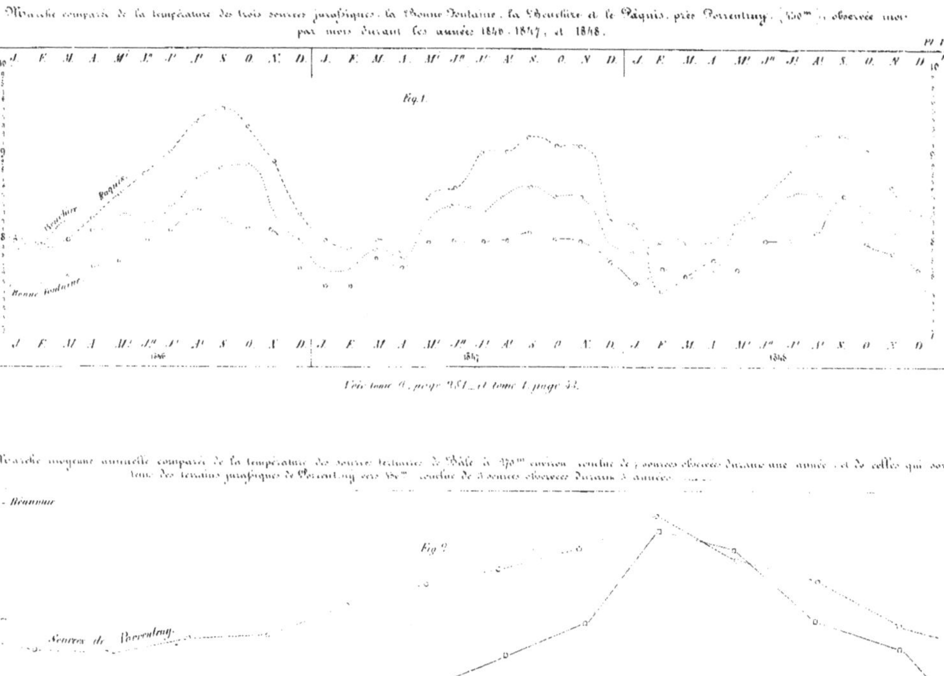

Voir tome 9, page 281, et tome 1 page 33.

Marche moyenne annuelle comparée de la température des sources tertiaires de Bâle à 270m environ (résultat de 7 sources observées durant une année) et de celles qui sortent des terrains jurassiques de Porrentruy vers 430m (résultat de 3 sources observées durant 3 années).

Voir tome 1 page 281 et tome 1 page 33.

Pl. VI.

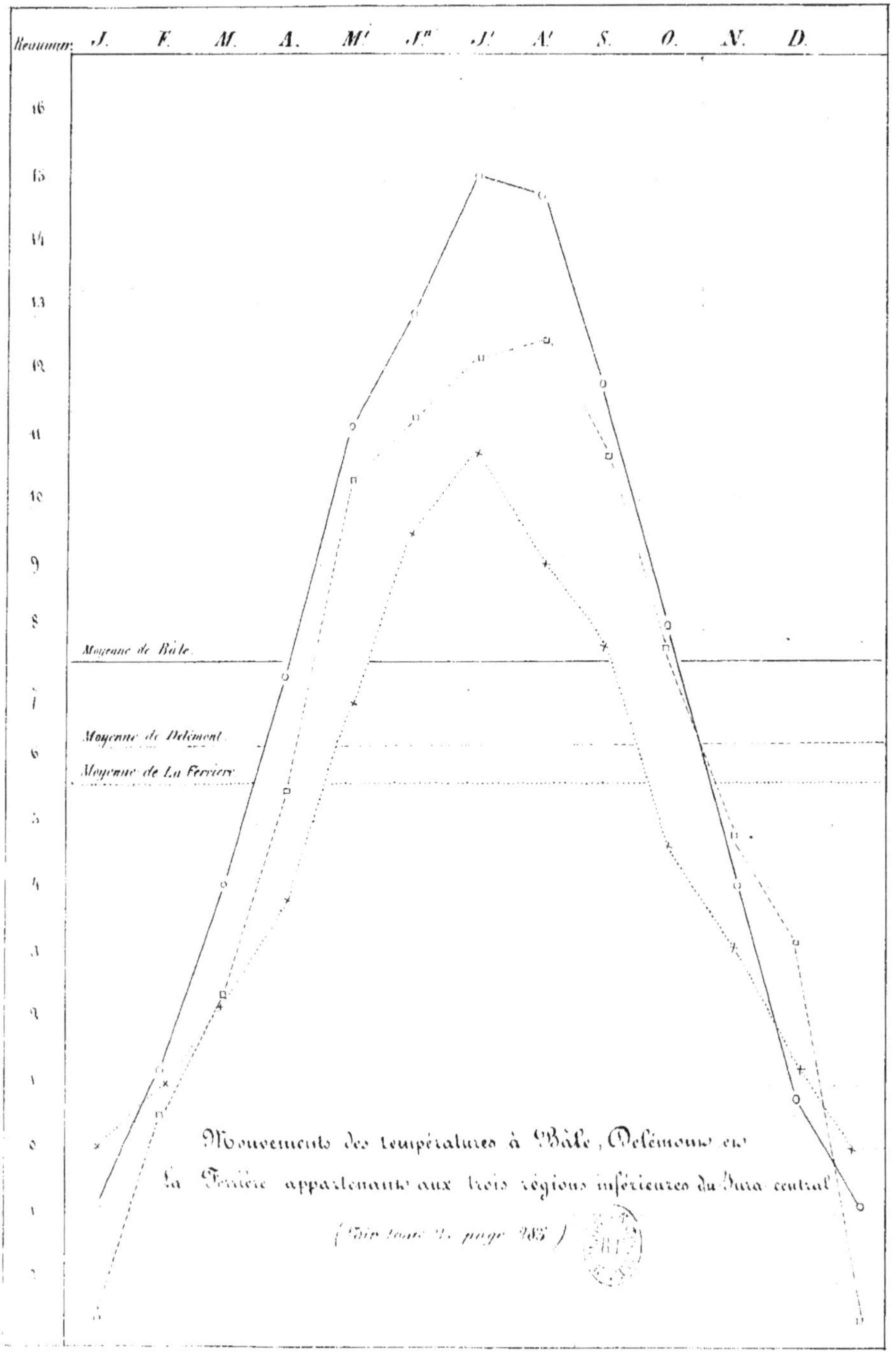

Mouvements des températures à Bâle, Delémont et La Ferrière appartenant aux trois régions inférieures du Jura central

(Voir tome 2, page 285)

Principaux mouvements des pluies et des neiges à Bâle, Delémont et la Ferrière dans les trois régions inférieures du Jura central.

9 782329 617411